D1719433

Christian Wissel

Theoretische Ökologie

Eine Einführung

Mit 89 Abbildungen

Springer-Verlag Berlin Heidelberg NewYork
London Paris Tokyo Hong Kong

Professor Dr. Christian Wissel

Fachbereiche Biologie und Physik
Philipps-Universität Marburg
Renthof 6, D-3550 Marburg

ISBN 3-540-50848-1 Springer-Verlag Berlin Heidelberg New York
ISBN 0-387-50848-1 Springer-Verlag New York Berlin Heidelberg

CIP-Titelaufnahme der Deutschen Bibliothek
Wissel, Christian:
Theoretische Ökologie: Eine Einführung/Christian Wissel. —
Berlin; Heidelberg; New York; London; Paris; Tokyo: Springer, 1989
ISBN 3-540-50848-1 (Berlin ...) brosch.
ISBN 0-387-50848-1 (New York ...) brosch.

Bindearbeiten: Lüderitz & Bauer, Berlin
2131/3020-543210 — Gedruckt auf säurefreiem Papier

Vorwort

Dieses Buch ist als Einführung in die Theoretische Ökologie gedacht. Den Begriff „ökologisches Modell" habe ich im Titel absichtlich vermieden, denn hierzu zählen ganz verschiedene Methoden der mathematischen Beschreibung von ökologischen Vorgängen. Ziel einer Theorie ist es, ein Verständnis für die Vorgänge und funktionellen Zusammenhänge eines Fachgebietes zu erlangen. Dies kann natürlich auch ohne Mathematik durch Denken in verbalen Kategorien geschehen. Jeder Naturwissenschaftler ist angehalten, über das, was er im Experiment oder in der freien Natur gefunden hat, nachzudenken. Dies sind bereits die ersten Ansätze zu einer Theorie. Eine mathematische Theorie ist nun nichts weiter, als eine Fortsetzung dieses Denkens in einer anderen Sprache — der Sprache der Mathematik. Dabei muß immer das ökologische Problem im Vordergrund stehen. Die Mathematik ist nur ein mögliches Hilfsmittel, um ein besseres Verständnis für die ökologischen Vorgänge zu bekommen.

Anders als in der Theoretischen Physik sind in der Ökologie kaum allgemeingültige Prinzipien und Gesetze gefunden worden, aus denen man die Lösung eines speziellen Problems deduzieren kann. Eine Ursache hierfür mag neben der Komplexität von Ökosystemen auch die Schwierigkeit sein, Modelle und Theorien der Ökologie durch gezielte Experimente in der freien Natur zu überprüfen. Das Fehlen einer allgemein anerkannten Theorie hat zur Folge, daß die Auswahl der induktiv aufgestellten Modelle subjektiv sein muß. So wird mancher Leser einzelnen Darstellungen dieses Buches nicht zustimmen. Es gibt recht verschiedene Methoden des Modellierens. Mitunter ist nicht einmal klar, mit welcher Fragestellung man an die Objekte herangehen soll. Deshalb müssen ökologische Modelle immer von dem Typ „wenn-dann" sein. Der Anstrich der mathematischen Exaktheit bei einem Modell darf nicht darüber hinwegtäuschen, daß die biologisch zu begründenden Modellannahmen durchaus kontrovers sein können. Durch sorgfältiges Konstruieren und Interpretieren der Modelle versucht man, etwas über die reale Welt zu lernen. Gütekriterium eines Modells ist immer die Überprüfung am Experiment oder an Felddaten. Dort, wo dies nicht möglich ist, müssen Modelle als Denkhilfen angesehen werden, um Hypothesen auf ihre logische Konsistenz zu überprüfen und um die logischen Konsequenzen dessen, was man für wahr hält, zu ergründen.

Bei ökologischen Modellen wiederholt sich immer wieder der gleiche Vorgang: Ein ökologisches Problem muß mathematisch in einem Modell gefaßt, die mathematischen Gleichungen gelöst und das mathematische Ergebnis ökologisch interpretiert werden. Ein Schwerpunkt dieses Buches soll auf der Darstellung des

Modellierungsvorgangs mit seinen biologischen Annahmen und Idealisierungen liegen. Mathematische Lösungstechniken werden entweder gar nicht oder in einigen Fällen im Anhang dargestellt. Sie sind ausführlich in Lehrbüchern oder in der zitierten Literatur zu finden. Wo möglich, wird an ihrer Stelle mit graphischen Methoden gearbeitet, um die Anschauung zu unterstützen. Antworten auf die ökologischen Fragen, die am Anfang eines Modells stehen, lassen sich nur durch Umsetzung der mathematischen Ergebnisse in biologische Aussagen erhalten. Ein weiterer Schwerpunkt wird also die kritische Überprüfung der Ergebnisse aus ökologischer Sicht sein. Ich hoffe, daß auf diese Weise der biologische Gehalt von mathematischen Modellen deutlicher wird. Die Trennung in eine theoretische und experimentelle Ökologie ist bei der Größe und Komplexität dieser Teilgebiete unumgänglich. Wünschenswert wäre es aber, die vorhandenen Sprachbarrieren zwischen diesen Disziplinen abzubauen. Vielleicht kann das Buch ein wenig dazu beitragen.

Jedem Paragraphen dieses Buches habe ich eine kurze Zusammenfassung und Hinweise auf weiterführende Literatur angefügt. Leider gestattet es der Umfang dieses Buches nicht, auf relevante, empirische Daten einzugehen, welche zur Überprüfung der theoretischen Ergebnisse dienen könnten. Aus der Fülle der entsprechenden Literatur habe ich einiges am Ende der jeweiligen Paragraphen zitiert. Dort sind auch einige umfassende Monographien aufgeführt. Wichtige Begriffe und Aussagen der einzelnen Abschnitte sind gesperrt gedruckt.

Dem Leser, der eine kürzere Einführung in die Theoretische Ökologie mit möglichst wenig Mathematik vorzieht, seien als Kurzfassung die Abschnitte 2.1; 2.1.1–2.2.3; 2.3.1; 3.1.1; 3.1.2; 3.1.4; 3.2.1–3.2.3; 3.3.2; 4.1.1; 5.1; 7.1; 7.3 und 7.4 empfohlen. Für die Abschnitte 3.1.3 und 4.2 benötigt man etwas mehr an Abstraktionsvermögen und mathematischem Verständnis. Die mathematischen Ansprüche der Rechnungen im Anhang sind recht unterschiedlich je nach Anforderung durch die Modelle. Auf ergänzende mathematische Literatur ist am Ende des Anhangs hingewiesen.

Für die Durchsicht des Manuskripts danke ich den Herren V. Grimm, A. Huth, F. Jeltsch, T. Stephan und T. Wiegand. Die konstruktive Kritik der Herren V. Grimm und A. Huth hat sehr zur Verbesserung des Manuskripts beigetragen. Die numerischen Rechnungen im Abschnitt 4.2.5 stammen von S. Stökker, im Abschnitt 6.1.2 von H. Brier und im Abschnitt 7.3 von B. Maier. Mein Dank gilt auch Herrn Prof. Dr. H. Remmert, der den Anstoß gab, dieses Buch zu schreiben. Nicht zuletzt möchte ich meiner Frau danken, die auf meine erhöhte Arbeitsbelastung beim Verfassen dieses Buches verständnisvoll Rücksicht genommen hat.

Marburg, im Mai 1989 C. Wissel

Inhaltsverzeichnis

1 Mathematische Modelle

In diesem Kapitel sind etliche prinzipielle Gedanken zu ökologischen Modellen dargestellt. Für den Neuling wird es vielleicht hier und da schwer zu durchschauen und zu abstrakt sein. Ihm rate ich, auf das volle Verständnis dieses Kapitels zu verzichten. Nach der Lektüre der restlichen, in sich geschlossenen Kapitel sollte es ihm aber möglich sein, sich allgemeinen Gedanken zu ökologischen Modellen leichter zu nähern. Dem versierten Leser lege ich dieses erste Kapitel besonders ans Herz, da es sehr verschiedene Ansichten über ökologische Modelle gibt. Hier wird die methodische Basis des Buches dargelegt und manche irrige Vorstellung ausgeräumt.

Die Ökologie war in ihren Anfängen zunächst eine beschreibende Wissenschaft. Auch heute gibt es noch Bereiche der Ökologie, in denen theoretische Betrachtungen mit mathematischen Modellen nicht hilfreich sind. Die ursprünglich oft anzutreffende Skepsis ist heute jedoch weitgehend der Einsicht gewichen, daß mathematische Modelle in der Ökologie durchaus hilfreich sein können. Jedoch darüber, wie ein gutes mathematisches Modell aussehen sollte, bestehen recht kontroverse Ansichten. Dies liegt hauptsächlich daran, daß man ganz *unterschiedliche Zwecke und Zielsetzungen* bei der Benutzung dieser Modelle verfolgen kann, was dann zu *verschiedenen Typen von Modellen* führt. In diesem Kapitel stelle ich eine Klassifizierung der Modelle auf und beschreibe ihre Zielsetzungen und Eigenschaften, um die aus meiner Sicht grundlegende Konzeption einer theoretischen Ökologie zu verdeutlichen. Daraus, so hoffe ich, wird die Vorgehensweise einsichtig, mit der in diesem Buch Modelle erstellt und diskutiert werden.

Der menschliche Geist ist unfähig, anders als in Modellen zu denken. Wir machen uns auch von der Natur immer vereinfachte Bilder. Kein Mensch kann alle Eigenschaften eines Objektes erfassen und alle erreichbaren Informationen darüber abspeichern. Er ist also gezwungen auszusondern, zu abstrahieren, um wesentliche Informationen zu erhalten. Bereits beim Nachdenken darüber, was wesentlich ist, beginnt eine Theorie. *Theoretische Ökologie* ist nun nichts weiter als das *Fortsetzen dieses Nachdenkens* über ökologische Fragen in der *Sprache der formalen Logik*, der Mathematik. Die Verwendung von mathematischen Modellen ist nur eine mögliche Methode bei der Theoriebildung. Ihre Vorteile liegen in folgenden Möglichkeiten:

(1) Mathematische Modelle gewährleisten eine logisch einwandfreie Verknüpfung verschiedener Kenntnisse und Modellvorstellungen, sie organisieren das Nachdenken.

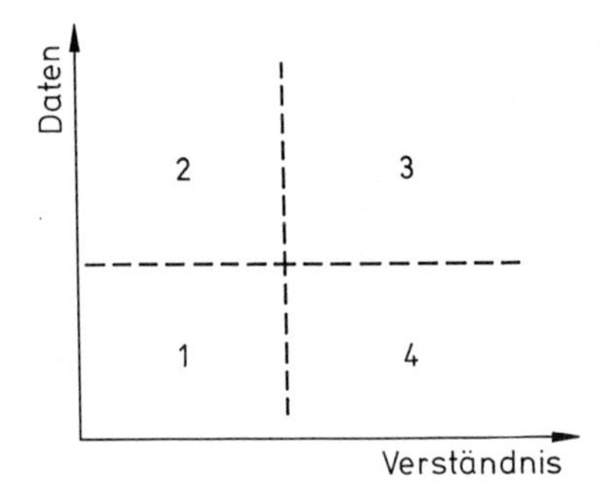

Abb. 1.1. Einteilung der Modelle nach dem Grad des prinzipiellen Verständnisses und nach der Güte der Daten. (Nach Holling 1978)

(2) Sie vereinfachen die Kommunikation durch die Fixierung von Information in kurzer, präziser Form.
(3) Bei einer kontroversen Diskussion mit gegenläufigen Argumenten vermögen sie die entgegengerichteten Faktoren logisch zu verbinden und zu einem umfassenden Resultat zu führen.
(4) Sie liefern die quantitativen Ergebnisse der Überlegungen.
(5) Der Automatismus der Mathematik liefert zusätzliche Resultate, die im ursprünglichen Ziel des Modells nicht enthalten waren.

Nach Levins (1968) sollte ein perfektes mathematisches Modell allgemeingültig, realistisch, präzise und einfach sein. Dieses Ideal ist natürlich nie zu erreichen. Man ist immer gezwungen, Teile dieser Eigenschaften zu opfern. Welche, hängt von der Zielsetzung und somit vom Typ des Modells ab. Abbildung 1.1 stellt eine von Holling (1978) vorgenommene Klassifikation von Modellen vor. Darin sind die Güte und Vollständigkeit der Daten sowie der Grad des prinzipiellen Verständnisses für die Mechanismen dargestellt. Die Physik und die Ingenieurwissenschaften bewegen sich oft im Bereich 3 mit relativ genauen Daten und gutem Verständnis. Ökologische Probleme führen einen oft in den Bereich 1, gelegentlich den Bereich 2. Mathematische Modelle in der Ökologie sollen dazu beitragen, sich dem Bereich 3 auf Zickzackwegen langsam zu nähern.

1.1 Klassifizierung der Modelle

Die von mir vorgenommene Klassifizierung der ökologischen Modelle umfaßt drei Typen:

Deskriptive Modelle:

Das Ziel deskriptiver Modelle ist die Fixierung vorhandener *Informationen* und Daten in *knapper, präziser Form*. Durch *Extrapolation* der so formulierten Kenntnisse versucht man *Vorhersagen* zu machen. Diese Datenkomprimierung will keine Erklärung der zugrundeliegenden Mechanismen geben. Das Ökosystem wird eher wie eine Black-Box betrachtet, bei der eine quantitative Beschreibung durch Input-Output-Analyse oder durch statistische Auswertungen, wie z. B. Regressionen, erfolgt. Für die Ökologie sind auch Indizes, wie z. B. Diversitätsindizes (Routledge 1979; Putman u. Wratten 1984), Klumpungsindizes (Pielou 1975) usw. als ganzheitliche Beschreibung von Ökosystemeigenschaften von Interesse.

Simulationsmodelle:

Zunächst wird es vielen Naturwissenschaftlern nahe liegen, ein Modell so *realistisch* wie möglich zu gestalten. Da die Natur, namentlich Ökosysteme *sehr komplex* sind, wird ein solches Modell sehr kompliziert und umfangreich werden. so daß seine Lösung nur am Computer erfolgen kann. Die Berücksichtigung von möglichst vielen Details soll eine Simulation der Abläufe in der Natur gestatten. Ziel solcher Modelle ist es, an diesem *Abbild der Natur* die Wirkung diverser Eingriffe auszuprobieren. Sie dienen also als *Experimentersatz* und man hofft, mit ihnen Prognosen erstellen und Hinweise für das Ökosystemmanagement geben zu können.

Diesen idealistischen Vorstellungen stehen einige *Schwierigkeiten* entgegen: Man benötigt Kenntnisse über alle diese detaillierten Vorgänge samt den entsprechenden Daten. Ihre Beschaffung erfordert einen großen Aufwand an Zeit und Geld. Schließlich ist zu bedenken, daß es prinzipiell unmöglich ist, einen Abklatsch der Natur im Computer zu installieren, denn auch in einem Simulationsmodell kann nicht jedes in der Natur gefundene Detail berücksichtigt werden. Also ist man zu einer gewissen Vorauswahl der zu simulierenden Einzelheiten gezwungen. Doch selbst wenn es einem prinzipiell gelänge, beliebig viele Details in das Modell zu inkorporieren, würde die Statistik diesem Vorhaben wohl bekannte Grenzen setzen: Der systematische Fehler würde, wie in Abb. 1.2 dargestellt, abnehmen, wenn das Modell mehr von der Komplexität des realen Systems berücksichtigt und einzelne Vorgänge detaillierter beschrieben werden. Andererseits nimmt mit der wachsenden Komplexität die Zahl der Modellparameter zu. Diese müßten dann mit Hilfe des vorhandenen Datensatzes bestimmt werden, wobei die wohlbekannten statistischen Fehlerwahrscheinlichkeiten zu berücksichtigen sind. Die statistisch begründete Unsicherheit würde um so größer sein, je mehr Parameter mit dem gleichen Datensatz zu bestimmen sind, d. h. je komplexer ein Modell ist. Abbildung 1.2 deutet also an, daß es ein *optimales Niveau der Komplexität* für ein Modell gibt.

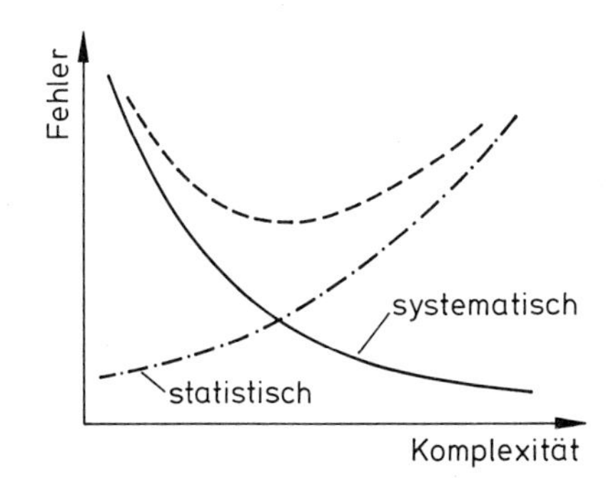

Abb. 1.2. Abhängigkeit des systematischen (durchgezogen) und des statistischen Fehlers (*strichpunktiert*) von der Komplexität des Modells. Erwarteter Gesamtfehler *gestrichelt*. (Nach O'Neill 1973)

Viel schwerer als diese Schwierigkeiten wiegt für uns die Tatsache, daß *komplexe Computermodelle prinzipiell ungeeignet* sind, *ein Verständnis* für die funktionellen Zusammenhänge *zu liefern*. Dies ist aber das zentrale Anliegen der theoretischen Ökologie. Modelle werden sehr schnell unübersichtlich, wenn die Beschreibung detaillierter wird, so daß sie für jemanden, der sie nicht konzipiert hat, genauso schwierig zu verstehen sind wie die Natur selbst. Nur wenn ein systematisches Variieren aller Teile und Parameter des Modells möglich ist und die entsprechenden Änderungen am Ergebnis verfolgt werden können, lassen sich aus Computermodellen neue Erkenntnisse gewinnen und ein Verständnis erzielen. Diese systematische Variation kann aber nur bei relativ einfachen Modellen mit wenigen Parametern erfolgen.

Konzeptionelle Modelle:

Aufgabe der *theoretischen Ökologie* ist es, ein *Verständnis* für die funktionellen Zusammenhänge in ökologischen Systemen zu erreichen. An diesem Ziel orientieren sich sogenannte konzeptionelle Modelle. Bei diesen Denkmodellen steht immer eine *Fragestellung* im Vordergrund. Wie schon im vorherigen Abschnitt dargelegt, lassen sich nie alle Eigenschaften eines Systems modellieren. Alles was für die Fragestellung nicht wichtig ist, wird zunächst fortgelassen. Nur Schlüsselfaktoren des vorliegenden Problems werden im Modell berücksichtigt. Das heißt, man macht aus der Not eine Tugend, indem man *stark idealisiert*. Durch diese Abstraktionen gelangt man in der Regel zu recht *einfachen Modellen* und dies erleichtert ein Verständnis natürlich sehr. Ja, man beginnt gelegentlich mit bewußt übersimplifizierten Modellen, um sich von einer einfachen Seite her dem Problem zu nähern. Solche Modelle werden manchmal Karikaturen der Natur genannt, und dies trifft durchaus zu. Denn in Karikaturen wird das Wesentliche, Charakteristische eines Objektes hervorgehoben und von Nebensächlichkeiten abstrahiert. Zunächst muß man die Eigenschaften und das Funktionieren solcher simplistischen Modelle verstehen und sie beherrschen lernen, will man sich schließlich an realistischere und daher komplexere wagen.

Nun wird man zu Recht einwenden, daß oft Unklarheit herrscht, was die entscheidenden Schlüsselfaktoren sind. In der Tat können *Modelle keinen Wahrheitsanspruch* erheben, sondern beruhen immer auf mehr oder weniger plausiblen Annahmen. Ihre Ergebnisse resultieren aus der Struktur der Modelle, nicht aus der Struktur der Realität. Das heißt, sie sind immer vom Typ „*Wenn-dann*“. Sie untersuchen die Konsequenzen dessen, was man für wahr annimmt. Mit ihnen lassen sich Denkweisen schlüssig durchspielen und Hypothesen auf logische Konsistenz überprüfen. So ist es möglich, vorhandene Verständnislücken aufzudecken. Dabei ist es wesentlich, die vorgenommenen Annahmen bewußt zu machen, den Weg vom vermeintlich Bekannten zum Unbekannten sorgfältig zu ertasten.

Oberstes Gebot für konzeptionelle Modelle ist also die *Einfachheit*, *Klarheit* und *Übersichtlichkeit*. Die Struktur eines Modells wird durch die Zielsetzung bestimmt, nicht durch die Verfügbarkeit von Daten. Die Liste der Annahmen dient dabei weniger dazu, Lücken im Datensatz oder Bereiche des Modells, die verbessert werden sollten, aufzuzeigen, sondern zu klären, welche Fragen mit diesem Modell angegangen werden können. Modelle, die auf die Benutzung von Computern verzichten können, sind i. a. einfach. Bei ihnen wird der Zusammenhang zwischen postulierter Modellstruktur und den Resultaten besonders deutlich. Die Kunst des Modellierens besteht darin zu simplifizieren, ohne Komponenten zu opfern, die für die Fragestellung essentiell sind.

Der starke Abstraktionsgrad dieser Modelle führt nun dazu, daß ihre Ergebnisse *verallgemeinerungsfähig* sind. Sie sind also die Vorstufen einer allgemeinen Theorie. Entscheidend dafür ist, daß man nicht versucht, Systeme zu modellieren, sondern Fragestellungen, die in vielen Systemen auftreten, also von allgemeinem Interesse sind. Das Herauslösen eines einzelnen Aspektes aus dem Gesamtkontext führt natürlich dazu, daß die hierauf basierenden Modelle in der Praxis nicht direkt anwendbar sind. Dazu fehlen dann die vielen Details. Nur *qualitative Ergebnisse*, *Prinzipien* und *Trends* können durch sie gefunden werden. Doch auch die Physik kann nicht vorhersagen, welchen Weg ein Felsbrocken, der einen Berg hinabrollt, nehmen wird und wo er liegen bleibt. Sie hat vielmehr die grundlegenden Mechanismen, die eine Rolle spielen, aufgedeckt und beschrieben. Die entsprechende Aufgabe in der Ökologie haben die konzeptionellen Modelle.

Auf einen weiteren Nutzen solcher Modelle sei hingewiesen. Die neuere Geschichte der Ökologie hat gezeigt, daß diese Modelle, wenn sie auch mit Mängeln und Problemen behaftet waren, doch sehr *stimulierend für die experimentelle Ökologie* gewesen sind, indem sie Unverstandenes aufzeigten, neue Fragen stellten und experimentelle Untersuchungen in Gang setzten. Modelle können die *Planung von Experimenten und Felduntersuchungen* sehr unterstützen. Bei einem experimentellen Projekt kann nicht alles und jedes gemessen werden. Die Modelle bieten hier einen Rahmen für die Daten, indem sie zeigen, welche Größen nach dem derzeitigen Kenntnisstand zur Lösung des vorliegenden Problems notwendig sind. Das reine Anhäufen von Fakten wird der Ökologie nicht weiterhelfen, sondern nur deren Einbindung in einen konzeptionellen Rahmen.

Starfield u. Bleloch (1986) zeigen anhand praktischer Beispiele, wie man ökologische Modelle konstruieren sollte. Wer sich für diese methodische Frage interessiert, dem sei dieses exzellente Buch wärmstens empfohlen. In ihm geht es um *Managementmaßnahmen* und *Prognosen*, also um die Zielsetzungen, die wir bei Simulationsmodellen zugrunde gelegt hatten. Doch plädieren die Autoren auch bei diesen Zielen für *größtmögliche Einfachheit der Modelle*. Sie betonen, daß Modelle ein intellektuelles Werkzeug sind und keine Hilfsmittel für eine fehlerfreie Vorhersage. Sie dienen der Unterstützung des menschlichen Denkens. Wird die Wechselwirkung mit ihnen durch aufgeblähte Simulation zu langsam und zu beschwerlich, verlieren diese Modelle ihren Nutzen. Die Qualität eines Modells hängt nicht davon ab, wie realistisch es ist, sondern wie gut es die gestellten Fragen beantwortet. Modelle sollen nicht die Natur nachahmen, sondern uns befähigen, effizient über Probleme nachzudenken. Sie liefern für praktische Fragestellungen keine Lösungsrezepte, sondern zeigen, wo die entscheidenden Probleme stecken.

Obwohl praxisorientiert, werden für diese Modelle die gleichen Forderungen wie bei unseren konzeptionellen Modellen gestellt. Dies bestätigt den modernen

Trend, der von den allzu komplexen Modellen wegführt. Man versucht heute, mit vielen kleinen Modellen zu arbeiten, jedes relevant für nur einen Teilaspekt des Gesamtsystems, um dann diese gemeinsam zu interpretieren. Dafür kann man z. B. *Expertensysteme* (Starfield u. Bleloch 1983) benutzen, Verfahren, die mit Hilfe von Computern diese gut verstandenen Einzelergebnisse zusammen mit praktisch erworbenen Erfahrungen auswerten und *Argumentationsketten* zur Beantwortung gezielter Fragen an das Gesamtsystem aufzeigen.

Schließlich muß das Problem der *Verifikation* und *Validation* von Modellen angesprochen werden. Hier wird immer wieder der Fehler begangen, daß man meint, durch Anführen von Gegenbeispielen die Gültigkeit eines Modells zu widerlegen. Auch generalisierende Modelle und Theorien haben ihren *Gültigkeitsbereich*. Gegenbeispiele zeigen nur die Grenzen des Bereichs an, in dem das Modell anwendbar ist.

In der Ökologie wäre es oft besser, wenn man auf den unseeligen Drang nach universellen Gesetzen der gesamten Ökologie verzichten würde, und sich statt dessen zunächst auf die Untersuchung von einfachen und überschaubaren Ökosystemen beschränkt. An einfachen, abgegrenzten Objekten kann man seine Sinne schärfen und lernen, die richtigen Fragen zu stellen. Dort besteht auch am ehesten die Chance, jenes wünschenswerte *Wechselspiel zwischen Theorie und Experiment* in Gang zu setzen: Um experimentelle Ergebnisse zu verstehen, werden Modelle konstruiert. Ihre Resultate werden an weiteren Experimenten überprüft, was zum Überarbeiten der Modelle zwingt und so fort. Leider ist dieser Idealfall in der Ökologie fast nie realisiert.

Ein Versuch, *abstrakte Modelle* mit Felddaten formal zu *validieren*, ist in der Regel *unmöglich*, denn die idealisierten Modelle enthalten nicht die Details, welche die quantitative Genauigkeit der Ergebnisse gewährleisten könnten. Ziel dieser Modelle ist es ja, beim Aufdecken von qualitativen Prinzipien und Trends zu helfen. Außerdem sind die vorhandenen Daten oft von der falschen Art, haben nicht die benötigte Genauigkeit oder sind gar nicht verfügbar. Sie werden meist in einem kleinen lokalen Ausschnitt des Ökosystems über einen recht kurzen Zeitraum hinweg erhoben. Man hat dann Probleme, sie für das allgemeine quantitative Verhalten des Gesamtsystems zu interpretieren.

Besser ist es, eine *qualitative Verifizierung* vorzunehmen, die sich an der Fragestellung orientiert. Es können bei diesen abstrakten Modellen keine spezifischen Schlüsse für ein konkretes Ökosystem gezogen werden. Vielmehr wird man versuchen, die beim Hantieren mit dem Modell gefundenen allgemeinen, qualitativen Trends und Prinzipien anhand möglichst vieler Felddaten zu überprüfen. Dabei sollte man sich der vorgenommenen Modellannahmen, des Anwendungsbereichs des Modells und seiner Detailgenauigkeit immer bewußt sein.

Zusammenfassung

Es gibt verschiedene Typen mathematischer Modelle in der Ökologie. Sie resultieren aus den unterschiedlichen Zielen und Zwecken, welche man mit ihnen verfolgt. Deskriptive Modelle nehmen eine Datenkomprimierung vor und versuchen durch Extrapolation, Vorhersagen zu machen. Versuche mit komplexen Simulationsmodellen, ein realistisches Abbild der Natur zu erstellen, helfen nicht weiter. Es können nie alle Details der Natur modelliert werden. Eine große Zahl an Parametern führt zu großen statistischen Fehlern bei der Bestimmung ihrer Werte. Komplexe Simulationsmodelle liefern kein Verständnis.

Aufgabe der theoretischen Ökologie ist es, ein Verständnis ökologischer Vorgänge zu erlangen. Dieses Ziel verfolgt man mit einfachen, idealisierenden (konzeptionellen) Modellen, die sich an einer gezielten Fragestellung orientieren. Sie erheben keinen Wahrheitsanspruch, sondern dienen als Denkhilfen. Ihre verallgemeinerungsfähigen Ergebnisse können Prinzipien und Trends aufzeigen, die anhand empirischer Befunde qualitativ verifiziert werden können. Gegenbeispiele zu Ergebnissen eines Modells zeigen die Grenzen seines Gültigkeitsbereichs auf. Auch für praktische Probleme des ökologischen Managements benutzt man einfache Modelle.

Weiterführende Literatur: Gross 1986b, Halbach 1974; Hall u. Day 1977; Hall u. DeAngelis 1985; Holling 1964, 1978; Hutchinson 1975; Levin 1981; Levins 1966, 1968; May 1973b; Maynard Smith 1974; O'Neill 1975; Overton 1977; Pielou 1981; Pojar 1981; Rossis 1986; Routledge 1979; Simon 1982; Skellam 1972; Starfield u. Bleloch 1983, 1986; Taylor 1984.

2 Dynamik einzelner Populationen

2.1 Beschreibung von Populationen

Wie beginnen mit der Beschreibung einer einzelnen Population, auch wenn isolierte Populationen nur im Labor auftreten und in realen Ökosystemen immer durch andere Populationen beeinflußt werden. Doch will man solche Einflüsse untersuchen, muß man zuerst die *Regulationsmechanismen einer einzelnen Art* verstehen. Aufgrund des in Kap. 1 dargelegten Gebots der Einfachheit beginnen wir mit simplistischen Modellen, auch wenn diese etwas unrealistisch sind, d. h. auf fragwürdigen Annahmen basieren. Wenn man gelernt hat, diese zu verstehen und zu beherrschen, ist die Verbesserung zu realistischeren Modellen relativ einfach. Bei den einfachen Modellen kann man generelle Eigenschaften kennenlernen, welche auch bei den komplexen (eventuell in modifizierter Form) auftreten. Zentrale Fragestellungen dieses Kapitels sind:

— Wie lassen sich Populationen und ihre Dynamik beschreiben?
— Wodurch werden sie reguliert?
— Welche Verhaltensmuster der Populationsdynamik einer Art sind möglich?
— Durch welche Mechanismen werden sie erzeugt?

2.1.1 Grundlagen der Beschreibung

Eine *Population* wird häufig als eine *Menge von Individuen* einer Art, die in *genetischem Austausch* stehen, definiert. Da wir ohnehin zu Idealisierungen gezwungen sind (s. Kap. 1), wollen wir unter einer Population eine Menge von Individuen einer Art in einem bestimmten räumlichen Gebiet verstehen, die untereinander stärker wechselwirken als mit Individuen dieser Art außerhalb dieses Gebietes. Diese Definition läßt schwachen genetischen Austausch mit anderen Populationen durch Emigration und Immigration zu. Wie bei allen Idealisierungen kann sie natürlich in Einzelfällen zu Schwierigkeiten führen.

Die *Größe einer Population* beschreiben wir durch ihre *Individuenzahl* N. Mitunter ist es besser, die *Biomasse* (z. B. Trockenmasse oder Masse an organischem Kohlenstoff) anzugeben, so z. B. bei vielen Pflanzenpopulationen. Diese bezeichnen wir auch durch N, da in einfachen Modellen keine Unterscheidung nötig ist. Für Vergleiche mit anderen Populationen wäre eigentlich die *Individuenzahldichte* bzw. Biomassendichte D geeigneter. Sie gibt die Individuenzahl bzw. Biomasse pro Fläche A bzw. pro Volumen V (bei aquatischen Populationen) an:

$$D = N/A \tag{2.1}$$

$$D = N/V\,. \tag{2.2}$$

Da wir aber immer die Populationen in einem festen Areal A bzw. Volumen V betrachten, kann D aus N bei festem A bzw. V mit Hilfe von Gl. (2.1) bzw. Gl. (2.2) leicht bestimmt werden. Wegen dieser festen Proportionalität zwischen D und N wollen wir *N auch als Synonym für die Dichte* verstehen.

Die übliche idealisierende Annahme bei der Beschreibung durch einfache Modelle ist, daß die Population eine homogene Einheit bildet. Das heißt, daß Unterschiede zwischen den Individuen einer Population unberücksichtigt bleiben (Obeid et al. 1967). Die Entwicklungsgeschichte der einzelnen Individuen wird vernachlässigt. Das Gebot der Einfachheit (Kap. 1) diktiert, zunächst davon zu abstrahieren, daß Individuen verschiedenes Alter, verschiedenen Ernährungszustand, verschiedene Größen, verschiedenes Geschlecht, verschiedene Erbanlagen usw. haben. Kann man davon ausgehen, daß die beiden Geschlechter in festem Zahlenverhältnis auftreten, so reicht die Angabe der Gesamtindividuenzahl N aus, um die Zahl der weiblichen und männlichen Individuen festzulegen. Häufig bezeichnet man mit N nur die *adulten, reproduktionsfähigen Individuen*, so daß nur noch die Unterschiede innerhalb dieser Gruppe vernachlässigt werden. Genauer gesagt arbeiten wir hier mit *mittleren Größen und Eigenschaften*. Variabilitäten irgendwelcher Art bleiben zunächst unberücksichtigt, natürlich abgesehen von denen, die wir explizit beschreiben. Die Individuenzahl N wird meistens als *kontinuierliche Variable* betrachtet. Dies ist sicher dann eine befriedigende Beschreibung, wenn die Population, also N, hinreichend groß ist. Bei kleinen Individuenzahlen N muß aber ihre Diskretheit berücksichtigt werden. Es können zwar 2 oder 3, aber nicht 1,8 oder 2,75 Individuen auftreten. Auch von der Tatsache, daß die Individuen ungleichmäßig im Raum verteilt sein können, sehen wir hier zunächst einmal ab. Weiter wird angenommen, daß alle biotischen und abiotischen Faktoren zu den betrachteten Zeiten unveränderlich sind. Das heißt, eine *zeitliche Variation der äußeren Bedingungen* wird *nicht betrachtet*. Alle diese Annahmen führen zur einfachsten Beschreibung einer Populationsdynamik. Wie auf diese Annahmen verzichtet werden kann, wird in späteren Paragraphen und Kapiteln gezeigt werden.

In der *Populationsdynamik* wird untersucht, welche Faktoren auf welche Weise die zeitliche Veränderung der Populationsgröße N steuern. Vier Prozesse tragen hier bei: *Geburten* (G), *Immigration* (I), *Sterben* (S), *Emigration* (E).

$$G + I \rightarrow N \rightarrow S + E$$

Für die betreffende Population können wir Emigration und Sterben zusammenfassen. Beide bedingen eine Abnahme der Individuenzahl N. Sowohl tote als auch emigrierte Individuen sind für die Population verloren. Wenn nichts anderes angemerkt wird, soll im folgenden bei den Sterbeprozessen Emigration eingeschlossen sein. Anders bei Geburt und Immigration: Sie bewirken zwar beide eine Zunahme von N, aber die Immigration wird von außerhalb der Population gesteuert, während die Geburten von den Verhältnissen innerhalb der Population abhängen. In den meisten Modellen wird Immigration nicht betrachtet. Diese Abstraktion ist vernünftig in den Fällen, in denen die Einwanderung zu gering ist, um im Vergleich mit den anderen Prozessen (Geburt, Sterben) eine Rolle zu spielen. Zum Beispiel bei abgeschlossenen Habitaten wie Seen, Inseln usw. tritt die Immigration nur in Erscheinung, wenn extrem lange Zeiträume betrachtet werden, wie sie z. B. bei der Kolonisation auftreten (s. Kap. 7.3).

Zusammenfassung

Populationen sind Mengen von Individuen, die in genetischem Austausch stehen. Die Größe einer Population wird durch ihre Individuenzahl N beschrieben. Einfache Beschreibungen einer Populationsdynamik machen etliche idealisierende Annahmen (keine Unterschiede zwischen den Individuen, zeitliche und räumliche Konstanz der Umwelt) erforderlich. Geburten, Immigration, Sterben und Emigration sind die Prozesse der Populationsdynamik.

Weiterführende Literatur:
Theorie: Hallam 1986a; Hughes 1984; Hutchinson 1978; Legendre u. Legendre 1983; Pielou 1977; Poole 1974.
Empirik: Begon et al. 1986; Hughes 1984; Hutchinson 1978; Krebs 1972; Obeid et al. 1967; Putman u. Wratten 1984; Remmert 1984; Sarukhan u. Gadgil 1974; Silvertown 1982; Smith 1980; Southwood 1968, 1978.

2.1.2 Beschreibung der Dynamik von Populationen mit nicht überlappenden Generationen

Die einfachste Beschreibung einer Populationsdynamik kann bei Populationen mit nicht überlappenden Generationen erfolgen. Wir wollen uns hier eine Population von Insekten oder Annuellen mit einer Generation pro Jahr vorstellen. Die *Zahl der reproduktionsfähigen Individuen* (Imagines, blühende Pflanzen) im Jahre „j" der Untersuchung sei N_j. Sie wird die Zahl N_{j+1} im darauffolgenden Jahr „j + 1" bestimmen.

Jedes Individuum möge im Mittel pro Jahr R Nachkommen zeugen. R wird als *Reproduktionsrate* bezeichnet. Sie kann durch biotische Wechselwirkung (z. B. Konkurrenz, s. Abschn. 2.3.1) der Individuen untereinander von der gerade vorliegenden Individuenzahl N_j abhängen (s. Abschn. 2.2.2). R wird dann eine Funktion von N_j sein, was wir durch

$$R = R(N_j) \tag{2.3}$$

kennzeichnen. Die Dynamik der gesamten Population wird dann durch

$$N_{j+1} = N_j R(N_j) \tag{2.4}$$

beschrieben. Bei Angabe der Individuenzahl N im „nullten" Jahr können wir mit Gl. (2.4) *sukzessiv* die Zahl in den folgenden Jahren *berechnen*, sofern die Reproduktionsrate $R(N_j)$ bekannt ist. Diese Art von Modellen ist daher für das Rechnen mit Computern besonders geeignet. Bereits programmierbare Taschenrechner erlauben, die durch Gl. (2.4) erzeugte Dynamik zu verfolgen.

Gleichung (2.4) wird gelegentlich in anderer Form geschrieben. Dazu wird auf beiden Seiten N_j subtrahiert, wodurch wir

$$N_{j+1} - N_j = N_j(R(N_j) - 1) \tag{2.5}$$

erhalten. Die linke Seite von Gl. (2.5) beschreibt nun, um wieviel die Population von einem zum anderen Jahr wächst. Die rechte Seite wird deshalb

$$F(N_j) = N_j(R(N_j) - 1)\,, \tag{2.6}$$

auch *Gesamtwachstumsrate* der Population genannt. Mit ihr erhalten wir aus Gl. (2.5)

$$N_{j+1} - N_j = F(N_j)\,. \tag{2.7}$$

Schließlich wird

$$r(N_j) = F(N_j)/N_j = R(N_j) - 1 \tag{2.8}$$

als *individuelle Wachstumsrate* bezeichnet. Sie gibt also an, wieviel ein einzelnes Individuum zum Wachstum beiträgt. Mit ihr schreibt sich Gl. (2.7) nun:

$$N_{j+1} - N_j = N_j r(N_j)\,. \tag{2.9}$$

Die Gleichungen (2.4), (2.5), (2.7) und (2.9) sind alle nur verschiedene Schreibweisen derselben Relation. Der Zusammenhang zwischen Gesamtwachstumsrate $F(N_j)$ und individueller Wachstumsrate $r(N_j)$ wird in Abb. 2.3 verdeutlicht.

Die Beschreibung einer Populationsdynamik durch Gl. (2.4) usw. beinhaltet, zusätzlich zu den oben erwähnten, eine weitere Idealisierung, denn die Trennung der Generationen wird manchmal nicht vollständig sein. Zum Beispiel können Dauereier oder das verzögerte Keimen von Samen auch noch in späteren Jahren zu Nachwuchs führen. Außerdem sollte man sich bewußt sein, daß Gl. (2.4) eine *phänomenologische Beschreibung* der Populationsdynamik liefert. Das heißt, es werden im einzelnen nicht die detaillierten Prozesse, die zu Veränderungen der Individuenzahl führen, wie Eilegerate, Mortalität der verschiedenen Entwicklungsstufen und deren Abhängigkeit von der Dichte (Zahl) der Individuen N_j beschrieben. Für die Populationsdynamik ist hier nur die *Reproduktionsrate* und ihre Abhängigkeit von N_j wichtig. Sie enthält *summarisch die Auswirkung der einzelnen Prozesse*. Ob dies im konkreten Fall ausreicht oder ob die einzelnen Prozesse modelliert werden müssen, hängt von der jeweiligen Fragestellung ab.

Zusammenfassung

Bei nicht überlappenden Generationen wird die Zahl der Individuen N_{j+1} im Jahr $j + 1$ durch die Zahl N_j im vorhergehenden Jahr j und die Reproduktionsrate $R(N_j)$ bzw. die Wachstumsraten $F(N_j)$ oder $r(N_j)$ bestimmt.

Weiterführende Literatur:
Theorie: Hallam 1986a; Maynard Smith 1974; Pimm 1982b; Richter 1985
Empirik: Begon u. Mortimer 1986

2.1.3 Beschreibung der Dynamik von Populationen mit überlappenden Generationen

Bei Populationen mit überlappenden Generationen haben wir reproduktionsfähige Individuen zu allen Zeiten vorliegen. Deshalb ist hier eine in der Zeit kontinuier-

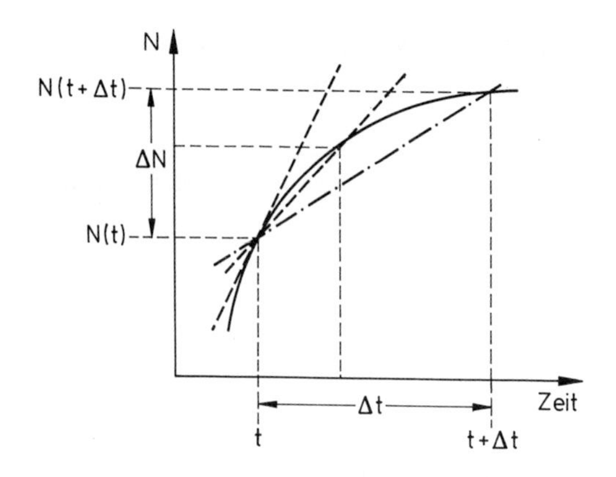

Abb. 2.1. Wachstum der Individuenzahl N(t) mit der Zeit t. Der Zuwachs pro Zeit ΔN/Δt (*strichpunktiert*) geht bei Δt → 0 gegen die Steigung dN/dt der Kurve (*gestrichelt*)

liche Beschreibung und nicht nur zu diskreten Zeitpunkten angebracht. N(t) sei die *Zahl der adulten, fertilen Individuen einer Art zur Zeit t.* Betrachten wir ein Beispiel für die zeitliche Zunahme von N(t) in Abb. 2.1. Das Wachstum vom Zeitpunkt t bis zur Zeit t + Δt wird durch die Zunahme der Individuenzahl

$$\Delta N(t) = N(t + \Delta t) - N(t) \tag{2.10}$$

beschrieben. Beziehen wir das auf das Zeitintervall Δt so folgt

$$\Delta N/\Delta t = [N(t + \Delta t) - N(t)]/\Delta t\,, \tag{2.11}$$

was in Abb. 2.1 der Steigerung der dargestellten Sekante entspricht. Schließlich betrachtet man den Grenzfall für Δt → 0. Dann wird aus dem Differenzenquotient (2.11) der Differentialquotient:

$$\lim_{\Delta t \to 0} \frac{\Delta N(t)}{\Delta t} = \frac{dN(t)}{dt}\,. \tag{2.12}$$

Dies gibt, wie aus Abb. 2.1 offensichtlich wird, die *Steigung von N(t)* zum Zeitpunkt t an. Aus der obigen Herleitung wird deutlich, daß Gl. (2.12) die Zunahme dN(t) der Individuenzahl pro (infinitesimal) kleinem Zeitintervall dt beschreibt. Es wird nun angenommen, daß dieses *momentane Wachstum* durch den derzeitigen Zustand der Population festgelegt wird. Das heißt, die vorliegende Individuenzahl N(t) bestimmt die Zahl der Geburten und Sterbefälle und somit die zeitliche Veränderung von N(t):

$$dN(t)/dt = f(N(t))\,. \tag{2.13}$$

Die *Funktion* f(N) wird als *Gesamtwachstumsrate* der Population bezeichnet. (Eine Rate ist eine Änderung pro Zeit.) Ganz analog wie in Gl. (2.4) faßt sie die verschiedenen biologischen Prozesse, die zu Veränderungen der Individuenzahl führen, zusammen und gibt die Abhängigkeit des Wachstums von N(t) an. Es ist nun üblich, die *individuelle Wachstumsrate* r(N) einzuführen, die den Beitrag eines einzelnen Individuums zum Wachstum der Population beschreibt:

$$r(N) = f(N)/N\,. \tag{2.14}$$

Damit folgt eine *äquivalente Schreibweise* von Gl. (2.13) durch

$$dN/dt = Nr(N) . \tag{2.15}$$

Wie in Abschn. 2.1.1 dargelegt, kann sich die Veränderung der Individuenzahl N(t) aus zwei Anteilen zusammensetzen, wenn wir von der Möglichkeit der Immigration absehen und den Effekt der Emigration bei den Sterbeprozessen berücksichtigen.

$$r(N) = b(N) - d(N) . \tag{2.16}$$

Der negative Beitrag d(N) zur individuellen Wachstumsrate r(N) gibt den Bruchteil an, der pro Zeit durch Tod oder Emigration aus der Population ausscheidet. Diese *Sterberate* d(N) beschreibt also für ein einzelnes Individuum die Wahrscheinlichkeit (s. Abschn. 4.2.1), pro Zeit zu sterben. Die *Geburtsrate* b(N) zählt die mittlere Zahl der Nachkommen, die ein Individuum pro Zeit erzeugt.

Gleichung (2.13) bzw. Gl. (2.15) ist die am häufigsten benutzte Beschreibung einer Populationsdynamik. Dies liegt daran, daß für Differentialgleichungen der Form (2.13) ausgereifte mathematische Techniken existieren (s. A2.1 in Anhang A2) (Arnol'd 1980; Bronstein u. Semendjajew 1981). In Abschn. 2.2.3 wird gezeigt, wie man stattdessen auch einfache graphische Methoden benutzen kann. Zusätzlich zu den am Anfang des Kapitels genannten Idealisierungen impliziert Gl. (2.13) bzw. Gl. (2.15), daß zwischen der Populationsgröße N und ihrem Wachstum dN(t)/dt eine *momentane Wirkung* besteht. Man abstrahiert also davon, daß veränderte Bedingungen erst nach einiger Zeit zu Veränderungen der Individuenzahl durch Tod und Geburt führen können. Dieser Umstand wird in Abschn. 2.3.2 berücksichtigt.

Schließlich sei auf den Zusammenhang der in der Zeit diskreten Beschreibungen (2.3–2.9) mit den kontinuierlichen Gln. (2.13–2.15) hingewiesen. Wie bei der numerischen Lösung von Gl. (2.13) bzw. Gl. (2.15) üblich, kann z. B. in Gl. (2.13) der Differentialquotient dN/dt durch Differenzenquotienten $\Delta N(t)/\Delta t$ ersetzt werden, wenn nur die betrachteten Zeitintervalle Δt hinreichend klein sind (s. Gl. 2.12 und Abb. 2.1). Dann wird aus Gl. (2.13):

$$[N(t + \Delta t) - N(t)]/\Delta t = f(N(t)) ,$$

woraus wir

$$N(t + \Delta t) - N(t) = f(N) \Delta t \tag{2.17}$$

erhalten. Ein Vergleich mit Gl. (2.7) zeigt sofort die Entsprechung von $N(t + \Delta t)$ und N_{j+1}, von N(t) und N_j und von $F(N_j)$ und $f(N) \Delta t$. Die Näherung von Gl. (2.13) durch Gl. (2.17) führt also auf die diskrete Beschreibung (2.7). Damit sind alle Aussagen für den kontinuierlichen Fall (2.13) bzw. (2.15) sofort auf den diskreten (2.7) bzw. (2.9) übertragbar, vorausgesetzt, die Diskretisierung Δt der Zeit ist klein genug.

Zusammenfassung

Die Populationsdynamik bei überlappenden Generationen wird durch die momentane Zunahme der Individuenzahl $dN(t)/dt$ beschrieben, welche die Steigung der Kurve $N(t)$ angibt. Diese wird durch die individuelle Wachstumsrate $r(N)$ oder Gesamtwachstumsrate $f(N)$ bestimmt. Bei hinreichend kleinen Zeitschritten geht die diskrete Beschreibung in die kontinuierliche über.

Weiterführende Literatur:
Theorie: Hallam 1986a; Maynard Smith 1974; Richter 1985
Empirik: Begon u. Mortimer 1986

2.2 Dichteabhängige Regulation

2.2.1 Exponentielles Wachstum

Hatten wir uns im letzten Paragraphen damit beschäftigt, wie die einfachste Beschreibung einer Populationsdynamik aussehen kann, so wollen wir nun die dort auftretenden Funktionen, wie die Reproduktionsrate $R(N_j)$, die individuelle Wachstumsrate $r(N)$ usw., untersuchen, da diese ja das zeitliche Verhalten der Population bestimmen. Dabei ist die entscheidende Frage, welche allgemeinen Eigenschaften $R(N_j)$ bzw. $r(N)$ haben muß, damit die Gln. (2.4) bzw. (2.15) eine biologisch vernünftige Populationsdynamik beschreiben.

Beginnen wir mit einem einfachen Beispiel. Betrachten wir wieder eine Population von Insekten mit nur einer Generation pro Jahr. Nehmen wir an, daß jede Imago im Schnitt R_E Eier legt. (Bei einer Gelegegröße von X Eiern und einem Geschlechterverhältnis von 1:1 wäre $R = X/2$). Von diesen möge der Bruchteil R_L das erste Larvalstadium erreichen, davon der Bruchteil R_I zu reproduzierenden Imagines heranwachsen. Die Abweichung der Größen R_L und R_I von 1 beschreiben den Bruchteil der Tiere, der in den entsprechenden Entwicklungsphasen stirbt. Somit sorgt jede reproduzierende Imago für die Zahl

$$R = R_E \cdot R_L \cdot R_I \tag{2.18}$$

an fertilen Imagines im nächsten Jahr. Anders als in Gl. (2.3) vermutet, ist also hier die *Reproduktionsrate R unabhängig von der Populationsgröße N*. In Gl. (2.4) eingesetzt erhalten wir

$$N_{j+1} = RN_j \, . \tag{2.19}$$

Wenn wir mit N_0 Imagines starten, ergibt sich für die Individuenzahl N_j im j-ten Jahr.

$$N_j = R^j N_0 \, , \tag{2.20}$$

was sich durch einfaches Einsetzen in Gl. (2.19) bestätigen läßt.

Hat jedes Individuum im Schnitt weniger als einen Nachkommen, ist also $R < 1$, so wird die Populationsgröße N_j natürlich abnehmen, und zwar exponentiell, wie wir aus Gl. (2.20) entnehmen. Ist aber $R > 1$, so nimmt sie exponentiell zu. Diese Eigenschaft wird deutlicher, wenn wir

$$r = \ln R \tag{2.21}$$

einführen. Wie bei Gl. (A1.10) in Anhang A1 gezeigt, wird damit aus Gl. (2.20):

$$N_j = e^{rj} N_0 \,. \tag{2.22}$$

Für $R < 1$ bzw. $R > 1$ folgt aus Gl. (2.21) mit Gl. (A 1.8) in Anhang A1 $r < 0$ bzw. $r > 0$ und somit in Gl. (2.22) *exponentielles Abnehmen bzw. Wachstum.*

Die Form der Gl. (2.19) zeigt uns, wie dieses Ergebnis verallgemeinert werden kann. Die einzelnen Annahmen unseres Beispiels sind nicht wichtig. Entscheidend ist, daß jedes fertile Individuum, ob Pflanze oder Tier, eine von der Populationsgröße N unabhängige Produktionsrate R hat. Wenn wir uns erinnern, daß die Individuenzahl N proportional zur Dichte D ist (s. Gln. 2.1 bzw. 2.2), wird verständlich, daß man diese Situation als *dichteunabhängige Regulation der Population* bezeichnet. Unausweichliche Konsequenz dieser Dichteunabhängigkeit ist also die *exponentielle Zunahme* bzw. *Abnahme* der Population. Natürlich könnte theoretisch $R = 1$ sein und damit die Populationsgröße unverändert bleiben. Doch entsinnen wir uns, daß unsere Modelle bestenfalls eine grobe Beschreibung der Natur liefern. Die Verhältnisse dort werden immer ein Stück davon abweichen. Damit ist es beliebig unwahrscheinlich, daß bei realen Vorgängen der theoretisch mögliche, singuläre Fall $R = 1$ verwirklicht ist. Allgemein müssen wir von unseren Modellen verlangen, daß ihre qualitativen Aussagen bei geringfügigen Veränderungen der Modellparameter unverändert bleiben.

Bevor wir uns mit den Konsequenzen dieses Resultats aus Gl. (2.22) beschäftigen, wollen wir uns mit der entsprechenden Situation bei Populationen mit überlappenden Generationen befassen. Hier wird die Reproduktion durch die individuelle Wachstumsrate r(N) (s. Gln. 2.14 bzw. 2.16) beschrieben. Nimmt man also in Analogie zu den obigen Überlegungen an, daß die individuellen Reproduktionseigenschaften eines Individuums von der Populationsgröße N unabhängig sind, also die *Geburts- und Sterberate dichteunabhängig* sind, so erhalten wir eine *konstante Wachstumsrate* r in Gl. (2.16). Aus Gl. (2.15) wird dann (Malthus 1798):

$$dN/dt = rN \,. \tag{2.23}$$

Starten wir zur Zeit $t = 0$ mit der Individuenzahl N_0, so ergibt die Lösung (s. Gl. A 2.1 in Anhang A2) der Gl. (2.23)

$$N(t) = N_0 e^{rt} \,, \tag{2.24}$$

was durch Einsetzen in Gl. (2.23) überprüft werden kann. Wenn pro Zeit mehr Geburten als Sterbefälle auftreten, also $b > d$ und damit $r > 0$ ist, nimmt die Population natürlich zu, in diesem dichteunabhängigen Fall also exponentiell. Für $b < d$, das heißt $r < 0$ finden wir in Gl. (2.24) eine exponentielle Abnahme. Wie oben dargelegt, ist die singuläre Situation $r = 0$ ohne Relevanz für die Ökologie. Wiederum ergibt also die *dichteunabhängige Regulation* des Populationswachstums *exponentielles Abnehmen* oder *Anwachsen* der Individuenzahl.

Die Diskussion der Ergebnisse (2.22) und (2.24) wollen wir mit der Deutung der individuellen Wachstumsrate r beginnen. Sie wird in „Zahl der Individuen pro Zeit" angegeben. Damit ist 1/r eine Zeit, und zwar diejenige, in der die Population um den Faktor e zu- oder abnimmt. Um dies zu sehen, braucht man nur in Gl. (2.24) für die Zeit t den Wert 1/r einzusetzen. Eine günstige graphische Darstellung eines exponentiellen Verhaltens wie in Gl. (2.22) oder in Gl. (2.24) erzielt man, wenn man den natürlichen Logarithmus von N(t) gegen t aufträgt. Durch Logarithmieren der Gl. (2.24) erhalten wir nämlich (s. Anhang A1)

$$\ln N(t) = \ln N_0 + rt\,, \tag{2.25}$$

also eine lineare Abhängigkeit des ln N(t) von t, wie sie in Abb. 2.2 dargestellt ist. Dort finden wir auch einen Vergleich mit Felddaten, was letztlich das entscheidende Gütekriterium eines Modells ist. Wie auch in einigen anderen Fällen wird das *exponentielle Wachstum für kleine Individuenzahlen* bestätigt, sofern man von geringen Abweichungen absieht. Bei größeren Werten von N ist das Wachstum aber vermindert. Da das Wachstum nicht bis ins Unendliche fortdauern kann, folgt als logische Schlußfolgerung, daß die *Wachstumsrate r(N) bei höheren Werten von N abnehmen* und schließlich den Wert 0 erreichen muß, damit die Populationsgröße begrenzt bleibt. Denn solange r(N) > 0 ist, wächst N(t) wegen Gl. (2.15) weiter an. Somit muß r(N) eine abnehmende Funktion von N sein, was man mit dichteabhängiger Regulation bezeichnet. Will man das Vokabular der Regeltechnik benutzen (Berryman 1981), so sagt man, daß die Population durch *negative Rückkoppelung (feedback)* reguliert wird. Die gleichen Argumente führen auch im zeitdiskreten Fall (2.4) zu dem Schluß, daß die *Reproduktionsrate* $R(N_j)$ *zum Wert 1 hin abnehmen muß*, also eine dichteabhängige Funktion ist, damit N_j nicht über alle Grenzen wächst.

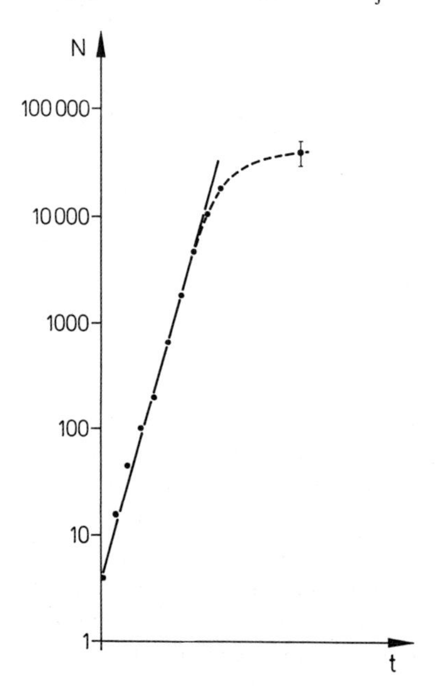

Abb. 2.2. Exponentielles Wachstum: Individuenzahl N (in logarithmischer Skala) gegen die Zeit, mit Daten für die Turteltauben (*Streptopelia decaocto*) in Großbritannien. (Nach Hutchinson 1978)

Zusammenfassung

Dichteunabhängiges Wachstum, d. h. wenn die Reproduktionsrate R bzw. die individuelle Wachstumsrate r nicht von der Populationsgröße N abhängt, führt sowohl im diskreten wie im kontinuierlichen Fall zu exponentiellem Wachstum der Individuenzahl N. Damit die Populationsgröße beschränkt bleibt, muß das Wachstum bei hohen Individuenzahlen schließlich aufhören und r deshalb gegen Null gehen.

Weiterführende Literatur:
Theorie: Hallam 1986a; Pianka 1974a;
Empirik: Einarsen 1945; Hallam 1986a; Hutchinson 1978; Veldkamp u. Jannasch 1972.

2.2.2 Dichteabhängige Regulation

Um die Notwendigkeit einer solchen *dichteabhängigen Regulation* hat es lange Kontroversen gegeben (Nicholson 1954, Andrewartha u. Birch 1954). Sie kann aber heute als unbestritten gelten. Wir werden unten ein Beispiel vorstellen, das hilft, den Ursprung dieser Kontroversen zu verdeutlichen. Wir werden in diesem Abschnitt der Frage nachgehen, welche Konsequenzen die dichteabhängige Regulation für die Populationsdynamik hat und wie sie quantifiziert werden kann. Wir wollen mit dem einfachsten Beispiel einer dichteabhängigen Regulation beginnen. Die im vorherigen Paragraphen abgeleitete Forderung, daß die individuelle Wachstumsrate r(N) bei zunehmendem N nach 0 hin abnehmen muß, wird auf die *mathematisch einfachste Weise* durch die folgende lineare Funktion erfüllt:

$$r(N) = r_m(1 - N/K) . \tag{2.26}$$

Aus der Wachstumsgleichung (2.15) wird hiermit die sogenannte *logistische* Gleichung (Verhulst 1838):

$$dN/dt = f(N) = Nr_m \cdot (1 - N/K) . \tag{2.27}$$

Beide Wachstumsraten f(N) und r(N) sind in Abb. 2.3a und 2.3b dargestellt (s. auch Gl. A 3.2 in Anhang A3). Es sei besonders darauf hingewiesen, daß ihre spezielle Form allein durch die Forderung nach mathematischer Einfachheit bedingt ist. Sie enthält nur zwei Parameter, r_m und K, deren Verknüpfung mit dem zugrunde liegenden Geburts- und Sterbeprozessen aber völlig offen bleibt.

Die Lösung der Gl. (2.27) (s. Gl. A2.4 in Anhang A2) ist in Abb. 2.3c dargestellt. Für kleine Werte von N ist N/K in Gl. (2.27) gegen 1 zu vernachlässigen (s. Gl. A3.1 in Anhang A3). Dort nimmt die Wachstumsrate r(N) ihren maximalen Wert r_m an, der *potentielle Wachstumsrate (intrinsic rate of natural increase)* genannt wird. Daher ist *bei kleinen Individuenzahlen* N ein *exponentieller Anstieg* mit der Rate r_m in Abb. 2.3c zu finden, was auch in Übereinstimmung mit den Daten in Abb. 2.2 steht. Bei größeren Individuenzahlen strebt N(t) gegen die *Kapazität* K (carrying-capacity). Für N = K erhalten wir aus Gl. (2.27), daß

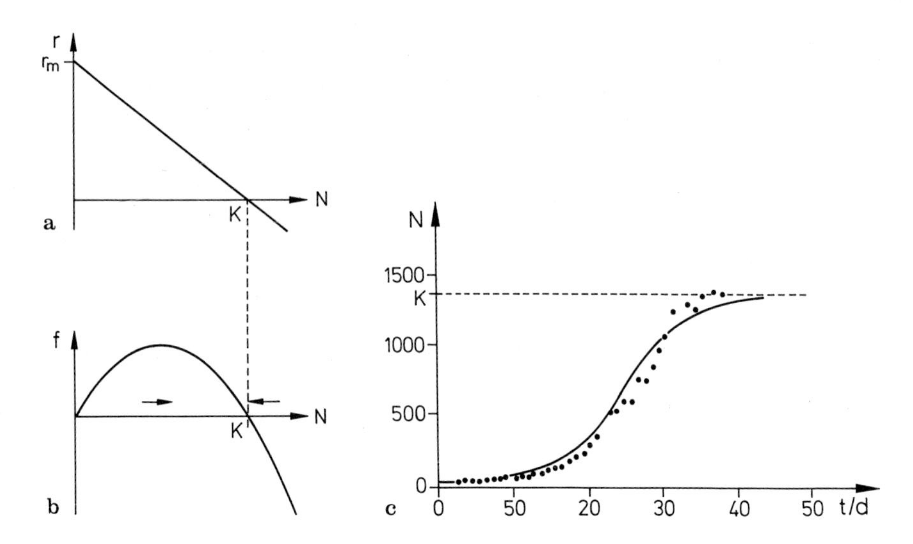

Abb. 2.3a–b. Logistisches Wachstum nach Gl. (2.27). **a** Individuelle Wachstumsrate r gegen die Individuenzahl N (r_m potentielle Wachstumsrate (intrinsic rate of natural increase), K Kapazität). **b** Gesamtwachstumsrate f = rN gegen die Individuenzahl. Die *Pfeile* zeigen die Richtung der zeitlichen Veränderung von N an. **c** Logistisches Wachstum nach Gl. (2.27): Anpassung des Zeitverlaufs N(t) der Individuenzahl bei einer Hydrapopulation (*Punkte*) (nach Bick 1964) an das logistische Wachstum (Zeit in Tagen)

dN/dt verschwindet, also die Individuenzahl sich nicht mehr ändert und daher ein *Gleichgewicht* erreicht ist. Es muß betont werden, daß ein sigmoider, d. h. s-förmiger Verlauf von N(t), ähnlich wie in Abb. 2.3c auch durch andere fallende Funktionen für r(N) erhalten werden kann. Die in der logistischen Gleichung benutzte ist nur die einfachste. Abb. 2.3c zeigt auch ein Beispiel dafür, daß sich die Dynamik mancher Populationen durch das logistische Wachstum recht gut beschreiben läßt, zumindest was die qualitativen Eigenschaften betrifft. Wie wir später sehen werden, sind aber häufig Abweichungen von diesem Einlaufen in ein Gleichgewicht, der einfachsten Form einer beschränkten Populationsdynamik zu beobachten.

Ein ebenso einfaches Beispiel für die Populationsdynamik bei nicht überlappenden Generationen soll dazu dienen, um die *Wirkung dichteabhängiger* und *dichteunabhängiger Faktoren* zu verdeutlichen. Wir stellen uns wieder eine Insektenpopulation mit N_j Imagines vor. Jede Imago möge im Schnitt E Eier legen. Ein Bruchteil P davon möge durch biotische Wechselwirkungen mit anderen Arten, wie Parasiten, Parasitoiden oder Räubern, getötet werden. Bei der Entwicklung zu adulten Tieren möge von diesen der Bruchteil W durch ungünstige Witterungseinflüsse, z. B. im Winter sterben. Damit wird die Individuenzahl N_{j+1} im folgenden Jahr:

$$N_{j+1} = EN_j(1 - P)(1 - W) . \qquad (2.28)$$

Diese Gleichung gibt also ein Beispiel für die allgemeine Beziehung (2.4) in Abschn. 2.1.2.

Der entscheidende Punkt ist nun, daß das Wetter im Mittel auf jedes Individuum unabhängig von der Populationsgröße gleich wirkt, also W dichteunabhängig ist. Hingegen wollen wir P dichteunabhängig ansetzen, wie dies für die meisten biotischen Wechselwirkungen realistisch ist (s. Kap. 3). Die einfachste Annahme ist, daß P (z. B. der Parasitierungsgrad) linear mit der Populationsgröße N zunimmt:

$$P = aN_j \,. \tag{2.29}$$

Ebenso wie im kontinuierlichen Fall interessiert uns, ob die Population einem Gleichgewicht zustrebt. Der Gleichgewichtswert N* der Individuenzahl ist dadurch gekennzeichnet, daß er sich von einem Jahr zum anderen nicht ändert. Also wird N* bestimmt durch

$$N^* = EN^*(1 - aN^*)\,(1 - W)\,, \tag{2.30}$$

woraus wir

$$N^* = \left[1 - \frac{1}{E(1-W)}\right] \Big/ a \tag{2.31}$$

erhalten. Die Stabilität dieses Gleichgewichts werden wir bei Gl. (2.63) in Abschn. 2.2.5 untersuchen.

Hier ist zunächst entscheidend, daß *ohne den dichteabhängigen Mortalitätsfaktor P*, das hieße bei a = 0, *kein endliches Gleichgewicht* erreicht wird, sondern die Individuenzahl N* über alle Grenzen strebt, was die Resultate des vorherigen Abschn. 2.2.1 bestätigen. Wir wollen als Beispiel E = 50 Eier und W = 0,975 annehmen. Damit wäre aN* = 0,2. In diesem Fall ist also die *dichteunabhängige Mortalität* W = 0.975 *größer als die dichteabhängige* P = 0,2. Der *Gleichgewichtswert* N* wird wegen Gl. (2.31) *von W* entscheidend *mitbestimmt.* Das macht verständlich, daß schwankende Witterungsbedingungen alleine große Schwankungen der Individuenzahl bewirken können. Der dichteunabhängige Faktor W ist also hier der größere und hat entscheidenden Einfluß auf die Populationsgröße. Diese Umstände dürfen aber nicht darüber hinwegtäuschen, daß nur die dichteabhängige Mortalität P die Existenz eines Gleichgewichts bewirkt. Natürlich ist es für die Feldökologen schwierig, einen quantitativ kleinen, dichteabhängigen Faktor vor dem Hintergrund größerer, dichteunabhängiger Faktoren zu erkennen (Davidson u. Andrewartha 1948; Smith 1961). In Anlehnung an den Sprachgebrauch der Regeltechnik wird die Wirkung von *dichteabhängigen Faktoren* auch *Regelung* genannt. Im Unterschied dazu bezeichnet man die Tatsache, daß der *dichteunabhängige Faktor* die Populationsgröße entscheidend mitbestimmt, als *Steuerung.*

Bei Populationen mit nicht überlappenden Generationen treten häufig einzelne *Mortalitätsfaktoren* im Laufe des Lebenszyklus nacheinander auf. Es ist üblich, diese durch *k-Faktoren* (Haldane 1949; Varley u. Gradwell 1960) zu beschreiben, die folgendermaßen definiert sind:

$$k_i = \log \frac{N_{iv}}{N_{in}} \,. \tag{2.32}$$

Dabei ist N_{iv} die Individuenzahl vor Wirkung des i-ten Mortalitätsfaktors und N_{in} die Zahl nach diesem. Ist zum Beispiel vor der witterungsbedingten Mortalität die Individuenzahl N_{Wv}, so ist sie nach ihr

$$N_{Wn} = N_{Wv}(1 - W) . \tag{2.33}$$

Der zugehörige k-Faktor ist

$$k_W = \log [1/(1 - W)] , \tag{2.34}$$

unabhängig von der Populationsgröße. Anders bei der biotischen Mortalität P. Ihr k-Faktor ist

$$k_p = \log \left[\frac{N_{Pv}}{N_{Pv}(1 - aN_{Pv})} \right] = \log [1/(1 - aN_{Pv})] , \tag{2.35}$$

also von der Individuenzahl N_{Pv} vor der Wirkung abhängig. Die Dichteabhängigkeit eines Mortalitätsfaktors läßt sich also aus der Abhängigkeit seines k-Faktors von der Populationsgröße entnehmen (s. Abb. 2.11 in Abschn. 2.3.1).

Zusammenfassung

Die lineare Abnahme der individuellen Wachstumsrate r(N) mit N ist die mathematisch einfachste. Das entsprechende Wachstum wird logistisch genannt. Es liefert ein sigmoides Einlaufen in ein Gleichgewicht. Dichteabhängige Faktoren sind für die Existenz eines Gleichgewichts entscheidend. Der Gleichgewichtswert N* der Individuenzahl wird durch die dichteunabhängigen Faktoren wesentlich mitbestimmt. Diese können quantitativ stärker als die dichteabhängigen in Erscheinung treten.

Weiterführende Literatur:
Theorie: Allee et al. 1949; Andrewartha u. Birch 1954; Bellows 1981; Caughley 1976b; Christiansen u. Fenchel 1977; Fowler 1981; Hallam 1986a; Hassell 1975; Horn 1968b; Krebs 1972; Nicholson 1954; Pianka 1974a; Pielou 1977; Pimm 1982a, b; Slobodkin 1962;
Empirik: Allee et al. 1949; Andrewartha u. Birch 1954; Begon u. Mortimer 1986; Bellows 1981; Bick 1964; Brougham 1955; Caughley 1976b; Davidson 1938; Fowler 1981; Hutchinson 1978; Krebs 1972; McLaren 1971; Pearl 1927; Pianka 1947a; Smith 1952, 1961, 1963; Tamarin 1978; Tanner 1966; Watkinson 1983; Weatherley 1972.

2.2.3 Stabile und instabile Gleichgewichte (Zeit kontinuierlich)

In Abschn. 2.2.1 haben wir uns überlegt, daß die individuelle Wachstumsrate r(N) eine mit N abnehmende Funktion sein muß. Nach dem speziellen Beispiel hierfür im letzten Abschnitt wollen wir jetzt allgemeine Konsequenzen daraus ziehen. Wir fragen uns, ob es allgemein wie beim logistischen Wachstum (s. Gl. 2.27 und Abb. 2.3c) ein Gleichgewicht gibt, wie stabil dieses ist und ob es auch andere Verhaltensmuster der Populationsdynamik einer einzelnen Art geben kann. Dazu sehen wir uns noch einmal die Gln. (2.13) und (2.15) für die Populationsdynamik an, die gemeinsam lauten:

$$dN/dt = f(N) = N\,r(N)\,. \tag{2.36}$$

Ein Beispiel für r(N) mit dem dazugehörigen f(N) ist in Ab. 2.3a und 2.3b dargestellt. Diese Form der Gesamtwachstumsrate f(N) ist typisch für die Beschreibung von begrenztem Populationswachstum: Da die individuelle Wachstumsrate r(N) einen gewissen Maximalwert nicht überschreiten kann, ist klar, daß die Gesamtwachstumsrate $f(N) = N\,r(N)$ im Grenzfall $N \to 0$ verschwinden muß; d. h. wenn keine Individuen vorhanden sind, kann es auch kein Wachstum geben. Die Wachstumsrate f(N) muß dann erneut bei einem endlichen Wert N^* (= K im logistischen Wachstum) verschwinden. Andernfalls würde f(N) immer positiv bleiben und damit ein unbegrenztes Wachstum $dN/dt > 0$ beschreiben.

Aus Gl. (2.36) entnehmen wir, daß, solange $f(N) > 0$ bzw. $r(N) > 0$, auch die Änderung der Individuenzahl $dN/dt > 0$ bleibt, also eine Zunahme von N zu verzeichnen ist. Dieses ist durch einen Pfeil in Abb. 2.3b angedeutet. Bei $f(N) < 0$ bzw. $r(N) < 0$ nimmt N entsprechend ab. Einen *Gleichgewichtswert* N^* für die Individuenzahl erhält man daher, wo die *Wachstumsraten verschwinden*, also f(N) und r(N) die N-Achse schneiden:

$$0 = f(N^*) \tag{2.37}$$

bzw.

$$0 = r(N^*) \quad \text{oder} \quad N^* = 0\,. \tag{2.38}$$

Im speziellen Fall des logistischen Wachstums, welches in Abb. 2.3 dargestellt ist, ist $N^* = 0$ oder $N^* = K$. Weicht die Individuenzahl N aufgrund einer Störung vom Gleichgewicht $N^* = K$ ab, so wird sie, wie die Pfeile zeigen, auf $N^* = K$ zurückgeregelt. Man sagt, $N^* = K$ ist stabil. Anders bei $N^* = 0$. Dort wächst eine kleine positive Abweichung der Individuenzahl N, wie der Pfeil zeigt, weiter an. $N^* = 0$ wird daher instabil genannt. Der entscheidende Unterschied dieser beiden Schnittpunkte von f(N) mit der N-Achse ist die *Steigung*. Diese muß also *im Falle eines stabilen Gleichgewichts* N^* *negativ sein*:

$$\left.\frac{df}{dN}\right|_{N=N^*} < 0\,. \tag{2.39}$$

Diese Stabilitätseigenschaften von Gleichgewichten N^* lassen sich auch mathematisch durch eine sogenannte *lokale Stabilitätsanalyse*, wie sie im Anhang A4a dargestellt ist, bestimmen. Man untersucht dabei das zeitliche Verhalten der Population in der Nähe dieser Gleichgewichte N^*. Beschränkt man sich auf die unmittelbare Nachbarschaft von N^*, kann dort f(N) durch eine Gerade approximiert werden, was zu folgendem Verhalten führt (s. Gl. A4.1–A4.5 in Anhang A4): Liegt zur Zeit $t = 0$ eine Abweichung A der Individuenzahl N vom stabilen Gleichgewicht N^* vor, so nimmt diese exponentiell ab:

$$N(t) - N^* = A\,e^{-t/T_R}\,. \tag{2.40}$$

Dabei gibt T_R die *charakteristische Rückkehrzeit* an, mit der die Zahl N zum Gleichgewicht N* strebt. Sie ist durch die Steigerung (2.39) bestimmt:

$$\frac{1}{T_R} = - \left. \frac{df}{dN} \right|_{N=N^*} . \tag{2.41}$$

Diese Größe kann als ein Stabilitätsmaß für das Populationsgleichgewicht N* gelten: Die „Geschwindigkeit" $1/T_R$, mit der die Population nach einer Störung, beschrieben durch A, ins Gleichgewicht zurückkehrt, wird auch Elastizität genannt.

Die simple graphische Methode zur Analyse von Gleichgewichtseigenschaften wollen wir an einem Beispiel erproben. Wir beginnen mit dem natürlichen Populationswachstum, beschrieben durch ein typisches f(N), wie in Abb. 2.4a dargestellt. Nun greifen wir in die Population ein, indem wir mit einer *konstanten Rate Q abernten.* Wir nehmen also pro Zeit eine bestimmte Zahl von Individuen aus der Population. Deshalb muß die Ernterate Q, die in der Fischerei Quote genannt wird, mit negativem Vorzeichen in Gl. (2.36) angefügt werden, da sie ja eine Abnahme der Individuenzahl pro Zeit beinhaltet:

$$dN/dt = f(N) - Q . \tag{2.42}$$

Die Konsequenz dieses Aberntens läßt sich leicht graphisch bestimmen. Wo die rechte Seite von Gl. (2.42) Null wird, also f(N) gleich Q ist, haben wir ein Gleichgewicht. In Abb. 2.4a ist ein Wert für Q eingetragen. An zwei Stellen N* und N_B hat f(N) den Wert Q. Die Stabilitätseigenschaften bestimmen sich wie folgt: Dort, wo f(N) größer als Q ist, ist die rechte Seite von Gl. (2.42) positiv, nimmt N(t)

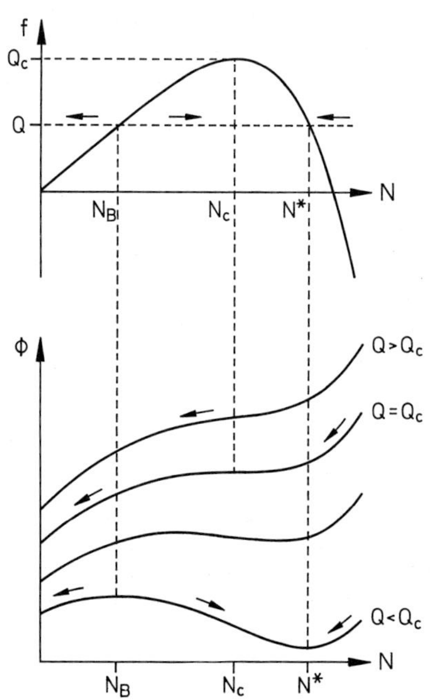

Abb. 2.4. Typischer Verlauf einer Gesamtwachstumsrate f mit der Individuenzahl N. Eine konstante Ernterate Q ergibt Gleichgewichte bei N_B und N*. Diese fallen bei der kritischen Ernterate Q_c im Punkt N_c zusammen. Die *Pfeile* zeigen die Richtung der zeitlichen Veränderung von N an. *Unten*: Korrespondierende Potentialfunktion φ(N) für verschiedene Werte der Ernterate Q. Bei $Q = Q_c$ fällt der Potentialberg N_B mit der Potentialmulde N* im Punkt N_c zusammen

zu; dort, wo f(N) kleiner als Q ist, nimmt N(t) ab. Wie man den entsprechenden Pfeilen in Abb. 2.4a entnimmt, beschreibt N* ein stabiles Gleichgewicht (die Steigung von f(N) ist dort negativ). Solange die Individuenzahl N oberhalb N_B liegt, wird die Population dem Gleichgewicht N* zustreben. Ist aber N einmal unter N_B geraten, so wird es, wie die Pfeile anzeigen, weiter abnehmen, bis die Population schließlich vernichtet ist.

Aus diesem Beispiel wird deutlich, daß Stabilitätsbetrachtungen, die sich nur auf die Nähe eines Gleichgewichtspunktes erstrecken, nichts über das *globale Verhalten* aussagen. Solche Untersuchungen, die sich nur auf Betrachtungen der Steigung von f(N) in der Nähe der Gleichgewichtswerte N* erstrecken und die auch bei der Herleitung von Gl. (2.40) benutzt werden, nennt man lokale Stabilitätsanalysen. Die globalen Eigenschaften werden durch die *Bereiche der Anziehung* gekennzeichnet. Sie umfassen diejenigen N-Werte, die zum selben Gleichgewicht führen. So begrenzt also N_B den Bereich des Gleichgewichts N*. Populationen mit Individuenzahlen N oberhalb N_B streben dem Gleichgewicht N* zu. Anders ausgedrückt, beschreibt ein Bereich der Anziehung die Grenzen für die Störungen, die eine Population erfahren darf, um dennoch wieder ins ursprüngliche Gleichgewicht zurückzukehren. Die Größe dieses Bereichs gibt also ein weiteres Maß der Stabilität, das gelegentlich mit „*Resilience*" bezeichnet wird. Leider hat sich kein einheitlicher Sprachgebrauch für die verschiedenen Stabilitätseigenschaften eingebürgert.

Abbildung 2.4a zeigt, daß die Individuenzahl N* einer ausgebeuteten Population gegenüber dem unbeeinflußten Gleichgewicht erniedrigt ist und dies umso mehr, je größer die Quote Q ist. Dies sowie die gleichzeitige Zunahme von N_B mit Q ist in Abb. 2.5 dargestellt. Bei weiterer Erhöhung von Q wird schließlich ein *Schwellenwert* Q_c erreicht, der durch das Maximum von f(N) gegeben ist. Dort fallen die Schnittpunkte N_B und N* zusammen, wie auch in Abb. 2.4a zu sehen. Erhöht man die *Ernterate Q über Q_c hinaus*, so ist $Q > f(N)$ für alle N, d. h. die rechte Seite von Gl. (2.42) ist durchweg negativ und die Individuenzahl wird abnehmen, bis schließlich die *Population ausgerottet* ist.

Die maximale Quote der Ausbeutung Q_c, auch *MSY-Niveau* (maximal sustainable yield) genannt, wird also durch das Maximum der Wachstumsrate (*maximale Produktion*) der Population bestimmt. Dies ist eine triviale allgemeingültige Aussage, denn man kann von einer Population nicht mehr abschöpfen, als sie imstande ist nachzuliefern. Eine weniger offenkundige Eigenschaft lehrt uns Abb. 2.5. Ohne Kenntnis der Zusammenhänge wird man zwar die Abnahme der

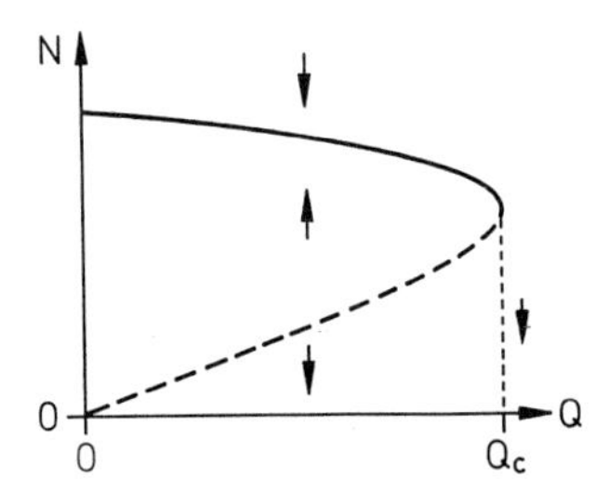

Abb. 2.5. Veränderung des stabilen Gleichgewichts N* und des instabilen N_B (*gestrichelt*) bei Erhöhung der Ernterate Q gemäß Abb. 2.4a. Für $Q > Q_c$ existiert nur ein stabiles Gleichgewicht bei $N = 0$. Die *Pfeile* zeigen die Richtung der zeitlichen Veränderung der Individuenzahl N an

Populationsgröße N^* bei der Erhöhung der Quote Q feststellen. Doch selbst wenn diese Ernterate Werte knapp unterhalb von Q_c erreicht hat, hält sich die Reduktion von N^* in Grenzen. Dies kann, wie einige Beispiele aus der Fischerei gezeigt haben, dazu führen, daß man, ohne Böses zu ahnen, die Quote noch etwas erhöht und damit über Q_c gerät. Wenn die Population dann zusammenbricht, ist die Überraschung groß, wo sie doch noch kurz vorher so moderat auf die Ausbeutung reagiert hat. Der Grund dafür ist, daß die Reaktion der Individuenzahl N^* auf einen Eingriff kein gutes Maß für die Stabilität der Population ist.

Das qualitative Verhalten unserer oben eingeführten Stabilitätsmaße läßt sich in Abb. 2.4a erkennen. Erhöht man die Erntequote Q bis zum Schwellenwert Q_c, so schrumpft der Bereich der Anziehung des Gleichgewichts N^*, d. h. der Abstand $N^* - N_B$ strebt gegen Null. Außerdem ist offensichtlich, daß die Steigung von f(N) an der Stelle N^* abnimmt, wenn N^* bei Erhöhung von Q gegen N_B strebt. Mit Gl. (2.41) können wir daraus schließen, daß die *charakteristische Rückkehrzeit* T_R *bei Annäherung an die Schwelle ansteigt*. Das Umkippen der Population bei Überschreiten der maximal zulässigen Erntequote Q_c kündigt sich also doch vorher an: Je näher man dieser Schwelle ist, um so mehr Zeit benötigt die Population, um nach einer Störung ins Gleichgewicht zurückzukehren, und um so kleiner dürfen diese Störungen nur sein, wenn der Gleichgewichtszustand N^* wieder erreicht werden soll.

Die Verallgemeinerung der Ergebnisse des Beispiels (2.42) ist offenkundig. Sollte durch Berücksichtigung weiterer Einflüsse, wie sie weiter unten diskutiert werden (s. Kap. 3 und Kap. 5), die Wachstumsrate f(N) mehrere Nulldurchgänge haben, wie in Abb. 2.6a skizziert, so liefern Schnittpunkte N_i^* (i = 1, 2, ...) mit *negativer Steigung stabile Gleichgewichte*. Schnittpunkte N_{Bi} (i = 1, 2, ...) mit

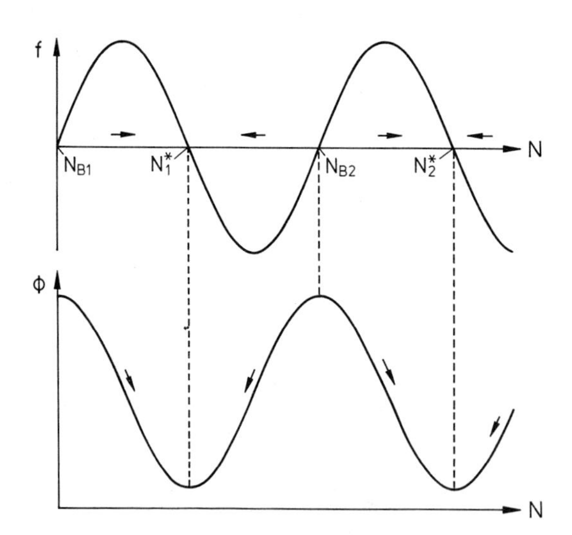

Abb. 2.6. Wachstumsrate f(N) bei mehreren Gleichgewichten N_i^*. Die *Punkte* N_{Bi} (breakpoints) begrenzen die Bereiche der Anziehung, wie die *Pfeile* für die zeitliche Veränderung von N andeuten. *Unten*: Korrespondierende Potentialfunktion φ(N). Bei den stabilen Gleichgewichten N_i^* liegen Minima, bei den instabilen N_{Bi} Maxima

positiver Steigung beschreiben *instabile Gleichgewichte* und begrenzen die Bereiche der Anziehung der N_i^*. Diese Eigenschaft wird als *multiple Stabilität* bezeichnet. Ihre Eigenschaften werden wir in Abschn. 3.3.2 diskutieren. Die Beschreibung (2.36) der Populationsdynamik bei überlappenden Generationen liefert also immer das Streben in ein Gleichgewicht, wozu auch der Zustand $N = 0$ einer ausgestorbenen Population zählt. Es ist wohl nicht nötig, hier Beispiele vorzuführen, die zeigen, daß stabiles Verharren der Populationsgröße in einem Gleichgewichtswert N^* nie zu beobachten ist. Bestenfalls strebt die Individuenzahl einem Wertebereich zu, in dem sie dann mehr oder minder starke zeitliche Fluktuationen aufweist. Um die Beschreibung dieses Verhaltens geht es im folgenden Abschnitt.

Zusammenfassung

Gleichgewichtswerte N^* der Individuenzahl werden durch Nullsetzen der Wachstumsrate f(N) bzw. r(N) bestimmt. Ein Gleichgewicht ist stabil (Rückkehr ins Gleichgewicht nach einer Störung), wenn f(N) bzw. r(N) bei N^* eine negative Steigung haben. Die Rückkehr ins Gleichgewicht geschieht exponentiell mit der charakteristischen Rückkehrzeit T_R, die durch den Kehrwert der Steigung von f(N) bei N^* gegeben ist. Erntet man eine Population mit einer konstanten Quote Q ab und senkt ihre Größe hinreichend weit ab, so kann sie sich nicht mehr erholen, sondern stirbt aus. Überschreitet Q den Schwellenwert Q_c, bricht die Population in jedem Fall zusammen. Wenn Q langsam an Q_c herangeführt wird, kündigt sich diese Instabilität durch das Anwachsen der charakteristischen Rückkehrzeit an.

Weiterführende Literatur:
Theorie: Beddington 1979; Clark 1973; 1985; Fretwell 1972; Goh 1980; Hallam 1986a; Lewontin 1969; May 1973b; Pimm 1982b; Richter 1985; Robinson u. Valentine 1979; Usher u. Williamson 1974;
Empirik: Fretwell 1972, Orians 1975.

2.2.4 Abschätzung der Wirkung zufälliger Einflüsse

Ein Charakteristikum von Populationen ist, daß der Zeitverlauf N(t) der Individuenzahl immer *unregelmäßige Schwankungen* aufweist. Diese sind selbst bei im Labor unter konstanten Bedingungen kultivierten Populationen beträchtlich (Halbach 1979, Wissel et al. 1981). Der Verdacht, daß sie auf die *Wirkung unkontrollierter zufälliger Einflüsse* zurückzuführen sind, wird bestätigt, wenn die Versuche unter den gleichen konstanten Bedingungen wiederholt werden und doch einen anderen Verlauf für N(t) liefern. Die Faktoren, die eine Populationsdynamik beeinflussen, sind zahllos. Sie alle erforschen zu wollen, ist weder praktikabel noch prinzipiell möglich. So ist man gezwungen, den Großteil von ihnen als unkontrollierbare zufällige Einflüsse zu behandeln. Dabei ist zu bemerken, daß es keinen prinzipiellen Unterschied zwischen deterministischen und zufälligen Einflüssen gibt. Dies ist nur eine Frage der Information. Selbst das Paradebeispiel eines Zufallsgenerators, der Würfel, wird im Prinzip durch die Gesetze der

Mechanik deterministisch gelenkt. Nur unser Unvermögen, die Anfangsbedingungen beim Wurf und andere Randbedingungen zu erfassen, macht ihn zu einem Zufallsobjekt.

Damit ist es unausweichlich, in der Ökologie zufällige Einflüsse zu berücksichtigen, zumal die *Umweltbedingungen unvorhersehbar schwanken*. Wir fragen daher, wie zufällige Einflüsse beschrieben werden können und in welcher Weise sie das Verhalten der Populationsdynamik verändern. Eine erste Beschreibung kann folgendermaßen geschehen:

$$dN/dt = f(N) + g(N)\,\xi(t)\,. \tag{2.43}$$

Die zeitliche Veränderung dN/dt der Individuenzahl ist zunächst durch die *deterministische Wachstumsrate* $f(N)$ bestimmt. Die Zufallseinflüsse bewirken nun, daß $f(N)$ zeitlich variiert. Der mittleren Wachstumsrate $f(N)$ ist also ein *zufällig fluktuierender Anteil* $g(N)\,\xi(t)$ überlagert. Hier ist $\xi(t)$ eine zeitlich zufällig variierende Größe, auch *stochastische Kraft* genannt. Der Vorfaktor $g(N)$ beschreibt die Tatsache, daß die Wirkung von $\xi(t)$ je nach Populationsgröße unterschiedlich sein kann. So bewirkt z. B. das zufällige Auftreten katastrophaler Witterungsbedingungen, daß ein gewisser Bruchteil einer Population stirbt. Absolut gesehen führt das in einer großen Population zu einer größeren Abnahme dN/dt der Individuenzahl als in einer kleinen. Mit dieser stochastischen Beschreibung (2.43) der Populationsdynamik werden wir uns in Abschn. 4.2 ausführlicher beschäftigen. Hier wollen wir nur ihre grob qualitative Wirkung mit einem anschaulichen Hilfsmittel abschätzen.

Zu diesem Zweck führen wir eine sogenannte *Potentialfunktion* $\varphi(N)$ ein, die durch

$$d\varphi/dN = -f(N) \tag{2.44}$$

definiert ist. Diese zunächst rein mathematisch, abstrakt eingeführte Größe kann die Anschauung sehr unterstützen. Das Potential $\varphi(N)$ hat nach seiner Definition bei den Werten von N eine verschwindende Ableitung

$$\left.\frac{d\varphi}{dN}\right|_{N=N^*} = 0\,, \tag{2.45}$$

bei denen auch $f(N)$ verschwindet, also nach Gl. (2.37) ein Gleichgewicht vorliegt. Aus der Stabilitätsbedingung (2.39) für dieses Gleichgewicht wird mit Gl. (2.44):

$$\left.\frac{d^2\varphi}{dN^2}\right|_{N=N^*} > 0\,. \tag{2.46}$$

Insgesamt können wir die Potentialfunktion $\varphi(N)$ wie ein „Gebirge" ansehen, das aufgrund der Gln. (2.45) und (2.46) gerade bei den stabilen Gleichgewichten N_i^* Minima, d. h. „Täler" hat, während bei den instabilen Gleichgewichten N_{Bi} ein Maximum, d. h. eine „Bergkuppe" vorliegt. In Abb. 2.6b ist das zu der Wachstumsrate $f(N)$ korrespondierende Potential $\varphi(N)$ dargestellt. Nach Übertragung der Pfeile ist die Interpretation von $\varphi(N)$ sofort deutlich. Die zeitliche Veränderung von N geschieht gerade so, wie *„ein Körper im Gebirge $\varphi(N)$ zu Tale* *gleiten würde*". Die Größe der zeitlichen Veränderung, also die „Geschwindigkeit" wird wegen Gl. (2.36) durch f(N) bestimmt, was wegen Gl. (2.44) mit der Steigung der „Bergflanken" übereinstimmt. Je steiler diese sind, um so schneller die Bewegung. Die Bereiche der Anziehung sind die „Täler" um die N_i^* herum, begrenzt durch die „Bergkämme" N_{Bi}.

Daß dieses anschauliche Hilfsmittel das Verständnis sehr unterstützen kann, zeigt Abb. 2.4b. Für $Q < Q_c$ gleitet je nach Lage des Anfangspunkts der Körper in die Mulde oder nach $N = 0$. Bei größeren Q-Werten (gestrichelte Kurve) wird die Mulde schmaler und flacher. Der Körper kehrt jetzt nur noch nach kleineren Auslenkungen in die Mulde zurück und dies langsamer. Bei $Q = Q_c$ wird der Körper schließlich „ausgekippt", die Population stirbt aus.

Ist die Potentialfunktion für das Veranschaulichen dieser bereits oben abgeleiteten Eigenschaften hilfreich, so liefert sie uns für die Einschätzung der Zufallseinflüsse in Gl. (2.43) wesentliche Hinweise. Dort gibt f(N) wegen Gl. (2.44) die „Kräfte, die an den Bergflanken wirken", an. Diesen sind nun die *Zufallskräfte* $g(N)\,\xi(t)$ überlagert, die wegen ihrer stochastischen Natur mal einen größeren, mal einen kleineren, mal einen positiven, mal einen negativen Beitrag zur zeitlichen Veränderung dN/dt liefern. Sie wirken auf den „Körper" wie *verschieden starke Stöße*, die mal nach rechts, mal nach links wirken.

Damit wird klar, daß der Körper nicht in der Gleichgewichtslage N^* „liegen bleibt, sondern unregelmäßig in der Mulde hin- und hergestoßen wird". Hierdurch wird deutlich, daß die am Ende des vorherigen Paragraphen erwähnten *irregulären Fluktuationen der Individuenzahl* von den zufälligen Einflüssen herrühren können. Sie werden um so größer sein, je stärker die Zufallseinflüsse sind. Ihre mittlere Amplitude kann als weiteres Stabilitätsmaß dienen. Es beschreibt das Ausmaß der zeitlichen „Konstanz". Die *Individuenzahl* $N(t)$ ist also nicht mehr vorhersagbar, sie ist eine *stochastische Größe*. Für sie können daher nur *Wahrscheinlichkeitsaussagen* gemacht werden. So wird sich für N eine Häufigkeitsverteilung um N^* herum ergeben, deren Mittelwert nahe N^* liegen wird. Das deterministische Resultat wird also etwas „verwischt", gibt aber eine brauchbare Beschreibung des mittleren Verhaltens.

Bei dieser in allen deterministischen Modellen implizit eingeschlossenen Vorstellung ist Vorsicht geboten. So bleibt bei der deterministischen Deutung von Abb. 2.4b der Körper in der Mulde liegen, bis er bei $Q = Q_c$ „ausgekippt" wird. Doch unter der Wirkung der zufälligen Stöße kann er schon vorher den Berg N_B überwinden und dann nach $N = 0$ geraten, sobald die Mulde hinreichend flach geworden ist. Dieses zufallsbedingte vorzeitige Aussterben der Population geschieht bei um so kleineren Erntequoten Q, je größer die Zufallseinflüsse sind. Aus deterministischer Sicht ist eine ausgebeutete Population vor der Vernichtung sicher, solange die Ernterate Q unter dem MSY-Niveau (maximal sustainable yield) Q_c bleibt. Die immer gegenwärtigen Zufallseinflüsse verlangen aber, daß sie ein gutes Stück unterhalb dieses „ökonomisch optimalen" Wertes gehalten werden muß, um kein zu großes Risiko einzugehen.

Zusammenfassung

Aufgrund unvorhersehbarer Umweltbedingungen wirken in Ökosystemen immer starke zufällige Einflüsse. Sie werden durch einen fluktuierenden Anteil der Wachstumsrate f(N) berücksichtigt. Die Potentialfunktion φ(N), deren Ableitung mit dem Negativwert der Wachstumsfunktion f(N) übereinstimmt, kann wie ein Gebirge interpretiert werden, in welchem ein Körper gleitet. Die Zufallseinflüsse wirken wie unregelmäßige Stöße auf den Körper. Sie verursachen unregelmäßige Fluktuationen der Individuenzahl.

Weiterführende Literatur:
Theorie: Mangel 1985; Robinson u. Valentine 1979;
Empirik: Connell 1979; Davidson 1938; Halbach 1979; Wissel et al. 1981.

2.2.5 Stabilität bei zeitdiskreter Beschreibung

Außer den Zufallseinflüssen gibt es noch andere *mögliche Ursachen für irreguläre zeitliche Verläufe* der Individuenzahl in der Populationsdynamik. Dies wird sich zeigen, wenn wir uns die Stabilitätseigenschaften der Beschreibung (2.4) bzw. (2.28) und (2.29) von Populationen mit nicht überlappenden Generationen ansehen. Wir fragen uns, ob sie die gleichen wie bei der kontinuierlichen Beschreibung für Populationen mit überlappenden Generationen sind. Bei *nicht überlappenden Generationen* wurde die zeitdiskrete Populationsdynamik durch folgende Gleichung (s. Abschn. 2.1.3) beschrieben:

$$N_{j+1} = N_j R(N_j) \, . \qquad (2.47) = (2.4)$$

Wir schreiben (2.47) in die zum kontinuierlichen Fall in Gl. (2.36) analoge Form (2.7) um:

$$N_{j+1} - N_j = F(N_j) = N_j(R(N_j) - 1) \, . \qquad (2.48) = (2.7)$$

Die *Analogie zum kontinuierlichen Fall* (2.36) ist offenkundig. Die dortige momentane zeitliche Zunahme dN/dt der Individuenzahl ist hier durch die Zunahme von $N_{j+1} - N_j$ vom Jahr j zum Jahr j + 1 ersetzt. Deshalb sind die meisten Überlegungen aus Abschn. 2.2.3 hierher übertragbar, wenn man die Wachstumsrate f(N) durch $F(N_j)$ ersetzt. So ergeben die Nullstellen N* der Wachstumsrate F(N) Gleichgewichte

$$F(N^*) = 0 \, , \qquad (2.49)$$

was wegen Gl. (2.48) äquivalent zu

$$R(N^*) = 1 \qquad (2.50)$$

ist; d. h. im Gleichgewicht hat jedes Individuum im Mittel einen Nachkommen. Auch die Pfeile in Abb. 2.3, 2.4 und 2.6 bleiben und geben statt der momentanen Veränderung jetzt die Richtung an, in der die Individuenzahl des nachfolgenden Jahres liegen wird.

Jedoch ergeben sich jetzt bei der *lokalen Stabilitätsanalyse*, die das zeitliche

Verhalten nach einer kleinen Störung des Gleichgewichts N^* bestimmt, drastische Unterschiede zum kontinuierlichen Fall (2.40). Wie im Anhang A4b hergeleitet, wird das zeitliche Verhalten der Abweichung der Individuenzahl N_j vom Gleichgewicht N^* durch

$$N_j - N^* = \Lambda^j A \tag{2.51}$$

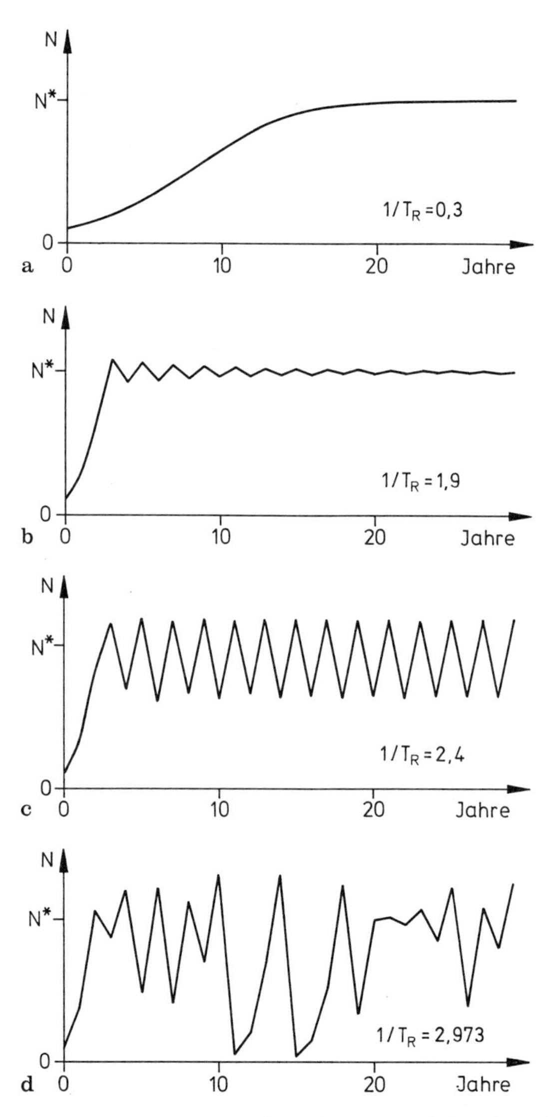

Abb. 2.7 a–d. Zeitverhalten der diskreten Populationsdynamik (2.28) und (2.29) aus Abschn. 2.2.2. Die Stärke der dichteabhängigen Regulation ist hier durch $1/T_R = E(1 - W) - 1$ gegeben. **a** $1/T_R = 0{,}3$: Monotones Einlaufen ins Gleichgewicht. **b** $1/T_R = 1{,}9$: Einlaufen in gedämpften Oszillationen. **c** $1/T_R = 2{,}4$: Grenzzyklus (permanente periodische Oszillationen). **d** $1/T_R = 2{,}973$: Deterministisches Chaos

beschrieben (s. Gln. A4.6–A4.11 in Anhang A4b), wobei

$$\Lambda = 1 + \left.\frac{dF}{dN_j}\right|_{N_j=N^*} \tag{2.52}$$

ist. Die Regel, daß *positive Ableitungen von $F(N_j)$ bei N^* Instabilität* bedeuten, gilt auch hier. Dann wird nämlich $\Lambda > 1$ und die Abweichung nimmt mit wachsender Zahl j der Jahre zu. Doch negative Ableitung ist im Gegensatz zum kontinuierlichen Fall hier keine Garantie für Stabilität. Übereinstimmung mit dem Verhalten in Gl. (2.40) erhalten wir nur (s. Abb. 2.7a) für

$$-1 < \left.\frac{dF}{dN_j}\right|_{N_j=N^*} < 0\,. \tag{2.53a}$$

Dann ist wegen Gl. (2.52)

$$0 < \Lambda < 1 \tag{2.53b}$$

und deshalb nimmt in diesem Fall die Abweichung in Gl. (2.51) bei steigendem j ab. Dieses *Zurücklaufen ins Gleichgewicht* ist auch hier *exponentiell* (s. A1.10 in Anhang A1), da

$$\Lambda^j = e^{j \ln \Lambda}$$

und $\ln \Lambda$ wegen den Gln. (2.53b) und (A1.8) negativ ist. Für

$$-2 < \left.\frac{dF}{dN_j}\right|_{N_j=N^*} < -1 \tag{2.54a}$$

ist

$$-1 < \Lambda < 0\,. \tag{2.54b}$$

Die Abweichung in Gl. (2.51) ändert von Jahr zu Jahr ihr Vorzeichen, sie *oszilliert* also und zwar mit *exponentiell gedämpften Amplituden* (s. Abb. 2.7b). Denn bis auf den Vorzeichenwechsel stimmt Gl. (2.54b) mit Gl. (2.53b) überein. Wenn die negative Steigung von F(N) bei N^* zu stark wird, also

$$\left.\frac{dF}{dN_j}\right|_{N_j=N^*} < -2\,, \tag{2.55a}$$

wird

$$\Lambda < -1 \tag{2.55b}$$

und die oszillierenden Abweichungen in Gl. (2.51) nehmen jetzt zu. Das heißt für die Situation in Gl. (2.55a), also bei zu starker dichteabhängiger Regulation, daß wir hier im diskreten Fall eine *Instabilität des Gleichgewichts N^** bekommen. Erinnern wir uns, daß die Pfeile in Abb. 2.3, 2.4 und 2.6 die Richtung der zeitlichen Veränderung auch in diesem diskreten Fall angeben. Im kontinuierlichen Fall beschreiben sie nur kleine Änderungen dN von N in den kleinen Zeitintervallen dt. Hier im diskreten Fall sind die Änderungen $N_{j+1} - N_j$ von endlicher Größe. Wird die Regelung von N_j in Richtung auf N^* zu groß, schießt dieses über N^*

hinaus. Auch für Gl. (2.54) ist dies der Fall, doch ist dieses Überschwingen dort so klein, daß sich N_j schließlich doch noch N^* annähert. Im Fall (2.55) aber führt das *Darüberhinausschießen* zur Instabilität.

Um das Verhalten im Fall (2.55) zu klären, benötigt man aufwendige mathematische Untersuchungen (May 1976d; Cvitanovic 1984; Collet u. Eckmann 1980; Schuster 1988), die hier nicht dargestellt werden können. Für

$$-r_c < \left.\frac{dF}{dN_j}\right|_{N_j=N^*} < -2 \tag{2.56}$$

erhält man, daß das Zeitverhalten von N_j gegen einen sogenannten *Grenzzyklus* strebt (s. Abb. 2.7c), in dem die Individuenzahl *mit bestimmten Amplituden periodisch oszilliert*. Der Wert r_c ist etwas von den Einzelheiten der Wachstumsrate f(N) abhängig, liegt aber häufig zwischen 2,5 und 3. Für

$$\left.\frac{dF}{dN_j}\right|_{N_j=N^*} < -r_c \tag{2.57}$$

ergibt sich ein überraschendes Ergebnis: Die Individuenzahl N_j schwankt *völlig irregulär* hin und her (s. Abb. 2.7d), ohne gegen einen Grenzzyklus zu streben. Dieses Verhalten hat die gleiche Erscheinungsform wie ein Zufallsprozeß, doch ist es durch Gl. (2.48) eindeutig festgelegt. Deshalb bezeichnet man es als *deterministisches Chaos*. Zu diesem Phänomen gibt es eine sehr umfangreiche mathematische Literatur (May 1975a, 1976d; Cvitanovic 1984; Collet u. Eckman 1980; Schuster 1988), die zeigt, daß auch dieses Chaos nicht ohne Struktur ist. So gibt es dort Zeitverläufe, die wie durch Zufallseinflüsse gestörte zyklische Oszillationen aussehen. Da bei der diskreten Populationsdynamik in Gl. (2.47) wie im kontinuierlichen Fall (2.43) Zufallseinflüsse hinzukommen, werden die Grenzzyklen gemäß Gl. (2.56) (s. Abb. 2.7c) verrauscht sein und damit von den oben genannten chaotischen Zeitverläufen nicht unterscheidbar sein. Diese Zufallseinflüsse werden die feineren Strukturen im Chaos total verwischen.

Je nach Stärke der dichteabhängigen Regulationen, beschrieben durch die negative Abteilung von $F(N_j)$ bei N^*, erhalten wir ganz unterschiedliches zeitliches Verhalten der Individuenzahl N_j im Fall von nichtüberlappenden Generationen. Für spätere Vergleichszwecke schreiben wir die Bedingungen dafür in einer anderen Form. Die Gl. (2.47) für die Populationsdynamik beinhaltet eine *Zeitverzögerung T von einem Jahr* (May 1975a) zwischen der Dichteregulation im Jahr j beschrieben durch $R(N_j)$ und ihrer Wirkung für die Individuenzahl im Jahre j + 1. Im kontinuierlichen Fall ergab die Steigerung von f(N) bei N^* den Kehrwert der *charakteristischen Rückkehrzeit T_R als Maß für die Stärke der dichteabhängigen Regulation*. Wenn wir im diskreten Fall die Steigerung von $F(N_j)$ entsprechend mit $1/T_R$ identifizieren, lassen sich die verschiedenen Fälle des Zeitverhaltens durch das Verhältnis dieser beiden Zeiten charakterisieren. Aus den Gln. (2.53a), (2.54a), (2.55a) und (2.56) wird:

$$\frac{1}{T_R} = -\left.\frac{dF}{dN_j}\right|_{N_j=N^*}; \qquad T = 1 \tag{2.58}$$

$T_R > T$ Exponentielles Einlaufen ins Gleichgewicht N* (2.59)

$T > T_R > \frac{1}{2}T$ Einlaufen in gedämpften Oszillationen (2.60)

$\frac{1}{2}T > T_R > T/r_c$ Grenzzyklen (fortwährende Oszillationen) (2.61)

$T/r_c > T_R$ Deterministisches Chaos . (2.62)

Wie bereits erwähnt, führt also eine *zu starke Regulation* (T_R zu klein) zur *Instabilität* des Gleichgewichts.

In Abb. 2.7 sind diese Verhaltensmuster für unser Beispiel aus Abschn. 2.2.2 gezeigt. Dort hatten wir nach Gl. (2.28) mit Gl. (2.29)

$$N_{j+1} = EN_j(1 - aN_j)(1 - W) , \tag{2.63}$$

also

$$F(N_j) = EN_j(1 - aN_j)(1 - W) - N_j .$$

Es ist nach Gl. (2.31)

$$N^* = \frac{1}{a}\left[1 - \frac{1}{E(1 - W)}\right].$$

Damit ist hier

$$\frac{1}{T_R} = -\left.\frac{dF}{dN_j}\right|_{N_j=N^*} = E(1 - W) - 1 .$$

In diesem Fall liegt die Grenze zum Chaos bei $r_c = 2{,}570$. Wir sehen, daß große Gelegegrößen E die charakteristische Rückkehrzeit T_R absenken und damit zur Destabilisierung des Gleichgewichts N* führen können. Dies scheint paradox zu sein, denn es bedeutet, daß eine *Verbesserung der Lebensbedingungen*, welche die Gelegegröße erhöht, *destabilisierend* wirkt. Eine ganz ähnliche Situation werden wir beim *Paradoxon der Anreicherung* (Rosenzweig 1971) in Abschn. 3.2.1 und 3.2.2 kennenlernen. Sie beruht auf der Tatsache, daß zu starke Regulation bei Zeitverzögerung destabilisierend wirkt. Wir hatten in unserem Beispiel E = 50 und W = 0,975 gewählt, was $T_R = 4$ und wegen Gl. (2.59) Stabilität von N* bedeutet.

Die kontinuierliche Beschreibung von Populationen mit überlappenden Generationen liefert nur eine Form der Dynamik: Die Individuenzahl N strebt monoton einem Gleichgewicht zu. Die Zeitverzögerung zwischen dichteabhängiger Regulation und ihrer Wirkung im folgenden Jahr macht im *diskreten Fall* bei Populationen mit *nicht überlappenden Generationen* eine *ganze Palette von zeitlichen Verhaltensmustern* möglich. Es gibt eine Reihe von Daten von im Labor kultivierten oder Freiland-Populationen, die entsprechende Zeitverläufe der Individuenzahl zeigen (May 1976a). Besonders bemerkenswert ist, daß sich durch Veränderung der äußeren Bedingungen, z. B. der Temperatur das zeitliche Verhalten beeinflussen läßt. So zeigen einige Populationen bei einer Temperatur monotones Einlaufen ins Gleichgewicht, bei einer anderen Oszillationen. Der Variation der äußeren Bedingungen entspricht die Veränderung der Modellparameter, was, wie wir gesehen haben, das Zeitverhalten ändern kann.

Hassel et al. (1976) haben die Daten von 28 *Insektenpopulationen mit nicht überlappenden Generationen* mit folgendem Modell gefittet:

$$N_{j+1} = \lambda N_j (1 + aN_j)^{-\beta} . \tag{2.64}$$

Mit den so erhaltenen Parameterwerten für λ, β und a wurde das Verhalten von Gl. (2.64) untersucht. Das Stabilitätsverhalten, das unabhängig von a ist, ist in Abb. 2.8 in Abhängigkeit von λ und β dargestellt. Jeder Punkt in diesem Diagramm entspricht einem bestimmten Wertepaar (λ, β). Die Kurven trennen Parameterbereiche mit verschiedenem dynamischen Verhalten. Die Punkte geben die von den Felddaten, die Kreise die von Laborpopulationen erhaltenen Parameterwerte an. Es ist auffällig, daß *natürliche Populationen* eine *Tendenz* zu monotonem oder gedämpft oszillatorischem Einlaufen in ein *Gleichgewicht* zeigen. Man ist versucht zu argumentieren, daß bei Arten, die eine chaotische Populationsdynamik zeigen würden, die Individuenzahl oft sehr kleine Werte annähme (Abb. 2.7d), was die Gefahr der Auslöschung der Population drastisch erhöhen würde (s. Abschn. 4.2.5). Es wäre also nicht verwunderlich, wenn die Selektion solche Eigenschaften im Laufe der Evolution verhindert hätte. Doch ist bei der Interpretation von Abb. 2.8 Vorsicht geboten. Ob sich die Dynamik jener 28 Populationen adäquat durch Gl. (2.64) beschreiben läßt, ist offen, zumal in der Natur keine isolierten Populationen vorkommen, sondern diese vielfältigen biologischen Wechselwirkungen mit anderen Arten unterworfen sind.

So bleibt festzuhalten, daß das *irreguläre Verhalten*, das allen Zeitmustern der

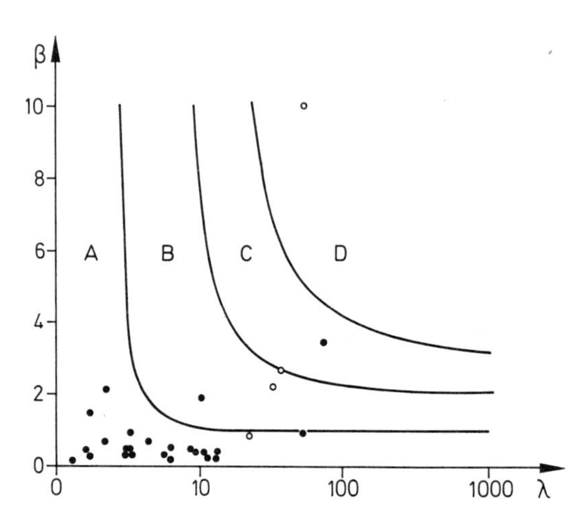

Abb. 2.8. Parameterbereiche für unterschiedliches Zeitverhalten des Modells (2.64). Im Bereich *A* monotones Einlaufen ins Gleichgewicht, im Bereich *B* gedämpfte Oszillationen, im Bereich *C* Grenzzyklen und im Bereich *D* Chaos. Die *offenen Kreise* stammen von den Auswertungen von Laborpopulationen und die *Punkte* aus den Analysen von Felddaten. (Nach Hassel et al. 1976)

natürlichen Populationsdynamik überlagert ist, nicht allein von *äußeren Zufallseinflüssen* herrühren muß, sondern auch durch die deterministische Wirkung *starker dichteabhängiger Regulation* verursacht sein kann.

Zusammenfassung

Bei der zeitdiskreten Beschreibung einer Populationsdynamik mit nicht überlappenden Generationen verschwindet im Gleichgewicht die Wachstumsrate $F(N_j)$ wie beim zeitkontinuierlichen Fall. Um Stabilität zu erhalten, muß die Ableitung der Wachstumsrate $F(N_j)$ kleiner als Null und größer als -2 sein. Wird die Regelung auf das Gleichgewicht hin zu stark, so schießt die Individuenzahl N_j über den Gleichgewichtswert N^* hinaus. Die zeitdiskrete Beschreibung von nicht überlappenden Generationen enthält eine Zeitverzögerung von einem Jahr zwischen der dichteabhängigen Regulation und ihrer Wirkung. Je nachdem, wie groß die charakteristische Rückkehrzeit T_R im Vergleich zu dieser Verzögerungszeit T ist, erhält man exponentielles Einlaufen ins Gleichgewicht, gedämpfte Oszillationen, Grenzzyklen oder deterministisches Chaos.

Weiterführende Literatur:
Theorie: Collet u. Eckmann 1980; Cvitanovic 1984; Hallam 1986a; Hassell 1976a, 1978; Hassell et al. 1976; May 1974b, 1975a, 1976a, d, 1979b; May et al. 1974; Richter 1985; Varley et al. 1975;
Empirik: Fujii 1968, Hassell 1976a, 1978; Hassell et al. 1976; Kluyver 1951; May 1976a; Utida 1967; Varley et al. 1975.

2.3 Biologische Begründung der Regulationsmechanismen

2.3.1 Intraspezifische Konkurrenz

Unsere bisherigen Modelle der Populationsdynamik waren alle *phänomenologischer Natur*, d. h. sie erfaßten die zugrundeliegenden biologischen Mechanismen nur sehr global. Einzig die Forderung nach einer dichteabhängigen Regulation wurde in den Gln. (2.26) und (2.29) berücksichtigt. Solche stark idealisierenden, abstrahierenden Beschreibungen in *konzeptionellen Modellen* haben den Vorzug, daß sie *allgemeingültige Aussagen* gestatten. Jede genauere Modellierung eines biologischen Mechanismus engt den Anwendungsbereich des Modells ein. Wenn wir jetzt die biologischen Hintergründe diskutieren, müssen wir uns bewußt sein, daß das Vordringen ins Detail irgendwo ein Ende finden muß und wir daher immer auf einer gewissen Ebene die Beschreibung phänomenologisch vornehmen müssen. Wir wollen also der Frage nachgehen, welche allgemeinen biologischen Mechanismen die Regulation von Populationen bewirken.

Die Tatsache, daß die individuelle Reproduktionsrate R(N) bzw. die individuelle Wachstumsrate r(N) mit wachsender Populationsgröße, wie in Abschn. 2.2.1 begründet, abnehmen muß, führt man auf das Wirken von *innerartlicher (intraspezifischer) Konkurrenz* zurück. Man versteht hierunter alle Mechanismen, die dazu führen, daß die Individuen einer Population eine nachteilige Wirkung aufeinander ausüben. Dies schlägt sich in einer Erhöhung der Sterberate, der Emigrationsrate oder einer Erniedrigung der Geburtsrate nieder. *Konkurrenz* sollte immer um eine in *begrenztem* Maße zur Verfügung stehende *Ressource* erfolgen, die zur Lebenshaltung der Individuen nötig oder nützlich ist. Je größer die Zahl N der Individuen, die um diese Ressource streiten, um so weniger wird im Mittel das einzelne abbekommen und um so stärker wird die *individuelle Reproduktionsrate* R(N) *vermindert* sein. Wir wollen hier zunächst den Fall betrachten, daß diese Ressource durch die Nutzung nicht erschöpft, sie nicht „aufgefressen" wird, sei es, daß sie nicht verbraucht wird oder mit einer konstanten Rate nachgeliefert wird. In Abschn. 3.1.3 und 4.1.2 wird die Situation mit veränderlicher Nahrungsquelle besprochen. Typische Beispiele für begrenzte Ressourcen bei Tieren sind Nahrung, Wasser, Brutplätze, Raum; bei Pflanzen Nährstoffe, Licht, Wasser und Raum.

Man unterscheidet von der *exploitativen Konkurrenz*, die um eine begrenzte Ressource geschieht, die *Interferenz-Konkurrenz*. Während bei der Exploitation ein konkurrierendes Individuum von der Ressource weniger abbekommt, da ein anderes schon einen Teil davon verbraucht hat, versteht man unter Interferenz (Christian u. Davis 1964) die Behinderung eines Individuums durch das andere, z. B. durch direkten Kontakt. Der Zugang zu einer Ressource kann dadurch erschwert werden. Da die Häufigkeit dieses Zusammentreffens zunimmt, wenn die Individuen auf einen engeren Raum beschränkt werden, kann man Interferenz als Konkurrenz um freien Raum auffassen.

Die *negative Auswirkung der Konkurrenz* kann meßbar sein, ohne daß die beschränkte Ressource bekannt ist. Oft wird nicht allein die Quantität der Nachkommen eines Individuums verringert, sondern bereits die „Qualität" der konkurrierenden Individuen beeinträchtigt, was dann zu einer geringeren Nachkommenschaft führt. So wird häufig die Größe der Individuen herabgesetzt. In dieser Situation ist es sicherlich besser, die Populationsgröße durch die Gesamtbiomasse statt durch die Individuenzahl zu beschreiben, die wir dann auch mit N bezeichnen wollen (s. Abschn. 2.1.1).

Etliche Tierarten, vor allem Vertebraten, besitzen Mechanismen, um die Konkurrenz, z. B. um Nahrung zu vermeiden. Auf diese Weise kommen nur Tiere in guter Verfassung zur Reproduktion, und die begrenzt vorhandene Nahrung wird nicht an Individuen vergeudet, die sich nicht reproduzieren. *Eigenregulation* (Putman u. Wratten 1984) verhindert, daß die Population eine Größe erreicht, bei der die Ressource knapp wird. Die Regulation kann durch Territorialverhalten (Begon u. Mortimer 1986) bewirkt werden, oder durch Aggressivität der Individuen untereinander, die eine gleichmäßige Verteilung der Individuen über den Raum und andere Ressourcen zur Folge hat. Auch kann bei größerer Dichte Kannibalismus auftreten, die Gelegegröße bzw. Zahl der Jungen pro Wurf reduziert werden oder vermehrte Auswanderung einsetzen.

Zunächst wollen wir uns unter dem Gesichtspunkt der Konkurrenz noch einmal das logistische Wachstum

$$r(N) = r_m(1 - N/K) \tag{2.26}$$

aus Abschn. 2.2.2 ansehen. Die potentielle Wachstumsrate r_m beschreibt die maximal mögliche Reproduktion eines Individuums, die bei geringen Dichten N auftritt (s. Gl. A3.1 in Anhang A3), wo Konkurrenz noch nicht wirksam wird. Die *Kapazität* K gibt die Individuenzahl oder Biomasse an, die in der Population über lange Zeit gehalten werden kann. Sie wird natürlich durch die *limitierte Ressource* bestimmt und in einfachster Form proportional zu dieser angesetzt. Offensichtlich erniedrigt jedes Individuum die individuelle Wachstumsrate r(N) um den Bruchteil $-1/K$. Also gibt $1/K$ die *Stärke der intraspezifischen Konkurrenz* an. Sie ist umso größer, je kleiner die Ressource, d. h. K ist, um die konkurriert wird. Hat die Individuenzahl N den Wert der Kapazität K erreicht, so ist dort die intraspezifische Konkurrenz so stark, daß die Ressource gerade noch ausreicht, um die Population am Leben zu erhalten.

Für die lineare Abnahme der individuellen Wachstumsrate r(N) mit der Individuenzahl N (s. Abb. 2.3a und Gl. 2.26 in Abschn. 2.2.2) wurde eine nachträgliche Rechtfertigung versucht: Bei zufälliger Bewegung bzw. Verteilung der Individuen über den zur Verfügung stehenden Raum ist die Wahrscheinlichkeit pro Zeit, daß ein Individuum mit einem bestimmten anderen Individuum zusammentrifft, eine Konstante. Damit ist die Zahl der Kontakte eines Individuums mit anderen Artgenossen proportional zur Individuenzahl N. Der Term N/K in der logistischen Wachstumsrate (2.26) könnte also die Häufigkeit des Zusammentreffens beschreiben. Doch erhält man die lineare Abnahme in Gl. (2.26) nur, wenn man annimmt, daß jeder Kontakt die Wachstumsrate r(N) um einen konstanten Betrag verringert. Also ist die ursprüngliche Annahme, daß r(N) linear mit N abnimmt, jetzt nur durch die andere ersetzt worden, daß r(N) linear mit der Zahl der Kontakte abnimmt.

Wir wollen an einem einfachen Beispiel versuchen, die biologischen Vorgänge der *intraspezifischen Konkurrenz um Nahrung* etwas detaillierter zu modellieren, um zu sehen, welcher funktionelle Verlauf sich für die Wachstumsrate r(N) ergibt und wodurch der Gleichgewichtswert N^* biologisch festgelegt wird. Wir betrachten eine Population von Filtrierern, hier konkret Rotatorien (Halbach 1972 u. 1979), die unter konstanten Bedingungen im Labor kultiviert werden. Bei der regelmäßigen Erneuerung des Kulturmediums wird eine bestimmte Menge Nahrung, d. h. Algen zugesetzt, die von den Rädertieren praktisch vollständig vertilgt wird. Der Population wird also pro Zeit ein *fester Energiebetrag zugeführt*, den wir durch die Rate w beschreiben. Wir nehmen an, daß jedes Individuum pro Zeit eine bestimmte Menge *Energie zur Lebenshaltung* benötigt. Die entsprechende Rate bezeichnen wir mit ϱ. Sie schließt den Grundumsatz (basal metabolism) und den Leistungsumsatz für das Schwimmen und Filtrieren ein. Einer Population von N Tieren verbleibt also pro Zeit die Überschußenergie $w - \varrho N$. Bei solchen Energiebetrachtungen ist folgende allgemeine Bilanzgleichung zu berücksichtigen:

$$w = \mathrm{Fae} + \mathrm{As}\,, \tag{2.66}$$

wobei Fae die Energie beschreibt, die als Faeces ungenutzt bleibt, und As den Anteil, der assimiliert wird. Für diesen gilt

$$\mathrm{As} = \mathrm{Pr} + \mathrm{Re} + \mathrm{Ex}\,. \tag{2.67}$$

Hier ist Re die Energie, die durch Respiration, Ex die, die durch Exkretion verlorengeht, und Pr die Energie, die schließlich für die Produktion von Nachkommen und Wachstum nutzbar ist.

Jetzt kommt der entscheidende Schritt, daß wir aufgrund der Erfahrung bei Rädertieren die idealisierende Annahme machen, daß die verbleibende *Überschußenergie in die Reproduktion*, d. h. in Eier investiert wird. Dabei nehmen wir einen festen *Umwandlungsfaktor* u an, der also angibt, wieviel Energie zur Erzeugung eines Eies benötigt wird. Damit werden aus der Überschußenergie $(w - \varrho N)/u$ Eier pro Zeit produziert. Wenn s den Bruchteil der Eier angibt, der zu adulten, fertilen Tieren heranwächst, wird unsere Gesamtgeburtsrate

$$Nb(N) = s(w - \varrho N)/u \,. \tag{2.68}$$

Die juvenile Sterblichkeit wird also durch s beschrieben. Für die Sterbeprozesse der adulten Tiere machen wir die einfachste Annahme, nämlich daß die individuelle Sterberate eine Konstante d_0 ist, also immer ein fester Bruchteil der Population pro Zeit stirbt. Demnach wird die Gesamtsterberate

$$Nd(N) = Nd_0 \,. \tag{2.69}$$

In der folgenden Tabelle sind alle Modellparameter noch einmal aufgeführt:

w	Energie/Zeit	Zugeführte Gesamtenergie pro Zeit
ϱ	Energie/Zeit	Pro Zeit und Individuum verbrauchte Energie
u	Energie	Pro Ei benötigte Energie
s		Bruchteil der Eier, die zu adulten Tieren heranwachsen
d_0	1/Zeit	Individuelle Sterberate

Damit erhalten wir (s. Gln. 2.15 und 2.16 in Abschn. 2.1.3) insgesamt für die Populationsdynamik:

$$\frac{dN}{dt} = f(N) = Nb(N) - Nd(N) = s(w - \varrho N)/u - Nd_0 \,. \tag{2.70}$$

Die Gesamtwachstumsrate fällt also linear mit N ab (s. Abb. 2.9). Also ist aufgrund

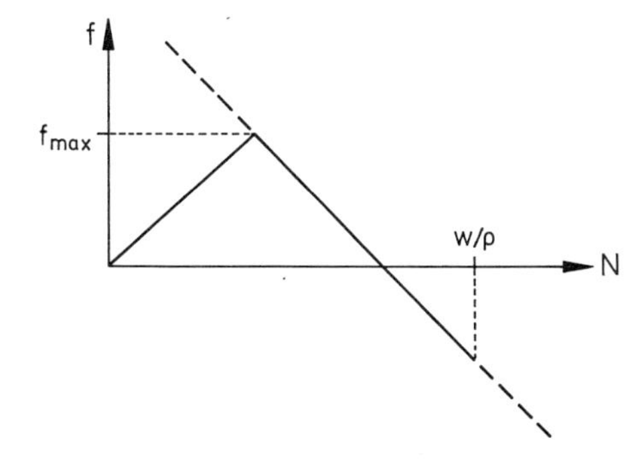

Abb. 2.9. Gesamtwachstumsrate f(N) des Modells (2.70) gegen die Individuenzahl N mit der diskutierten Abänderung bei kleinen N

der negativen Steigung (s. Stabilitätskriterium Gl. 2.39 in Abschn. 2.2.3) das Gleichgewicht N^* stabil, das sich aus

$$0 = f(N^*) = s(w - \varrho N^*)/u - N^* d_0 \tag{2.71}$$

ergibt (s. Gl. 2.37 in Abschn. 2.2.3). Daraus folgt

$$N^* = \frac{w}{\varrho + d_0 u/s} \tag{2.72}$$

der Gleichgewichtswert der Individuenzahl.

Wenn wir Gl. (2.72) in der Form

$$N^* \varrho + N^* d_0 u/s = w \tag{2.73}$$

schreiben, ist ihre biologische Bedeutung offensichtlich: Im Gleichgewicht muß die pro Zeit abgeführte Energie (linke Seite) gleich der zugeführten w sein. Bei solchen Energiebilanzen wird der zweite Term der linken Seite gerne vergessen. Zu dem Energieverbrauch $N^* \varrho$ der lebenden Tiere kommt noch die Energie, die mit den sterbenden Tieren verlorengeht. Im Gleichgewicht sterben pro Zeit $N^* d_0$ adulte Tiere. Für jedes adulte Tier wird die Energie u/s investiert. Der Faktor 1/s berücksichtigt die Tatsache, daß ein Bruchteil der heranwachsenden Individuen stirbt und mit jedem von ihnen die Energie u verlorengeht.

Aus Gl. (2.72) entnimmt man sofort das biologisch plausible Ergebnis, daß die Zahl N^* der Individuen im Gleichgewicht um so größer ist, je größer die zugeführte Energie w, je kleiner der Energieverbrauch ϱ pro Individuum, je geringer die Sterberate d_0 und je kleiner die Energie u/s ist, die zur „Herstellung" eines Adulten benötigt wird. Solche *Untersuchungen der Ergebnisse auf biologische Plausibilität* sind die ersten Schritte einer Verifikation des Modells.

Auch wenn die Resultate soweit nicht unvernünftig erscheinen, muß man doch noch auf einige Mängel des Modells hinweisen. Aus Gl. (2.68) können wir die individuelle Geburtsrate b(N) berechnen mit

$$b(N) = \frac{s}{u}\left(\frac{W}{N} - \varrho\right). \tag{2.74}$$

Sie würde, wie in Abb. 2.10 dargestellt, bei kleinen Individuenzahlen beliebig stark ansteigen. Dieses unsinnige Ergebnis resultiert aus unserer Annahme, daß die gesamte Überschußenergie in Eier umgesetzt wird. Wenn also nur einige wenige Tiere vorhanden sind, würde das eine enorm hohe Eilegerate bedeuten. Da

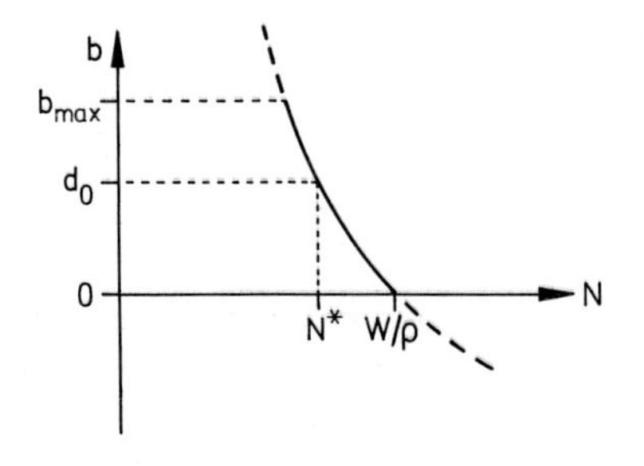

Abb. 2.10. Individuelle Geburtsrate b(N) des Modells (2.70) gemäß Gl. (2.74) mit der Abänderung bei kleinen N. Im Gleichgewicht N^* ist b(N) gleich der individuellen Sterberate d_0

diese aber sicherlicher einen maximalen Wert nicht übersteigen kann, muß auch b(N) unterhalb eines Maximalwertes b_{max} bleiben (s. Abb. 2.10). Für kleinere N-Werte ist dann $b(N) = b_{max}$, was wegen Gl. (2.70) zu einem linearen Ansteigen von f(N) führt (s. Abb. 2.9). Per definitionem darf eine Geburtsrate nicht negativ sein. Bei $\varrho N = w$ verschwindet sie. Dann wird alle Energie zur Erhaltung der lebenden Tiere benötigt. Bei einer Individuenzahl N, die größer als w/ϱ ist, hungern die Tiere. Diese Möglichkeit ist im Modell nicht berücksichtigt. Deshalb ist der *Gültigkeitsbereich unseres Modells* in den Gln. (2.68) bzw. (2.70) auf $N \leqq w/\varrho$ und $b \leqq b_{max}$ beschränkt. Für die Aussagen über das Gleichgewicht N* reicht dies aber aus. N* wird dort erreicht, wo Geburtsrate b und Sterberate d_0 gleich groß sind (s. Gln. 2.70 und 2.71). Wie wir in Abb. 2.10 sehen, liegt das im Gültigkeitsbereich des Modells.
Die in Gl. (2.71) dargestellte *Energiebilanz* kann man natürlich bei allen Populationen durchführen, die durch eine beschränkt fließende Ressource reguliert werden. Dabei ist zu beachten, daß die von einem sterbenden Individuum weggeführte Energie nicht das Energieäquivalent seiner Biomasse ist, sondern die gesamte Energie, die zur Herstellung des Individuums nötig war, wobei der Energieverbrauch von „Fehlversuchen" zu berücksichtigen ist. So kann bei Pflanzen viel Energie in die Produktion von Samen oder Früchten fließen, von denen die meisten nicht zu fertilen Individuen führen. Leider ist es in konkreten Fällen oft schwer zu sagen, was der limitierende Faktor ist. Es ist jedoch unzweifelhaft, daß mindestens eine Ressource zuerst knapp wird, wenn die Individuenzahl ansteigt (Gesetz von v. Liebig, 1840). Daß vor Erreichen dieser Grenze bereits andere Regulationsmechanismen zum Tragen kommen können, wurde bereits oben erwähnt. Dabei scheint eine Kopplung an die Größe der beschränkten Ressource möglich. So kann die Größe von Territorien oder die Stärke des Aggressionsverhaltens von dem Nahrungsangebot abhängen.

Bereits bei den im Labor gehaltenen, einfachen Lebewesen mußten etliche idealisierende Annahmen gemacht werden. Eine *Berücksichtigung aller bekannten biologischen Details* war *nicht möglich*. Diese Einschränkung gilt um so mehr bei freilebenden Populationen. Auch sind dort die regulierenden Faktoren oft unbekannt. Bei vielen qualitativen Fragestellungen ist dies auch unerheblich. Entscheidend ist, daß eine dichteabhängige Regulation existiert. So bleibt man meistens doch bei einer phänomenologischen Beschreibung, die auf genauere biologische Details der Regulierung verzichtet. Zu bedenken ist auch, daß unter natürlichen Verhältnissen die betrachtete Population mit anderen Populationen aufgrund von Räuber-Beute-Beziehungen (s. Abschn. 3.2) oder interspezifischer Konkurrenz (s. Abschn. 3.1) in Wechselwirkung stehen wird. Diese Wechselwirkungen sind in der Regel dichteabhängig und können daher mitunter auf die betrachtete Population regulierend wirken. In diesem Fall ist es möglich, daß die intraspezifische Konkurrenz nicht zum Tragen kommt, sondern daß das Populationswachstum durch die Wirkung der anderen Populationen beschränkt wird (s. Abschn. 3.3.2).

Um dennoch gewisse Unterschiede bei der intraspezifischen Konkurrenz zu charakterisieren, wurden die zwei *Extremtypen „Scramble"* und *„Contest"* beschrieben (Nicholson 1954). Beim Scramble-Typ „balgen" sich die Konkurrenten um die Ressource. Durch den „*Kampf*“ um die Ressource wird *viel Energie und Zeit verschwendet*. Beim Contest-Typ nehmen sich einige Individuen so viel sie benötigen. Der *Rest der Population geht leer aus*. Natürlich werden diese Idealtypen nie ganz realisiert sein. Sie bezeichnen vielmehr Extrempunkte einer ganzen Skala. Näher beim Scramble-Typ liegt jene Konkurrenz, aufgrund deren Wirkung z. B. die Größe der Individuen reduziert wird. Typisch für diese Form ist, daß die Ressource überbeansprucht wird, was bis zu ihrer Vernichtung führen kann. Manche Insekten, wie z. B. Wanderheuschrecken, zeigen dieses Verhalten. Territorialverhalten kann als Beispiel für Contest-Konkurrenz gelten. Einige „starke“ Tiere belegen alle Territorien, die „schwachen“ gehen leer aus. Aber auch bei Pflanzen gibt es Beispiele, in denen sich die größeren durchsetzen und die kleinen verdrängen.

Am besten lassen sich die zwei Typen im Fall der zeitdiskreten Beschreibung von Populationen mit nicht überlappenden Generationen modellieren. Dabei wollen wir wieder die Beschreibung mit k-Faktoren (s. Gl. 2.32) heranziehen. Hier ist entsprechend

$$k = \log \frac{N_v}{N_n} = \log N_v - \log N_n \,, \tag{2.75}$$

wobei N_v die Individuenzahl vor und N_n die nach Wirken der Konkurrenz ist. Wie in Abb. 2.11 trägt man üblicherweise diesen *k-Faktor gegen* den *Logarithmus von N_v* auf. Bis zu einer gewissen Individuenzahl sollte die Ressource nicht begrenzend wirken, also keine Konkurrenz auftreten, so daß dort $N_v = N_n$ und deshalb $k = 0$ wäre. Bei Überschreiten eines Grenzwertes von N_v sollten beim *Scramble-Typ* die nachteiligen Folgen der Konkurrenz schnell zu einer Abnahme von N_n und damit zu einem starken Anstieg von k führen. Beim *Contest-Typ* überlebt nach dem Einsetzen der Konkurrenz eine konstante Zahl N_n. Damit beschreibt dort k gegen $\log N_v$ aufgetragen wegen Gl. (2.75) eine Gerade mit der Steigung 1. Ein Modell (Hassell 1975), das diese beiden Typen als Grenzfälle enthält und somit auch den dazwischenliegenden Bereich abdeckt, ist

$$N_n = N_v(1 + \alpha N_v)^{-\beta} \,. \tag{2.76}$$

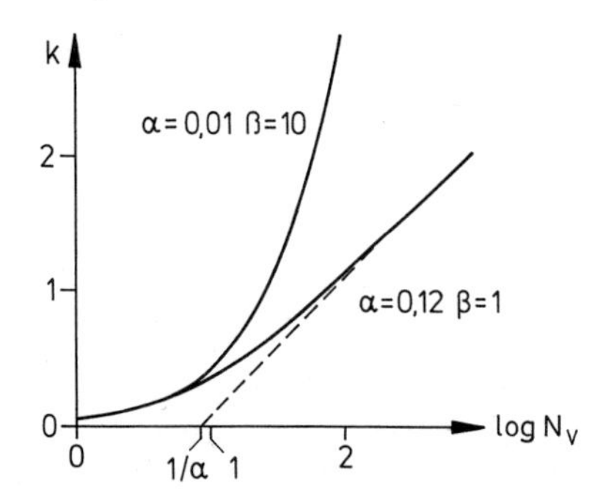

Abb. 2.11. k-Faktor nach Formel (2.77) gegen die Individuenzahl N_v vor der Konkurrenz für Contest-Konkurrenz ($\alpha = 0{,}12$; $\beta = 1$) und Scramble-Konkurrenz ($\alpha = 0{,}01$; $\beta = 10$). (Nach Hassell 1978)

Damit wird

$$k = \log \frac{N_v}{N_n} = \log (1 + \alpha N_v)^\beta = \beta \log (1 + \alpha N_v) . \tag{2.77}$$

Die beiden Beispiele in Abb. 2.11 zeigen die Abhängigkeit in Gl. (2.77) für $\alpha = 0{,}01$ und $\beta = 10$ bzw. $\alpha = 0{,}12$ und $\beta = 1$. Für $\beta = 1$ erhält man bei großen N_v die Steigung 1 (s. Gl. A3.4 in Anhang A3), also den Contest-Typ. Je größer β ist, um so stärker ist der Anstieg von k und um so stärker ausgeprägt ist der Scramble-Charakter. Natürlich ist auch $\beta < 1$ möglich, was schwache Konkurrenz beschreibt. Es gibt eine Reihe von Daten, die mit Gl. (2.77) recht gut übereinstimmen. Natürlich ist die Modellierung in Gl. (2.77) rein phänomenologischer Natur. Für die Parameter α und β können keine biologischen Interpretationen gegeben werden.

Wir wollen uns die Konsequenz aus den beiden Typen der Konkurrenz an einem einfachen Modell, das Gl. (2.77) benutzt, klarmachen. Wir betrachten eine Insektenpopulation mit getrennten Generationen. Jede Imago möge E Eier produzieren. Wenn N_j die Zahl der Imagines im Jahr j ist, so ergibt das EN_j Eier. Bei dem Durchlaufen der Larvalstadien möge nun Konkurrenz, z. B. um Nahrung, durch Gl. (2.77) beschrieben, auftreten. Es wäre also $N_v = EN_j$ und $N_n = N_{j+1}$. Damit erhalten wir für die Populationsdynamik

$$N_{j+1} = EN_j(1 + \alpha EN_j)^{-\beta} . \tag{2.78}$$

Dieses Modell wurde von Hassell et al. (1976) benutzt, um Felddaten von Insektenpopulationen zu fitten und auf ihr dynamisches Verhalten hin zu untersuchen (s. Abb. 2.8). Die Parameter λ und a in Gl. (2.64) entsprechen E und αE in Gl. (2.78). Bei Gl. (A3.5) in Anhang A3 ist der Gleichgewichtswert von Gl. (2.78) berechnet worden. Er ist

$$N^* = \frac{E^{1/\beta} - 1}{\alpha E} . \tag{2.79}$$

In Abb. 2.12 ist N^* gegen E für $\beta = 10$ und $\beta = 1$ aufgetragen (s. Gln. A3.6 bis A3.7). Wie erwartet gibt es im *Contest-Fall* $\beta = 1$ einen *maximalen Wert* $1/\alpha$, der auch durch starke Erhöhung der Gelegegröße E nicht überschritten werden

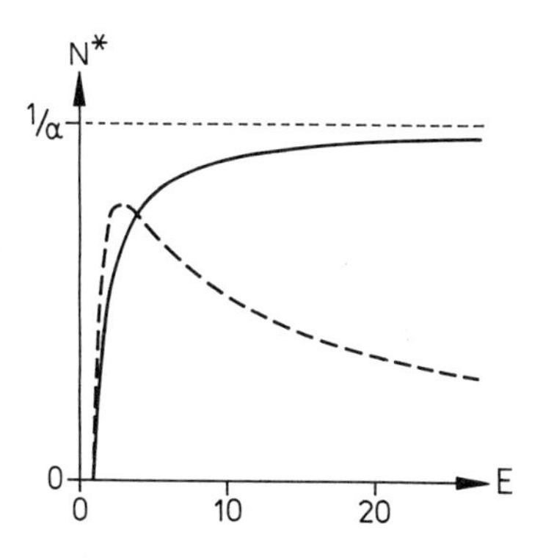

Abb. 2.12. Gleichgewichtswert N^* nach Gl. (2.79) für das Modell (2.78) gegen die Eizahl E für Contest-Konkurrenz (*durchzogen*, $\beta = 1$, $\alpha = 1$) und Scramble-Konkurrenz (*gestrichelt*, $\beta = 10$, $\alpha = 0{,}05$)

kann, da, wie oben dargelegt, nur eine feste Anzahl die Konkurrenz übersteht. Im Scramble-Fall $\beta = 10$ nimmt N^* zunächst mit E zu. Aber bei größeren Eierzahlen wird die Zahl der Larven so groß, daß wenige die starke Konkurrenz überleben und N^* daher wieder abnimmt. Beim *Scramble-Typ* wirkt sich eine *zu hohe Anfangszahl* an Individuen *nachteilig* aus. Es sei hier daran erinnert, daß die Abnahme der Individuenzahl aufgrund der Konkurrenz nicht unbedingt allein vom Sterben der Tiere herrühren muß. Verstärkter Konkurrenzdruck wirkt sich oft in einer erhöhten Auswanderungsrate aus, was auch zu einer Abnahme der Individuenzahl führt. Wie aus Abb. 2.8 zu entnehmen, führen große Gelegegrößen $E = \lambda$ und starke Konkurrenz β vom Scramble-Typ zur Destabilisierung des Gleichgewichts N^*.

In der kontinuierlichen Beschreibung der Gl. (2.13) von Populationen mit überlappenden Generationen ist die Charakterisierung der Scramble- und Contest-Konkurrenz durch einen k-Wert wenig sinnvoll. Dort wird die momentane Wirkung der intrapsezifischen Konkurrenz auf die Individuenzahl beschrieben. Die Individuenzahl vor und am Ende eines kurzen Zeitintervalls dt ist immer nahezu gleich, und damit wäre der k-Wert von Gl. (2.77) immer nahezu Null. Wie diese Einteilung der intraspezifischen Konkurrenz auf die kontinuierliche Beschreibung (2.13) übertragen werden kann, ist nicht offensichtlich. Die in Abb. 2.13 dargestellte Form von r(N) könnte man zum Contest-Typ rechnen. Die individuelle Wachstumsrate r(N) ist zunächst konstant, so daß die Population exponentiell anwächst, bis sie die durch die Ressource gesetzte Grenze N^* erreicht. Dort fällt dann r(N) steil ab, so daß ein Überschreiten des Gleichgewichtswertes unmöglich wird. Wie bei der Contest-Konkurrenz im diskreten Fall (2.76) überlebt eine konstante Individuenzahl N^*. Diese Form von r(N) ist gelegentlich als *Limitierung* der Populationsgröße im Gegensatz zur dichteabhängigen Regulation bezeichnet worden. Diese Unterscheidung erscheint aber wenig sinnvoll, da das plötzliche Abfallen von r(N) bei N^* (Abb. 2.13) die stärkste denkbare Abhängigkeit von N, also die stärkste Dichteabhängigkeit beschreibt. Die Idee der Scramble-Typ-Konkurrenz läßt sich auf den kontinuierlichen Fall (2.13) schlecht übertragen, da in kleinen Zeiträumen dt die Individuenzahl nur wenig abnehmen kann.

Schließlich wollen wir hier eine Wechselwirkung artgleicher Individuen behandeln, die man als *negative Konkurrenz (Mutualismus)* bezeichnen könnte. Die Wirkung einer zunehmenden Zahl N von Artgenossen kann durchaus positiv sein und daher zu einer *Erhöhung der individuellen Wachstumsrate* r(N) führen.

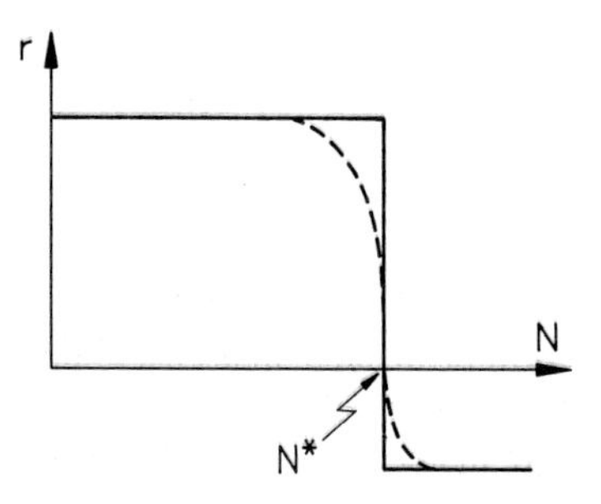

Abb. 2.13. Individuelle Wachstumsrate r(N) im Falle einer „Limitierung" (*durchgezogen* idealisierter Fall)

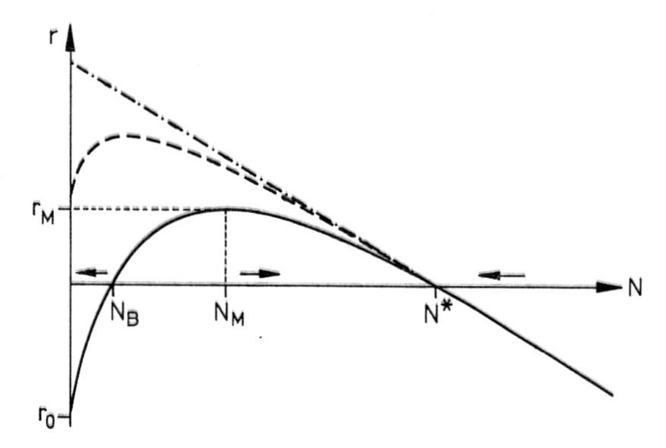

Abb. 2.14. Individuelle Wachstumsraten r(N) mit Allee-Effekt nach Gl. (2.80) gegen die Individuenzahl N. *Gestrichelt*: $r_0 = 4$, $r_c = 7$, $N_c = 8$. Durchgezogen (kritische Depensation): $r_0 = -6$, $r_c = 33$, $N_c = 20$. *Strichpunktiert*: ohne Allee-Effekt. Der Parameter c ist jeweils so angepaßt worden, daß alle drei Fälle denselben Gleichgewichtswert N* liefern. Die *Pfeile* geben die Richtung der zeitlichen Veränderung von N(t) an

Da aber r(N) für sehr hohe Zahlen N wieder abnehmen muß, damit das Wachstum beschränkt bleibt (s. Abschn. 2.2.1), erhalten wir in diesem Fall für r(N) Funktionsverläufe, wie in Abb. 2.14 dargestellt. Es ergibt sich also bei einer Individuenzahl N_M eine maximale Wachstumsrate $r(N_M) = r_M$, was auch *Allee-Effekt* (Allee 1931) genannt wird. Für dieses Verhalten von r(N) gibt es zahllose Beispiele in der Natur. Das Ansteigen von r(N), wenn N bis N_M zunimmt, wird auch *inverse Dichteabhängigkeit* oder *Depensation* genannt. Man kann die Zunahme der Reproduktionsfähigkeit mit anwachsendem N bei kleinen Individuenzahlen *durch Kooperation* innerhalb der Population erklären: Hierher gehören: die Wahrscheinlichkeit, einen Geschlechtspartner zu finden; soziales Verhalten wie Verteidigung und Füttern von Jungen, Jagen und Verteidigung in Gruppen, Aufteilen der Funktionen zwischen den Mitgliedern einer Gruppe; Produktion und Schutz des Humus bei Pflanzen; Schaffung eines günstigen Mikroklimas durch Pflanzen, Bestäubung von Blüten usw.

Eine *phänomenologische Beschreibung des Allee-Effekts* (Jacobs 1984) kann durch

$$r(N) = r_0 + r_c \frac{N}{N + N_c} - cN \tag{2.80}$$

erfolgen. Eine Kurvendiskussion von Gl. (2.80) ist im Anhang A3 (s. Gl. A3.8) durchgeführt. Die Wachstumsrate bei Fehlen der Kooperation wird durch r_0 beschrieben. Je nachdem, wie stark die Depensation ausfällt, kann, wie in Abb. 2.14 dargestellt, r_0 auch negativ sein, was dann als *kritische Depensation* bezeichnet wird. Für größere Werte von N strebt der zweite Term der rechten Seite in Gl. (2.80) gegen r_c. Diese Größe beschreibt also den maximalen Zuwachs der Wachstumsrate aufgrund einer Kooperation. In Gl. (2.80) ist also berücksichtigt, daß der Nutzen der Kooperation nicht beliebig groß werden kann, sondern ein gewisser „*Sättigungseffekt*" eintreten muß. Schließlich gibt N_c die Individuenzahl an, bei der die Hälfte des Maximalzuwachses r_c erreicht ist. Sie bestimmt also, bei welchen Individuenzahlen eine Kooperation wirksam wird. Wir haben im letzten Term von Gl. (2.80) berücksichtigt, daß r(N) aufgrund der intraspezifischen Konkurrenz wieder abnehmen muß. Dies ist in der einfachsten linearen Form wie beim logistischen Wachstum in Gl. (2.26) in Abschn. 2.2.2 erfolgt.

Da der Allee-Effekt bei relativ kleinen Individuenzahlen auftritt, hat er in der Regel keinen Einfluß auf dic Rcgulation der Population bei größeren Populationsdichten. Somit bleiben die Aussagen, die das Gleichgewicht N^* betreffen, davon unberührt. Dies ist der Grund, warum in vielen Modellen diese Kooperationseffekte unberücksichtigt bleiben können. Jedoch werden alle Fragestellungen, die niedrige Individuenzahlen betreffen, davon berührt. Um dies zu untersuchen, ist in Abb. 2.15 die zu Abb. 2.14 gehörige Potentialfunktion $\varphi(N)$ (s. Gl. 2.44 in Abschn. 2.2.4) aufgetragen. Ihr Verlauf ist in Gl. (A3.9) in Anhang A3 bestimmt worden. Die Steigung bei kleinen N ist im Fall der Depensation (gestrichelt) geringer als ohne Allee-Effekt (strichpunktiert). Es dauert also länger, bis von kleinen Individuenzahlen aus das Gleichgewicht N^* erreicht wird. Eine Kolonisation geht langsamer vonstatten.

Zufallseinflüsse, die wir uns ja durch zufällige Stöße auf einen im Potentialgebirge gleitenden Körper veranschaulichen können (s. Abschn. 2.2.4), haben jetzt einen stärkeren Einfluß. Die Wahrscheinlichkeit, daß durch Erreichen der Individuenzahl $N = 0$ die Population ausgelöscht wird, steigt. Diese Effekte werden im Falle der kritischen Depensation (in Abb. 2.14 durchgezogen) dramatisch gesteigert. Dabei tritt eine *kritische Individuenzahl* N_B auf. Wird sie z. B. durch die Wirkung von Zufallseinflüssen unterschritten, scheint eine Auslöschung der Population unausweichlich. Nur das Zusammentreffen von günstigen Zufallseinflüssen kann das Anwachsen von N über N_B hinaus bewirken. Eine Kolonisation hat also nur eine reelle Chance, wenn N diesen Schwellenwert N_B überschritten hat. Vor allem beim Eingreifen des Menschen in natürliche Populationen ist die mögliche Existenz der kritischen Depensation von Bedeutung. Bei der Ausbeutung von Populationen, z. B. der Fischerei, wäre darauf zu achten, daß

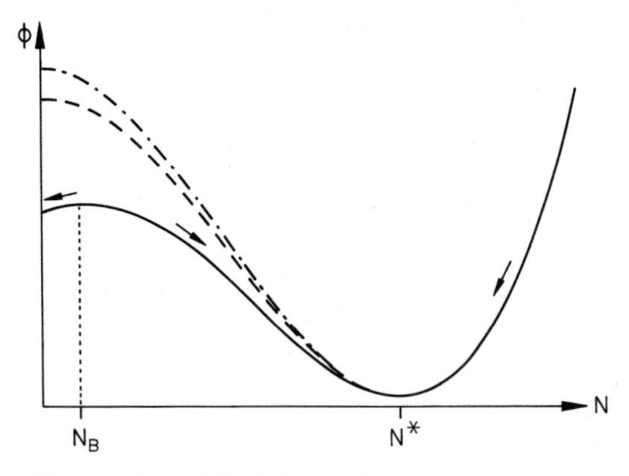

Abb. 2.15. Potentialfunktionen $\varphi(N)$, die den in Abb. 2.14 dargestellten Wachstumsraten entsprechen

die Individuenzahl nicht in die Nähe des kritischen Wertes N_B gerät und dadurch die Population in ihrer Existenz gefährdet würde. Populationen, die auch bei unvermeidlichen Zufallseinflüssen eine gute Überlebenschance haben sollen, müssen Individuenzahlen aufweisen, die ein gutes Stück über N_B liegen. Dies ist z. B. für die Konzeption der Größe von Naturschutzgebieten und Nationalparks von Bedeutung.

Zusammenfassung

Dichteabhängige Regulation wird auf intraspezifische Konkurrenz um eine limitierende Ressource zurückgeführt. An ihre Stelle tritt manchmal eine Eigenregulation (z. B. Territorialverhalten). Die zur Verfügung stehende Menge der limitierenden Ressource bestimmt die Kapazität K einer Population. Für manche realitätsnahe Modelle können energetische Betrachtungen herangezogen werden. Das Gleichgewicht ist dadurch charakterisiert, daß die einer Population zugeführte Energie gleich der abgeführten sein muß. Bei der intraspezifischen Konkurrenz vom Scramble-Typ erhält beim Kampf um die Ressource jedes Individuum einen verringerten Anteil. Beim Contest-Typ nehmen sich die dominanten Individuen so viel, sie benötigen. Beim Contest-Typ hat der k-Faktor als Funktion des Logarithmus der Individuenzahl die Steigung 1, während er beim Scramble-Typ steil ansteigt. Beim Allee-Effekt nimmt die individuelle Wachstumsrate r(N) mit sinkender Zahl N an Artgenossen aufgrund fehlender Kooperation ab. Dies kann dazu führen, daß bei Unterschreiten einer kritischen Individuenzahl N_B die Population unausweichlich ausstirbt.

Weiterführende Literatur:
Theorie: Allee et al. 1949; Barash 1977; Hassell 1975, 1978; Lindeman 1942; Macevicz u. Oster 1976; Nicholson 1954; Pielou 1974; Price et al. 1984; Sibly u. Calow 1986; Stenseth u. Hansson 1979, Varley et al. 1975;
Empirik: Allee 1931; Allee et al. 1949; Andrewartha 1970; Barash 1977; Begon u. Mortimer 1986; Begon et al. 1986; Birkhead 1977; Brach 1975; Christian u. Davis 1964; Davidson 1977b; Donald 1951; Harper 1977; Palmblad 1968; Putman u. Wratten 1984; Tilman et al. 1982; Underwood 1986; Watson 1970; Wolf 1969; Yoda et al. 1963.

2.3.2 Zeitverzögerung der Regulation

In unseren Modellen hatten wir bisher außer acht gelassen, daß sich Individuen einer Population in ihrem Beitrag zum Populationswachstum erheblich unterscheiden können. In diesem Zusammenhang ist die Berücksichtigung der Altersabhängigkeit der reproduktiven Eigenschaften von entscheidender Bedeutung. Wir wollen in diesem Abschnitt der Frage nachgehen, wie sich die Effekte dieser *Altersabhängigkeit auf einfachste Weise* beschreiben lassen und welche Auswirkungen sie auf die Populationsdynamik haben.

In Abschn. 2.1.1 sind die üblichen idealisierenden Annahmen bei der Beschreibung einer Populationsdynamik aufgeführt. Um den Altersunterschieden der

Individuen wenigstens in grober Weise Rechnung zu tragen, haben wir mit N die *Zahl der fertilen, adulten Individuen* bezeichnet. Die noch nicht reproduktionsfähigen Teile der Population erscheinen damit nicht in dem Modell. Will man aber trotzdem berücksichtigen, daß ein Individuum verschiedene Entwicklungsstadien durchläuft, bis es zur Fortpflanzung kommt, so kann dies bei Populationen mit überlappenden Generationen am einfachsten auf folgende Weise geschehen: Wenn zum Zeitpunkt t' die Zahl der adulten, reproduktionsfähigen Individuen $N(t')$ ist, so ist die Zahl der Geburten pro Zeit zu diesem Zeitpunkt gleich $N(t')\, b(N(t'))$, wobei $b(N)$ die im Prinzip dichteabhängige Geburtsrate (s. Gl. (2.16) in Abschn. 2.1.3) ist. Die zum Zeitpunkt t' geborenen Individuen führen nicht zu der momentanen Zunahme dN/dt, wie in Gl. (2.15) beschrieben. Sie müssen erst zu Adulten heranwachsen, denn N beschreibt nur diese. Diese *Generationsdauer*, die ein Neugeborenes im Mittel benötigt, um sich zu einem fortpflanzungsfähigen Individuum zu entwickeln, wollen wir mit T bezeichnen. Die Zunahme der Zahl der adulten Individuen zur Zeit t, beschrieben durch $dN(t)$, wird durch die Zahl der Geburten festgelegt, die zum Zeitpunkt $t' = t - T$ stattfanden. Statt Gl. (2.15) erhalten wir daher

$$\frac{dN(t)}{dt} = N(t-T)\, b(N(t-T)) - N(t)\, d(N(t))\,. \tag{2.81}$$

Man bezeichnet dies als Differentialgleichung mit *Zeitverzögerung* T (*time lag*). In $b(N(t-T))$ ist gleich berücksichtigt, daß ein Bruchteil während der Entwicklung zu einem fertilen Individuum stirbt. Es sei bereits hier darauf hingewiesen, daß Zeitverzögerungen auch dadurch zustande kommen können, daß z. B. Nahrungsressourcen eine gewisse Zeit zur Regeneration benötigen. Auf diesen Punkt wird bei Räuber-Beute-Modellen in Abschn. 3.2.2 eingegangen.

Wenn wir nun die durch Gl. (2.81) beschriebene Populationsdynamik untersuchen wollen, gehen wir völlig analog wie in Abschn. 2.2.3 vor. Gleichgewichte weisen eine zeitlich konstante Individuenzahl N^* auf. Für diese ergibt sich aus Gl. (2.81)

$$0 = N^*\, b(N^*) - N^*\, d(N^*) = f(N^*)\,, \tag{2.82}$$

was wegen Gl. (2.16) in Abschn. 2.1.3 völlig analog zu Gln. (2.37) und (2.38) in Abschn. 2.2.3 ist. Also hat die Zeitverzögerung keinen Einfluß auf die Lage N^* der Gleichgewichte. Wie im Anhang A4c gezeigt, können jedoch dadurch ihre Stabilitätseigenschaften stark verändert werden. Entscheidend ist dabei, in welchem Verhältnis die Verzögerungszeit T zur charakteristischen Rückkehrzeit T_R steht. Wir erinnern uns, daß $1/T_R$ durch die Steigung der Wachstumsrate $f(N)$ an der Stelle N^* bestimmt ist (s. Gl. 2.41 in Abschn. 2.2.3) und die Geschwindigkeit angibt, mit der im unverzögerten Fall die gestörte Population ins Gleichgewicht N^* zurückkehrt. Als generelle Tendenz (Maynard Smith 1974) all dieser zeitverzögerten Modelle ist folgendes zu finden: Für eine kleine Zeitverzögerung T ist kein Unterschied zum unverzögerten Fall (2.40) festzustellen. Abweichungen $N(t) - N^*$ vom Gleichgewicht verschwinden *exponentiell* mit

$$N(t) - N^* = A \exp(-t/T_R')\,, \tag{2.83}$$

wobei sich T_R' von T_R nur wenig unterscheidet. Wenn die Zeitverzögerung T größer wird und einen Wert CT_R überschreitet, findet man *exponentiell gedämpfte Schwingungen* für die Abweichung

$$N(t) - N^* = A \sin(\omega t) \exp(-t/T_R') . \tag{2.84}$$

Also ist N* auch in diesem Fall stabil. Der Wert von C hängt von den Einzelheiten des Modells ab, ist aber von der Größenordnung 1. *Überschreitet* die *Verzögerungszeit* T einen weiteren *Grenzwert* $C'T_R$, wobei C' auch von der Größenordnung 1 ist, so werden die Oszillationen nicht mehr gedämpft, sondern das zeitliche Verhalten von N(t) mündet in einen *Grenzzyklus* ein. Dieser besteht aus einer periodischen Bewegung von fester Periodendauer und fester Amplitude, die aber in der Regel nicht sinusförmig ist (s. Abb. 2.16).

Als Beispiel wollen wir uns die Ergebnisse einer zeitverzögerten Version (Hutchinson 1948) der logistischen Gl. (2.27) ansehen:

$$\frac{dN(t)}{dt} = r_m N(t)[1 - N(t-T)/K] = f(N(t), N(t-T)) \tag{2.85}$$

Sie ist leicht zu untersuchen, was in Anhang A4c geschehen ist. In diesem Fall lassen sich die Bereiche für die verschiedenen zeitlichen Verhaltensmuster wie folgt angeben:

$$N^* = K \qquad \frac{1}{T_R} = -\left.\frac{df}{dN}\right|_{N=N^*} = r_m \tag{2.86}$$

$$T < \frac{1}{e} T_R \qquad \text{Exponentielles Einlaufen ins Gleichgewicht } N^* \tag{2.87}$$

$$\frac{1}{e} T_R < T < \frac{\pi}{2} T_R \qquad \text{Einlaufen in gedämpften Oszillationen} \tag{2.88}$$

$$\frac{\pi}{2} T_R < T \qquad \text{Grenzzyklen (fortwährende Oszillationen)} \tag{2.89}$$

Die Analogie zu den Resultaten (2.59)–(2.62) mit zeitdiskreter Dynamik in Abschn. 2.2.5 ist offensichtlich. Wir hatten dort bemerkt, daß die zeitdiskrete Beschreibung einer Populationsdynamik mit nicht überlappenden Generationen eine effektive Zeitverzögerung von einem Jahr enthält. In beiden Fällen werden nur die adulten Individuen betrachtet und die endliche Dauer der Entwicklung bis zum reproduktionsfähigen Alter berücksichtigt. Ebenso wie hier in Gln. (2.86)–(2.89) ließen sich dort in Gln. (2.58)–(2.62) völlig analoge zeitliche Verhaltensmuster durch das Verhältnis der *Verzögerungszeit T* zur *charakteristischen Rückkehrzeit T_R* abgrenzen. Hier wie dort führt eine Erhöhung von T/T_R zur Destabilisierung des Gleichgewichts. Zu große Zeitverzögerung T oder zu starke dichteabhängige Regulierung, d. h. zu kleine Rückkehrzeit T_R, wirken destabilisierend.

Auch die in Abschn. 2.2.5 benutzten anschaulichen *Argumente des Überschießens* bei der Regulierung können hier angewandt werden. Wir sehen uns dazu Abb. 2.16 an. Die Regulation erfolgt zwar auf den Gleichgewichtswert N* hin,

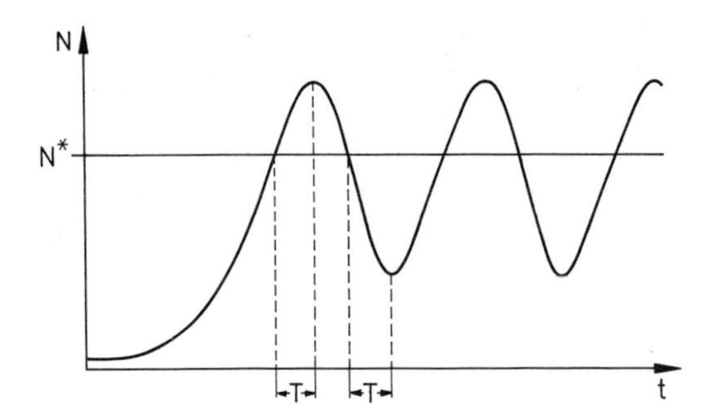

Abb. 2.16. Oszillationen der Individuenzahl N(t), die durch Zeitverzögerung verursacht werden (nach Gl. 2.85 mit $T = 2/r_m$)

jedoch hat die Verzögerung um T folgenden Effekt: In der steigenden Phase wächst N(t) auch über N* hinaus an, denn für die Regulation ist nicht der Wert zum Zeitpunkt t maßgebend, sondern der zur Zeit t — T. Das heißt, die ansteigende Phase dauert so lange, wie N(t — T) unterhalb N* bleibt, und ist erst beendet, wenn N(t — T) den Wert N* erreicht hat. Also benötigt N(t) für den Anstieg von N* bis zum Maximalwert die Zeit T. Wenn nun N(t — T) über N* liegt, wird N(t) zurückgeregelt und zwar umso stärker, je höher N(t — T) über N* liegt. Deshalb hat N(t) den steilsten Abfall, wenn N(t — T) den Maximalwert erreicht hat. Also verstreicht zwischen dem Maximalwert und dem steilsten Abfall, der etwa bei N* liegt, auch die Zeit T. Das Minimum erreicht N(t), wenn N(t — T) den Wert N* annimmt, wozu wieder die Zeit T benötigt wird. Den stärksten Anstieg von N(t), der ungefähr mit N* zusammenfällt, erhalten wir dann, wenn N(t — T) den Minimalwert annimmt. Auf diese Weise ist das Überschwingen bei der zeitverzögerten Regulation verständlich, und es leuchtet ein, daß die *Periodendauer der Grenzzyklen etwa 4T* beträgt, was durch numerisches Lösen der Gl. (2.85) bestätigt wird (May 1976a).

Es gibt eine Reihe von Beispielen, wo natürliche Populationen nahezu periodische Schwankungen mit einer Periodendauer von 3 bis 4 Jahren zeigen. Bei Kleinsäugern in borealen Regionen läßt sich dafür eine einfache Erklärung geben (May 1976a). Aufgrund der stark saisonalen Schwankungen der Witterung in diesen Breiten ist es nicht abwegig, eine Zeitverzögerung von knapp einem Jahr vom Ende eines Sommers bis zum Beginn des nächsten zu vermuten. Bei Populationen mit überlappenden Generationen und der Fähigkeit zu starkem Wachstum (wegen Gl. 2.86 würde das eine kleine charakteristische Rückkehrzeit T_R bedeuten) wären demnach Oszillationen von knapp 4 Jahren plausibel. Wir hätten hier eine einfache Erklärung für jene *Vierjahreszyklen* gefunden, die auf einem ganz generellen phänomenologischen Ansatz beruht. Doch bedenken wir, daß unsere Modelle keinen Wahrheitsanspruch (s. Kap. 1) erheben können, sondern nur Erklärungsmöglichkeiten aufzeigen. Wie wir später in Abschn. 3.2.2 sehen werden, können auch Räuber-Beute-Beziehungen zu periodischen Oszillationen Anlaß geben.

Zusammenfassung

Auf einfache Weise berücksichtigt eine Zeitverzögerung T in der Wirkung der Wachstumsrate f(N), daß Individuen eine Entwicklungszeit bis zum Erreichen des fertilen Alters durchlaufen. Die Gleichgewichtsbedingung bleibt davon unbeeinflußt. Je nachdem, wie groß die Verzögerungszeit T im Vergleich zur charakteristischen Rückkehrzeit T_R ist, erhält man exponentielles Einlaufen ins Gleichgewicht, gedämpfte Oszillationen oder Grenzzyklen. Das Auftreten von 4jährigen Zyklen läßt sich durch eine Zeitverzögerung von etwa einem Jahr erklären.

Weiterführende Literatur:
Theorie: Beddington u. May 1975; Gurney et al. 1980; Halbach u. Burkhardt 1972; Hallam 1986a; Hutchinson 1948, 1975; Keith 1963; MacDonald 1978; May 1973b, c, 1976a, b, 1979b; May et al. 1974; Maynard Smith 1974; Nicholson 1954; Nisbet u. Gurney 1982; Pielou 1974; Schultz 1969;
Empirik: Chitty 1950; Elton u. Nicholson 1942; Elton 1942; Gurney et al. 1980; Halbach 1979; Halbach u. Burkhardt 1972; Hallam 1986; Hutchinson 1954; Keith 1963; May 1976a; Nicholson 1954; Nisbet u. Gurney 1982; Pielou 1974; Pratt 1943; Putman u. Wratten 1984; Schultz 1964, 1969; Shelford 1943.

2.3.3 Demographische Beschreibung von Altersstrukturen

Im letzten Abschnitt haben wir auf einfache phänomenologische Weise berücksichtigt, daß jedes Individuum eine Entwicklung bis zum reproduktionsfähigen Alter durchlaufen muß. In diesem Abschnitt wollen wir eine *realitätsnahe Beschreibung der Altersabhängigkeit* der Geburts- und Sterbeprozesse vornehmen. Dies führt zwangsläufig zu relativ *komplexen Modellen*. Trotzdem sollen in diesem Abschnitt die gebräuchlichen altersspezifischen Größen und Beziehungen dargestellt und an Beispielen erläutert werden. Zum einen sind sie die eigentlichen, biologischen Eigenschaften der Individuen, welche die Populationsdynamik steuern. Zum anderen werden diese Größen in der empirischen Ökologie häufig untersucht, so daß es notwendig ist, ihre theoretischen Grundlagen und Konsequenzen zu kennen. Schließlich wird dieser Paragraph demonstrieren, daß das Streben, Modelle realistischer zu gestalten, nicht zu mehr Verständnis führt. So mag den Neuling die Vielzahl der Definitionen und Beziehungen etwas verwirren. Deshalb sei hier betont, daß die Ergebnisse dieses Abschnittes in den folgenden Kapiteln nicht benötigt werden.

Da es hier um die Variabilität der Lebensgeschichte eines Individuums geht, die nur statistisch erfaßt werden kann, wollen wir mit der Beschreibung einer *Kohorte* beginnen. Man versteht darunter eine Gruppe von Individuen einer Art, die *zur selben Zeit geboren* wurden und den gleichen *konstanten Bedingungen* ausgesetzt sind. Die Kohorte möge zu Beginn die Individuenzahl L_0 haben. (Man nimmt gerne: $L_0 = 100$ oder $L_0 = 1000$ oder rechnet auf diese hoch). Zunächst verfolgen wir, wieviele davon im Laufe der Zeit überleben und beschreiben dies durch die *Überlebensziffer (surviviership)* L_x, die angibt, wieviele Individuen das Alter x erreichen. Um unabhängig von der Anfangszahl L_x zu werden, benutzt man auch die *Überlebensrate (survival rate)* l_x, die den Bruchteil der Kohorte angibt, der das Alter x erreicht:

$$l_x = \frac{L_x}{L_0}. \tag{2.90}$$

Wir wollen schon hier eine *diskrete Einteilung des Alters in Altersklassen* vornehmen, die wir mit x = 0, 1, 2, ... durchnumerieren, da dies unsere Rechnungen erleichtert und in der Praxis auch nur Altersklassen unterschieden werden können. Es sei darauf hingewiesen, daß die dargestellten Beziehungen auf eine *kontinuierliche Beschreibung* des Alters übertragen werden können, indem man die *Summen durch Integrale ersetzt*. Bei einer Beschreibung mit diskreter Altersklasseneinteilung gibt l_x den Bruchteil an, der in die Altersklasse x eintritt.

Die Wahrscheinlichkeit (s. Abschn. 4.2.1), daß ein Individuum in der Altersklasse stirbt, wird durch die *altersspezifische Mortalitätsrate* q_x beschrieben:

$$q_x = \frac{L_x - L_{x+1}}{L_x} = \frac{l_x - l_{x+1}}{l_x}. \tag{2.91}$$

Sie gibt die Zahl an, die in der Altersklasse x stirbt, dividiert durch die Zahl zu Beginn dieser Altersklasse, also den Bruchteil der in die Altersklasse eintretenden

Tabelle 2.1. Lebenstafel für eine Population mit der individuellen Wachstumsrate r = 0,472. Vorgegeben sind die altersspezifische Fertilität β_x und die altersspezifische Mortalität q_x für die verschiedenen Altersklassen x. Die Überlebensrate l_x, der altersspezifische k-Wert k_x, die altersspezifische Lebenserwartung e_x, der reproduktive Wert v_x und die Altersstruktur der exponentiellen Wachstumsphase c_x sind mit den Formeln (2.92), (2.93), (2.94), (2.96) und (2.110) bestimmt worden. Die potentielle Wachstumsrate r = 0,472 wurde aus Gl. (2.107) bestimmt.

x	l_x	β_x	q_x	k_x	e_x	v_x	c_x
0	1,00	0,50	0,20	0,10	3,95	2,48	0,50
1	0,80	0,50	0,20	0,10	3,94	2,47	0,25
2	0,64	0,50	0,20	0,10	3,93	2,46	0,12
3	0,51	0,50	0,20	0,10	3,91	2,45	0,06
4	0,41	0,50	0,20	0,10	3,89	2,44	0,03
5	0,33	0,50	0,20	0,10	3,86	2,43	0,02
6	0,26	0,50	0,20	0,10	3,82	2,41	0,01
7	0,21	0,50	0,20	0,10	3,78	2,39	0,00
8	0,17	0,50	0,20	0,10	3,73	2,36	0,00
9	0,13	0,50	0,20	0,10	3,66	2,33	0,00
10	0,11	0,50	0,20	0,10	3,57	2,29	0,00
11	0,09	0,50	0,20	0,10	3,46	2,23	0,00
12	0,07	0,50	0,20	0,10	3,33	2,16	0,00
13	0,05	0,50	0,20	0,10	3,16	2,08	0,00
14	0,04	0,50	0,20	0,10	2,95	1,98	0,00
15	0,04	0,50	0,20	0,10	2,69	1,84	0,00
16	0,03	0,50	0,20	0,10	2,36	1,68	0,00
17	0,02	0,50	0,20	0,10	1,95	1,48	0,00
18	0,02	0,50	0,20	0,10	1,44	1,22	0,00
19	0,01	0,50	0,20	0,10	0,80	0,90	0,00
20	0,01	0,50	0,20	0,00	0,00	0,00	0,00

Table 2.2. Lebenstafel für eine Population mit der individuellen Wachstumsrate r = —0,1688. Bestimmung der Lebensdaten wie in Tabelle 2.1.

x	l_x	β_x	q_x	k_x	e_x	v_x	c_x
0	1,00	0,00	0,50	0,30	2,57	0,22	0,10
1	0,50	0,00	0,40	0,22	4,15	0,44	0,06
2	0,30	0,00	0,30	0,15	5,92	0,73	0,04
3	0,21	0,00	0,10	0,05	7,45	1,04	0,04
4	0,19	0,00	0,10	0,05	7,28	1,16	0,04
5	0,17	0,10	0,05	0,02	7,09	1,29	0,04
6	0,16	0,20	0,03	0,01	6,46	1,25	0,05
7	0,16	0,20	0,02	0,01	5,66	1,08	0,05
8	0,15	0,20	0,02	0,01	4,78	0,90	0,06
9	0,15	0,20	0,05	0,02	3,87	0,72	0,07
10	0,14	0,20	0,08	0,04	3,08	0,54	0,08
11	0,13	0,20	0,13	0,06	2,35	0,37	0,09
12	0,11	0,10	0,20	0,10	1,70	0,20	0,09
13	0,09	0,08	0,30	0,15	1,12	0,12	0,08
14	0,06	0,05	0,40	0,22	0,60	0,06	0,07
15	0,04	0,02	0,50	0,00	0,00	0,00	0,05

Individuen, der darin stirbt. Beispiele für den Zusammenhang zwischen q_x und l_x sind in Abb. 2.17a und 2.18a bzw. Tabelle 2.1 und 2.2 zu finden. So lassen sich umgekehrt die Überlebensraten l_x aus den Mortalitäten q_x durch

$$l_{x+1} = l_x(1 - q_x) \tag{2.92}$$

berechnen, was man aus Gl. (2.91) sofort erhält. Beginnt man mit $l_0 = 1$ (s. Gl. 2.90), so können die l_x für höhere Werte von x aus Gl. (2.92) sukzessive bestimmt werden. In Tabelle 2.1 und Abb. 2.17a ist eine *konstante altersspezifische Mortalität* q_x angenommen worden. Sie führt zu einem *exponentiellen Abfallen der Überlebensrate* l_x (s. Gl. A5.2 in Anhang A5). In Abb. 2.18a und Tabelle 2.2 ist ein Fall mit hoher Jugendmortalität dargestellt.

Aus den Überlebensraten l_x lassen sich andere Größen ermitteln, die über die Lebensgeschichte Auskunft geben. Man kann einen k-Faktor (s. Gl. 2.32 in Abschn. 2.2.2) für jede Altersklasse einführen, da ja L_x die Individuenzahl am Beginn und L_{x+1} am Ende der Altersklasse x beschreiben.

$$k_x = \log \frac{L_x}{L_{x+1}} = \log \frac{l_x}{l_{x+1}} = \log l_x - \log l_{x+1} .$$

Nimmt man diesen als Maß für die Mortalität, so hat das den Vorteil, daß die Summe

$$\begin{aligned} \sum_{x=a}^{b} k_x &= k_a + k_{a+1} + \cdots + k_b \\ &= \log \left(\frac{l_a}{l_{a+1}} \cdot \frac{l_{a+1}}{l_{a+2}} \cdot \ldots \cdot \frac{l_b}{l_{b+1}} \right) = \log l_a - \log l_{b+1} \end{aligned} \tag{2.93}$$

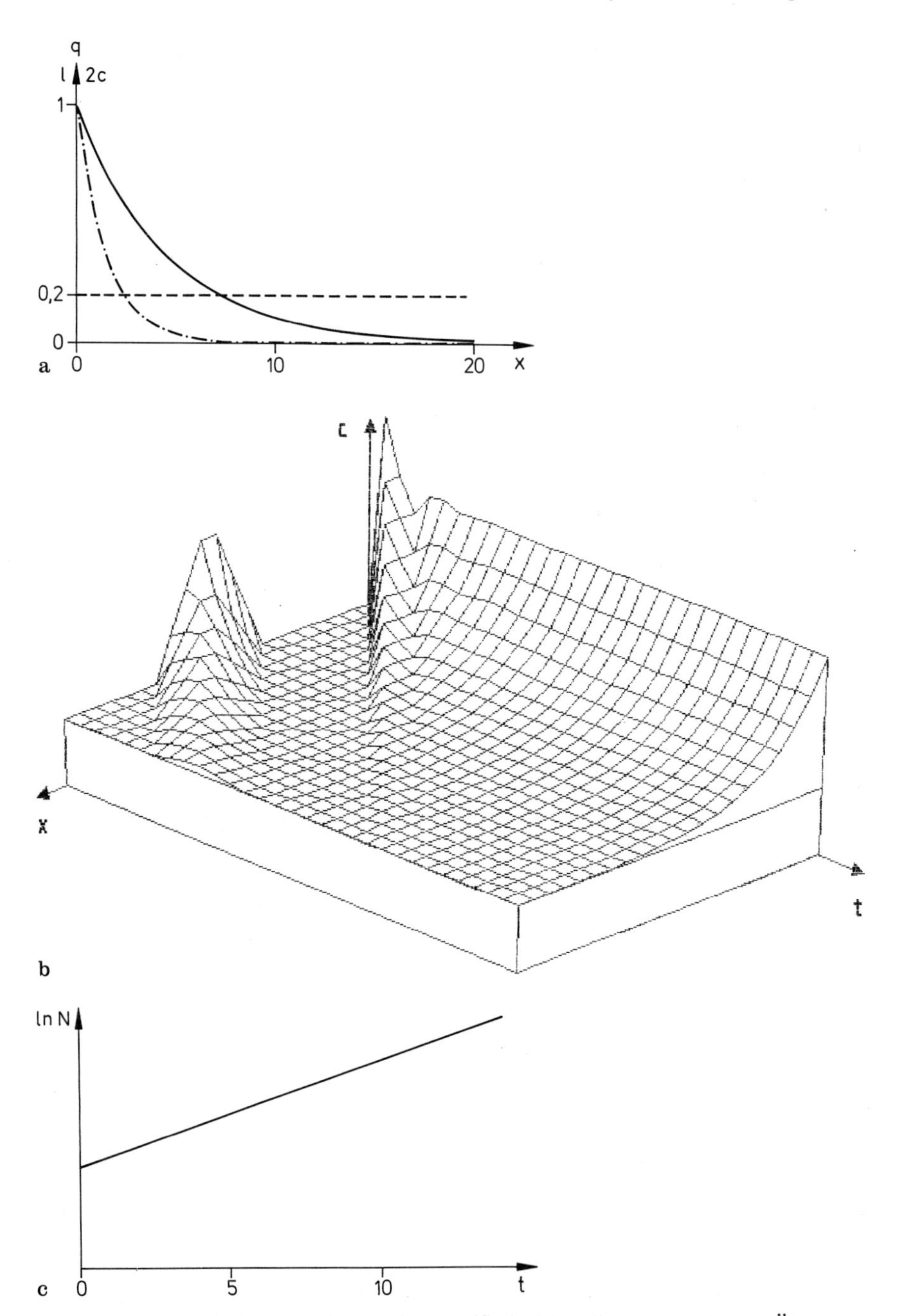

Abb. 2.17a Nach Tabelle 2.1 bestimmte altersspezifische Mortalität q_x (gestrichelt), Überlebensrate l_x (durchgezogen) und Altersstruktur c_x der exponentiellen Wachstumsphase gegen das Alter x. **b** Zeitliche Entwicklung der Altersstruktur c_{xt} unter Benutzung der Lebenstafel Tabelle 2.1 (t = Zeit, x = Alter). **c** Zeitliche Entwicklung des Logarithmus der Gesamtindividuenzahl N nach Lebenstafel Tabelle 2.1

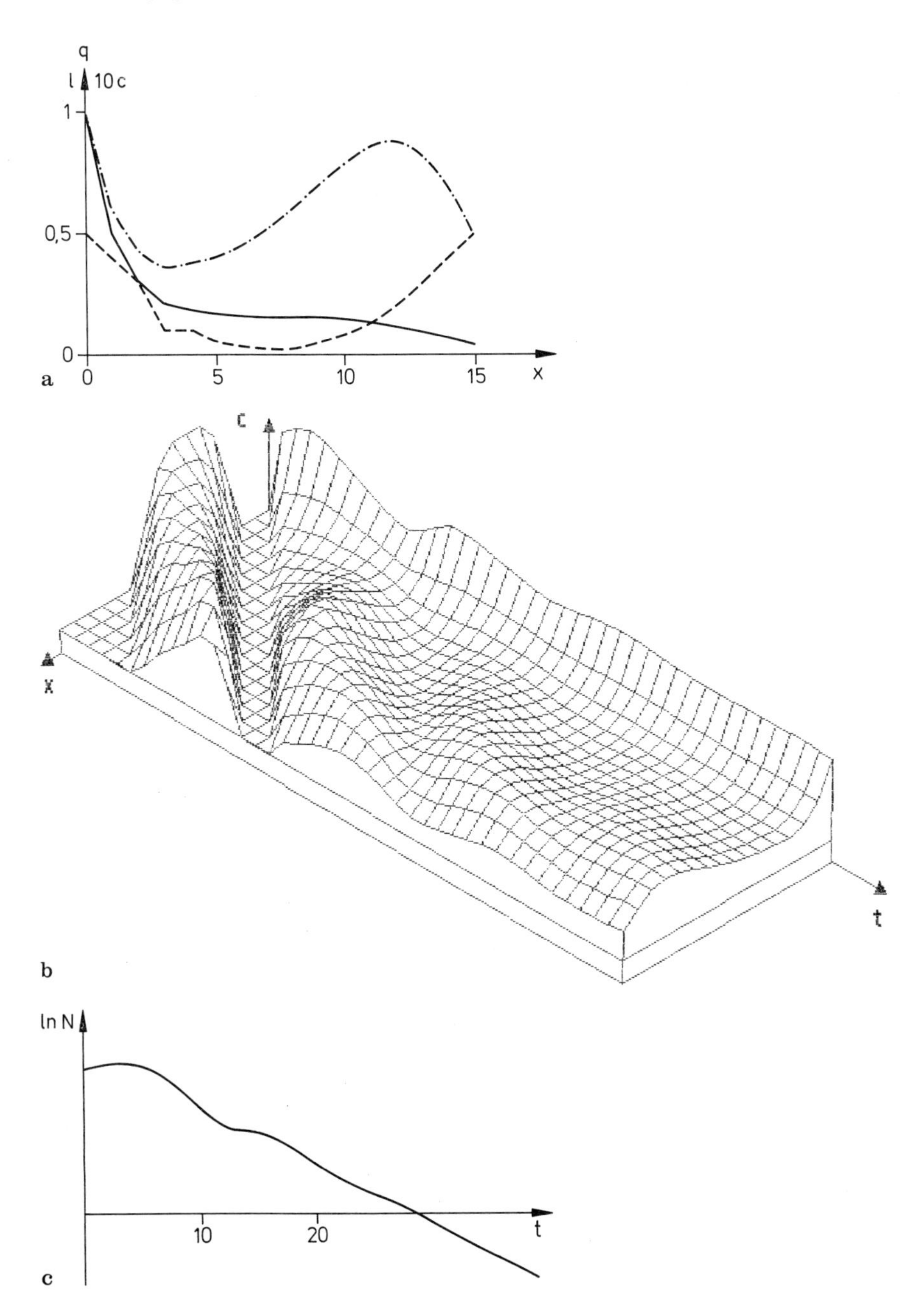

Abb. 2.18a Nach Tabelle 2.2 bestimmte altersspezifische Mortalität q_x (*gestrichelt*), Überlebensrate l_x (*durchgezogen*) und Altersstruktur der exponentiellen Wachstumsphase c_x gegen das Alter x. **b** Zeitliche Entwicklung der Altersstruktur c_{xt} unter Benutzung der Lebenstafel Tabelle 2.2. **c** Zeitliche Entwicklung des Logarithmus der Gesamtindividuenzahl N nach Lebenstafel Tabelle 2.2

ein Maß für die Mortalität von der Altersstufe a bis einschließlich zur Stufe b ergibt.

Die mittlere *verbleibende Lebenserwartung* e_a eines Individuums im Alter a beschreibt, wie lange es im Mittel noch zu leben hat.

$$e_a = \sum_{y \geqq a} \frac{L_y - L_{y+1}}{L_a} y - a .$$

Diese Größe gibt zunächst das mittlere Sterbealter an (s. Mittelwert in Abschn. 4.2.1). Um die verbleibende Lebenserwartung zu bestimmen, muß man davon das aktuelle Lebensalter abziehen. Aus Gl. (A5.3) in Anhang A5 folgt, daß:

$$e_a = \sum_{y \geqq a+1} \frac{L_y}{L_a} = \sum_{y \geqq a+1} \frac{l_y}{l_a} . \tag{2.94}$$

Da wegen Gl. (2.90) $l_0 = 1$ ist, wird

$$e_0 = \sum_{y \geqq 1} l_y . \tag{2.95}$$

Dies beschreibt also die mittlere Lebensdauer. In Tabelle 2.1 und 2.2 sind Lebenserwartungen e_x eingetragen. Im Falle der *konstanten altersspezifischen Mortalität* q_x ist auch die altersspezifische *verbleibende Lebenserwartung* e_x *konstant*, wie in Gl. (A5.4) im Anhang A5 nachgewiesen. Daß e_x in Tabelle 2.1 schließlich doch abnimmt, liegt daran, daß wir bei der Altersklasse 20 abgebrochen haben. Dies ist jedoch realistischer, als das maximal mögliche Alter beliebig weit hinauszuschieben, wie es in Anhang A5 geschehen ist. In Tabelle 2.2 ist wegen der hohen Jugendsterblichkeit die Lebenserwartung in den ersten Altersklassen gering. So zeigt uns l_x, daß nur 21% die Altersklasse 3 erreichen. Dann wird eine Phase der Lebensgeschichte erreicht, wo die Mortalität am geringsten und deshalb die Lebenserwartung am größten ist. Gegen Ende eines Lebens geht natürlich auch die Lebenserwartung gegen Null.

Nach der Beschreibung des Sterbeprozesses benötigen wir die *altersspezifische Fekundität* β_x. Sie gibt die mittlere Zahl der Geburten durch ein Individuum in der Altersklasse x an. Dabei ist zu bedenken, daß wir männliche und weibliche Individuen zusammenzählen und von einem festen Geschlechtsverhältnis ausgehen. In Tabelle 2.1 haben wir eine konstante Fekundität angenommen, die bereits in der Altersklasse 0 beginnt. Dies ist natürlich unrealisitisch. Jedoch werden wir weiter unten an diesem hypothetischen Grenzfall einige grundlegende Erkenntnisse gewinnen. Realistischer ist der in Tabelle 2.2. dargestellte Fall. Individuen erreichen am Ende der *juvenilen Phase* mit hoher Mortalität die *reproduktive Phase*, in der die Fekundität maximal ist. Häufig anzutreffen ist, daß am Ende dieser Phase die Mortalität wieder stark zunimmt. Individuen, die nicht mehr reproduktionsfähig sind, sollten in der Regel für das Fortbestehen der Population keinen Wert mehr haben. Deshalb ist es besser, sie sterben, als daß sie Konkurrenzdruck auf reproduktionsfähige Artgenossen ausüben.

Um diese Gedanken zu quantifizieren, wollen wir als nächstes die *mittlere Zahl*

v_a *an Nachkommen* berechnen (s. Mittelwert in Abschn. 4.2.1), die ein Individuum im Alter a noch zu erwarten hat:

$$v_a = \frac{1}{l_a} \sum_{x \geqq a} l_x \beta_x . \tag{2.96}$$

Diese Größe wird auch als *reproduktiver Wert* eines Individuums des Alters a bezeichnet, denn für das Fortbestehen der Population ist die Zahl der Nachkommen entscheidend. Für ein Individuum des Alters a, welches nicht mehr reproduktionsfähig ist, gilt $\beta_x = 0$ für $x \geqq a$ und deshalb $v_a = 0$. Auch wenn dieses Individuum keinen reproduktiven Wert mehr hat, also ein „unnützer Fresser" ist, kann es bei höher entwickelten Tieren durchaus einen sozialen Wert für die Population haben. Denn alte erfahrene Tiere können durch soziale Kooperation für die Gemeinschaft von großem Nutzen sein, wie das Beispiel alter Elefantenkühe, die eine Herde anführen, zeigt. Ein Mensch, der das Alter von 50 Jahren überschritten hat, hat zwar einen reproduktiven Wert von nahezu Null, doch wird man ihn deswegen nicht als wertlos für die Gesellschaft bezeichnen.

Die Größe v_0 gibt die Zahl der Nachkommen, die ein Neugeborenes zu erwarten hat, d. h. seine *Reproduktionsrate R* an:

$$R = v_0 = \sum_{x \geqq 0} l_x \beta_x . \tag{2.97}$$

Bei $R > 1$ hat jedes Individuum im Schnitt mehr als einen Nachkommen, bei $R < 1$ weniger als einen. In Tabelle 2.1 und 2.2 sind die sich daraus ergebenden reproduktiven Werte v_x eingetragen. In Tabelle 2.1 bei konstanter Mortalität und Fekundität ist der reproduktive Wert v_x natürlich auch konstant (s. Gl. A5.5). Durch das Abbrechen der Lebenstafel bei der Altersklasse 20 in Tabelle 2.1 muß er am Ende natürlich auch gegen Null gehen. In Tabelle 2.2 zeigt sich, daß die juvenile Phase einen niedrigeren reproduktiven Wert v_x hat, da dort noch keine Fortpflanzung stattfindet und die Mortalität sehr hoch ist. Zu Beginn der fertilen Phase hat v_x seinen höchsten Wert und sinkt auf Null, sobald das Ende der reproduktiven Phase erreicht ist.

Tabellen der Form 2.1 oder 2.2 werden als *Lebenstafeln* bezeichnet. Darin sind die *Überlebensraten* l_x und die *altersspezifische Fekundität* β_x die *grundlegenden Größen*, aus welchen sich alle anderen Daten berechnen. Sie lassen sich auch empirisch durch Beobachtung einer Kohorte unter konstanten Bedingungen ermitteln. Diese Konstanz bedeutet, daß der Konkurrenzdruck auf alle Individuen immer der gleiche bleiben muß. Dies ist meistens nur im Labor zu erreichen, wo man die Konkurrenz durch Paralleluntersuchungen mit Einzelhaltung, Haltung in Paaren oder Kulturen von wenigen Individuen fast völlig eliminieren kann. Die Lebenstafeln, die auf Untersuchungen an Kohorten basieren, werden *altersspezifisch*, horizontal oder dynamisch genannt.

Sogenannte *zeitspezifische*, vertikale bzw. statische Lebenstafeln erhält man, wenn eine *Population mit überlappenden Generationen* untersucht wird. Man bestimmt zu einem festen Zeitpunkt t die Zahl N_{xt} der Individuen in den Altersklassen x und die Zahl B_{xt} der durch sie bewirkten Geburten für die Dauer von der Länge einer Altersklasse. Vorausgesetzt, die Situation entspricht jenen obengenannten konstanten Bedingungen, so kann die altersspezifische Fekundität durch

$$\beta_x = \frac{B_{xt}}{N_{xt}} \tag{2.98}$$

berechnet werden. Diese ist die Zahl der Geburten durch ein Individuum in der Altersklasse x. Die *Altersstruktur* der Population zur Zeit t wird durch

$$c_{xt} = \frac{N_{xt}}{N_t} \tag{2.99}$$

gegeben, wobei die Gesamtindividuenzahl durch

$$N_t = \sum_x N_{xt} \tag{2.100}$$

bestimmt ist. Es gibt also c_{xt} den *Bruchteil der Population* an, der sich zur Zeit t *in der Altersklasse x* befindet.

Wir wollen nun den Zusammenhang zwischen N_{xt} bzw. c_{xt} und den Überlebensraten l_x untersuchen. Wir betrachten die zeitlichen Veränderungen in einer Population, die unter den gleichen konstanten Bedingungen lebt, wie sie bei der Untersuchung der Kohorte vorlagen. Dazu teilen wir die Zeit in die gleichen konstanten Intervalle ein, wie wir dies beim Alter bereits getan haben. Für die folgenden Überlegungen benötigen wir die *Gesamtzahl* B_t *der Geburten* in einem Zeitintervall *zur Zeit* t:

$$B_t = \sum_x B_{xt} . \tag{2.101}$$

Individuen, die zur Zeit t das Alter x haben, müssen zur Zeit t — x geboren worden sein. Da nur der Bruchteil l_x überlegt hat, ist ihre Zahl

$$N_{x,t} = B_{t-x} l_x . \tag{2.102}$$

Die Gesamtzahl B_t der Geburten zur Zeit t erhält man aus

$$B_t = \sum_x N_{xt} \beta_x , \tag{2.103}$$

also aus den Beiträgen aller Altersklassen. Setzen wir Gl. (2.102) darin ein, erhalten wir eine Bestimmungsgleichung für B_t, die nur die altersspezifischen Größen l_x und β_x enthält:

$$B_t = \sum_x B_{t-x} l_x \beta_x , \tag{2.104}$$

Diese sogenannte *Erneuerungsgleichung* gilt es zu lösen.

Es läßt sich nun zeigen (Pielou 1969; Frauenthal 1986), daß jede Lösung von Gl. (2.104) im Laufe der Zeit gegen ein exponentielles Verhalten

$$B_t = B_0 e^{rt} \tag{2.105}$$

strebt. Damit würde sich auch die Gesamtindividuenzahl N_t mit der Zeit t exponentiell verändern, denn aus den Gln. (2.100) und (2.102) folgt mit Gl. (2.105):

$$N_t = \sum_x B_0 e^{r(t-x)} l_x = e^{rt} \sum_x B_0 e^{-rx} l_x . \tag{2.106}$$

Die Populationsgröße steigt oder fällt exponentiell, also mit der *konstanten Wachstumsrate* r. Diese läßt sich bestimmen, wenn wir Gl. (2.105) in Gl. (2.104) einsetzen, woraus wir

$$1 = \sum_x e^{-rx} l_x \beta_x \tag{2.107}$$

erhalten. Eine Lösung für r läßt sich aus Gl. (2.107) leider nur numerisch bestimmen. Jedoch kann dies mit jedem programmierbaren Taschenrechner erfolgen. Eine simple Prozedur dafür ist am Ende von Anhang A5 angegeben.

Somit ist hier das in Abschn. 2.2.1 (s. Gl. 2.24) besprochene exponentielle Wachstum durch die Modellierung der elementaren biologischen Prozesse hergeleitet worden. Die individuelle Wachstumsrate r ist wegen Gl. (2.107) aus den meßbaren, altersspezifischen Eigenschaften l_x und β_x der Individuen bestimmbar. Die *Dichteunabhängigkeit* der Wachstumsrate r resultiert hier aus der angenommenen Konstanz von l_x und β_x. Da, wie in Abschn. 2.2.1 dargelegt, das exponentielle Wachstum nur für kleinere Individuendichten gelten kann, müssen l_x und β_x bei größeren Individuenzahlen dichteabhängig werden. Darauf werden wir weiter unten eingehen.

Die individuelle Geburtsrate (s. Gl. 2.16 in Abschn. 2.1.3), gemittelt über die Altersklassen ist

$$b = B_t/N_t\,, \tag{2.108}$$

also die Gesamtzahl der Geburten pro Zeitintervall dividiert durch die Gesamtzahl der Individuen. Mit Gln. (2.105) und (2.106) erhalten wir

$$b = \left[\sum_x e^{-rx} l_x\right]^{-1}. \tag{2.109}$$

Die mittlere Sterberate d ergibt sich wegen Gl. (2.16) in Abschn. 2.1.3 als $d = b - r$.

Im Falle des exponentiellen Zeitverhaltens in Gl. (2.106) ist die Bestimmung der *Altersstruktur* c_{xt} einfach. Sie kann durch die Gln. (2.99), (2.102) und (2.105) berechnet werden:

$$c_{xt} = \frac{B_0\, e^{r(t-x)}\, l_x}{e^{rt} \sum_x B_0\, e^{-rx}\, l_x} = \frac{e^{-rx}\, l_x}{\sum_x e^{-rx}\, l_x}\,. \tag{2.110}$$

Sie bleibt also *zeitlich unverändert*, sobald das *exponentielle Wachstum* erreicht ist. Wir sehen, daß im allgemeinen auch dort der Verlauf von c_x mit dem von l_x nicht übereinstimmt. Doch setzt man die Überlebensrate l_x oft mit der zu einem Zeitpunkt bestimmten Altersstruktur c_{xt} bis auf einen Faktor (Nenner in Gl. 2.110) gleich (Begon u. Mortimer 1986). Dieser ergibt sich aus der Tatsache, daß $l_0 = 1$ sein muß. Diese Identifikation ist, wie Gl. (2.110) zeigt, nur für Populationen, die sich im Gleichgewicht $r = 0$ befinden, richtig. Bei Populationen, die sich z. B. unter der Wirkung von Zufallseinflüssen zeitlich verändern, geben zeitspezifisch erhobene Lebenstafeln keine Auskunft über die Überlebensrate l_x. In diesen Fällen ist in der Regel nicht einmal die oben benutzte Konstanz der Altersstruktur vorhanden.

In Tabelle 2.1 ist mit Formel (2.107) die Wachstumsrate mit $r = 0{,}472$ berechnet worden. Die Population nimmt also exponentiell zu (s. Gl. (2.105), was sich auch schon daraus ergibt, daß die Reproduktionsrate R, das ist die mittlere Zahl v_0 an Nachkommen eines Neugeborenen, größer als 1 ist. Die Folgc des Populationswachstums ist, daß es verhältnismäßig viele junge Individuen gibt. Deshalb ist der relative Anteil alter Individuen verschwindend klein, wie c_x in Abb. 2.17a und Tabelle 2.1 zeigt. Diese Verschiebung der Altersstruktur in Richtung der Jugendstadien durch positives Wachstum ist auch beim Vergleich von c_x mit l_x zu sehen (s. Abb. 2.17a). In Tabelle 2.2 liegen die Verhältnisse genau umgekehrt. Aus Gl. (2.107) erhalten wir für die Wachstumsrate $r = -0{,}169$. Die Population nimmt wegen Gl. (2.105) exponentiell ab, und die Reproduktionsrate $R = v_0$ ist kleiner als 1. Dies wirkt sich in einer Verschiebung der Altersstruktur c_x zu höherem Alter x hin aus. In der sterbenden Population bleiben als letztes die Alten übrig. Dies wird auch durch den Vergleich der Überlebensrate l_x mit c_x in Abb. 2.18a deutlich.

Diese altersspezifische Beschreibung der Geburts- und Sterbeprozesse nennt man *Demographie*. Ausgehend von den Werten für die Überlebensraten und die Fekundität einer altersspezifischen Lebenstafel lassen sich die anderen Größen der Tabellen 2.1 und 2.2 sehr einfach berechnen. So auch die sich einstellende Altersstruktur c_x. Jedoch erhalten wir keine Aussage darüber, wie lange es dauert, bis sich diese stationäre Altersstruktur einstellt, und welche Altersstrukturen dabei durchlaufen werden. Wie dies aus der altersspezifischen Fekundität β_x und Überlebensrate l_x bestimmt werden kann, soll im folgenden gezeigt werden.

So wie oben teilen wir die Zeitskala in gleich lange Intervalle von der Länge einer Altersklasse ein und numerieren sie mit $t = 0, 1, 2, \ldots$ durch. Da ein Individuum während eines Zeitintervalls in die nächste Altersklasse vorrückt, gilt für die Individuenzahl N_{xt} zur Zeit t in der Altersklasse x:

$$N_{x+1,\,t+1} = N_{xt}(1 - q_x)\,. \tag{2.111}$$

Anders ausgedrückt, ist die Zahl der Individuen zur Zeit $t + 1$ im Alter $x + 1$ gleich der zur Zeit t im Alter x, wobei außerdem zu berücksichtigen ist, daß nur der Bruchteil $(1 - q_x)$ überlebt (s. Gl. 2.91). Kennen wir also die *Individuenzahl* N_{xt} *in den einzelnen Altersklassen zur Zeit t*, so kann sie durch Gl. (2.111) für die Zeit $t + 1$ bestimmt werden und so in *iterativer* Weise für die folgenden Zeiten. Nur die Zahl in der Altersklasse 0 müssen wir anders bestimmen. Sie ergibt sich durch die Gesamtzahl B_t an Geburten. Also ist

$$N_{0,\,t+1} = B_t = \sum_x N_{xt}\beta_x \tag{2.112}$$

auch durch die Zahl der Individuen in den Altersklassen zur Zeit t festgelegt. Diese beiden Gl. (2.111) und (2.112) bestimmen die ganze Populationsdynamik. (Faßt man die N_{xt} bei festem t zu einem Vektor zusammen, so lassen sich die Gln. (2.111) und (2.112) gemeinsam mit Hilfe einer sogenannten *Leslie-Matrix* (Leslie 1945) schreiben, die als Elemente die β_x und l_x enthält. Bei mehr als 3 Altersklassen bringt aber das mathematische Kalkül der Matrizenrechnung keinen Vorteil gegenüber der folgenden Methode). Mit Hilfe jedes programmierbaren Taschenrechners lassen sich die Gln. (2.111) und (2.112) in iterativer Weise lösen. Man muß nur noch eine Anfangssituation N_{x0} vorgeben, bei der die Populationsdynamik startet. In Abb. 2.17b bzw. 2.18b sind die auf diese Weise bestimmten zeitlichen Entwicklungen der Altersstruktur dargestellt, wobei wir die Lebenstafeln Tabelle 2.1 und 2.2 zugrundegelegt haben. Wir sehen, daß immer eine gewisse Zeit vergeht, bis sich die stationären Altersstrukturen (Abb. 2.17a und 2.18a) der exponentiellen Wachstumsphase eingestellt haben. Wie sich die Gesamtindividuenzahlen N_t verhalten, ist in Abb. 2.17c und 2.18c zu sehen. Es ist der Logarithmus von N_t dargestellt, um den exponentiellen Anstieg bzw. die exponentielle Abnahme zu demonstrieren (s. Gl. 2.25 in Abschn. 2.2.1)).

Nun müssen wir uns daran erinnern, daß das in Abb. 2.17c dargestellte exponentielle Wachstum nur für eine beschränkte Zeit bei kleinen Individuendichten gelten kann (s. Abschn. 2.2.1). *Bei höheren Individuenzahlen* N_t muß *dichteabhängige Regulation* einsetzen, also die altersspezifische Fekundität β_x abnehmen und/oder die altersspezifische Mortalität q_x zunehmen. Aus Demonstrationszwecken ist die einfachste Form einer linearen Abhängigkeit

$$\beta_x = 0{,}5(1 - N_t/300) \qquad (2.113)$$

$$q_x = 0{,}2(1 + N_t/300) \qquad (2.114)$$

untersucht worden, in der die Fekundität und Mortalität nur von der Gesamtindividuenzahl N_t abhängen, und zwar für alle Altersklassen in gleicher Weise. Durch diese Dichteregulation bleibt das Populationswachstum beschränkt, wie Abb. 2.19 zeigt. Dort ist N_t, wie es sich aus den Gln. (2.111) bis (2.114) ergibt, dargestellt. Ihr Anstieg ist von sigmoider Form, wie beim logistischen Wachstum (s. Abb. 2.3c in Abschn. 2.2.2).

Dieses Beispiel, das wir benutzt haben, um die grundsätzlichen Zusammenhänge zu betrachten, ist natürlich hochgradig unrealistisch. Sowohl die altersspezifische Mortalität q_x als auch die Fekundität β_x wird in der Regel für unterschiedliche Altersklassen x verschieden sein. Auch sollte sich ihre Dichteabhängigkeit für verschieden alte Individuen unterscheiden, da sie verschiedene Durchsetzungsfähigkeit bei der intraspezifischen Konkurrenz haben. Außerdem wird in die Dichteregulation nicht einfach die Gesamtindividuenzahl N_t eingehen, sondern die Zahlen N_{xt} für jedes Alter in unterschiedlicher Weise, denn verschieden alte Individuen benötigen unterschiedliche Mengen von der begrenzten Ressource.

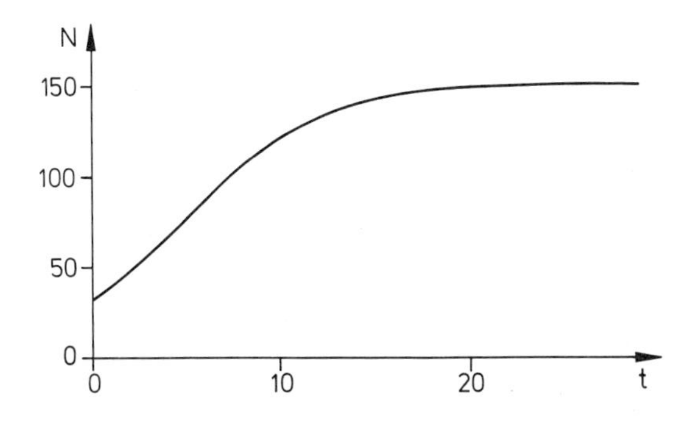

Abb. 2.19. Zeitliche Entwicklung der Gesamtindividuenzahl N_t für die Lebensdaten aus den Gln. (2.113) und (2.114)

In *„realistischen Beschreibungen*“ sind also die Gln. (2.113) und (2.114) durch eine Vielzahl von Gleichungen zu ersetzen. Für jede Altersklasse erhält man eine andere, wobei die einfache lineare Abhängigkeit durch eine Funktion zu ersetzen ist, die in realistischer Weise von den Individuenzahlen N_{xt} aller Altersklassen abhängt. Solche Modelle würden also eine *Vielzahl von Funktionen und Parameter* enthalten, und es ist daher nicht erstaunlich, daß bei deren Variationen wieder die ganze Palette des Zeitverhaltens gefunden wird, die wir bei den zeitverzögerten Modellen (Abschn. 2.3.2 und 2.2.5) kenngelernt hatten. Neben dem monotonen Einlaufen in ein Gleichgewicht, wie in Abb. 2.19, kann dieses auch in gedämpften Oszillationen erfolgen. Oder es treten Grenzzyklen, also permanentes zyklisches Verhalten auf, wenn die Dichteregulation stark genug ist. Schließlich kann auch deterministisches Chaos (s. Abb. 2.7d in Abschn. 2.2.5) beobachtet werden.

Solche „realistischen Modelle“ die die detaillierten Dichteabhängigkeiten der altersspezifischen Größen β_x und q_x berücksichtigen, zeigen also einerseits die gleiche Palette für das *Zeitverhalten*, wie die *zeitverzögerten Modelle* (Abschn. 2.3.2 und 2.2.5), wodurch das Vertrauen in die letzteren gestärkt wird. Andererseits besteht praktisch keine Chance, all die Informationen zu erhalten, die für die Bestimmung der oben genannten Vielzahl von Funktionen und die darin enthaltenen Parameter nötig wären. Hier haben wir bereits den Rahmen von einfachen konzeptionellen Modellen (s. Kap. 1) verlassen und uns an „realistische“ Simulationsmodelle gewagt. Zwar modellieren wir auf diese Weise die einzelnen biologischen Vorgänge des Sterbens und der Geburt realistischer, doch handeln wir uns eine Flut von unbekannten Funktionen und Parametern ein, was die Unsicherheit des Modells letztendlich entscheidend vergrößert (s. Abb. 1.2). Außerdem sind wir dann ganz dem Computer ausgeliefert, ohne ein Verständnis erlangen zu können, und dies ist schließlich das primäre Ziel einer theoretischen Ökologie. Außerdem müssen wir eingestehen, daß hier noch immer erhebliche Idealisierungen vorgenommen sind. Es ist nicht berücksichtigt, daß Individuen unterschiedlich „fit“ sind und einen unterschiedlichen Ernährungszustand haben. Dies wirkt sich natürlich auf ihre Konkurrenzfähigkeit und ihren Nahrungsbedarf aus. Es ist wohl offenkundig, daß wir den Bereich der praktikablen Modelle verlassen würden, wollten wir auch das noch berücksichtigen. Wir müssen uns darüber klar sein, daß wir *nicht überall beliebig weit ins Detail* gehen können und immer auf einer bestimmten Ebene *phänomenologisch arbeiten müssen.* Aus all diesen Gründen ist es in den meisten Fällen vorzuziehen, mit den einfacheren konzeptionellen Modellen zu arbeiten, zumal diese alle möglichen Formen des Zeitverhaltens zeigen können. Leider ist es bisher ungeklärt, wie der Zusammenhang zwischen den individuellen Eigenschaften der Fekundität β_x und Mortalität q_x und der phänomenologischen Größe der Verzögerungszeit T in Abschn. 2.3.2 ist.

Zusammenfassung

Grundlegende Größen der demographischen Beschreibung von Populationen sind die Überlebensrate l_x und die altersspezifische Fertilität β_x. Aus ihnen lassen sich die altersspezifische Mortalität q_x, die altersspezifische Lebenserwartung e_a und der reproduktive Wert (mittlere Zahl an Nachkommen) v_a berechnen. Die Konstanz dieser Größen führt zu exponentiellem Wachstum ohne Dichteregulation. Nur falls die Individuenzahl ein Gleichgewicht erreicht hat, stimmt die Altersstruktur c_x mit der Überlebensrate l_x überein. Bei wachsenden Populationen sind mehr junge Individuen, bei abnehmenden mehr alte vorhanden. Die gesamte Populationsdynamik mit Altersstruktur läßt sich auf iterative Weise beschreiben. Dichteabhängigkeit der Überlebensrate l_x und der Fertilität β_x führt je nach Stärke der Regulation zu exponentiellem Einlaufen ins Gleichgewicht, gedämpften Oszillationen, Grenzzyklen oder deterministischem Chaos wie bei der Beschreibung der Populationsdynamik mit Zeitverzögerung. Da die Beschreibung mit Altersstruktur eine Vielzahl an Funktionen und Parametern benötigt, gelangt man dabei meistens zu unübersichtlichen Modellen, die dem Verständnis wenig dienen. Einfache phänomenologische Modelle sind vorzuziehen.

Weiterführende Literatur:

Theorie: Begon u. Mortimer 1986; Frauenthal 1986; Nisbet u. Gurney 1986; Pielou 1974, 1977; Skellam 1972; Usher 1972; Varley u. Gradwell 1970.

Empirik: Begon u. Mortimer 1986; Begon et al. 1986; Cody u. Diamond 1979; Emlen 1984; Halbach 1979; Harper u. Bell 1979; Hutchinson 1978; Krebs 1972; Lowe 1969; Pianka 1974a; Putman u. Wratten 1984; Southwood 1978.

3 Wechselwirkende Arten

Im letzten Kapitel wurden die Eigenschaften isolierter Populationen studiert. Auf diese Weise hatten wir die innerartlichen Mechanismen kennengelernt, die Einfluß auf die Populationsdynamik haben. Nun existieren in der Natur aber *keine isolierten Populationen*. Sie sind immer in ein *verzweigtes Nahrungsnetz* eingebunden und unterliegen daher vielfältigen Wechselwirkungen mit anderen Arten. Um die Vielzahl von möglichen Wechselwirkungsprozessen zu klassifizieren, unterscheidet man folgende Haupttypen der Wechselwirkung.

Der durch das Symbol (+, —) gekennzeichnete Wechselwirkungstypus ist die *Räuber-Beute-Beziehung*. Zunächst ist damit gemeint, daß ein Tier ein Individuum einer anderen Art tötet und frißt. Doch auch die Einwirkung von *Parasiten* auf ihre *Wirte*, die dadurch Schaden nehmen, oder von *Parasitoiden*, die ihre Wirte töten, wollen wir hier einschließen. Natürlich gehört hierher auch die Ernährung der *herbivoren* (phytophagen) *Tiere* von lebenden Pflanzen. Wie das Symbol (+, —) andeutet, sollen alle Wechselwirkungen zwischen Individuen verschiedener Arten hier eingeschlossen sein, bei denen *ein Partner Nutzen* daraus zieht, während *der andere* dadurch *geschädigt* wird. Diesen Wechselwirkungstyp werden wir in Abschn. 3.2 untersuchen.

Interspezifische, d. h. zwischenartliche Konkurrenz kennzeichnet man durch das Symbol (—,—). Man mag dabei zunächst an den „Streit" um eine gemeinsame Ressource, welche ein Individuum mit anderen teilt, denken. Doch wollen wir alle Wechselwirkungen zwischen Individuen verschiedener Arten, bei denen *beide Partner einen Nachteil* aus diesen Beziehungen erleiden, so bezeichnen. Allein schon die Gegenwart eines fremden Individuums kann die Tätigeiten wie Nestbau, Nahrungserwerb, Pflege und Fütterung der Jungen *behindern*. Dies wird mit *Interferenz-Konkurrenz* bezeichnet.

Außer diesen beiden Typen (+,—) und (—,—) gibt es noch *andere* Arten der *Wechselwirkung*, welche *in der Ökologie bisher wenig untersucht* wurden. Hierher gehört der Mutualismus (+, +) (Putman u. Wratten 1984), bei welchem beide Arten aus der Beziehung Nutzen ziehen. Ein Beispiel dafür ist die Fremdbestäubung von Blütenpflanzen durch Bestäuber. Obwohl dieser Wechselwirkungstypus für die Evolution wichtig ist, hat er bei den Populationsökologen wenig Beachtung gefunden. Das gleiche gilt für den *Kommensalismus* (+, *0*), bei dem ein Partner einen Vorteil hat, ohne daß ein spürbarer Einfluß auf den anderen vorhanden ist. Saprophagen und Saprophyten, die von totem pflanzlichen oder tierischen Material (Detritus) leben, gehören hierher, aber auch Parasiten, die keinen spürbaren Schaden beim Wirt verursachen. Obwohl die Detrituszersetzer (Destruenten, decomposer) für den Stoffkreislauf in Ökosystemen eine entscheidende Rolle spielen, ist ihre Populationsdynamik kaum untersucht (Swift et al. 1979; Putman 1983). Das Gegenteil des Kommensalismus ist der *Amensalismus* (—, *0*). Hierher gehört die Allelopathie zwischen Pflanzen, bei der eine Art toxische Metabolite abgibt, die auf die andere Art wachstumshemmend wirkt. All diese Wechselwirkungstypen haben in der theoretischen Ökologie bisher wenig Beachtung gefunden. Deshalb werden sie in diesem Buch nicht weiter behandelt.

Wir werden in den nächsten Paragraphen die Zweierrelationen (+, —) und (—, —) untersuchen, denn aus diesen ist ein Großteil der funktionellen Beziehungen in einem Ökosystem zusammengesetzt. Zwar kommen diese paarweisen Wechselwirkungen in der Natur nicht isoliert vor, sondern es wirken immer eine Vielzahl von ihnen zusammen. Doch wie schon bei der Untersuchung von isolierten Populationen, wollen wir uns dem Problem von der einfachen Seite her nähern. Erst müssen wir einfache Modelle mit 2 Populationen beherrschen und auf diese Weise die isolierte Wirkung dieser Zweierbeziehungen kennenlernen, bevor wir uns an komplexere Fragen wie in Abschn. 3.3 wagen können. Dabei soll uns die Frage interessieren, welche Auswirkungen diese Wechselwirkungen auf die beteiligten Populationen haben können, ob es Formen der Populationsdynamik gibt, die typisch für die Wechselwirkungstypen sind, und unter welchen Bedingungen wechselwirkende Populationen koexistieren können.

3.1 Interspezifische Konkurrenz

3.1.1 Dynamik zweier konkurrierender Populationen

Den Wechselwirkungstypus (—, —) nennt man *Konkurrenz*, die hier bei der Wechselbeziehung von Individuen zweier Arten *interspezifisch* genannt wird. Hier sind alle Wechselwirkungen gemeint, bei denen *beide Partner* einen *Nachteil* erleiden. Es gibt Ökologen, die die Existenz von interspezifischer Konkurrenz in der freien Natur bestreiten (Schoener 1982). In der Tat lassen sich in den Naturwissenschaften keine Beweise im Sinne der Mathematik erbringen. Man kann nur Interpretationsmöglichkeiten anbieten, die möglichst viele Erscheinungen in der Natur auf selbstkonsistente Weise erklären. So gibt es eine ganze Reihe von Felduntersuchungen, deren Ergebnisse sich durch die Wirkung von interspezifischer Konkurrenz erklären lassen (Connel 1983; Fenchel u. Kofoed 1976; Begon u. Mortimer 1986; Puman u. Wratten 1984): Hierher gehören Experimente, bei denen wechselweise eine Art aus einem bestimmten Gebiet entfernt wird und die Wirkung auf die andere untersucht wird. Dabei stellt sich die Dichte der verbleibenden Art oft auf ein höheres Niveau als im Fall der Koexistenz ein. Dies kann soweit gehen, daß die eine Art nur auftritt, wenn die andere fehlt. Es gibt Beispiele, wo koexistierende Arten ein engeres Nahrungs- oder Ressourcenspektrum haben, als wenn sie alleine leben. Merkmalsverschiebungen (character displacement) können auftreten, sobald Arten in Koexistenz leben. All diese Befunde lassen sich durch interspezifische Konkurrenz erklären.

In der *Evolutionsbiologie* wird diese Konkurrenz immer wieder angeführt. Natürliche *Selektion* sollte Individuen begünstigen, welche die fitness-reduzierende interspezifische Konkurrenz vermeiden. Die Entwicklung des Spezialistentums wird so erklärt. Diese *Konkurrenzvermeidungstendenz* sollte bewirken, daß die Konkurrenz, die früher zu der Ausbildung der Unterschiede zwischen den Arten geführt hat, heute nicht mehr oder nur in sehr geringem Maße auftritt (Connel 1983). In jedem Fall ist die interspezifische Konkurrenz ein Phänomen, mit dem in vielfältiger Form in der Biologie argumentiert wird. Deshalb müssen wir uns hier mit ihr auf jeden Fall befassen. Dabei wollen wir der Frage nachgehen, unter welchen Bedingungen konkurrierende Arten koexistieren können.

Wir werden uns dem Problem, wie bei der Einführung des logistischen Wachstums in Abschn. 2.2.2, auf *möglichst einfache Weise* nähern. Wir betrachten das Wachstum zweier Populationen, deren Individuenzahl wir mit N_1 und N_2 bezeichnen. Jede der beiden Populationen muß bei überlappenden Generationen der Wachstumsgleichung (2.15) gehorchen:

$$dN_1/dt = N_1 r_1(N_1, N_2) \tag{3.1}$$

$$dN_2/dt = N_2 r_2(N_1, N_2)\,. \tag{3.2}$$

Wie schon in Abschn. 2.2.1 begründet, sind die *individuellen Wachstumsraten* r_1 und r_2 wegen der intraspezifischen Konkurrenz abnehmende Funktionen von N_1 bzw. N_2. Aufgrund der interspezifischen Wechselwirkung hängen sie aber auch von der Individuenzahl der anderen Art ab. Wie das Symbol (—, —) anzeigt, vermindert die interspezifische Konkurrenz das Wachstum jeder Art. Je mehr Konkurrenten der anderen Art vorhanden sind, umso kleiner wird die eigene Wachstumsrate sein. Also ist r_1 eine *abnehmende Funktion der Individuenzahlen* N_2. Entsprechendes gilt für r_2 und N_1.

Ganz analog zum logistischen Wachstum in Gl. (2.26) ist die lineare Abnahme die *einfachste mathematische Möglichkeit*, welche zu dem sogenannten *Lotka-Volterra-Modell* (Lotka 1925; Volterra 1926) der interspezifischen Konkurrenz führt:

$$dN_1/dt = r_{m1} N_1 \left(1 - \frac{1}{K_1} N_1 - \frac{\beta_{12}}{K_1} N_2\right) \tag{3.3}$$

$$dN_2/dt = r_{m2} N_2 \left(1 - \frac{1}{K_2} N_2 - \frac{\beta_{21}}{K_2} N_1\right). \tag{3.4}$$

Es sind r_{m1} bzw. r_{m2} und K_1 bzw. K_2 die potentiellen Wachstumsraten und die Kapazitäten des logistischen Wachstums in Gl. (2.26) in Abschn. 2.2.2 bei Fehlen der konkurrierenden Art. $1/K_1$ beschreibt, um wieviel ein Individuum der Art 1 die Wachstumsrate r_1 durch intraspezifische Konkurrenz vermindert (s. Beginn von Abschn. 2.3.1). Also ist $1/K_1$ *ein Maß* für die *Stärke der intraspezifischen Konkurrenz*. Analog gibt β_{12}/K_1 an, um wieviel ein Individuum der Art 2 die Wachstumsrate r_1 durch interspezifische Konkurrenz verkleinert. Der positive Parameter β_{12} beschreibt also, wie stark die *interspezifische Konkurrenz im Verhältnis zur intraspezifischen* bei der Art 1 ist. Analog gibt β_{21} dieses Verhältnis für die Art 2 an.

Natürlich finden wir für jede Art das Verhalten des logistischen Wachstums (Abschn. 2.2.2), wenn $\beta_{12} = \beta_{21} = 0$. Um die Wirkung der interspezifischen Konkurrenz zu studieren, suchen wir wieder (s. Abschn. 2.2.3), nach einem *Gleichgewicht* (N_1*, N_2*). Es ist dadurch bestimmt, daß keine zeitliche Veränderungen der Individuenzahlen mehr stattfinden, also die linken und damit auch die rechten Seiten von den Gln. (3.3) und (3.4) verschwinden.

Welche Möglichkeiten unser Modell zuläßt, kann man am einfachsten in Abb. 3.1 sehen. Dort sind die sogenannten *Isoklinen* eingezeichnet, welche ein häufig benutztes Mittel sind, um sich Stabilitätseigenschaften wechselwirkender Arten klarzumachen. Das sind die Kurven im N_1-N_2-Diagramm, bei denen das Wachstum jeweils einer Art verschwindet. Die *durchgezogene Gerade* in Abb. 3.1 gibt also all diejenigen Wertepaare (N_1, N_2) an, für welche die *Art 1 kein Wachstum* hat. Diese Isokline der Art 1 erhält man, wenn man das Wachstum, also die rechte Seite in Gl. (3.3), Null setzt. Wie in Abb. 3.1. zu erkennen ist, ergibt dies eine Gerade mit den Achsenabschnitten K_1/β_{12} und K_1. Analog zeigt die *gestrichelte Gerade* die Isokline der *Art 2*, also alle Punkte, wo diese *kein Wachstum* zeigt. Außerdem verschwindet das Wachstum einer Art, wenn ihre Individuenzahl Null ist.

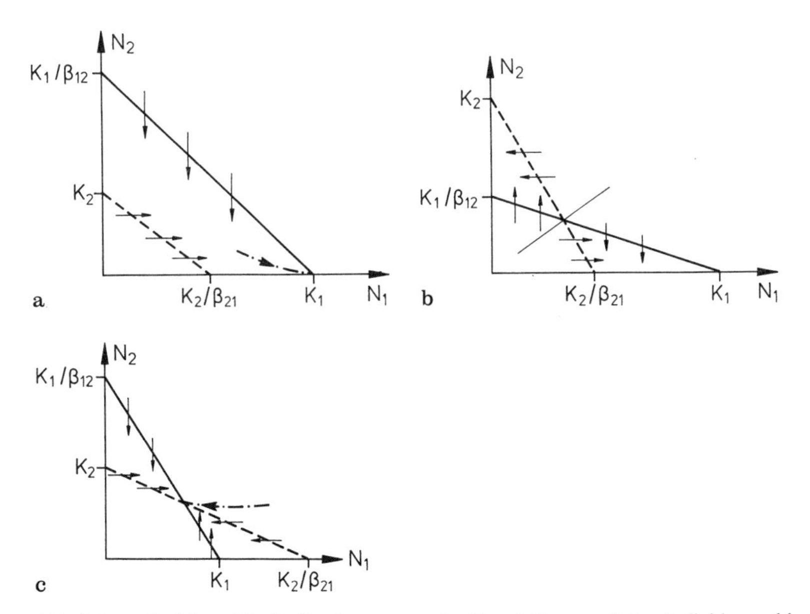

Abb. 3.1 a–c. Isoklinen für die Konkurrenz zweier Populationen mit den Individuenzahlen N_1 und N_2 nach den Gln. (3.3) und (3.4). **a** für den Fall (3.6). Die *Pfeile* geben die zeitliche Veränderung der Individuenzahlen an. Wie das Beispiel einer Trajektorie (*strichpunktiert*) zeigt, verdrängt die Art 1 die Art 2. **b** Für den Fall, daß je nach Anfangsbedingung eine der beiden Arten die andere verdrängt. Die *dünne Linie* deutet die Grenze zwischen den Bereichen der Anziehung an. **c** Für den Fall der Koexistenz nach Gl. (3.5). Beispiel einer Trajektorie *strichpunktiert*

Wenn sich N_1 und N_2 im Laufe der Zeit ändern, erhalten wir also eine Bahn in der N_1-N_2-Ebene, auch *Trajektorie* genannt. Ein Beispiel für einen möglichen Verlauf ist durch die strichpunktierte Kurve angedeutet. Um sich den prinzipiellen Verlauf der Trajektorien klar zu machen, kann man die Isoklinen benutzen. Auf der durchgezogenen Isokline der Art 1 bleibt die Individuenzahl N_1 zeitlich konstant. Nur die Individuenzahl der Art 2 ändert sich, d. h. die Trajektorien können dort nur vertikal verlaufen. Analog verlaufen sie bei der gestrichelten Isokline der Art 2 horizontal. Bleibt nur noch zu bestimmen, in welche Richtung die Trajektorien an den Isoklinen zeigen.

Wir müssen also untersuchen, ob die Individuenzahl der einen Art beim Nullwachstum der anderen Art wächst oder abnimmt. Hier können wir die Tatsache benutzen, daß die Isoklinen die Bereiche in der N_1-N_2-Ebene trennen, in welchen die Wachstumsraten (d. h. die rechte Seite von den Gln. 3.3 und 3.4) unterschiedliche Vorzeichen haben. Bei Individuenzahlen N_1 und N_2, die unterhalb der durchgezogenen N_1-Isokline liegen, wächst die Individuenzahl N_1 der Art 1 immer an, da dort die Klammer der rechten Seite von Gl. (3.3) positiv ist, während oberhalb dieser Isokline die Klammer negativ ist und N_1 deshalb abnimmt. Dies sieht man auf einfache Weise, wenn man große bzw. kleine N_1 und N_2 betrachtet. Da nun die gestrichelte N_2-Isokline in Abb. 3.1a im Gebiet unterhalb der N_1-Isokline liegt, nimmt auch dort die Individuenzahl N_1 zu. Die Trajektorien verlaufen dort also horizontal von links nach rechts, wie durch die Pfeile angedeutet ist. Analog ist oberhalb der gestrichelten N_2-Isokline die Klammer in Gl. (3.4) immer negativ. Die Individuenzahl N_2 nimmt dort also ab. Insbesondere verlaufen dort die Trajektorien auf der durchgezogenen N_1-Isokline von oben nach unten. Die Bewegung auf einer Isokline ist also immer zur anderen Isokline hin ausgerichtet.

Aus den Pfeilen an den Isoklinen für die zeitliche Veränderung ist offensichtlich, daß in Abb. 3.1a die Traktorien alle auf das Gleichgewicht $N_2^* = 0$ und $N_1^* = K_1$ zulaufen. In dieser Konstellation stirbt also die Art 2 aus. Je nach *Größe der Parameter* K_1, K_2, β_{12} und β_{21} ist die *Lage der Isoklinen* eine andere. Dies führt zu verschiedenem Verhalten der Populationsdynamik der beiden Arten. So zeigen die Pfeile in Abb. 3.1b, die man mit den gleichen Argumenten erhält, daß die Individuenzahlen entweder dem Gleichgewicht $N_1^* = K_1$ und $N_2^* = 0$ oder $N_1^* = 0$ und $N_2^* = K_2$ zustreben, also eine der beiden Arten ausstirbt. Welche, das hängt von der Anfangsbedingung ab, also von welchem Punkt in der N_1-N_2-Ebene aus sich das System zeitlich entwickelt. In Abb. 3.1c laufen die Trajektorien im Schnittpunkt der Isoklinen zusammen. Hier können also beide Arten koexistieren. Wir werden unten genauer diskutieren, welche Bedingungen Koexistenz ermöglichen.

Statt dieser *graphischen Methode* zur Bestimmung der stabilen Gleichgewichte kann man auch eine sogenannte *lokale Stabilitätsanalyse*, wie in Anhang A4d gezeigt, durchführen. Dabei werden wie in Abschn. 2.2.3 kleine Auslenkungen aus dem Gleichgewicht betrachtet. Falls diese im Laufe der Zeit abnehmen, ist dieses Gleichgewicht stabil. Die bei Gl. (A4.47) in Anhang A4d erhaltenen Resultate der Gln. (A4.59), (A4.60), (A4.65) und (A4.66) stimmen mit denen der Abb. 3.1 überein.

Der nächste Schritt ist die ökologische Interpretation dieser Ergebnisse. Koexistenz der beiden Populationen erhalten wir nur in Abb. 3.1c, also falls

$$K_1/\beta_{12} > K_2 \quad \text{und} \quad K_2/\beta_{21} > K_1 \, ,$$

was äquivalent zu

$$\beta_{12}/K_1 < 1/K_2 \quad \text{und} \quad \beta_{21}/K_2 < 1/K_1 \tag{3.5}$$

ist. Wie oben dargelegt, beschreibt β_{12}/K_1 die Stärke der interspezifischen Konkurrenz, die ein Individuum der Art 2 auf das Wachstum r_1 der Art 1 ausübt, während $1/K_2$ die Stärke der intraspezifischen Konkurrenz der Art 2 angibt. Also besagt die erste Ungleichung (3.5), daß Individuen der Art 2 den eigenen Artgenossen mehr Konkurrenz machen, als der Art 1. Entsprechend bedeutet die zweite Ungleichung, daß auch die Individuen der Art 1 stärkere intra- als interspezifische Konkurrenz ausüben. Die *Bedingung für die Koexistenz* von 2 Arten ist also, daß die *intraspezifische Konkurrenz stärker als die interspezifische* ist. Die Möglichkeit, daß dies realisiert wird, existiert, wenn die interspezifische Konkurrenz nur um einige wenige Ressourcen erfolgt, die die Arten zum Lebensunterhalt benötigen, während natürlich die Individuen einer Art im wesentlichen die gleichen Ansprüche haben, also um *alle* limitierenden Ressourcen konkurrieren.

Es ist plausibel, daß die Arten im Laufe der *Evolution die Tendenz* haben, die *interspezifische Konkurrenz*, die die Reproduktion mindert, zu *verringern*, also möglichst wenige Ressourcen zugleich zu nutzen, während intraspezifische Konkurrenz im Prinzip unvermeidlich ist. Dies sollte zu einer *Trennung der „ökologischen Nischen"* — ein Begriff, auf den wir unten näher eingehen werden — der Arten führen, also zu einem Zustand, in dem nur *wenig interspezifische Konkurrenz* wirkt. Doch ist nach diesen Argumenten die zwischenartliche Konkurrenz wichtig für das Erreichen des Zustands mit getrennten Nischen.

Nachdem wir uns die Situation, in welcher Koexistenz auftritt, angesehen haben, wollen wir auch die anderen Fälle untersuchen. In Abb. 3.1a gilt: $K_1/\beta_{12} > K_2$ und $K_2/\beta_{21} < K_1$, also

$$\beta_{12}/K_1 < 1/K_2 \quad \text{und} \quad \beta_{21}/K_2 > 1/K_1 \, . \tag{3.6}$$

Mit Argumenten analog zu Gl. (3.5) bedeutet dies, daß Individuen der Art 2 den eigenen Artgenossen mehr Konkurrenz machen als der Art 1 und daß die Art 1 weniger intraspezifische Konkurrenz ausübt als interspezifische. Also *erfährt die Art 2 mehr Konkurrenz (intra- und interspezifische)* als die Art 1. Deshalb ist es auch nicht verwunderlich, daß die Populationen einem Gleichgewicht zustreben, in dem *nur die Art 1 überlebt*. Der überlegene Konkurrent verdrängt den schwächeren. Hierbei ist zu bedenken, daß die Koeffizienten β_{ij}/K_i und $1/K_i$ nicht nur durch den Grad der gemeinsamen Ressourcennutzung bestimmt werden, sondern auch beschreiben, wie stark sich die Konkurrenz auf das Wachstum auswirkt. Auch kann beim „Streit" um die Ressourcen wie bei der intraspezifischen Konkurrenz (Abschn. 2.3.1) *Interferenz* auftreten (s. Beginn von Abschn. 2.3.1), also Behinderung der Individuen durch direkten Kontakt. All dies soll durch jene Koeffizienten beschrieben werden. Sie umfassen also die gesamte Wirkung eines Individuums auf die Wachstumsraten der anderen Arten.

Weiterhin können natürlich auch Situationen auftreten, in denen die Art 2 die Art 1 verdrängt (also der umgekehrte Fall wie oben). Durch Vertauschen der Numerierung der beiden Arten können wir diesen Fall auf den vorhergehenden zurückführen.

Auch in Abb. 3.1b überlebt immer nur eine Art die Konkurrenz. Dort sind die Verhältnisse gerade entgegengesetzt zu Abb. 3.1c, d. h. in Gl. (3.5) sind die „$<$-Zeichen" durch „$>$" zu ersetzen, also ist in diesem Fall die *interspezifische Konkurrenz* immer *stärker als die intraspezifische*. Dies hat zur Folge, daß das *Resultat* der Konkurrenz *von der Ausgangssituation abhängt*. Ist zu Beginn die Art 1 mit einer größeren Individuenzahl als die Art 2 vertreten, d. h. befinden wir uns näher am Gleichgewicht $(K_1, 0)$, so setzt sich die Art 1 durch und die Art 2 stirbt aus. Das umgekehrte Resultat erhält man, wenn Art 2 der Art 1 zu Beginn zahlenmäßig überlegen ist. In Abb. 3.1b deutet eine dünne Linie an, wie die N_1-N_2-Ebene in die „*Anziehungsbereiche*" (s. Diskussion bei Abb. 2.6a in Abschn. 2.2.3) der beiden Gleichgewichte $(K_1, 0)$ und $(0, K_2)$ aufgeteilt wird. Alle Ausgangssituationen in dem rechten, unteren Bereich führen zum Aussterben der Art 2. Damit hängt also das Endergebnis von der Vorgeschichte ab. Tritt bei der Kolonisation eines Habitats eine konkurrierende Art zuerst auf, so wird sich diese durchsetzen. Damit kann es also weitgehend vom Zufall abhängen, welche der beiden konkurrierenden Arten zur Kolonisation kommt und eine stabile Population bildet.

Wir wollen noch eine andere Art der Betrachtung durchführen, die verallgemeinerungsfähig ist und deshalb auch angewandt werden kann, wenn man nicht den simpelsten linearen Ansatz wie in den Gln. (3.3) und (3.4) macht, sondern die allgemeinere Form (3.1) und (3.2) betrachtet. Dies wird uns auch helfen, das obige Ergebnis noch besser zu verstehen. Dazu betrachten wir die Situationen, in denen sich jeweils *eine Art alleine* in ihrem Gleichgewicht K_1 bzw. K_2 befindet, und untersuchen, *ob die andere Art einwandern kann*. Ist in Abb. 3.1a zunächst $N_2 = 0$ und $N_1 = K_1$, so ist die Klammer in Gl. (3.4) wegen Gl. (3.6) negativ, da aus Gl. (3.6)

$$K_1\beta_{21}/K_2 > 1 \tag{3.6a}$$

folgt. Bei Einwanderung einiger weniger Individuen der Art 2 kommt noch ein negativer Anteil N_2/K_2 in der Klammer hinzu. Das Wachstum der Art 2 ist also negativ. Ihre kleine kolonisierende Population stirbt wieder aus. Anders, wenn zunächst $N_2 = K_2$ und $N_1 = 0$. Wegen Gl. (3.6) ist jetzt

$$K_2\beta_{12}/K_1 < 1\,. \tag{3.6b}$$

Also ist die Klammer in Gl. (3.3) positiv. Daran ändert sich auch nichts, wenn einige Individuen der Art 1 eingewandert sind. Ist ihre Zahl N_1 nicht zu groß, so kann der negative Beitrag N_1/K_1 das Vorzeichen nicht ändern. Also kann bei Gegenwart der Art 2 die Art 1 eine erfolgreiche Kolonisation durchführen. Aus diesen Ergebnissen für die beiden *Kolonisationsversuche* ist es plausibel, daß die Art 1 die Art 2 herauskonkurriert.

Die analogen Überlegungen für Abb. 3.1b und Abb. 3.1c sind jetzt schnell durchgeführt. Ist in Abb. 3.1b zunächst $N_2 = 0$ und $N_1 = K_1$, so treffen die obigen Überlegungen zu und die Art 2 kann nicht einwandern. Ist aber $N_2 = K_2$ und $N_1 = 0$, so steht jetzt in Gl. (3.6b) statt „$<$" nun „$>$". Die Klammer in Gl. (3.3) ist also negativ, die Art 1 kann somit nicht einwandern. Mithin sollte eine Koexistenz der beiden Arten hier unmöglich sein. Die etablierte Art wehrt Kolonisationsversuche der anderen durch die starke interspezifische Konkurrenz ab. In Abb. 3.1c ist die Situation gerade entgegengesetzt zu Abb. 3.1b. *Beide Arten können bei Gegenwart der anderen einwandern.* Deshalb kommt es hier zu einer *Koexistenz.*

Nun könnte man natürlich den Verdacht haben, daß die obigen Ergebnisse von den speziellen Annahmen, die zu den Gln. (3.3) und (3.4) führten, abhängen. Wir hatten ja die *einfachste mathematische Form*, nämlich eine lineare Abnahme der Wachstumsraten r_1 und r_2 mit den Individuenzahlen N_1 und N_2 angenommen. *In realistischeren Beschreibungen* sollten zwar nach wie vor die Wachstumsraten r_1 und r_2 wegen der intra- und interspezifischen Konkurrenz mit den Individuenzahlen N_1 und N_2 abnehmen, doch muß dies nicht linear erfolgen. Auch hier könnte man mit den Isoklinen arbeiten. Doch ist deren Verlauf wegen der Nichtlinearität nun schwieriger zu bestimmen. Ein Beispiel ist in Abb. 3.2 gezeigt.

Für die folgende Klasse von nichtlinearen Modellen lassen sich entsprechende mathematische Aussagen machen (Riscigno u. Richardson 1967). Es werden dabei folgende Annahmen für Gln. (3.1) und (3.2) gemacht:

(1) $$r_i(0, 0) > 0 \quad \text{für} \quad i = 1, 2 . \tag{3.7}$$

Dies bedeutet, daß beide Populationen anwachsen können, wenn sehr wenige Individuen beider Arten vorhanden sind. Wir wissen, daß dies nicht immer erfüllt sein muß, wie uns der Allee-Effekt in Abschn. 2.3.1 gezeigt hat. Doch kann auf die Bedingung (3.7), die die Mathematik erleichtert, verzichtet werden.

(2) $$dr_i/dN_j < 0 \quad \text{für} \quad i \text{ und } j = 1, 2 . \tag{3.8}$$

Dies ist die oben besprochene Abnahme der Wachstumsrate durch intra- und interspezifische Konkurrenz.

(3) Es gibt Gleichgewichtswerte K_1 bzw. K_2, so daß

$$r_1(K_1, 0) = 0 ,$$
$$r_2(0, K_2) = 0 . \tag{3.9}$$

Dies bedeutet, daß jede Art, wenn sie allein ist, einem Gleichgewicht zustrebt, in dem ihr Wachstum Null wird.

(4) Es gibt Individuenzahlen $\hat{N}_1$ und $\hat{N}_2$, so daß

$$r_1(0, \hat{N}_2) = 0 ,$$
$$r_2(\hat{N}_1, 0) = 0 . \tag{3.10}$$

Das besagt, daß die Wachstumsrate auch ohne intraspezifische Konkurrenz bei hinreichend großer Zahl $\hat{N}_i$ an interspezifischen Konkurrenten zu Null werden kann. Die Annahmen (2) und (3) sind selbstredend und aus biologischer Sicht unverzichtbar. Die 4. Annahme beschränkt uns auf die Fälle, in denen die interspezifische Konkurrenz so stark werden kann, daß allein schon sie das Wachstum der Populationen beschränken kann.

Falls die Isoklinen nicht mehr als einen Schnittpunkt haben, hängen die Ergebnisse dieser Modelle allein davon ab, wie K_1 zu $\hat{N}_1$ und K_2 zu $\hat{N}_2$ stehen. Sie sind die direkte Verallgemeinerung der obigen Aussagen. Gln. (3.3) und (3.4) sind als linearer Spezialfall enthalten, wobei $\hat{N}_2$ dem K_1/β_{12} und $\hat{N}_1$ dem K_2/β_{21} entspricht. Es gilt:

(a) Für $K_1 > \hat{N}_1$ und $K_2 < \hat{N}_2$ stirbt die Art 2 aus
(b) Für $K_1 > \hat{N}_1$ und $K_2 > \hat{N}_2$ stirbt je nach Ausgangssituation die Art 1 oder 2 aus.
(c) Für $K_1 < \hat{N}_1$ und $K_2 < \hat{N}_2$ koexistieren die Arten.

Diese *Verallgemeinerung unserer früheren Ergebnisse* wird verständlich, wenn man sich überlegt, daß man die gekrümmten Isoklinen aus den geraden durch „Verbiegen“ erhalten kann. Dabei bleiben die Richtungen der Pfeile erhalten und deshalb auch die Stabilitätsaussagen, vorausgesetzt, man erzeugt beim Verbiegen keine neuen Schnittpunkte.

Auch die Argumente bezüglich einer möglichen Einwanderung können hier übertragen werden, da es dabei allein auf die Verhältnisse von K_i zu $\hat{N}_i$ ankommt. Betrachten wir z. B. die Situation von Abb. 3.2, wo $\hat{N}_1 < K_1$. Bei $N_2 = 0$ und $N_1 = K_1$ verschwindet das Wachstum der Art 1 wegen Gl. (3.9), während bei diesen Werten das Wachstum der Art 2 wegen Gln. (3.8) und (3.10) negativ ist (r_2 wird oberhalb $\hat{N}_1$ negativ). Also kann die Art 2 nicht einwandern. Analog kann man zeigen, daß bei $N_2 = K_2$ und $N_1 = 0$ die Art 1 nur einwandern kann, falls $K_2 < \hat{N}_2$.

Erinnern wir uns, daß K_i die Individuenzahl der Art i angibt, bei der durch intraspezifische Konkurrenz das Wachstum der eigenen Art verschwindet, und $\hat{N}_i$ die Zahl, bei der durch interspezifische Konkurrenz die Wachstumsrate der anderen Art Null wird. Deshalb besagt z. B. $K_i < \hat{N}_i$, daß bei der intraspezifischen Konkurrenz weniger Individuen nötig sind, um das Wachstum zu stoppen, als bei der interspezifischen. Also ist hier die intraspezifische Konkurrenz stärker als die interspezifische. Wie im linearen Fall der Gln. (3.3) und (3.4) *hängt das Ergebnis* des allgemeinen Modells mit den Gln. (3.1), (3.2), (3.7)–(3.10) *von der relativen Stärke der beiden Konkurrenztypen ab.*

Schneiden sich die Isoklinen in zwei Punkten, ist die Aussage (a) zu modifizieren. So zeigt die Abb. 3.2, daß für $K_1 > \hat{N}_1$ und $K_2 < \hat{N}_2$ je nach der Ausgangssituation entweder die Art 2 ausstirbt oder Koexistenz eintritt. Für $K_1 > \hat{N}_1$ und $K_2 > \hat{N}_2$ können wir die obigen Aussagen über die Kolonisation benutzen. Bei Gegenwart der einen Art hat die andere keine Chance, erfolgreich zu kolonisieren. Das Ergebnis hängt hier von der Ausgangssituation ab. Umgekehrt verläuft für $K_1 < \hat{N}_1$ und $K_2 < \hat{N}_2$ jede Kolonisation erfolgreich. Deshalb garantiert auch hier die Bedingung (c) die Koexistenz. Obwohl durch das allgemeine Modell mit den Gln. (3.7)–(3.10) nicht ausgeschlossen, ist es doch recht unwahrscheinlich, mehr als zwei Schnittpunkte der Isoklinen zu finden. Deshalb sollten die oben untersuchten Fälle zur allgemeinen Charakterisierung ausreichen. Die Be-

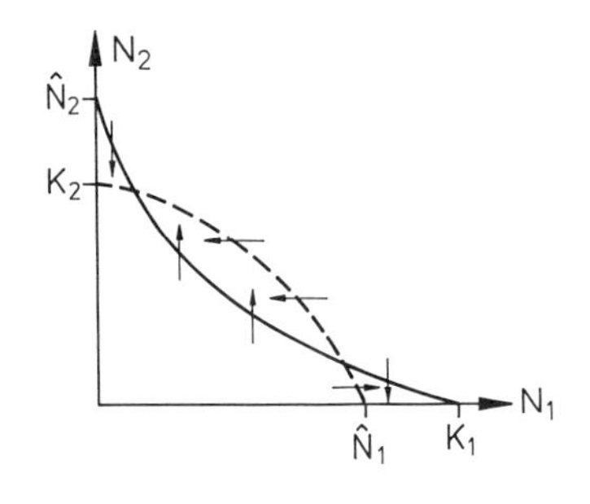

Abb. 3.2. Beispiel für mögliche Isoklinen bei der Konkurrenz zweier Populationen mit den Individuenzahlen N_1 und N_2 nach Modell (3.1), (3.2) mit (3.7) bis (3.10). Je nach Anfangsbedingung erfolgt Koexistenz oder Auslöschung der Art 2

dingung (c), die besagt, daß die *intraspezifische Konkurrenz stärker als* die *interspezifische* ist, garantiert *in jedem Fall Koexistenz* der beiden Arten.

Die *Selektion* wird dahin tendieren, die *interspezifische Konkurrenz* zu *vermindern*, was durch Reduzierung der Überschneidung bei der Ressourcennutzung (Nischentrennung s. Abschn. 3.1.3) bewirkt werden kann. Dadurch wird schließlich die *Koexistenz* so *vieler Arten* ermöglicht. Zu der Konkurrenz um gemeinsam genutzte Ressourcen kommt in der Regel noch Interferenz (s. Beginn von Abschn. 2.3.1) hinzu. Diese wird in der Regel zwischen den Arten ausgeprägter sein als innerhalb einer Art, denn artfremde Individuen werden sich gegenseitig stärker behindern als Artgenossen. Wenn zwei Arten in ihren Ressourcenansprüchen übereinstimmen, wird aufgrund der Interferenz die gesamte interspezifische Konkurrenz (Konkurrenz um begrenzte Ressourcen und Interferenz) stärker als die intraspezifische sein. Eine Art wird dann, wie oben gezeigt, verdrängt. Gause (1969) hat dies in einem allgemeinen *Ausschlußprinzip* formuliert: „Zwei Arten mit denselben ökologischen Ansprüchen können nicht in derselben ökologischen Gemeinschaft koexistieren".

Zusammenfassung

In dem Lotka-Volterra-Modell für 2 konkurrierende Arten wird die Abnahme der individuellen Wachstumsraten r_i mit wachsenden Individuenzahlen N_j linear angesetzt. Mit Hilfe der Isoklinen läßt sich das Ergebnis der zwischenartlichen Konkurrenz anschaulich darstellen. Diese Kurven stellen die Individuenzahlen in der N_1-N_2-Ebene dar, bei denen eine der beiden Populationen kein Wachstum zeigt. Die andere Population weist dort Änderungen der Individuenzahlen auf, die in Richtung auf die andere Isokline hinführen. Die lokale Stabilitätsanalyse untersucht, ob die Individuenzahlen nach kleinen Auslenkungen wieder ins Gleichgewicht zurückkehren. Eine andere Möglichkeit, das Ergebnis der interspezifischen Konkurrenz zu bestimmen, ist die Untersuchung, ob jeweils eine der Arten in eine etablierte Gleichgewichtspopulation der anderen Art einwandern kann. Ist dies für beide Arten der Fall, so können diese koexistieren. Diese Situation tritt ein, wenn beide Arten eine stärkere intraspezifische als interspezifische Konkurrenz ausüben. Ist umgekehrt die interspezifische Konkurrenz bei beiden Arten stärker als die intraspezifische, so verdrängt eine Art die andere, je nachdem, welche die günstigere Ausgangssituation hatte. Mit Hilfe der Isoklinen läßt sich das Ergebnis der interspezifischen Konkurrenz anschaulich darstellen.

Weiterführende Literatur:
Theorie: Ayala et al. 1973; Christiansen u. Fenchel 1977; Connell 1983; de Wit 1960; Fenchel 1975a; Gause 1969; Gilpin 1975; Gilpin u. Ayala 1972; Gilpin u. Justice 1972; Hallam 1986b; Hassell 1976a, 1978; Hassell u. Comins 1976; Hassell u. Varley 1969; Hutchinson 1959; Leon u. Tumpson 1975; May 1975c; May u. Leonard 1975; Neill 1975; Pianka 1974a, 1976; Pielou 1974; Pimm 1982b; Rescigno u. Richardson 1967; Schoener 1976, 1983b; Tilman 1982.
Empirik: Begon et al. 1986; Begon u. Mortimer 1986; Brown u. Wilson 1956; Connell 1961, 1980; Crombie 1945; Crowell u. Pimm 1976; de Wit 1960; Fenchel 1975a; Fenchel u. Kofoed 1976; Fairbank u. Watkinson 1985; Gause 1969; Hairstone 1980; Huey 1974; Hutchinson 1975; Kitchin 1977; Krebs 1972; Park 1954, 1962; Pianka 1974a, 1976; Pielou 1874; Putman u. Wratten 1984; Reynoldson u. Bellamy 1970; Schoener 1982, 1983b; Trenbath u. Harper 1973; Underwood 1986; Vandermeer 1969; Zwölfer 1971, 1979.

3.1.2 Ökologische Nischen

Es stellt sich natürlich die Frage, wie ähnlich zwei Arten in ihren Ressourcenansprüchen sein dürfen, um noch koexistieren zu können. Dabei ist zu berücksichtigen, daß jede Art eine ganze Reihe von Ressourcen nutzt. Deren Gesamtheit wird die *ökologische Nische* dieser Art genannt. Sie umschließt auch Größen (*Umweltparameter*), die nicht ausgebeutet und verbraucht werden, z. B. Temperatur oder Luftfeuchtigkeit. So sind in Abb. 3.3 für zwei Arten die Bereiche der Größe x, die z. B. Temperatur bedeuten könnte, als Balken auf der x-Achse eingezeichnet, in denen diese Lebewesen existieren können. Sie sind durch die physiologischen Eigenschaften der Arten bestimmt. Die Bedeutung der Ordinate f wird auf S. 73 erklärt. Im allgemeinen wird sich die Aufteilung in Nischen nicht auf eine Dimension, d. h. einen Parameter beschränken. In Abb. 3.4 entstehen durch das Zusammenwirken zweier Parameter 2-dimensionale Nischen. Das sind die schraffierten Gebiete, die angeben, wo eine Art existieren kann. Die Größe y könnte z. B. Luftfeuchtigkeit bedeuten. Wirken die beiden Umweltparameter x und y voneinander unabhängig, so erhält man ein Rechteck. Doch sehr häufig existiert eine Wechselbeziehung der Parameter. So könnten beispielsweise höhere Temperaturen bei geringerer Luftfeuchtigkeit ertragen werden. Dies würde, wie in

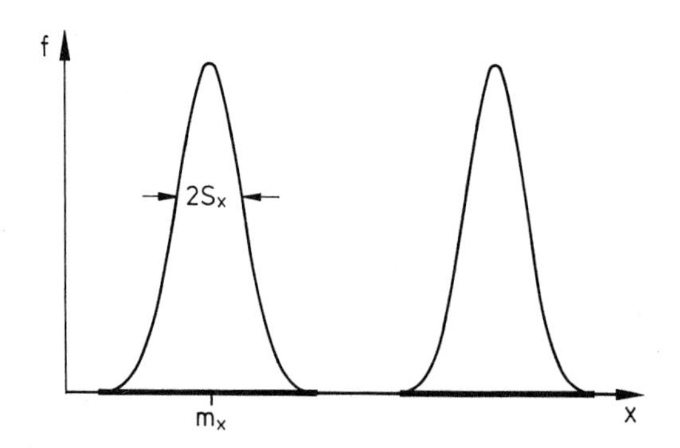

Abb. 3.3. Beispiel von zwei ökologischen Nischen (*schwarze Balken*) in einer Dimension x (z. B. Temperatur). Häufigkeitsverteilung f(x) der Nutzung mit dem Mittelwert m_x und der Standardabweichung S_x

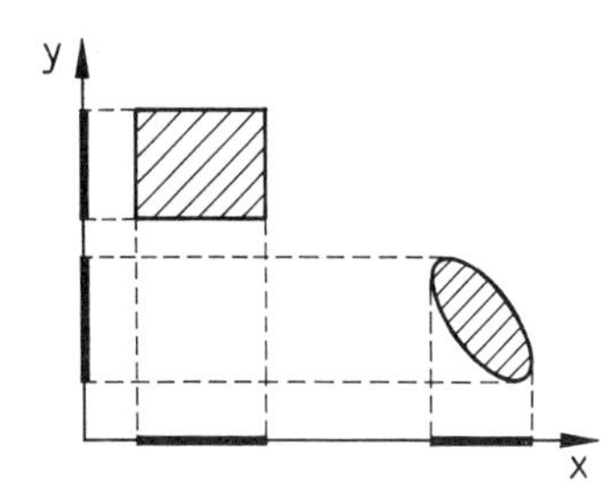

Abb. 3.4. Beispiele von zwei ökologischen Nischen (*schraffiert*) in zwei Dimensionen x und y. (*Rechteck*: x von y unabhängig)

Abb. 3.4 dargestellt, zu anderen Formen der Nische führen. Schließen wir nun in unserer Betrachtung alle anderen Dimensionen (z. B. Nahrungsansprüche, Habitatsansprüche, Substrat) einer *Nische* mit ein, so wird diese durch ein *Volumen in einem hochdimensionalen Parameterraum* repräsentiert. Dieses wird die *fundamentale Nische* einer Art genannt, wie sie bei Abwesenheit von interspezifischen Konkurrenten realisiert ist. Unter der Wirkung von *interspezifischer Konkurrenz* ist zu erwarten, daß sich die Nische einer Art verkleinert (Vandermeer 1972; Elton 1927), welche dann *realisierte Nische* (Hutchinson 1957; Soule u. Steward 1970; Roughgarden 1972) genannt wird.

An dieser Stelle muß die Variabilität der Individuen einer Art erwähnt werden. Für jedes Individuum kann im Prinzip bei jedem Umweltparameter der Bereich abgegrenzt werden, indem es existieren kann. Es besitzt also seine eigene *individuelle Nische* (Van Valen 1965; Roughgarden 1972, 1974a; Soule u. Steward 1970). Aufgrund dieser Variabilität unter den Artgenossen werden sich ihre Nischen in ihrer Lage unterscheiden. Damit wird der Bereich, wo Mitglieder der Art überleben können, also die Nische der Art, größer als die individuellen Nischen sein. Die *Nische der Species* entsteht *durch Überlagerung.*

Bisher haben wir eine Nische in einer Dimension durch *ein Intervall* auf der entsprechenden Parameterachse dargestellt (s. Abb. 3.3). Zwar mag dort eine Art überleben, doch besteht kein Zweifel, daß Präferenzen für bestimmte Bereiche innerhalb dieses Intervalls bestehen. Zum Beispiel werden die Individuen einer Art die extremen Temperaturen ihres *Toleranzbereichs* möglichst meiden. Hier kommt bereits eine Eigenschaft von Habitaten zum Tragen, auf die wir ausführlicher in Kap. 5 eingehen werden. Die Umweltparameter weisen eine mehr oder minder starke räumliche Heterogenität auf. So wird z. B. die Temperatur innerhalb eines Habitats von Ort zu Ort verschieden sein. Ein Tier kann sich aktiv an die Stellen mit bevorzugter Temperatur begeben, eine Pflanzenart kann sich nach dorthin ausbreiten. Allgemein wird die Nutzung der Bereiche mit unterschiedlichen Parameterwerten verschieden stark sein, wobei eine Abnahme zu den Rändern der Nische hin erfolgen sollte, da diese extremen Grenzsituationen entsprechen. Beispiele sind in Abb. 3.3 gezeigt. Es ist deshalb sinnvoll, in die Definition einer Nische die *Häufigkeitsverteilung der Nutzung* f(x) mit aufzunehmen. f(x) gibt also an, mit welcher Häufigkeit ein Individuum in der ökologischen Nische den Parameterwert x nutzt. Es beschreibt seine *Präferenz*. Jetzt hat also in einer Dimension jede Nische eine Lage, die durch den Mittelwert m_x der Verteilung f(x) beschrieben werden kann, und eine Form, für die als gröbstes Maß die Breite (z. B. die Standardabweichung S_x) dienen kann.

Bei der Verteilung f(x) für die Ressourcenpräferenz ist nicht berücksichtigt, mit welcher Häufigkeit R(x) verschiedene Ressourcenparameter x im Habitat angeboten werden. Verschiedene Habitate, die von einer Art genutzt werden, unterscheiden sich gerade durch unterschiedliche Angebote der Ressourcen. Auf ihre zeitliche Heterogenität, d. h. auf die zeitlichen Fluktuationen der Umwelt, gehen wir in Kap. 4 ein. Somit ist diese Definition einer Nische, die von einer gleichmäßigen Verfügbarkeit R(x) der Ressourcen ausgeht, eine *Abstraktion.* Um die Auswirkung verschiedener Nischen auf die Dynamik einer Population zu studieren, benötigt man die *Angebotshäufigkeit* R(x), *mit der eine Ressource zur Verfügung* steht.

Diese Aussagen über eine Nische gelten neben den Umweltparametern auch für die Ressourcen, die ausgebeutet und dabei verbraucht werden (z. B. das Nahrungsspektrum, verfügbarer Raum). Um diese kann es Konkurrenz geben, wie wir im folgenden erörtern wollen. Bei der Konkurrenz um Raum ist die *räumliche Heterogenität der Umweltparameter* wichtig. Es gibt nur eine endliche Zahl an Stellen in einem Habitat mit bevorzugten Werten für einen Umweltparameter, z. B. die Temperatur. Die Konkurrenz um diese kann nun als Konkurrenz um Raum oder aber um diesen Umweltparameter angesehen werden. So läßt sich die Raumkonkurrenz von Pflanzen auch als Konkurrenz um Licht, Wasser und Nährstoffe interpretieren.

Qualitativ läßt sich leicht abschätzen, welche Auswirkung Konkurrenz auf die Formen der Häufigkeitsverteilung der Nutzung f(x) haben wird. Es wird für ein Individuum von Vorteil sein, die Teile seiner Umwelt zu nutzen, in denen Konkurrenz mit Artgenossen reduziert ist. Also sollte die Tendenz, intraspezifische Konkurrenz zu vermeiden, zu einer Verbreiterung der Nische der Art führen. Andererseits haben wir in Abschn. 3.1.1 gesehen, daß zu starke interspezifische Konkurrenz zum Aussterben einer der beiden Arten führen kann. Also sollten ihre Nischen möglichst wenig überlappen. Beides zusammen läßt eine dichte Packung von Nischen auf den Ressourcenachsen erwarten. Wie dicht dabei die Nischen liegen dürfen, wird mit den folgenden Modellen untersucht.

Zusammenfassung

Die ökologische Nische einer Art ist durch die Bereiche der verschiedenen Umweltparameter gegeben, in welchen die Art existieren kann. Über jedem dieser Bereiche beschreibt f(x) die Häufigkeit, mit welcher der Umweltparameter x genutzt wird. Sie gibt die Präferenz für bestimmte Parameterwerte x an.

Weiterführende Literatur:

Theorie: Cohen 1978; Elton 1927; Feinsinger 1981; Hutchinson 1957; Levin 1970; MacArthur u. Levins 1967; May 1975c; Pianka 1974a, 1976b; Pielou 1974; Roughgarden 1972, 1974a; Soule u. Steward 1970; Whittaker u. Levin 1975.

Empirik: Begon et al. 1986; Begon u. Mortimer 1986; Cohen 1978; Haefner 1970;

Pianka 1973, 1976; Putman u. Wratten 1984; Roughgarden 1974b; Schoener 1968; Soule u. Steward 1970; Stern u. Roche 1974; Van Valen 1965; Walter 1973; Werner u. Platt 1976; Whittaker u. Levin 1975; Zwölfer 1975, 1979.

3.1.3 Grenzen der Ähnlichkeit

In den Modellen (3.1)–(3.4) wurde auf die Eigenschaften der Ressourcen, um welche konkurriert wird, gar nicht eingegangen. Ressourcen werden jedoch verbraucht und somit wird ihre Verfügbarkeit durch die Größe der ausbeutenden Population beeinflußt. Die Berücksichtigung dieses Umstandes spielt eine entscheidende Rolle, wenn wir uns nun der Frage zuwenden, *wie ähnlich Populationen* in ihrer Ressourcennutzung sein dürfen, um *koexistieren* zu können.

Bei dieser Gelegenheit wird eine Möglichkeit gezeigt, wie man den phänomenologischen Ansatz des Lotka-Volterra-Modells in Gln. (3.3) und (3.4) aus Überlegungen zur Ressourcennutzung herleiten kann. Dabei zeigt sich ein generelles Problem des Modellierens. Versucht man ein *Modell realistischer* zu machen (hier durch explizite Berücksichtigung der Ressourcen), erhöht sich die Zahl der Annahmen, die gemacht werden müssen, ebenso die Zahl der Parameter. Damit wird die *Allgemeingültigkeit* des Modells *eingeschränkt* und auch die Verläßlichkeit nimmt eher ab, wie Abb. 1.2 in Kap. 1 andeutet. Hier ist die Berücksichtigung dieser Details notwendig, wenn wir im folgenden untersuchen wollen, inwieweit koexistierende Arten in ihrer Ressourcennutzung übereinstimmen dürfen. Doch wird dabei das Modell komplexer und damit unübersichtlicher. Deshalb mag ein Neuling diesen Paragraphen überschlagen. Seine Inhalte werden in den anderen Kapiteln nicht benötigt.

Wir betrachten (MacArthur u. Levins 1967; Christensen u. Fenchel 1977) eine Menge von q *verschiedenen Ressourcen*, um die einige Arten konkurrieren. Die *verfügbare Menge jeder Ressource* wird durch R_v beschrieben, wobei $v = 1$ bis q die verschiedenen Ressourcen durchnumeriert. Hierbei ist eingeschlossen, daß Ressourcen in unterrschiedlichen Qualitäten auftreten, so daß wir sie durch eine Nischenachse, wie in Abb. 3.3, darstellen können. Diese könnte z. B. die Größe der Nahrungspartikel oder die Höhe, die Vögel an Bäumen als Lebensraum nutzen, sein. Wie bei der praktischen Durchführung von Messungen wollen wir diese kontinuierliche Achse in diskrete Intervalle einteilen und diese durchnumerieren, so daß der Index v für verschiedene Ressourcen oder auch für unterschiedliche Klassen (z. B. Größenklassen der Nahrungspartikel) einer Ressource steht.

Den *Verbrauch* pro Zeit der Ressource „v“ *durch ein Individuum der Art* „j“ bezeichnen wir mit v_{jv}. In den Modellen, welche die Grenzen der Ähnlichkeit (*limiting similarity*) berechnen, ist es üblich, v_{jv} proportional zur verfügbaren Menge R_v der Ressource anzusetzen. Diese einfache Annahme ist z. B. für ein zufällig nach den Ressourcen suchendes Individuum gültig. Abweichungen davon werden bei der funktionellen Reaktion in Abschn. 3.2.3 besprochen.

$$v_{jv} = R_v U_{jv} . \tag{3.11}$$

Dabei gibt die Proportionalitätskonstante $U_{j\nu}$, die wir als *Ressourcennutzung* bezeichnen wollen, an, wie stark ein Individuum der Art „j" die Ressource „ν" ausbeutet, wenn alle Ressourcen gleich häufig vorkommen würden. Es ist üblich, diese als

$$U_{j\nu} = \omega_j f_{j\nu} \tag{3.12}$$

zu schreiben, wobei ω_j *die Verbrauchsrate der Art „j"*, also die pro Zeit verbrauchte *Gesamtmenge* angibt. $f_{j\nu}$ beschreibt die Stärke der *Präferenz* für die Ressource „ν". Sie ist als Häufigkeit definiert, daß die Art „j" die Ressource „ν" wählt, falls die Ressourcen gleich häufig angeboten werden. Sie entspricht also den in Abb. 3.3 dargestellten Verteilungen. Als Häufigkeit erfüllt $f_{j\nu}$ die Bedingung

$$\sum_\nu f_{j\nu} = 1\,. \tag{3.13}$$

Als nächstes wird in jenen Modellen die *Wirkung des Verbrauchs auf die Verfügbarkeit der Ressourcen* betrachtet. Ist S_ν die Menge der Ressource „ν" ohne Ausbeutung und N_j die Zahl der ausbeutenden Individuen der Art „j", so wird für die verfügbare Menge

$$R_\nu = S_\nu - C \sum_j U_{j\nu} N_j \tag{3.14}$$

angesetzt. Da $U_{j\nu}$ die Stärke der Nutzung der Ressource „ν" durch ein Individuum der Art „j" angibt, ist die gesamte Stärke der Nutzung durch

$$L_\nu = \sum_j U_{j\nu} N_j \tag{3.15}$$

gegeben. Gleichung (3.14) bedeutet also, daß von der gesamten Ressourcenmenge S_ν ein Anteil aufgrund der Nutzung nicht mehr zur Verfügung steht, welcher proportional mit der Stärke L_ν dieser Nutzung ansteigt. Dabei gibt die Konstante C an, wie stark diese Reduzierung der verfügbaren Ressourcenmenge ausfällt.

Schließlich wird für die *Dynamik der ausbeutenden Populationen*

$$dN_i/dt = N_i r_i = N_i \left[c_i \sum_\nu R_\nu U_{i\nu}\right] \tag{3.16}$$

angesetzt. Es wird also angenommen, daß die individuelle Wachstumsrate (eckige Klammer) linear mit dem Verbrauch (3.11) aller Ressourcen (z. B. gesamte aufgenommene Nahrungsmenge) ansteigt. Setzen wir Gl. (3.14) in Gl. (3.16) ein, erhalten wir eine Gleichung, die wir in der Form

$$dN_i/dt = r_{mi} N_i \left[1 - \frac{N_i}{K_i} - \sum_{j(\neq i)} \frac{\beta_{ij}}{K_i} N_j\right] \tag{3.17}$$

schreiben können. Wir haben in Gl. (3.17) die Bezeichnung der Konstanten so gewählt, daß die *Übereinstimmung* mit den oben benutzten *Lotka-Volterra-Modellen* (3.3) und (3.4) offenkundig wird. Damit hätten wir nun den phänomenologischen Ansatz (3.3) und (3.4) hergeleitet und auf mehrere konkurrierende Populationen verallgemeinert.

Der Vergleich der Gln. (3.14) und (3.16) mit Gl. (3.17) zeigt, wie sich die Parameter der Populationsdynamik aus den Eigenschaften der Ressourcen und ihrer Nutzung ergeben: Die *potentielle Wachstumsrate* ist

$$r_{mi} = c_i \sum_v S_v U_{iv} = c_i \sum_v S_v \omega_i f_{iv} , \qquad (3.18)$$

wobei Gl. (3.12) benutzt wurde. Sie ist um so größer, je größer das Angebot S_v der Ressourcen und je stärker ihre Nutzung U_{iv} ist.

Für die *Kapazität*, also die Individuenzahl, die sich aufgrund intraspezifischer Konkurrenz (ohne interspezifische Konkurrenten $N_j = 0$) im Gleichgewicht einstellt, erhalten wir mit Gl. (3.12)

$$K_i = \sum_v \frac{U_{iv} S_v}{C \sum_v U_{iv}^2} = \frac{1}{C\omega_i} \frac{\sum_v f_{iv} S_v}{\sum_v f_{iv}^2} . \qquad (3.19)$$

Sie nimmt mit wachsender Verbrauchsrate ω_i ab und ist um so größer, je größer die Ressourcenangebote S_v sind. Wir werden im folgenden den Fall behandeln, in dem alle Ressourcen gleich häufig sind. Dann ist S_v für alle v gleich einer Konstanten S:

$$S_v = S . \qquad (3.20)$$

In Abb. 3.3 sind Beispiele für die Ressourcenpräferenz f_{jv} angegeben, wobei „v" dem „x" entspricht. Für den Fall, daß man, wie dort dargestellt, eine Normalverteilung vorliegen hat und Gl. (3.20) gilt, ist bei Gl. (A6.16) in Anhang A6 gezeigt, daß die Kapazität K_i um so größer ist, je breiter die Verteilung f_{jv} ausfällt. $1/K_i$ ist ein Maß für die Stärke der intraspezifischen Konkurrenz (s. Beginn des Abschn. 2.3.1). Diese ist also um so geringer, je weiter gefächert die Ressourcenpräferenzen f_{jv} sind. Man erwartet also, daß die Selektion eine breite ökologische Nische, beschrieben durch f_{jv}, begünstigt, um dem intraspezifischen Konkurrenzdruck auszuweichen.

Für den *Koeffizienten der interspezifischen Konkurrenz* erhalten wir

$$\beta_{ij} = \frac{\sum_v U_{iv} U_{jv}}{\sum_v U_{iv}^2} = \frac{\omega_j \sum_v f_{iv} f_{jv}}{\omega_i \sum_v f_{iv}^2} , \qquad (3.21)$$

der die Stärke der interspezifischen Konkurrenz im Vergleich zur intraspezifischen angibt (s. Diskussion nach Gl. 3.4). Er ist um so größer, je größer die Verbrauchsrate ω_j der konkurrierenden Art im Vergleich zur eigenen ω_i ist. Für den Fall, daß die f_{jv} wie in Abb. 3.3 die Form einer Normalverteilung haben, ist bei Gl. (A6.19) in Anhang A6 gezeigt, daß β_{ij} um so kleiner ist, je weniger sich die Ressourcenpräferenzen f_{iv} und f_{jv} überschneiden. *Reduzierung von interspezifischer Konkurrenz* kann also *durch Nischentrennung* erfolgen.

Wir wollen jetzt untersuchen, unter welchen Bedingungen Populationen, die gemäß Gl. (3.17) konkurrieren, koexistieren können, und uns hier auf den einfachsten Fall beschränken, da man an ihm alles Wesentliche verdeutlichen kann. Wir betrachten 3 wechselwirkende Arten, deren Ressourcenpräferenzen f_{jv} längs einer kontinuierlichen Ressourcenachse, wie in Abb. 3.5 dargestellt, verteilt sind und wieder die Form einer Normalverteilung besitzen. Die *Breite der Verteilungen*

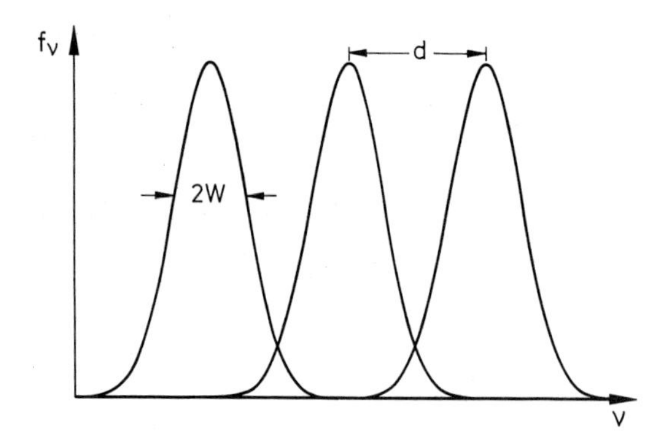

Abb. 3.5. Präferenz von drei konkurrierenden Arten bezüglich des Ressourcenspektrums ν

f_{jv} möge für alle drei Arten gleich W sein. Der *Abstand* der Maxima sei d. Bei Gl. (A6.20) in Anhang A6 ist gezeigt, daß die *Bedingung*, um die *Koexistenz aller 3 Arten* zu gewährleisten,

$$d/W > 1{,}6 \tag{3.22}$$

ist.

Damit haben wir für diesen Spezialfall die Frage nach der Grenze der Ähnlichkeit (limiting similarity) beantwortet. Der Abstand der Nischen muß größer als das 1,6-fache der Nischenbreite sein, wenn die konkurrierenden Arten koexistieren sollen. Es gibt weitere Untersuchungen (May 1973b, 1974a; Roughgarden 1974c; Abrams 1976) auch für mehr als 3 konkurrierende Arten, die auf einige unserer Annahmen verzichten und immer als Ergebnis erhalten, daß für *stabile Koexistenz* $d \gtrsim W$ sein muß. Für die Nischenbreite W wird bei Koexistenz eine obere Grenze gesetzt. Erinnern wir uns, daß die Vermeidung intraspezifischer Konkurrenz möglichst große Nischenbreiten W verlangt. Wir erwarten deshalb, daß die Nischen der konkurrierenden Arten durch die Wirkung von intra- und interspezifischer Konkurrenz sich so entwickeln, daß sie dicht gepackt liegen, wobei ihr Abstand im wesentlichen durch die Nischenbreite gegeben ist.

Zusammenfassung

In einfachen Modellen, welche die Grenzen der Ähnlichkeit bei der Ressourcennutzung durch mehrere Arten beschreiben, werden verschiedenen Ressourcen betrachtet. Der Verbrauch einer Ressource durch ein Individuum wird proportional zur verfügbaren Menge R_v dieser Ressource angesetzt. Die ohne Ausbeutung vorhandene Ressourcenmenge S_v wird durch die Nutzung um einen Betrag reduziert, der proportional zur Ressourcennutzung ist. Die individuelle Wachstumsrate einer ausbeutenden Population wird proportional zum gesamten Verbrauch aller Ressourcen durch ein Individuum angesetzt. Die Stärke der intraspezifischen Konkurrenz beschrieben durch $1/K_i$, wobei K_i die Kapazität der Art „i" ist, ist um so größer, je enger die Ressourcenpräferenzen der Art sind. Die Stärke der interspezifischen Konkurrenz ist umso geringer, je weniger sich die Ressourcenpräferenzen der konkurrierenden Arten überschneiden. Sind die Ressourcenpräferenzen der konkurrierenden Arten durch Verteilungen der Breite

W gegeben, deren Maxima untereinander den Abstand d haben, so können die Arten nur koexistieren, wenn d $\gtrsim$ W ist.

Weiterführende Literatur:
Theorie: Abrams 1976; Christiansen u. Fenchel 1977; Feldman u. Roughgarden 1975; Levins 1968; MacArthur u. Levins 1967; MacArthur 1972; May 1973a, b, 1974a, 1976b; May u. MacArthur 1972; Pianka 1976; Roughgarden 1974c, 1975b, Schoener 1974, 1986;
Empirik: Abrams 1980; Brown u. Davidson 1977; Davidson 1977a; Leuthold 1978; Levins 1968; Pianka 1976; Pianka et al. 1979; Putman u. Wratten 1984; Reynoldson u. Davies 1970; Roughgarden 1974c; Schoener 1974; Vance 1972; Werner u. Platt 1976; Zwölfer 1975.

3.1.4 Welche Art überlebt?

Wenn nun die Bedingungen (3.5) bzw. (3.22) für die Koexistenz mehrerer Arten nicht erfüllt sind, also ihre Ressourcenansprüche zu ähnlich sind, so wird mindestens eine Species durch die anderen verdrängt. Für unser zuletzt besprochenes Drei-Arten-Modell (3.17) mit den Koeffizienten (3.18)–(3.21) würde N_2^* nicht mehr positiv sein, wenn Gl. (3.22) verletzt wäre. Dies bedeutet, daß bei Annäherung an dieses Gleichgewicht der Wert $N_2 = 0$ erreicht würde, also die Art 2 ausstirbt. Dies ist plausibel, da diese Art ja zwei Konkurrenten hat, was gelegentlich mit diffuser Konkurrenz (MacArthur 1972) bezeichnet wird.

Nachdem wir untersucht haben, wie Arten um mehrere Ressourcen konkurrieren, wollen wir nun zeigen, daß bei Konkurrenz um *eine einzige limitierende Ressource nur eine Art überleben* kann und *welche* dies ist. Dabei brauchen wir uns nicht wie oben auf spezielle Fälle zurückzuziehen, sondern können das Modell (Tilman 1982) recht allgemeingültig halten. Bei der intra- und interspezifischen Konkurrenz um eine limitierende Ressource sollte die *individuelle Wachstumsrate* r nur davon abhängen, welche *Menge R dieser Ressource verfügbar* ist, vorausgesetzt, wir müssen keine Interferenz (s. Beginn des Abschn. 2.3.1) berücksichtigen. In Gl. (2.14) in Abschn. 2.1.3 und Gl. (3.1) in Abschn. 3.1.1 hatten wir r als Funktion der Individuenzahl N_i angesetzt. Wie wir im letzten Abschn. 3.1.3 gesehen haben, wurde aber auch r aus Ansätzen wie Gl. (3.16) für die Wachstumsraten hergeleitet, die nur von den Ressourcenmengen R abhängen. Ist z. B. nur die Nahrung der limitierende Faktor, so wird die Geburtenrate b und die Sterberate d eines Individuums vom Ernährungszustand abhängen, der seinerseits durch die verfügbare Nahrungsmenge bestimmt ist. Also können wir für die Art 1

$$dN_1/dt = N_1 r_1(R) = N_1[b_1(R) - d_1(R)] \qquad (3.26)$$

schreiben. Hierbei ist natürlich $r_1(R)$ eine monoton wachsende Funktion (s. Abb. 3.6), denn je mehr Nahrung zur Verfügung steht, um so besser wird das Wachstum sein. Der Index — hier 1 — numeriert verschiedene Arten. Nun müssen wir noch modellieren, daß die *Ressource* nachwächst, aber begrenzt ist, d. h. ein *begrenztes Wachstum hat*, was wir durch

$$dR/dt = f(R) - V_1(R)\,N_1 \qquad (3.27)$$

beschreiben, wobei f(R) die dichteabhängige Wachstumsrate (s. Gl. 2.13 in Abschn. 2.1.3) der Ressource ist. Dabei ist berücksichtigt, daß jedes ausbeutende Individuum (deren Zahl ist N_1) *pro Zeit die Menge $V_1(R)$ wegfrißt*, die natürlich vom Ernährungszustand und damit vom Nahrungsangebot R abhängt.

Mehr als diese biologisch sehr plausiblen Annahmen müssen wir nicht machen. In Abb. 3.6 ist ein typisches Beispiel für $r_1(R)$ dargestellt. Sicherlich muß die individuelle Wachstumsrate r_1 einen maximalen Wert haben, der in der Regel bei großem Ressourcenangebot R erreicht wird. Ein *Gleichgewicht des Ressourcen- und Populationswachstums* wird erreicht, wenn beide zeitlichen Veränderungen (2.26) und (2.27) verschwinden:

$$r_1(R^*) = 0 \tag{3.28}$$

$$N_1^* = \frac{f(R^*)}{V_1(R^*)} . \tag{3.29}$$

Wann dieses stabil ist, werden wir in Abschn. 3.2.2 untersuchen. Wir wollen eine solche stabile Situation hier betrachten. Das heißt, wenn R oberhalb R* liegt, ist dort $r_1(R) > 0$ (s. Abb. 3.6), also wird N_1 zunehmen (s. Gl. 3.26). Ist dieses hinreichend groß geworden, wird der Verbrauch $V_1(R)\,N_1$ in Gl. (3.27) so stark sein, daß R abnehmen muß, bis es schließlich R* erreicht hat. Bemerkenswert ist, daß der *Gleichgewichtswert R** der Ressource wegen Gl. (3.28) nur *von der Wachstumsrate des Verbrauchers abhängt*, also völlig unabhängig (bis auf die Stabilitätsbedingung) von seinem eigenen Wachstum f(R) ist. Umgekehrt stellt sich die Individuenzahl N_1^* gerade so ein, daß im Gleichgewicht gerade soviel abgeschöpft wird, wie an Ressourcen nachwachsen (s. Gl. 3.29).

Nutzt jetzt eine *zweite Art* mit einer anderen Wachstumsrate $r_2(R)$ (gestrichelt in Abb. 3.6) die *gleiche Ressource* als einzige Nahrungsquelle, so haben wir Gl. (3.27) durch

$$dR/dt = f(R) - V_1(R)\,N_1 - V_2(R)\,N_2 \tag{3.27a}$$

zu ersetzen, und für N_1 und N_2 gilt je eine Gleichung der Form (3.26). Im Gleichgewicht müßte dann analog zu Gl. (3.28) eine entsprechende Gleichung für die zweite Art gelten:

$$r_2(R^*) = 0 .$$

Damit hätten wir zwei Gleichungen für die Größe R*, die im allgemeinen nicht gleichzeitig erfüllt werden können. Beide Konsumentenarten werden in der Regel

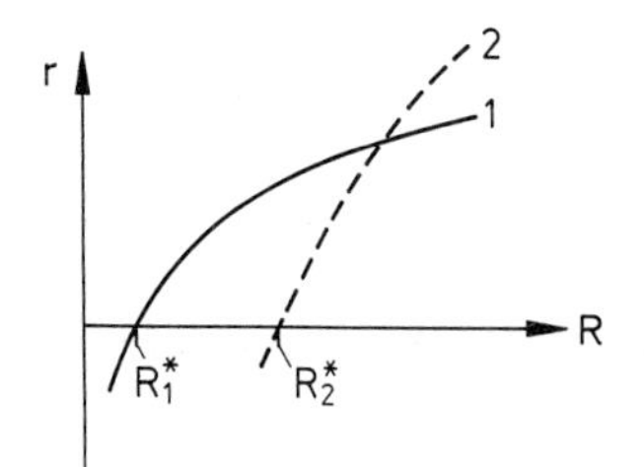

Abb. 3.6. Abhängigkeit der individuellen Wachstumsrate r von der verfügbaren Menge R der limitierenden Ressource für zwei Arten. Bei R_1^* bzw. R_2^* erreicht eine Art bei Abwesenheit der anderen ihr Gleichgewicht

bei verschiedenen Ressourcendichten R_i^* verschwindendes Nettowachstum zeigen. *Koexistenz beider Arten* ist also *nicht möglich.*

Welche Art überlebt, ist leicht zu verstehen. Liegt R oberhalb R_2^* und somit auch oberhalb R_1^*, so werden N_1 und N_2 zunehmen, bis schließlich R wegen Gl. (3.27a) abnimmt. Bei $R = R_2^*$ ändert sich N_2 nicht mehr, doch N_1 nimmt weiter zu, so daß R weiter abnehmen muß. Unterhalb $R = R_2^*$ nimmt N_2 ab, doch egal wie klein es auch wird, durch die Zunahme von N_1 muß R weiter fallen, bis es schließlich R_1^* erreicht hat. Dort nimmt N_2 so lange ab, bis schließlich die Art 2 ganz verschwunden ist, während sich N_1 auf N_1^* einstellt.

Bei dieser Konkurrenz wachsen beide Populationen zunächst an, bis schließlich der Verbrauch der Art 1 die Ressource auf ein Niveau drückt, bei dem die Art 2 auf Dauer nicht überleben kann. Es ist offensichtlich, daß sich dies auf mehrere konkurrierende Arten verallgemeinern läßt. Bei der Konkurrenz um eine *einzige limitierende Ressource* wird *nur die Art überleben*, die das *kleinste R^** hat, also bei verschwindendem Nettowachstum (s. Gl. 3.28) die *geringsten Ressourcenansprüche* hat. Auf die Modifikation (s. Abschn. 4.1.2, 4.1.3, 5.2 und 5.3) dieser auch experimentell bestätigten Aussage sei hier bereits hingewiesen. Hier sind wir immer von räumlich und zeitlich homogenen Umweltbedingungen ausgegangen.

Wie sieht die Situation aus, wenn um mehrere Ressourcen konkurriert wird? Es gibt Modelle, die besagen, daß genau so viele Populationen überleben, wie unabhängige limitierende Ressourcen vorhanden sind (Levin 1970). Doch die Einschränkung der Gültigkeit dieser Aussage zeigt sich bereits, wenn man etwas allgemeinere Modelle (Leon u. Tumpson 1975; Hsu u. Hubbell 1979) mit 2 Populationen und 2 Ressourcen betrachtet. Deren Ergebnisse hängen entscheidend von dem relativen Angebot der beiden Ressourcen, der Geschwindigkeit, mit der sie nachwachsen, ihrem relativen Verbrauch durch beide Populationen und davon ab, wie die Wachstumsraten beider Arten durch die verfügbaren Mengen der Ressourcen bestimmt sind.

Zusammenfassung

Wenn zwei Arten um eine einzige essentielle, biologische Ressource konkurrieren, die sich mit einer endlichen Wachstumsrate regeneriert, so überlebt die Art, welche im Gleichgewicht bei Abwesenheit der anderen Art die geringsten Ressourcenansprüche hat.

Weiterführende Literatur:

Theorie: Leon u. Tumpson 1975; MacArthur 1972; MacArthur u. Levins 1967; Price et al. 1984; Schoener 1976; Tilman 1982;

Empirik: Sommer 1985a, b, 1986.

3.2 Räuber

Im letzten Abschnitt haben wir bereits die Dynamik der Ressource, um welche Konkurrenz auftritt, betrachtet. Die *Ressource* kann auch als eine *Beute-Population* angesehen werden, denn die Ausbeutung einer Ressourcen-Population ist nach unserer Definition zu Beginn dieses Kapitels nichts weiter als eine *Räuber-Beute-Beziehung* (+, —). Ein Partner hat einen Vorteil, der andere einen Nachteil aus dieser Beziehung. Dies bedeutet, daß man bei der Untersuchung der Konkurrenz um eine biologische Ressource bereits Räuber-Beute-Beziehungen betrachtet. In diesem Kapitel wollen wir uns nun eingehend mit dieser Wechselwirkung befassen. Dabei liegen zunächst folgende Fragen nahe: Unter welchen Bedingungen koexistieren Räuber und Beute in einem bestimmten Gleichgewicht, gibt es andere Formen der Dynamik, welche Eigenschaften sind dabei entscheidend, kontrolliert der Räuber die Beutepopulation? Wie zu Beginn von Kap. 3 dargelegt, wollen wir auch *Wirt-Parasit-* und *Wirt-Parasitoid-Beziehungen* in unsere Betrachtung einschließen. In den einfacheren Modellen spielt ihr Unterschied zu echten Räuber-Beute-Beziehungen keine Rolle.

3.2.1 Einfache Räuber-Beute-Dynamiken

Gemäß unserer allgemeinen Grundsätze (s. Kap. 1) wollen wir mit einem möglichst einfachen Ansatz, nämlich dem *Lotka-Volterra-Modell* (Lotka 1920, 1925; Volterra 1926) beginnen. Dies ist auch aus geschichtlicher Sicht angezeigt, da dieses einen erheblichen Einfluß auf die Entwicklung der theoretischen und empirischen Ökologie hatte. Wir schreiben uns für die Räuber- und Beute-Population die Wachstumsgleichung (s. Gl. 2.13 in Abschn. 2.1.3) auf und berücksichtigen, daß die Wachstumsrate der Beute durch den Räuber verringert, die des Räubers durch die Beute vergrößert wird. Wie bei dem logistischen Wachstum (s. Gl. 2.26 in Abschn. 2.2.2) benutzen wir die *einfachste mathematische Form* (Lotka 1925; Volterra 1926), nämlich die *lineare Abhängigkeit*:

$$dN/dt = N(r - \gamma P)\,, \tag{3.30}$$

$$dP/dt = P(-\varrho + \delta N)\,. \tag{3.31}$$

Hier ist N die Individuenzahl der Beute und P die des Räubers (predator, parasite). Der Parameter γ gibt an, um wieviel die individuelle Wachstumsrate r der Beute durch ein Räuber-Individuum abgesenkt wird. Entsprechend ist δ die Erhöhung des Räuberwachstums durch ein Beuteindividuum, wobei hier angenommen wird, daß der Räuber ohne die Beute mit der Rate $-\varrho$ ausstirbt. Das heißt also, daß diese Beute für das Überleben des Räubers unverzichtbar ist. Auf diese Weise sind die grundlegendsten Eigenschaften eines Räuber-Beute-Systems auf möglichst einfache Weise modelliert worden.

Die mathematische Behandlung (Christiansen u. Fenchel 1977; Pielou 1969) der Gl. (3.30) und (3.31) können wir uns ersparen, da dieses Modell einen entscheidenden Mangel hat. Der prinzipielle Verlauf der Trajektorien ist in Abb. 3.7 dargestellt. Die Individuenzahlen N und P verlaufen auf geschlossen zyklischen Trajektorien in der P-N-Ebene. Auf welcher, hängt von der Anfangsbedingung ab. Wenn durch eine Störung die Individuenzahlen auf eine andere geschlossene Bahnkurve verschoben werden, laufen sie auf dieser weiter. Dies nennt man *neutrale Stabilität*, da die Trajektorien weder von einer bestimmten Bahnkurve weg, noch zu einer solchen hinstreben.

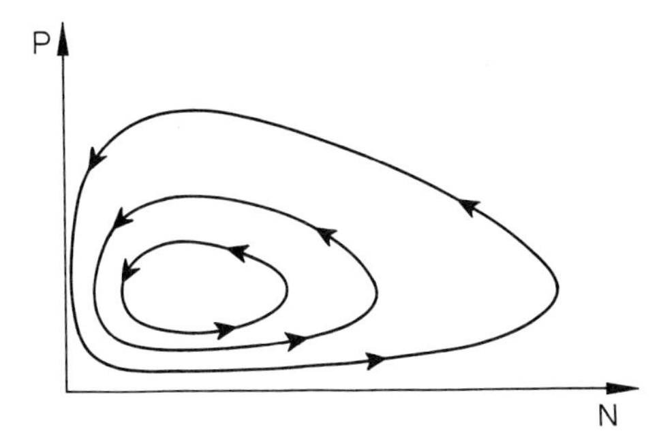

Abb. 3.7. Zahl P der Räuber gegen die Zahl N der Beuteindividuen. Die Trajektorien zeigen die zeitliche Veränderung dieser Individuenzahlen nach dem Lotka-Volterra-Modell (3.30) und (3.31)

Diese Eigenschaft ist eine Konsequenz eines gravierenden Fehlers, nämlich der *strukturellen Instabilität* des Modells. Man versteht darunter die Eigenschaft, daß sich bei quantitativ kleinen strukturellen Veränderungen des Modells, seine Eigenschaften qualitativ ändern. Unter struktureller Änderung ist nicht die Variation der Parameter in den Modellgleichungen gemeint, sondern das Auftreten von neuen, wenn auch kleinen Gliedern. So werden wir unten zeigen, daß durch Hinzufügen von kleinen Gliedern der Form $-\alpha N$ in der Klammer von Gl. (3.30) die Ergebnisse des Modells grundlegend verändert werden, dieses Modell also strukturell instabil ist.

Nun ist aber zu bedenken, daß unsere Modelle immer nur eine grobe Beschreibung natürlicher Verhältnisse sein können. Ein Modell, das nur wenig verändert wird, muß die Wirklichkeit genauso gut wie vor der Änderung annähern. Strukturell instabile Modelle ergeben bei leichten Veränderungen vollständig verschiedene Ergebnisse. Nur eines von diesen könnte den natürlichen Verhältnissen entsprechen. Das heißt, bei geringen Änderungen am Modell würden andere Ergebnisse erzielt, die der Wirklichkeit widersprechen. *Strukturell instabile Modelle* können daher *nicht zur Beschreibung der Natur* benutzt werden.

Für diesen prinzipiellen Mangel des Modells (3.30) und (3.31) gibt es auch einen ökologischen Hinweis. Wie bei der Dynamik einer einzelnen Population bemerkt (s. Abschn. 2.2.2), ist dichteabhängige Regulation durch intraspezifische Konkurrenz eine unverzichtbare Eigenschaft. Diese sollte deshalb auch in einem Räuber-Beute-Modell erscheinen. Wir berücksichtigen dies in einfachster Form durch das logistische Wachstum (s. Gl. 2.26 in Abschn. 2.2.2), indem wir die Wachstumsraten linear mit der Individuenzahl der eigenen Art abnehmen lassen:

$$dN/dt = N(r - \alpha N - \gamma P)\,, \tag{3.32}$$

$$dP/dt = P(-\varrho - \beta P + \delta N)\,. \tag{3.33}$$

Die Parameter α und β beschreiben also die Stärke der intraspezifischen Konkurrenz. In Anhang A4d sind bei Gl. (A4.67) das Gleichgewicht dieses Modells und seine Stabilitätseigenschaften bestimmt worden. Für nicht zu große α und β laufen die Trajektorien (s. Abb. 3.8) spiralförmig gegen dieses Gleichgewicht. Dies bedeutet, daß die Individuenzahlen N und P in *gedämpften Schwingungen* gegen die Gleichgewichtswerte (N^*, P^*) streben (s. Abb. 3.9). Dieses Ergebnis unterscheidet sich prinzipiell von den ungedämpften Oszillationen des Modells (3.30)

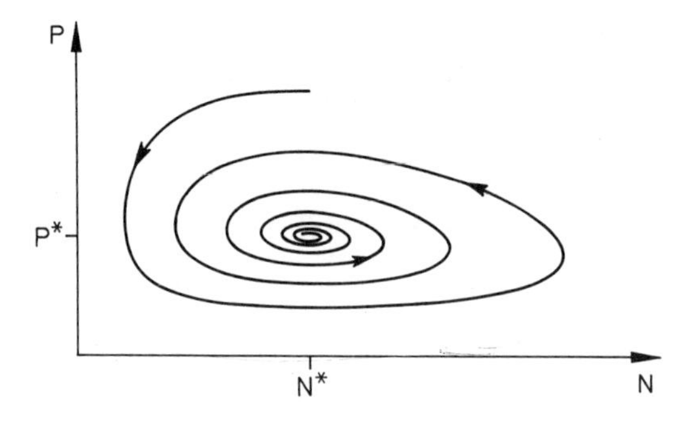

Abb. 3.8. Zahl P der Räuber gegen die Zahl N der Beuteindividuen. Die Trajektorien zeigen die zeitliche Veränderung nach dem Modell (3.32) und (3.33). Bei P* und N* liegt das Gleichgewicht

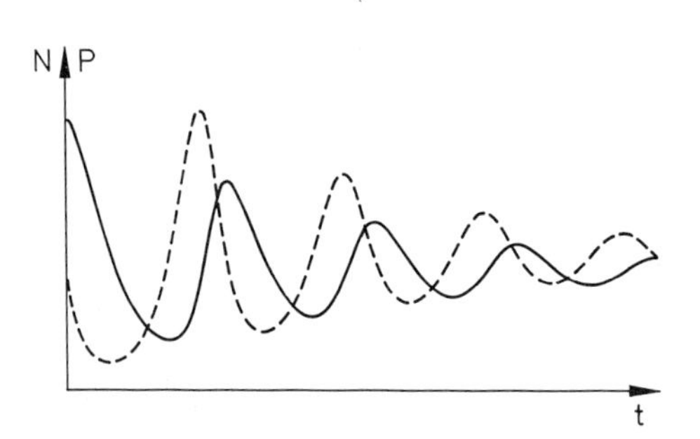

Abb. 3.9. Individuenzahl N der Beutetiere (*gestrichelt*) und P der Räuber (*durchgezogen*) nach Modell (3.32) und (3.33) gegen die Zeit t. (Entspricht Abb. 3.8)

und (3.31). Dafür reicht aus, daß einer der beiden Parameter α oder β, durch welche sich die beiden Modelle unterscheiden, positiv ist, sei er auch noch so klein. Kleine Veränderungen am Modell (3.30), (3.31) liefern also ein vollständig anderes Verhalten der Ergebnisse. Dieses Modell ist demnach strukturell instabil und daher für die theoretische Ökologie nicht brauchbar.

Da in der Natur Räuber-Beute-Oszillationen vorkommen, müssen wir nach anderen strukturell stabilen Modellen für ihre Erklärung suchen. Eine Möglichkeit bietet das Modell (3.32) und (3.33). Dort treten ja Oszillationen auf, auch wenn sie jetzt einer Dämpfung unterliegen. Doch diese Dämpfung kann so klein sein, daß nach einer Störung die Oszillationen lange andauern. Diese „Störungen" werden aber *aufgrund zufälliger Umwelteinflüsse* (s. Abschn. 2.2.4 und 4.2.2) fortwährend auftreten und so die *Oszillationen* immer wieder „*anheizen*".

Daß die Spirale in Abb. 3.8 gegen den Uhrzeigersinn laufen muß, kann man sich leicht klarmachen. Wenn wir mit der Situation am Anfang der Spirale beginnen, so führt dort die geringe Beutedichte zum Nahrungsmangel bei den Räubern und daher zum Absinken ihrer Zahl. Bei nachlassendem Räuberdruck kann sich die Beutepopulation erholen. Das hierdurch erhöhte Nahrungsangebot führt wieder zum Anwachsen der Räuberpopulation und damit zu einem stärkeren Druck auf die Beute usw.

Wie in Gl. (A4.68a) im Anhang A4 dargelegt, ist der Gleichgewichtswert N* immer positiv, doch für P* gilt dies nur, falls

$$r\delta - \alpha\varrho > 0 \,. \tag{3.34}$$

Bedenkt man, daß beim logistischen Wachstum $\alpha = r/K$ (s. Gln. 3.32 und 2.27 in Abschn. 2.2.2), wobei K die Kapazität der Beutepopulation ohne Räuber ist, so folgt aus Gl. (3.34)

$$K\delta - \varrho > 0 \,. \tag{3.35}$$

Ist Gl. (3.35) nicht erfüllt, so stirbt die Räuberpopulation aus. Dies ist plausibel, wenn man bedenkt, daß K die größte Beutepopulation ist, die auf Dauer existieren kann. Sie muß also ausreichen, um die negative Wachstumsrate der Räuber $-\varrho$ in Gl. (3.33) auf positive Werte zu erhöhen.

Eine erstaunliche Konsequenz ergibt sich für Räuber-Beute-Systeme, die sich wie in Abb. 3.8 verhalten. *Reduziert man die Beutepopulation* vom Gleichgewicht (N^*, P^*) ausgehend, z. B. durch Abernten, so gelangen wir an den linken Rand der Spirale. Nach einiger Zeit führt dann die Trajektorie zu einer Situation, in der die Beutepopulation deutlich *über dem ursprünglichen Niveau* N^* liegt; bei Unkenntnis der in Abb. 3.8 dargestellten allgemeinen Dynamik sicher ein überraschendes Ergebnis. Ärgerlich wird dies, wenn es sich bei den Beutetieren um sogenannte Schädlinge handelt und ihre Reduktion durch Managementmaßnahmen diesen unerwünschten Effekt zeigt.

Neben diesem einfachen zeitkontinuierlichen Modell (3.32) und (3.33) wollen wir ein entsprechendes *zeitdiskretes* untersuchen. Dabei soll uns die Frage beschäftigen, welche Stabilitätseigenschaften dies hat, ob die beteiligten Arten koexistieren können und ob es Oszillationen wie im kontinuierlichen Fall gibt. Zeitdiskrete Beschreibungen sind für Räuber-Beute-Beziehungen zwischen Arthropoden oft geeigneter, da diese oft nicht überlappende Generationen haben. Hier soll ein einfaches *Parasitoid-Wirt-Modell* (Nicholson 1933) vorgestellt werden. Im Gegensatz zu Parasiten töten parasitoide Insekten ihre Wirte. Anders als bei Räubern, wo adulte und jüngere Individuen die Beute lokalisieren und töten, sind es hier nur die fortpflanzungsfähigen Weibchen, die ihre Eier in oder nahe bei den Wirten ablegen. Die schlüpfenden Larven sind bei ihrer Entwicklung auf den Wirt angewiesen. Wir wollen den Fall untersuchen, daß Parasitoide und Wirte nur eine Generation pro Jahr aufweisen.

Zunächst konstruieren wir ein kleines Submodell für das *Aufspüren der Wirte durch die Parasitoidweibchen*. Wir wollen *zufälliges Suchen* voraussetzen. Ist $N(t)$ die Zahl der Wirte zur Zeit t, die nicht von den Parasitoiden befallen sind, so gilt für die Änderung ihrer Zahl dN während der Zeitspanne dt:

$$dN = -P_j \alpha N \, dt \,. \tag{3.36}$$

Ein Parasitoidweibchen sucht in der Zeit dt den Bruchteil α dt des Habitats der Wirtspopulation ab. Es wird also diesen Bruchteil der Population, d. h. αN dt Individuen aufspüren. Wenn die Zahl der Parasitoiden in diesem Jahr P_j ist, wird die Zahl der aufgespürten Wirte $P_j$mal so groß sein. Die Zahl der nicht befallenen Wirte wird also um diesen Betrag abnehmen. Diese Prozesse, die auf Zufallsereignissen beruhen, werden in Abschn. 4.2.1 ausführlicher besprochen. Die Lösung der Differentialgleichung (3.36) haben wir schon in Gl. (2.23) in Abschn. 2.2.1 kennengelernt. Sie lautet

$$N(t) = N(0)\, e^{-P_j \alpha t} \,.$$

Es sei N_j die Zahl der Wirte im j-ten Jahr zur Zeit $t = 0$, bevor sie von Parasitoiden befallen werden. Die Dauer der Phase, in der ein Wirt potentiell befallen werden kann, möge T sein. Dann bleiben also $N_j e^{-aP_j}$ Individuen verschont, wenn $a = \alpha T$ ist. Der *Parameter a* und somit auch α ist ein Maß für die *Sucheffizienz des Parasitoids*.

Jeder verschonte Wirt möge im Mittel R Nachkommen in der nächsten Generation haben. Für die Reproduktionsrate wollen wir zunächst keine Dichteabhängigkeit annehmen. Damit wird die Zahl der Wirte im $(j + 1)$-ten Jahr:

$$N_{j+1} = RN_j\, e^{-aP_j} \,. \tag{3.37}$$

Jeder befallene Wirt möge im Mittel W weibliche Parasitoide im nächsten Jahr hervorbringen. Diese Befallskapazität mag dadurch erreicht werden, daß die Weibchen eine konstante Menge an Eiern (z. B. eins) ablegen und den Wirt als belegt markieren oder daß sich diese Zahl durch Konkurrenz der Larven einstellt. Man muß die Zahl der befallenen Wirte also nur mit W multiplizieren, um die Zahl der Parasitoiden P_{j+1} im nächsten Jahr zu erhalten:

$$P_{j+1} = WN_j(1 - e^{-aP_j}) \,. \tag{3.38}$$

Dieses Modell, was wie die Gln. (3.30) und (3.31) keine Dichteregulation der eigenen Population, z. B. durch intraspezifische Konkurrenz enthält, zeigt gleichfalls pathologisches Verhalten, nämlich Oszillation mit Amplituden, die ins Unendliche anwachsen (Hassell u. May 1973).

Es ist daher angezeigt, die immer vorhandene Dichteabhängigkeit der Reproduktionsrate R zu berücksichtigen, was wir durch

$$N_{j+1} = N_j \exp\,[r(1 - N_j/K] - aP_j] \tag{3.39}$$

tun wollen (Beddington et al. 1975). Hier ist K die *Kapazität der Beutepopulation* ohne den Einfluß der Parasitoiden, und die Wachstumsrate r ergibt die *maximale Reproduktionsrate* $R = e^r$. Dieses Modell (3.38) und (3.39) zeigt vernünftiges Verhalten, das aber, wie schon bei der zeitdiskreten Beschreibung einer einzelnen Population (Abschn. 2.2.5), reichhaltiger als bei zeitkontinuierlichen Räuber-Beute-Modellen ist.

In Abb. 3.10 sind die verschiedenen Resultate für die Dynamik dargestellt. Als entscheidende Parameter sind die Wachstumsrate r und die Größe der Population N^* im Gleichgewicht im Verhältnis zu ihrer ungestörten Kapazität K aufgetragen. Durch *lineare Stabilitätsanalyse* (s. Anhang A4) (Beddington 1975) ergibt sich im Bereich A und C ein *stabiles Gleichgewicht*. Dichteabhängige Regulation der Beute führt also, wie beim obigen Modell (3.32) und (3.33) zur Stabilisierung. Ist diese Regulation zu stark, so führt das, wie schon bei der zeitdiskreten Dynamik einer einzelnen Population, zu *Regulationsschwingungen* (s. Abschn. 2.2.5). Das heißt, bei größeren r finden wir *Grenzzyklen* und *chaotisches Verhalten*. Die dabei auftretenden Amplituden sind im Parameterbereich B so groß, daß sie zur Auslöschung der Parasitoidenpopulation führen. Kleinere Werte der Gleichgewichtsdichte N^* der Wirte bedeuten, daß die Parasitoiden eine stärkere Kontrolle ausüben. Diese stärkere Regulation führt, wenn r unterhalb eines Schwellenwertes bleibt, wie Abb. 3.10 zeigt, dazu, daß das Gleichgewicht weniger stabil wird. Es

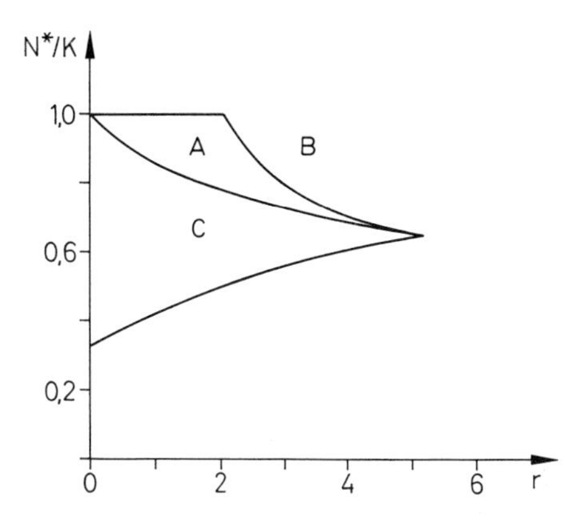

Abb. 3.10. Stabilitätsgrenzen für das Modell (3.38) und (3.39): Gleichgewichtswert N^* der Wirtspopulation geteilt durch deren Kapazität K gegen die potentielle Wachstumsrate r. Im mit *A* gekennzeichneten Bereich exponentielle Rückkehr ins Gleichgewicht (N^*, P^*), im Bereich *C* gedämpfte Oszillationen. In den anderen Bereichen ist (N^*, P^*) instabil. Im Bereich *B* sind die Schwankungen der Individuenzahlen so groß, daß die Parasitoid-Population ausgelöscht wird. (Nach Beddington et al. 1975)

stellen sich Oszillationen ein, deren Dämpfung zunehmend nachläßt und schließlich ganz verschwindet. Der gleiche Effekt ist zu beobachten, wenn bei konstantem N^* die Kapazität K zunimmt (May 1976b). Dies wird auch als „*Paradoxon der Anreicherung (paradox of enrichment)*" bezeichnet. Bei Anreicherung der Umwelt der Wirte (z. B. durch ein größeres Nahrungsangebot) nimmt ihre Kapazität K zu und damit N^*/K ab. Daß dies in einem Räuber-Beute- bzw. Wirt-Parasitoid-System zur Aufweichung der Stabilität führt, mag paradox erscheinen (siehe auch Gl. 2.63 in Abschn. 2.2.5 und Abb. 3.12 in Abschn. 3.2.2).

Ebenso wie im zeitkontinuierlichen Modell (β in Gl. (3.33) können wir statt der Dichteregulation bei den Wirten *intraspezifische Konkurrenz bei den Parasitoiden* untersuchen. Wir gehen also wieder von den Gln. (3.37) und (3.38) aus und berücksichtigen jetzt Dichteregulation bei den Parasitoiden. Sie mag in diesem Fall durch *Interferenz* (s. Beginn des Abschn. 2.3.1) (Hassell 1978) bewirkt werden, also durch gegenseitige Störung bei der Wirtsuche. Die *Sucheffizienz* a wird also bei steigender Parasitoidendichte P_j abnehmen, was auf einfache Weise durch

$$a = QP_j^{-m} \tag{3.40}$$

beschrieben werden kann (Hassell u. Varley 1969), wobei m die Stärke der Dichteregulation angibt. Setzt man Gl. (3.40) in das Modell (3.37) und (3.38) ein, so wird das zuvor instabile *Gleichgewicht stabilisiert*, vorausgesetzt, die Dichteregulation, d. h. der Parameter m, ist nicht zu groß (Hassell u. May 1973). Intraspezifische Konkurrenz wirkt also, wie schon im zeitkontinuierlichen Modell (3.32) und (3.33) stabilisierend, egal, ob sie beim Räuber (Parasitoid) oder der Beute (Wirt) auftritt.

Zusammenfassung

Im einfachen Lotka-Volterra-Modell für Räuber-Beute-Beziehungen wird die individuelle Wachstumsrate der Beute proportional zur Anzahl der Räuber verringert und das Wachstum der Räuberpopulation proportional zur Beutezahl vergrößert angesetzt. Ohne intraspezifische Konkurrenz erhält man ein strukturell instabiles Modell, was zur Beschreibung natürlicher Verhältnisse ungeeignet ist. Mit intraspezifischer Konkurrenz treten gedämpfte Oszillationen der Individuenzahlen auf.

Bei zeitdiskreten Wirt-Parasitoid-Modellen mit getrennten Generationen führt das zufällige Suchen der Parasitoide zu einem instabilen Modell. Schließt man in die Beschreibung Dichteregulation durch intraspezifische Konkurrenz der Wirte oder der Parasitoide ein, erhält man für größere Bereiche der Modellparameter stabile Koexistenz beider Populationen, sofern die Dichteregulation nicht zu stark ist.

Weiterführende Literatur:
Theorie: Beddington et al. 1975; Christiansen u. Fenchel 1977; Hassell 1971, 1976b, 1978; Hassell u. May 1973; Hassell u. Varley 1969; May 1976b; Pielou 1977; Pimm 1982b; Taylor 1984;
Empirik: Gause 1960; Hassell u. May 1973; Huffaker u. Matsumoto 1982; Ullyett 1949; Utida 1957.

3.2.2 Generelle Räuber-Beute-Modelle

Im vorhergehenden Abschn. 3.2.1 haben wir Räuber-Beute-Modelle kennengelernt, die etliche Annahmen machten, welche, vor allem beim ersten Modell, durch die mathematische Einfachheit diktiert wurden. Wir wollen uns jetzt eine *umfassendere Klasse von Modellen* vornehmen, die die wichtigsten biologischen Prozesse einer *Räuber-Beute-Beziehung* explizit berücksichtigen. Dabei werden wir untersuchen, ob die Ergebnisse des vorherigen Abschnittes Allgemeingültigkeit haben, welche allgemeinen Eigenschaften von Räuber-Beute-Modellen zu erwarten sind und welchen Einfluß Räuber auf die Populationsdynamik der Beute haben. Die Beutepopulation möge durch

$$dN/dt = Nr_B(N) - PV(N, P) \tag{3.41}$$

beschrieben werden. Dabei ist $r_B(N)$ die individuelle Wachstumsrate (s. Gl. 2.15 in Abschn. 2.1.3) der Beutepopulation bei Fehlen des Räubers. Jeder Räuber möge pro Zeit im Mittel die *Zahl* V(N, P) *an Beuteindividuen töten*. Diese Funktion wird „*funktionelle Reaktion (functional response)*" genannt. Sie wird in Abschn. 3.2.3 eingehender untersucht. Wenn also die Zahl der Räuber P ist, wird die Beutepopulation pro Zeit um die Zahl PV(N, P) abnehmen. Wie schon in Gl. (3.40) beschreibt die Abhängigkeit der funktionellen Reaktion V(N, P) von P, daß Interferenz zwischen den Räubern auftritt, diese sich also beim Beutefang stören. Dies wird um so mehr der Fall sein, je größer die Räuberdichte P ist. Also erwarten wir, daß V(N, P) mit wachsendem P abnimmt, während es mit zunehmendem N ansteigen sollte (da bei größerer Beutedichte die Erfolgsquote der Räuber steigen wird). Aber auch Konkurrenz um andere bevorzugte Ressourcen kann sich auf V(N, P) auswirken. Bei zunehmender Räuberzahl P werden diese Ressourcen knapp werden und immer mehr Räuber auf die betrachtete Beutepopulation ausweichen. In diesem Falle sollte die Freßrate V(N, P) mit P anwachsen. Räuber, deren V(N, P) unabhängig von P ist, werden auch als „*Laissez-faire-Räuber*“ bezeichnet. Dieser Fall wurde bereits bei der Behandlung von interspezifischer Konkurrenz in Gl. (3.27) in Abschn. 3.1.4 modelliert, wobei dort die Beutepopulation als biologische Ressource angesehen wurde.

Die Populationsdynamik der Räuber beschreiben wir durch

$$dP/dt = Pr_R(N, P)\,. \tag{3.42}$$

Die individuelle Wachstumsrate $r_R(N, P)$ kann durch verschiedene Formen der intraspezifischen Konkurrenz um andere Ressourcen, so auch durch Interferenz, von P abhängen. Auch ein Allee-Effekt (s. Gl. 2.80 in Abschn. 2.3.1) wirkt sich in einer P-Abhängigkeit aus. Der Fall von „Laissez-faire-Räubern“, bei dem die *individuelle Wachstumsrate* r_R *nur von dem Nahrungsangebot N abhängt*, wurde in dem Konkurrenzmodell (3.27) benutzt. In jedem Falle sollte das individuelle Wachstum r_R der Räuber mit größer werdendem Nahrungsangebot N steigen.

Wir wollen mit dem einfacheren Fall ohne Interferenz beginnen. Dann sind $r_R(N)$ und V(N) von P unabhängig (eine meistens benutzte Annahme). Damit lautet unser Modell:

$$dN/dt = Nr_B(N) - PV(N)\,, \tag{3.43}$$

$$dP/dt = Pr_R(N)\,. \tag{3.44}$$

Dies entspricht genau dem Modell (3.27) in Abschn. 3.1.4, wobei die Ressourcenpopulation R hier durch die Beutepopulation N und die ausbeutende Population N durch die Räuberpopulation P ersetzt sind. Die Eigenschaften dieses Modells

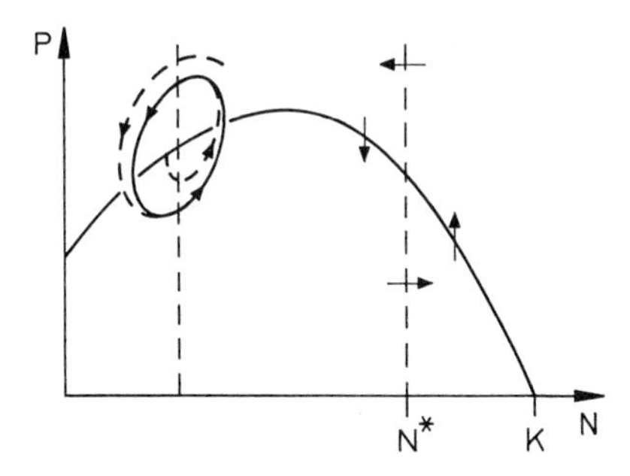

Abb. 3.11. Isoklinien im N-P-Diagramm (N = Zahl der Beuteindividuen, P = Zahl der Räuber, K = Kapazität der Beutepopulation). Im Schnittpunkt liegt das Gleichgewicht (N*, P*). Die *Pfeile* zeigen die Richtung der zeitlichen Veränderung von N und P an. Liegt die gestrichelte Räuber-Isokline knapp links neben einem Maximum der Beute-Isokline, ist das Gleichgewicht instabil, und es tritt ein Grenzzyklus, wie dargestellt, auf. Liegt N* noch weiter links, sterben die Beute- und die Räuberpopulation aus. Befindet sich N* rechts des Maximums, ist das Gleichgewicht stabil

lassen sich am einfachsten mit Hilfe der Isoklinen diskutieren, eine Methode, die in Abschn. 3.1.1 vorgestellt wurde. In Abb. 3.11 sind typische Beispiele im N-P-Diagramm dargestellt. Die *P-Isokline*, also die Kurve, auf der sich P zeitlich nicht ändert und die *Trajektorien* daher *waagerecht* verlaufen, erhält man durch Nullsetzen der rechten Seite von Gl. (3.44). Sie ist durch $N = N^*$ mit

$$r_R(N^*) = 0 \tag{3.45}$$

bestimmt, wobei N^* also die Beutedichte ist, bei welcher der Räuber kein Nettowachstum mehr hat. Dies ergibt die gestrichelte senkrechte Gerade in Abb. 3.11, wobei zwei verschiedene Situationen dargestellt sind.

Die *N-Isokline mit senkrecht verlaufenden Trajektorien*, bei welcher $dN/dt = 0$ ist, erhält man aus Gl. (3.43) zu

$$P = \frac{N r_B(N)}{V(N)}. \tag{3.46}$$

Ihr Verlauf hängt also von den Details der Funktionen $r_B(N)$ und $V(N)$ ab. Die biologische Interpretation von Gl. (3.46) ist, daß sich im Gleichgewicht die Zahl der Räuber so einstellt, daß gerade soviel abgeschöpft wird ($PV(N)$), wie nachwächst ($Nr_B(N)$). Die Wachstumsrate $r_B(N)$ muß bei größeren N-Werten an einer Stelle Null werden, nämlich dort, wo die Beutepopulation bei Fehlen der Räuber ihre Kapazität K erreicht (s. Abschn. 2.2.1 und Gl. 2.26 in Abschn. 2.2.2). Die Freßrate $V(N)$ ist bei größeren N sicherlich von Null verschieden. Deshalb muß der Quotient $Nr_B(N)/V(N)$, wie in Abb. 3.11 dargestellt, bei $N = K$ verschwinden. Bei kleinen N gehen für $N \to 0$ beide Funktionen $Nr_B(N)$ und $V(N)$ gegen Null, da $r_B(N)$ als Wachstumsrate immer endlich ist und auch die Freßrate $V(N)$ bei kleiner werdendem Nahrungsangebot N abnehmen muß. Wo nichts ist, kann auch nichts gefressen werden. Deshalb hängt es von den *Details* dieser Funktionen bei kleinen N ab, ob ihr Quotient, d. h. die *N-Isokline*, eine monoton fallende Funktion bleibt oder, wie in Abb. 3.11, *ein Maximum* zeigt. Es gibt empirische Befunde und theoretische Argumente (Rosenzweig 1969), die den zweiten Fall wahrscheinlicher machen. Wir werden in Abschn. 3.2.3 darauf eingehen.

Wir wollen hier eine einfache Interpretation der N-Isokline anführen, um uns den biologischen Unterschied dieser beiden Fälle zu verdeutlichen. Die Formel (3.46) gibt die *Zahl an Räubern* an, die nötig ist, *um ein Nettowachstum der Beutepopulation zu verhindern*. Ist die Größe der Beutepopulation N nahe ihrer Kapazität K, so ist ihr Wachstum durch intraspezifische Konkurrenz sehr klein (s. Abb. 2.3 in Abschn. 2.2.2) und es bedarf nur weniger Räuber, um dieses auf Null zu reduzieren. Wird bei kleineren N das Wachstum größer (s. Abb. 2.3), so sind nun mehr Räuber erforderlich. Sind nur sehr wenige Beuteindividuen vorhanden, so scheint es plausibel, daß auch nur wenige Räuber zu ihrer Kontrolle nötig sind. Doch werden wir in Abschn. 3.2.3 auch andere Situationen finden.

Die Richtung der Pfeile an den Isoklinen erhält man, wenn man bedenkt, daß oberhalb von N^* die Räuberpopulation zunimmt (s. Abb. 3.6 in Abschn. 3.1.4) und unterhalb abnimmt und daß für große Räuberzahlen die Beutepopulation abnimmt. Wir erwarten also *Oszillationen der Populationsgrößen*. Die lokale Stabilitätsanalyse in Gl. (A4.71) im Anhang A4 zeigt, daß diese Schwingungen gedämpft sind, sofern die Gerade $N = N^*$ rechts des Maximums der N-Isokline liegt oder die durchgezogene N-Isokline monoton fallend ist. Liegt die P-Isokline $N = N^*$ links vom Maximum, so wachsen die Amplituden an. Es gibt dann zwei Fälle: Entweder läuft die Spirale, wie in Abb. 3.11 dargestellt, in einen *Grenzzyklus* ein oder sie wächst so stark an, bis eine der *Populationen ausgelöscht* wird. Welche dieser Möglichkeiten realisiert ist, hängt von den Details des Modells ab und muß mit aufwendigen mathematischen Methoden entschieden werden. Für Schnittpunkte N^*, die rechts des Maximums liegen, finden wir immer ein *stabiles Gleichgewicht* (N^*, P^*). Die Rückkehr dorthin geschieht in gedämpften Oszillationen, falls N^* näher am Maximum liegt. Doch falls N^* nahe genug bei K ist, finden wir ein exponentielles Einlaufen ins Gleichgewicht (s. Gln. A4.71 ff. in Anhang A4d).

Die Klasse von Modellen mit „Laissez-faire-Räubern" zeigt also bereits eine ganze Palette von möglichen Dynamiken. Es läßt sich eine einheitliche Tendenz für das Wirken von Räubern auf Beutepopulationen feststellen. Vergleichen wir dazu jeweils die Beutedichte N^* unter dem Einfluß der Räuber mit der Kapazität K, welche die Beutepopulation ohne die Räuber hat. Ist N^* nahe K, so ist also der Einfluß der Räuber gering. Daher hat sich das Verhalten der Populationsdynamik nicht geändert. Wir finden exponentielle Rückkehr ins Gleichgewicht. Wird $K - N^*$, d. h. also die Wirkung der Räuber größer, so hat dies eine Destabilisierung zur Folge. Wir erhalten Oszillationen. Ist die Kontrolle der Räuber so groß, daß N^* links des Maximums zu liegen kommt, gibt es kein stabiles Gleichgewicht mehr. Ständige Oszillationen oder die Vernichtung einer oder beider Populationen ist die Folge. Die Korrespondenz zu Abb. 3.10 im vorherigen Abschnitt ist offensichtlich.

Situationen mit starker Einwirkung von Räubern auf Beutepopulationen sind immer potentielle Kandidaten für permanente Oszillationen. Nicht zuletzt auch wegen des wohlbekannten Lotka-Volterra-Modells (3.30) und (3.31) wurde früher bei Beobachtungen von Oszillationen immer gleich nach einer Räuber-Beute-Beziehung gesucht. Doch wissen wir aus Abschn. 2.3.2 und 2.3.3, daß die Berücksichtigung von Zeitverzögerungen bzw. Altersstrukturen schon bei einer isolierten Population zu zyklischem Verhalten der Individuenzahl führen kann. Deshalb ist es auch nicht so sehr verwunderlich, daß Gl. (3.44) formal aufintegriert und in Gl. (3.43) eingesetzt, für die Beutepopulation eine zeitverzögerte Gleichung ergibt (May 1976b). Die Zeitverzögerung kommt hier dadurch zustande, daß die Populationsgröße der Räuber eine gewisse Zeit benötigt, um auf veränderte Beutedichte zu reagieren und dann wieder auf die Beutepopulation zu wirken.

Das *Paradoxon der Anreicherung* (Rosenzweig 1971) ist auch hier zu finden (s. Gl. 2.63 in Abschn. 2.2.5 und Abb. 3.10 in Abschn. 3.2.1). Dazu ist in Abb. 3.12 dargestellt, was bei einer Erhöhung der Kapazität K, also der *Verbesserung der Umweltbedingungen für die Beutepopulation* geschieht. Der Gleichgewichtswert N^* gelangt von der rechten auf die linke Seite des Maximums. Der relative Einfluß des Räubers wird stärker, die Stabilität nimmt ab. Eine verbesserte Ernährungssituation der Beutepopulation kommt hier alleine den Räubern zugute. Zwar steigt die Wachstumsrate der Beute an, doch die Räuber schöpfen diesen Zuwachs total ab (s. Gl. 3.46). Die Gleichgewichtsdichte N^* der Beute

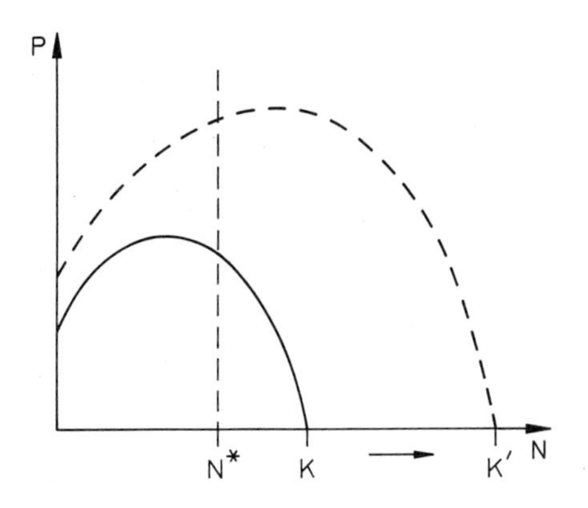

Abb. 3.12. Paradoxon der Anreicherung: Bei Erhöhung der Kapazität der Beutepopulation von K nach K′ kann die Räuber-Isokline bei N* von der rechten auf die linke Seite des Maximums der Beute-Isokline geraten, wodurch das Gleichgewicht (N*, P*) instabil wird

wird alleine durch die Wachstumsrate des Räubers (s. Gl. 3.45) und die darin beschriebenen Nahrungsansprüche bestimmt. Die Zahl der Räuber nimmt so lange zu, bis sie die Beutedichte so weit reduziert haben, daß keine weitere Zunahme der Räuber-Population mehr möglich ist, d. h. $r_R(N) = 0$ erreicht ist (s. auch Abb. 3.6 in Abschn. 3.1.4).

Die „paradoxe" Situation ergibt sich, wenn die individuelle Wachstumsrate $r_R(N)$ der Räuber unabhängig von der Räuberdichte ist. Deshalb wollen wir jetzt untersuchen, was geschieht, wenn diese Abhängigkeit, d. h. *Interferenz* (s. Beginn des Abschn. 2.3.1), vorhanden ist. Dieses gegenseitige Stören beim Beutemachen führt auch bei der Freßrate V(N, P) zur Abnahme bei wachsendem P. Entsprechend der Interpretation der N-Isokline in Gl. (3.46) wird diese nun etwas höher liegen (s. Abb. 3.13), da die gegenseitige Behinderung der Räuber eine höhere Zahl von ihnen erforderlich macht, um das Wachstum der Beutepopulation zu unterbinden. Dementsprechend nimmt auch die individuelle Wachstumsrate $r_R(N, P)$ der Räuber bei wachsender Zahl P von intraspezifischen „Störenfrieden" ab. Da außerdem $r_R(N, P)$ mit N zunimmt, liefert die Gleichung $r_R(N, P) = 0$ für die P-Isokline eine steigende Kurve (s. Gl. A3.10 in Anhang A3). In Abb. 3.13 ist die Situation dargestellt, in der bei höheren N-Werten r_R von N

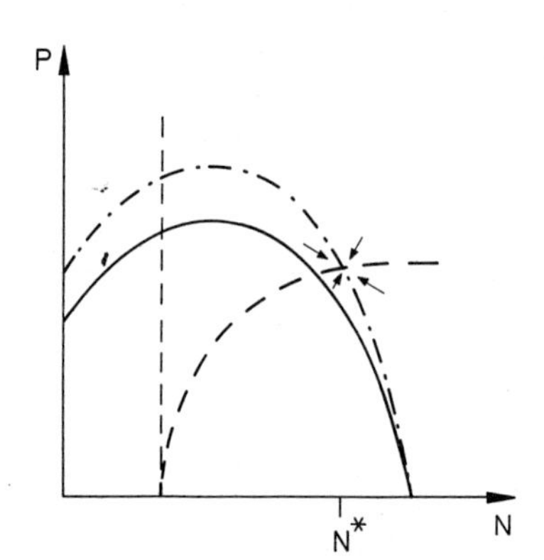

Abb. 3.13. Isoklinen im N-P-Diagramm im Falle der Interferenz der Räuber. Die Freßrate V(N, P) nimmt mit wachsendem P ab, was zu einer Erhöhung (*strichpunktiert*) der Beute-Isokline führt. Die Abnahme der Wachstumsrate $r_R(N, P)$ der Räuber mit P führt zu dem Umbiegen der geestrichelten Räuber-Isokline und somit zu einem stabilen Gleichgewicht (s. *Pfeile*)

unabhängig wird. Dies ist z. B. dann der Fall, wenn bei hohen Beutedichten N die Räuber Nahrung in Fülle haben und Interferenz oder Konkurrenz um andere Ressourcen das Populationswachstum begrenzt. Zum Beispiel könnte bei Territorialverhalten der verfügbare Raum limitierend wirken. Der Gleichgewichtswert N* wird jetzt nach rechts, also zur stabileren Seite hin verschoben. Die lineare Stabilitätsanalyse bei Gl. (A4.77) in Anhang A4 ergibt in diesem Fall exponentielles Einlaufen ins Gleichgewicht. In Übereinstimmung mit dem zeitdiskreten Modell (3.40) in Abschn. 3.2.1 finden wir auch hier, daß dichteabhängige Regulation der Räuberpopulation durch zusätzliche Konkurrenz (*Interferenz*) *stabilisierend* auf die Dynamik wirkt. Auch wird die Beutedichte N* in diesem Fall weniger stark reduziert.

Zusammenfassung

Berücksichtigt man in Räuber-Beute-Modellen, daß die Freßrate der Räuber (funktionelle Reaktion), die Wachstumsrate der Beute und der Räuber nichtlineare Funktionen der Beutezahl N sind, so können sich verschiedene Formen und relative Lagen der Isoklinen ergeben. Ohne Interferenz (gegenseitige Störung) der Räuber verläuft die Räuber-Isokline senkrecht in der P-N-Ebene. Hat die Beute-Isokline ein Maximum und schneidet die Räuber-Isokline links davon (starker Einfluß der Räuber auf die Beute-Population), so oszillieren die Individuenzahlen der Räuber- und Beute-Populationen entweder in einem stabilen Grenzzyklus oder mit so großen Amplituden, daß eine der Populationen ausgelöscht wird. Liegt der Schnittpunkt rechts vom Maximum oder ist die Beute-Iisokline monoton fallend, so koexistieren beide Populationen in einem Gleichgewicht. Das Paradoxon der Anreicherung bedeutet, daß eine Verbesserung der Lebensbedingungen der Beute-Population zur Destabilisierung der Dynamik des Räuber-Beute-Systems führt. Interferenz der Räuber hat einen stabilisierenden Einfluß.

Weiterführende Literatur:
Theorie: Anderson 1981; Beddington et al. 1976a, 1978; Beddington et al. 1976b; Burnett 1958; Caughley 1976b: Caughley u. Lawton 1981; Hallam 1986b; Hassell 1976a, 1978; Hassell u. May 1973; Hasting 1978; Hsu u. Hubbell 1979; Hutchinson 1975; May 1972, 1973b, c, 1976b; Noy-Meir 1975; Pielou 1974, 1977; Resigno u. Richardson 1967; Rogers 1972; Rosenzweig 1969, 1971, 1973; Rosenzweig u. MacArthur 1963; Tanner 1975; Taylor 1984; Van der Planck 1963;
Empirik: Anderson 1981; Begon et al. 1986; Caughley 1976a, b; Crawley 1983; Elton u. Nicholson 1942; Elton 1942; Hassell 1976a, Hassell u. May 1973; Hutchinson 1975; Keith 1963; Luckinbill 1973; 1974; MacLulich 1937; May 1972, 1973b; Pielou 1974; Schultz 1964; Tanner 1975; Taylor 1984; Utida 1953; Van der Planck 1963.

3.2.3 Funktionelle Reaktion

Im letzten Paragraphen haben wir für die entscheidenden Größen nur recht pauschale Annahmen gemacht, die aus allgemeinen ökologischen Überlegungen resultierten. So ergab sich für „Laissez-faire-Räuber“ eine senkrechte P-Isokline, deren Lage davon abhing, wie sich die individuelle Wachstumsrate $r_R(N)$ mit der Beutedichte N ändert. Dieser Zusammenhang wird auch als „*numerische Reaktion*“ *(numerical response)* bezeichnet. Im Falle von Interferenz bog die P-Isokline nach rechts um. Weniger offensichtlich war die Form der N-Isokline. Nur der Verlauf der ungestörten Wachstumsrate $r_B(N)$ der Beutepopulation, der diese mitbestimmt, war wohlbekannt. Ob nun die N-Isokline einen „Buckel“ hat oder nicht, hängt ganz wesentlich von der *funktionellen Reaktion* V(N) ab, d. h. davon, *wie sich die Freßrate mit der Beute-Population ändert*. Wir werden sehen, daß sie auch in anderen Zusammenhängen (s. Abschn. 3.3.2) eine entscheidende Rolle spielt. Hier soll nun gezeigt werden, welche Formen (Solomon 1949; Holling 1959) der Verlauf der funktionellen Reaktion V(N) annehmen kann und wie diese biologisch begründet sind.

Wir beginnen mit dem einfachsten Fall eines *zufällig* nach Beute suchenden Räubers (Parasitoid), z. B. eines Filtrierer. Wenn er pro Zeit den Bruchteil α des Habitats der Beutepopulation absucht, so wird er pro Zeit αN Beuteindividuen treffen. Wenn β der Bruchteil dieser Individuenzahl ist, bei dem er schließlich erfolgreich ist (beim Räuber Überwältigung, beim Parasitoid erfolgreiche Eiablage), so werden also $T\alpha\beta N$ Beuteindividuen getötet, wenn ihm die Zeit T zum Beutemachen, z. B. während eines Tages, zur Verfügung steht. Daher ist die funktionelle Reaktion (gefangene Beuteindividuen pro Tag)

$$\begin{aligned} V(N) &= T\alpha\beta N \quad \text{für} \quad V(N) < V_{max}\,, \\ V(N) &= V_{max} \quad \text{sonst} \end{aligned} \tag{3.47}$$

Hier ist gleich ein wichtiger biologischer Umstand berücksichtigt, daß ein Räuber nicht beliebig viel Beute machen kann, auch wenn die Beutepopulation beliebig stark steigt, sondern sicherlich eine *maximale Freßrate* V_{max} hat, die z. B. durch seinen *maximalen Energiebedarf* bestimmt sein kann. So simpel diese Tatsache auch ist, sie bleibt in jenen bekannten Lotka-Volterra-Modellen (3.30)–(3.33) unberücksichtigt. Diese *funktionelle Reaktion* wird *(Holling-)Typ I* genannt. Sie ist in Abb. 3.14a dargestellt.

Den nächsten Typus erhält man z. B., wenn der Räuber zu jedem erfolgreichen Beutemachen eine gewisse Zeit T_h (*handling time*) (Holling 1959) benötigt, worin die Zeit für die Überwältigung, das Töten, das Auffressen, evtl. Säubern und Ruhen usw., eingeschlossen ist. Deshalb bleibt ihm als Zeit T_s zum Suchen

$$T_s = T - T_h V(N)\,,$$

wenn V(N) die Zahl der erfolgreichen Beutefänge pro Tag ist. In Gl. (3.47) müssen wir also als verfügbare Zeit zum „Jagen“ statt T nun T_s einsetzen:

$$V(N) = T_s\alpha\beta N = [T - T_h V(N)]\,\alpha\beta N\,. \tag{3.48}$$

Daraus folgt, daß V(N) folgende Form hat:

$$V(N) = \frac{kN}{N + D}\,. \tag{3.49}$$

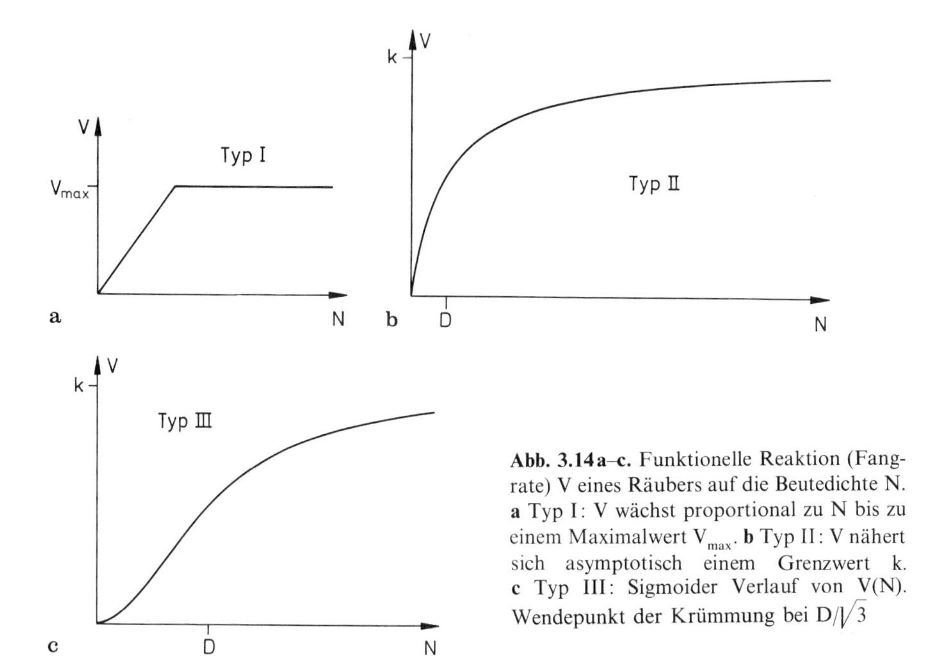

Abb. 3.14a–c. Funktionelle Reaktion (Fangrate) V eines Räubers auf die Beutedichte N. **a** Typ I: V wächst proportional zu N bis zu einem Maximalwert V_{max}. **b** Typ II: V nähert sich asymptotisch einem Grenzwert k. **c** Typ III: Sigmoider Verlauf von V(N). Wendepunkt der Krümmung bei $D/\sqrt{3}$

Dabei ist k die maximale Freßrate V_{max}, die asymptotisch für große N erreicht wird (s. Gl. A3.13 in Anhang A3). Es ist unmittelbar einleuchtend, daß sie durch

$$k = T/T_h \tag{3.50}$$

gegeben ist, d. h. man muß die Gesamtzeit T durch die Teit T_h eines Jagdvorgangs teilen, um die maximal mögliche Zahl der Beutefänge zu erhalten. Der Parameter D gibt die Zahl der Beuteindividuen N an, bei der die Hälfte der maximalen Freßrate k erreicht wird. Er ist also ein Maß dafür, wie schnell die *Sättigung beim Maximalwert* k erreicht wird. Man findet

$$D = [T_h \alpha \beta]^{-1} . \tag{3.51}$$

Setzte man in Gl. (3.47) für $T = T_h$ und $N = D$ ein, so ergäbe dies $V(N) = 1$, woraus folgt, daß D gerade die Beutedichte ist, bei welcher der Räuber in der Zeit T_h genau ein Beuteindividuum finden würde.

Diese funktionelle Reaktion (3.49) nennt man *(Holling-)Typ II.* Vergleicht man ihren Verlauf (s. Gl. A3.13 in Anhang A3) in Abb. 3.14b mit dem Typ I, so zeigt sich, daß man diesen als Grenzfall des Typs II ansehen kann. Formel (3.49) wird auch *Holling's Disc Equation* genannt, da dieser eine Person mit verbundenen Augen auf einem Tisch Papierscheibchen suchen ließ und deren „funktionelle Reaktion" untersuchte, um Gl. (3.49) zu bestätigen (Holling 1959). Als mögliche Erklärung für das Sättigungsverhalten bei funktionellen Reaktionen vom Typ II wird auch der Hunger des Räubers ins Feld geführt. Bei größerer Beutedichte und daher größerem Fangergebnis wird mit vollerem Darm die Motivation zum Jagen abnehmen. Wie auch immer, es gibt eine Fülle von Daten, die diese Form des Typus II bestätigen.

Die funktionelle Reaktion vom *(Holling-)Typ III* zeigt, wie in Abb. 3.14c dargestellt, bei kleinen Beutedichten N eine Krümmung nach oben. Zunächst hielt man dies für Räuber unter den Vertebraten typisch und ordnete den Typus II den Invertebraten zu. Mittlerweile zeigte sich aber (Holling et al. 1977), daß der Typ III weiter verbreitet zu sein scheint, als man dachte, namentlich bei Arthropoden. Dabei ist auch zu bedenken, daß der Unterschied experimentell schwer aufzulösen ist, wenn nur eine schwache Krümmung nach oben vorliegt. Eine Form, wie in Abb. 3.14c, erhält man, wenn man annimmt, daß die *Suchrate* α *bei größerer Beutepopulation N ansteigt*. Nehmen wir

$$\alpha = aN \tag{3.52}$$

an (Hassell u. Comins 1978) und setzen dies in Gl. (3.48) ein, so folgt

$$V(N) = \frac{kN^2}{N^2 + D^2}, \tag{3.53}$$

wobei jetzt

$$D^2 = [T_h \alpha \beta]^{-1} \tag{3.54}$$

ist. Bei $N = D$ erreicht die Freßrate $V(N)$ den halben Sättigungswert k. Bei $N = D/\sqrt{3}$ ändert sich die Krümmung der Kurve. Der Verlauf von Gl. (3.53) ist in Gl. (A3.14) in Anhang A3 diskutiert.

Es kann nun verschiedene biologische Gründe für das Anwachsen der Suchrate α mit der Größe der Beutepopulation N geben. So scheint in einigen Fällen eine größere Beutedichte stimulierend zu wirken und die Suchaktivität zu erhöhen. Auch eine Zunahme der Gesamtzeit T, die zum Beuteerwerb benutzt wird, würde bei größerer Beutedichte zum Typ III führen (Royama 1970). Bei polyphagen Räubern, die also mehrere alternative Beutearten nutzen, kann eine *Umschaltreaktion (switching)* auftreten. So ist tatsächlich beobachtet worden, daß die häufiger vorkommende Beuteart einen größeren Anteil der Nahrung eines Räubers ausmacht, als man bei zufälliger Nahrungsaufnahme zu erwarten hätte. Für dieses Umschalten wurde z. B. die Existenz eines *Suchbildes (search image)* (Timbergen 1960) verantwortlich gemacht: Die häufigere Beuteart prägt sich in ihrem Erscheinungsbild dem Räuber stärker ein, er wird nach ihr effizienter suchen. Es handelt sich also um ein erlerntes visuelles Filter. Dies erscheint auch schon deshalb plausibel, da jeder Mensch die Erfahrung gemacht hat, daß gesuchte Objekte, deren Bild sich ihm bereits eingeprägt hat, wesentlich leichter zu finden sind. Als andere Möglichkeit wurde ins Feld geführt, daß bei räumlich inhomogener Verteilung der Beutearten und Beutedichten das Ausbeuten der „besseren" Stellen zu dieser Umschaltreaktion führen kann.

Wir wollen nun untersuchen, welche Konsequenz diese Typen der funktionellen Reaktion auf die im letzten Paragraphen diskutierten N-Isokline haben. Ihre Form war durch Gl. (3.46) gegeben. Wir wollen hier für die Wachstumsrate die logistische Form (s. Gl. 2.26 in Abschn. 2.2.2)

$$r_B = r_m(1 - N/K) \tag{3.55}$$

einsetzen. Damit ergibt sich aus Gl. (3.46) für die N-Isokline:

$$P = r_m N(1 - N/K)/V(N) \tag{3.56}$$

Für den Bereich der funktionellen Reaktion V(N) vom Typ I (s. Gl. 3.47), in dem $V(N) \sim N$, folgt $P \sim (1 - N/K)$, also eine monoton fallende N-Isokline. Dies führt, wie wir im letzten Abschnitt gesehen haben, zu einem stabilen Gleichgewicht. Setzen wir gemäß Gl. (3.49) für V(N) den Typ II an, so folgt aus Gl. (3.56), daß die N-Isokline durch

$$P = \frac{r_m}{k}(1 - N/K)(N + D) \tag{3.57}$$

gegeben ist. Falls

$$K > D \tag{3.58}$$

ist, hat diese Kurve ein Maximum (s. Gl. A3.16 in Anhang 3). Dies führt zu destabilisierenden Effekten (s. Abschn. 3.2.2), falls die P-Isokline weit genug links liegt. Erinnern wir uns, daß 1/K die Stärke der intraspezifischen Konkurrenz beschreibt (s. Beginn des Abschn. 2.3.1) und D angab, wie schnell die Sättigung des Räubers erreicht wird (s. Gl. 3.49ff.), so bedeutet Gl. (3.58), daß Destabilisierung erwartet werden kann, wenn die Sättigung des Räubers schneller als die Wirkung der innerartlichen Konkurrenz in der Beutepopulation eintritt. Diese Aussage bleibt auch für den Typ III der funktionellen Reaktion qualitativ erhalten, wobei jedoch die N-Isokline in diesem Fall bei kleinen N-Werten wieder ansteigt. Dies führt zu einer besonderen Situation, die wir in Abschn. 3.3.2 behandeln werden.

Zusammenfassung

Die Tatsache, daß ein Räuber zum Fangen und Fressen einer Beute eine gewisse Zeit (handling time) benötigt, führt dazu, daß die pro Zeit gefressene Zahl der Beuteindividuen als Funktion der Beutedichte (funktionelle Reaktion) gegen einen Sättigungswert strebt (Typ II). Die funktionelle Reaktion vom Typ III hat zusätzlich einen s-förmigen Verlauf mit einem Wendepunkt. Dies kann man dadurch erklären, daß die Suchrate der Räuber mit der Beutedichte ansteigt. Dies bedeutet, daß ein Räuber sich auf die häufiger vorkommenden Beutearten konzentriert. Funktionelle Reaktionen vom Typ II können bereits dazu führen, daß die Beute-Isokline des Räuber-Beute-Modells im vorherigen Abschnitt ein Maximum besitzt.

Weiterführende Literatur:

Theorie: Beddington et al. 1976b; Hassell 1976b, 1978; Hassell u. Comins 1978; Hassell et al. 1976; Holling 1959a, 1966; Lawton et al. 1974; Murdoch 1977; Murdoch u. Oaten 1975; Oaten u. Murdoch 1975; Rogers 1972; Royama 1970b; Sjoebèrg 1980; Taylor 1984; Thompson 1975;

Empirik: Begon u. Mortimer 1986; Begon et al. 1986; Curio 1976; Hassell 1976b, 1978; Hassell et al. 1976, 1977; Holling 1959b, 1965; Huffaker u. Matsumoto

1982; Lawton et al. 1974; Murdoch 1969; Murdoch et al. 1975; Oaten u. Murdoch 1975; Rigler 1961; Royama 1970a; Solomon 1949; Takahashi 1968; Thompson 1975; Timbergen 1960.

3.3 Einfache Nahrungsnetze

Wie schon zu Beginn in Kapitel 3 bemerkt, wirken in *Ökosystemen* eine *Vielzahl von Konkurrenz- und Räuber-Beute-Beziehungen* zusammen. Nur in Ausnahmefällen wird eine einzige so dominieren, daß ihre Betrachtung allein Auskunft über das Gesamtsystem geben kann. In diesem Kapitel wollen wir einfache Fälle von Nahrungsnetzen untersuchen, um so etwas über das Zusammenwirken mehrerer solcher Beziehungen zu lernen. Hatten wir in Abschn. 3.1 und 3.2 untersucht, welche Änderungen sich ergeben, wenn zur Dynamik einer einzelnen Population Konkurrenten oder Räuber hinzukommen, so wollen wir jetzt die *Wirkung einer dritten Population* auf solche Zweierbeziehungen betrachten. Dabei interessiert wieder die Frage, welche Auswirkungen dies auf die Stabilität hat bzw. ob sich neue Formen der Dynamik ergeben. In Abschn. 3.1.3 hatten wir bereits die Konkurrenz zweier Arten um eine Ressourcen-(Beute)-Population untersucht.

3.3.1 Koexistenz vermittelt durch Räuber

Wir wollen in diesem Abschnitt der Frage nachgehen, wie die *Einwirkung von Räubern auf konkurrierende Arten* ist, wobei wir die Situation betrachten wollen, in der ohne Gegenwart der Räuber eine Art die andere vollständig verdrängt. Empirische Befunde legen die Vermutung nahe, daß unter dem Einfluß der Räuber eine Koexistenz dieser sich sonst ausschließenden Arten möglich wird. Wir beginnen mit einem möglichst einfachen Modell (Slobodkin 1961). Die Konkurrenz der beiden Arten beschreiben wir durch das *Lotka-Volterra-Modell* (3.3) und (3.4) in Abschn. 3.1.1, das ja auch alle Charakteristika detaillierter Konkurrenzmodelle zeigt. Wir betrachten *polyphage Räuber*, die zufallsgemäß jagen. Ihre Individuenzahl möge konstant, also von der Beutedichte unbeeinflußt sein. Sie könnte durch andere begrenzende Faktoren bestimmt sein, z. B. durch Konkurrenz um verfügbaren Raum mittels Territorialverhalten. Unser Modell muß dann keine Dynamik der Räuberpopulation berücksichtigen. Es lautet

$$\frac{dN_1}{dt} = r_1 N_1 \left(1 - \frac{N_1}{K_1} - \frac{\beta_{12}}{K_1} N_2\right) - m_1 N_1 \,, \tag{3.59}$$

$$\frac{dN_2}{dt} = r_2 N_2 \left(1 - \frac{N_2}{K_2} - \frac{\beta_{21}}{K_2} N_1\right) - m_2 N_2 \,. \tag{3.60}$$

Für die funktionellen Reaktionen, d. h. die pro Zeit gefressenen Beuteindividuen haben wir hier einen linearen Ansatz $m_i N_i$ gemacht, der nach Abb. 3.14a und 3.14b unterhalb der Sättigung des Räubers eine gute Näherung darstellt. Die Parameter m_1 und m_2 sind proportional zur Zahl der Räuber und beschreiben die

Stärke, mit der die Räuber die jeweilige *Beutepopulation ausbeuten.* Wie schon in Abschn. 3.1.1 wollen wir die mögliche Koexistenz der Beutearten 1 und 2 dadurch untersuchen, indem wir *eine Art allein* im Gleichgewicht betrachten und danach fragen, ob die *andere Art einwandern* kann.

Ist also $N_2 = 0$, so ergibt sich das Gleichgewicht der Art 1 durch Nullsetzen der rechten Seite von Gl. (3.59), woraus

$$N_1 = K_1(1 - m_1/r_1) \tag{3.61}$$

folgt. Damit $N_1 > 0$ ist, also die Art 1 weiter existieren kann, muß natürlich die auf ein Beuteindividuum bezogene „Abschöpfrate" m_1 kleiner als die maximale Wachstumsrate r_1 sein. Betrachten wir nun einige Kolonisatoren der Art 2, und zwar so wenige, daß ihre intraspezifische Konkurrenz noch keine Rolle spielt, d. h. der Term N_2/K_2 vernachlässigt werden kann (s. Gl. A3.1 in Anhang A3). Damit folgt aus den Gln. (3.60) und (3.61)

$$\frac{dN_2}{dt} = N_2 r_2 \left[1 - \frac{\beta_{21}}{K_2} K_1(1 - m_1/r_1) - m_2/r_2\right]. \tag{3.62}$$

Die Population der Art 2 wächst an, wenn die rechte Seite von Gl. (3.62) positiv ist, d. h.

$$1 - m_2/r_2 > \frac{\beta_{21}}{K_2} K_1(1 - m_1/r_1)\,. \tag{3.63}$$

Vertauschen wir nun die Rollen von Art 1 und 2, so brauchen wir nur überall den Index 1 gegen Index 2 auszutauschen. Die Art 1 kann also bei Gegenwart der Art 2 einwandern, falls

$$1 - m_1/r_1 > \frac{\beta_{12}}{K_1} K_2(1 - m_2/r_2)\,. \tag{3.64}$$

Wenn beide Arten erfolgreich kolonisieren können, also die Gln. (3.63) und (3.64) erfüllt sind, gibt es Koexistenz der Beutearten.

Damit beide Bedingungen überhaupt miteinander verträglich sind, setzen wir die linke Seite von Gl. (3.64) in die rechte von Gl. (3.63) ein und erhalten

$$1 > \beta_{12}\beta_{21}\,. \tag{3.65}$$

Bei vollständigem Überlappen der Ressourcennutzung erhält man (d. h. $U_{i\nu} = U_{j\nu}$ in Gl. 3.21 in Abschn. 3.1.3) als maximalen Wert $\beta_{12}\beta_{21} = 1$. Der Wert 1 kann nur überschritten werden, wenn noch zusätzlich Interferenz (s. Anfang von Abschn. 2.3.1), also andere antagonistische Effekte hinzukommen. Mit diesen ist also mit oder ohne Räuber keine Koexistenz möglich. (Dazu bedenke man, daß Gl. (3.65) als Koexistenzbedingung erhalten bleibt, wenn bei Fehlen der Räuber $m_1 = m_2 = 0$ ist). Dieser Fall wird z. B. erreicht (s. Abb. 3.1b in Abschn. 3.1.1), wenn $K_2\beta_{12}/K_1 > 1$ und $K_1\beta_{21}/K_2 > 1$ und damit auch ihr Produkt größer als 1 ist. Beide Arten üben dann also eine stärkere interspezifische als intraspezifische Konkurrenz aus (s. Abschn. 3.1.1). Es *überlebt dann die Art, die zuerst kolonisiert, mit oder ohne Räuber.*

Anders sieht es aus, wenn grundsätzlich eine Art der stärkere Konkurrent ist. In Abschn. 3.1.1 hatten wir als Bedingung dafür (s. auch Abb. 3.1 a)

$$\frac{\beta_{12}}{K_1} K_2 < 1 ; \quad \frac{\beta_{21}}{K_2} K_1 > 1 . \tag{3.66}$$

Hier *verdrängt die Art 1 die Art 2, wenn der Räuber fehlt*. Die linken Seiten in Gl. (3.66) geben jeweils das Verhältnis der interspezifischen und intraspezifischen Konkurrenz an (s. Diskussion nach Gl. 3.5 in Abschn. 3.1.1), die eine Art ausübt. Die erste Ungleichung (3.66) besagt, daß bei der Art 2 die Stärke β_{12}/K_1 der interspezifischen Konkurrenz kleiner als die Stärke $1/K_2$ der intraspezifischen ist, während die zweite Ungleichung für die Art 1 die umgekehrte Relation beschreibt. Das Produkt dieser Verhältnisse ist $\beta_{12}\beta_{21}$ und muß wegen Gl. (3.65) kleiner als 1 sein, damit durch die Wirkung der Räuber Koexistenz ermöglicht wird. Das zweite Verhältnis in Gl. (3.66) darf also im Vergleich zum ersten nicht zu groß werden.

Über diese notwendige Grundvoraussetzung hinaus müssen aber noch die Gln. (3.63) und (3.64) erfüllt sein. Ersetzt man dort die Ungleichzeichen durch Gleichheitszeichen, so erhält man Geradengleichungen, wenn man, wie in Abb. 3.15, m_2/r_2 gegen m_1/r_1 aufträgt. Die Bedingung (3.63) liefert die gestrichelte Gerade. Für Werte von m_1/r_1 und m_2/r_2 rechts davon in den Bereichen B und C kann die Art 2 einwandern. In den Bereichen A und B links von der durchgezogenen Geraden ist Gl. (3.64) erfüllt; die Art 1 kann kolonisieren. Die Bedingung (3.65) ergibt eine relative Lage der Geraden, die gewährleistet, daß es einen Parameterbereich B gibt, für welchen *beide Arten einwandern* und deshalb *koexistieren können*.

Man kann sich völlig analog überlegen, daß, wenn Gl. (3.65) nicht erfüllt ist, die gestrichelte Gerade also rechts von der durchgezogenen zu liegen kommt,

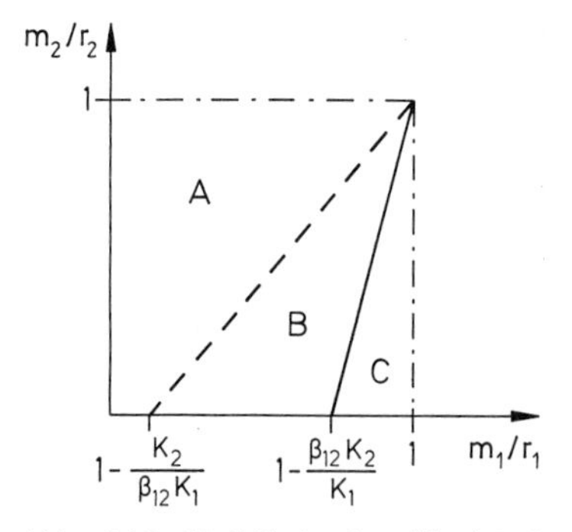

Abb. 3.15. Verhältnis der Abschöpfrate m_1 bzw. m_2 durch die Räuber zur individuellen Wachstumsrate r_{m1} bzw. r_{m2} für zwei konkurrierende Arten. Für das Modell (3.59) und (3.60) sind die Parameterbereiche mit verschiedenem Kolonisationsverhalten dargestellt. Rechts von der gestrichelten Geraden ist Gl. (3.63) erfüllt, d. h. die Art 2 kann einwandern, und links von der durchgezogenen ist Gl. (3.64) erfüllt, d. h. die Art 1 kann einwandern. Wie die Achsenabschnitte zeigen, gibt Gl. (3.65) gerade die Bedingung dafür an, daß es einen Bereich B gibt, in welchem beide Arten einwandern können, d. h. koexistieren

der Bereich zwischen diesen Geraden eine Situation beschreibt, in der keine der beiden Arten einwandern kann, wenn die andere vorhanden ist. Welche Art also präsent ist, hängt von der Vorgeschichte ab (s. Abb. 3.1 b in Abschn. 3.1.1). Hier ermöglicht der Räuber die Existenz der in der Konkurrenz unterlegenen Art 2, sofern diese als erste kolonisiert.

Für die Interpretation des Ergebnisses in Abb. 3.15 erinnern wir uns, daß m_i/r_i die Größe der Abschöpfrate der Räuber m_i im Verhältnis zur potentiellen Wachstumsrate r_i beschreibt. Es ist nach unserem Modell also nöglich, daß der Einfluß *zufällig jagender Räuber* die Koexistenz zweier Arten ermöglicht, bei welchen eine Art (hier Art 1) der durchweg stärkere Konkurrent ist. Dazu muß die Abschöpfrate m_1 im Verhältnis zur Wachstumsrate r_1 bei dieser Art größer als bei der anderen sein (gestrichelte Gerade). Andererseits darf sie auch nicht zu groß sein, da sonst diese Art 1 vom Räuber ausgelöscht wird (Bereich C). Der Räuber ändert also die Konkurrenzfähigkeit der Arten und *ermöglicht Koexistenz*, indem er die *stärkere Art mehr schädigt* als die schwächere.

Räuber wirken also nicht generell stabilisierend in dem Sinne, daß sie das Herauskonkurrieren einer Beuteart verhindern. Es müssen hierfür recht einschränkende Voraussetzung erfüllt sein. So müssen bestimmte Bedingungen für die Stärke der Konkurrenzen gelten. Nur wenn bei der Konkurrenz eine Art generell überlegen ist, kann der Räuber nach diesem Modell Koexistenz bewirken. Dabei muß eine recht delikate Balance für die Stärke des Einflusses der Räuber herrschen.

Die Behandlung dieser Art von Modellen wird um einiges komplizierter, wenn sich beim Räuber Sättigungseffekte bemerkbar machen und man deshalb in den Gln. (3.59) und (3.60) statt m_1N_1 und m_2N_2 funktionelle Reaktionen vom Typ I oder Typ II (s. Abb. 3.14) berücksichtigen muß. Dann sind die Bedingungen für eine räubervermittelte Koexistenz noch einschränkender. Das gleiche gilt, falls die Zahl der Räuber nicht konstant ist und deshalb ihre Populationsdynamik explizit berücksichtigt werden muß. Dies würde einen zu dem Schluß verleiten, daß die Realisierung all dieser Bedingungen recht unwahrscheinlich, eine räubervermittelte Koexistenz also sehr selten ist.

Doch die Verhältnisse ändern sich, wenn der Räuber eine *funktionelle Reaktion vom Typ III* (Abb. 3.14c) zeigt. Statt der Gln. (3.59) und (3.60) wählen wir jetzt folgendes Modell:

$$\frac{dN_1}{dt} = r_1N_1\left(1 - \frac{N_1}{K_1} - \frac{\beta_{12}}{K_1}N_2\right) - m_1\frac{\gamma_1^2N_1^2}{\gamma_1^2N_1^2 + \gamma_2^2N_2^2}, \tag{3.67}$$

$$\frac{dN_2}{dt} = r_2N_2\left(1 - \frac{N_2}{K_2} - \frac{\beta_{21}}{K_2}N_1\right) - m_2\frac{\gamma_2^2N_2^2}{\gamma_1^2N_1^2 + \gamma_2^2N_2^2}. \tag{3.68}$$

Wenn wir $Q = N_1/N_2$ und $\gamma^2 = \gamma_2/\gamma_1$ einführen, ergibt sich für die Freßrate an der Art 1 aus Gl. (3.67):

$$V_1 = m_1\frac{Q^2}{Q^2 + \gamma^2}. \tag{3.69}$$

Dies ist offensichtlich eine funktionelle Reaktion vom Typ III gemäß Gl. (3.53). Der Maximalwert ist m_1, der sich ergibt, wenn $N_2/N_1 = 0$ ist. Ist das Verhältnis $N_1/N_2 \leqq \gamma$, so hat die Freßrate gerade die Hälfte des Maximalwertes. Hier werden also Räuber beschrieben, die eine *Umschaltreaktion (switching)* zeigen. Die *häufiger vorkommende Art wird überproportional ausgebeutet.*

Nun gehen wir in gleicher Weise wie oben vor. Wir nehmen an, daß $N_2 = 0$ ist. Daraus folgt, daß dann die Freßrate in Gl. (3.67) gleich m_1 ist und sich deshalb wie oben (s. Gl. 3.61) der Gleichgewichtswert für die Art 1

$$N_1 = K_1(1 - m_1/r_1)$$

ergibt. Wenn nun wieder einige wenige Individuen ($N_2/K_2 \ll 1$) der Art 2 einwandern, so fragen wir wieder, ob ihre Population anwächst. Wir finden

$$\frac{dN_2}{dt} = r_2 N_2 \left[1 - \frac{\beta_{21}}{K_2} K_1(1 - m_1/r_1)\right], \tag{3.70}$$

wobei wir die Glieder proportional zu N_2^2, die bei $N_2 \to 0$ verschwindend klein gegen N_2 sind, weggelassen haben (s. Gl. A3.1 in Anhang A3). Die Art 2 kann also kolonisieren, wenn

$$1 > \frac{\beta_{21}}{K_2} K_1(1 - m_1/r_1) . \tag{3.71}$$

Wenn wir die Indizes 1 und 2 vertauschen, folgt, daß die Art 1 in eine Population der Art 2 einwandern kann, wenn

$$1 > \frac{\beta_{12}}{K_1} K_2(1 - m_2/r_2) \tag{3.72}$$

ist. Koexistenz beider Arten finden wir also, wenn die Gln. (3.71) und (3.72) erfüllt sind.

Sehen wir uns zuerst wieder den Fall (3.66) an, bei dem die *Art 1 der überlegene Konkurrent* ist. Hier ist Gl. (3.72) immer erfüllt, da wegen Gl. (3.66) der Faktor vor der Klammer und auch die Klammer selbst kleiner als 1 sind. In Gl. (3.71) ist wegen Gl. (3.66) der Faktor vor der Klammer größer als 1, so daß die maximale Freßrate m_1 hinreichend groß sein muß, damit die Klammer klein genug wird und Gl. (3.71) erfüllt werden kann. In diesem Fall ist also die einzige Bedingung für die Koexistenz beider Arten, daß der *Druck der Räuber* auf die in der Konkurrenz überlegene Art einen gewissen *Schwellenwert* überschreiten muß. Wir waren auch hier davon ausgegangen, daß die Zahl der Räuber zeitlich konstant ist.

Ist bei beiden Arten die *interspezifische Konkurrenz stärker als die intraspezifische*, bedeutet dies, daß die Faktoren vor den Klammern in den Gln. (3.71) und (3.72) größer als 1 sind (s. Abschn. 3.1.1). Ohne Räuber überlebt nur die zuerst kolonisierende Art. Die Gegenwart der Räuber kann hier *Koexistenz beider Arten* bewirken, wenn der *Druck der Räuber* auf beide Arten, d. h. m_1 und m_2 hinreichend groß ist, so daß die Gln. (3.71) und (3.72) erfüllt sind.

Im Gegensatz zu dem vorherigen Fall eines zufällig jagenden Räubers, ist die Bedingung für die räubervermittelte Koexistenz bei Räubern mit Umschaltreaktion weit weniger restriktiv. Der Druck der Räuber auf eine bzw. beide Arten muß nur hinreichend groß sein. Natürlich darf er nicht so stark sein, daß schon eine Art allein diesem nicht standhalten kann (s. Gl. 3.61). An dieser Stelle sei daran erinnert, daß eine funktionelle Reaktion vom Typ III häufiger auftreten sollte. Für unser Modell (3.67) und (3.68) ist ihre detaillierte Form nicht wichtig. Es war in Gl. (3.70) nur entscheidend, daß ihr Beitrag zur Dichteregulation bei sehr geringen Individuenzahlen verschwindend klein ist.

Zusammenfassung

In dem Lotka-Volterra-Modell für interspezifische Konkurrenz zweier Arten kann die Wirkung einer zusätzlichen Räuberpopulation am einfachsten dadurch beschrieben werden, daß von jeder Beute-Population der Bruchteil m pro Zeit vernichtet wird. Wenn die bei der Konkurrenz überlegene Art einem stärkeren Räuberdruck ausgesetzt ist, kann die Anwesenheit der Räuber die Koexistenz beider Beutearten bewirken, vorausgesetzt die Modellparameter haben geeignete Werte. Ist die interspezifische Konkurrenz beider Arten stärker als die intraspezifische, so haben die Räuber keinen Einfluß auf das Resultat der zwischenartlichen Konkurrenz, und die Beute-Population mit der günstigeren Startbedingung setzt sich durch. Hat der Räuber eine funktionelle Reaktion vom Typ III, kann er Koexistenz beider Arten in allen Fächern der Konkurrenz bewirken, falls seine Wirkung auf die Beute-Populationen groß genug ist.

Weiterführende Literatur:
Theorie: Caswell 1978; Christiansen u. Fenchel 1977; Comins u. Hassell 1976; Cramer u. May 1972; Freedman u. Waltman 1984; Hallam 1986b; Hsu u. Hubbell 1979; Noy-Meir 1981; Roughgarden u. Feldman 1975; Slobodkin 1961; van Valen 1974; Vance 1978;
Empirik: Caswell 1978; Connell 1975; Dayton 1975; Glynn 1976; Hall et al. 1970; Kitching u. Ebling 1961; Landenberger 1968; Lynch 1979; Paine 1966, 1971, 1980; Paine u. Vadas 1969; Slobodkin 1961, 1964; Utida 1953.

3.3.2 „Katastrophen“

Wir wollen uns jetzt ein Beispiel (Ludwig et al. 1978) ansehen, welches zeigt, wie *multiple Stabilität* (s. Abb. 2.6 in Abschn. 2.2.3) auftreten kann. Dieses Verhalten ist mit einigen speziellen Eigenschaften verknüpft, die das Verständnis von komplexen Ökosystemen entscheidend gefördert haben. Wir werden dies wieder an einem möglichst einfachen Beispiel demonstrieren. Betrachten wir eine Population mit *logistischem Wachstum*, auf welche eine konstante Anzahl von *Räubern mit funktioneller Reaktion vom Typ III* (s. Gl. 3.53 in Abschn. 3.2.3) einwirkt:

$$dN/dt = r_m N(1 - N/K) - \frac{RN^2}{N^2 + D^2}. \qquad (3.73)$$

Die Gesamtwachstumsrate setzt sich also aus dem ungestörten Wachstum und dem Verlust durch die Räuber zusammen. Die maximale Freßrate R ist sicherlich proportional zur Zahl der Räuber. Diese möge sich zeitlich nicht ändern. Zum Beispiel finden Polyphage genügend alternative Nahrung, so daß nicht diese, sondern andere Ressourcen, z. B. verfügbarer Raum, regulierend wirken.

Als erstes wollen wir nach möglichen Gleichgewichten suchen. Dazu muß die rechte Seite von Gl. (3.73) verschwinden, was direkt zu

$$r(N) = r_m(1 - N/K) = \frac{RN}{N^2 + D^2} =: v(N) \tag{3.74}$$

führt, wobei wir die Funktion $RN/(N^2 + D^2)$ mit v(N) bezeichnen. In dieser *Gleichgewichtsbedingung* haben wir beide Seiten bereits durch N dividiert. Damit steht rechts die mittlere Verlustrate pro Individuum v(N) durch die Räuber. Im Gleichgewicht muß diese gerade durch die individuelle Wachstumsrate r(N) kompensiert werden. Wir wollen Gl. (3.74) dadurch lösen, indem wir beide Funktionen r(N) und v(N) graphisch auftragen (s. Abb. 3.16). Wo sich diese schneiden, ist nach Gl. (3.74) ein Gleichgewicht. Für r(N) ergibt sich eine Gerade, die die Abnahme des individuellen Wachstums durch intraspezifische Konkurrenz beschreibt (s. Abb. 2.3 in Abschn. 2.2.2). Der Verlauf der Funktion v(N) wird deutlich, wenn wir $N \to 0$ und $N \to \infty$ betrachten. Bei $N \to 0$ ist N^2 gegen D^2 zu vernachlässigen (s. Gl. A3.1 in Anhang A3) und v(N) verläuft wie RN/D. Bei $N \to \infty$ ist D^2 gegen N^2 vernachlässigbar, und v(N) fällt hyperbelförmig wie R/N ab. Diesen Verlauf kann man biologisch leicht verstehen, wenn man bedenkt, daß bei kleinen Beutedichten N die Räuber alternative Beutearten bevorzugen (s. Diskussion von Gl. 3.53 in Abschn. 3.2.3) und daher das Risiko v(N) für die betrachtete Beutepopulation sehr klein ist. Daß nach der Zunahme von v(N) dieses bei großem N wieder abnimmt, liegt daran, daß die Räuber eine maximale Freßrate R (s. Abb. 3.14c in Abschn. 3.2.3) nicht überschreiten. Wenn

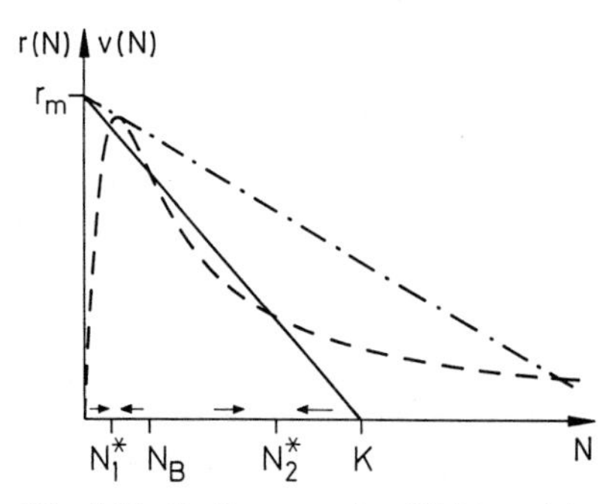

Abb. 3.16. Bestimmung der Gleichgewichtswerte N* der Zahl N der Beuteindividuen durch Gl. (3.74). Wo die Gerade r(N) der individuellen Wachstumsrate die *gestrichelte Kurve* v(N) der Wahrscheinlichkeit, von einem Räuber gefangen zu werden, schneidet, liegen die Gleichgewichte. Wie die *Pfeile* für die zeitliche Veränderung von N zeigen, sind N_1^* und N_2^* stabil, während N_B instabil ist. Bei Erhöhung von K dreht sich die Gerade nach rechts und die Schnittpunkte N_1^* und N_B laufen aufeinander zu und verschmelzen schließlich (*strichpunktierte Gerade*)

pro Zeit diese Maximalzahl erbeutet wird, ist das Risiko eines einzelnen Individuums, gefressen zu werden, um so kleiner, je mehr andere Artgenossen den Räubern zur Auswahl stehen. Das Individuum „versteckt" sich sozusagen in der Masse.

Bei geeigneter Lage der Kurven zueinander sind *drei Schnittpunkte* N_1^*, N_B und N_2^* möglich. Ihre Stabilitätseigenschaften lassen sich wie folgt leicht bestimmen. Ist $r(N) > v(N)$, so überwiegt in Gl. (3.73) das positive Wachstum über den negativen Beitrag der Freßrate. Die Individuenzahl nimmt zu (s. Pfeile in Abb. 3.16). Analog folgt, daß sie für $r(N) < v(N)$ abnimmt. Somit wird offensichtlich, daß es *zwei stabile Gleichgewichte* N_1^* und N_2^* gibt, während bei N_B ein instabiles vorliegt.

Wir haben also *multiple Stabilität* vorliegen (s. Abb. 2.6 in Abschn. 2.2.3). Diese Möglichkeit hat zunächst bei einigen Ökologen Erstaunen ausgelöst. War man doch implizit meist von der Idee ausgegangen, daß unter konstanten äußeren Bedingungen ein Ökosystem ein bestimmtes Gleichgewicht annehmen wird. Zum Beispiel gehört der Begriff Klimax hierher, der das stabile Endstadium einer Vegetationsentwicklung beschreibt. Unser Modell hier zeigt, daß *bei konstanten äußeren Bedingungen*, die hier durch die zeitliche Konstanz der Parameter beschrieben wird, *mehrere Gleichgewichte möglich* sind. Je nachdem, ob sich die Populationsgröße N oberhalb oder unterhalb N_B befindet, wird diese dem Gleichgewicht N_1^* oder N_2^* zustreben. Die Vorgeschichte entscheidet also, in welchem Gleichgewicht sich das System befindet. Diese Eigenschaft der multiplen Stabilität hatten wir auch schon bei der Konkurrenz zweier Arten in Abschn. 3.1.1 (s. Abb. 3.1b) kennengelernt. Diese beiden Beispiele zeigen, daß bereits bei einfachen Modellen multiple Stabilität möglich ist. Um so eher rechnet man mit *mehreren lokalen Gleichgewichten bei komplexeren Systemen*. Dies hat die Betrachtungsweise von Ökosystemen stark beeinflußt.

Die beiden Gleichgewichte N_1^* und N_2^* unseres Modells lassen sich biologisch charakterisieren. Wir entnehmen aus Abb. 3.16, daß bei N_1^* die Wachstumsrate $r(N)$ nahezu ihren Maximalwert r_m annimmt, dort also die intraspezifische Konkurrenz um Ressourcen eine untergeordnete Rolle spielt. Andererseits ist die mittlere Verlustrate pro Individuum $v(N)$ durch Räuber an dieser Stelle sehr groß. Die Population wird also in diesem Gleichgewicht durch die *Räuber* kontrolliert. Anders bei N_2^*, wo die Wachstumsrate $r(N)$ aufgrund starker intraspezifischer Konkurrenz um limitierte Ressourcen sehr klein wird, während das Risiko $v(N)$, einem Räuber zum Opfer zu fallen, sehr gering ist. Hier wird die Populationsgröße N durch die *limitierenden Ressourcen* kontrolliert.

Wir wollen jetzt charakteristische Eigenschaften der multiplen Stabilität an unserem Modell demonstrieren. Wir untersuchen, was passiert, wenn die *Kapazität K* unserer Population *verändert* wird. Diese wird durch die verfügbare Menge der limitierenden Ressourcen, z. B. der Nahrung, bestimmt. Erhöht zum Beispiel der Mensch diese, so nimmt K zu, die Gerade in Abb. 3.16 wird nach oben gedreht (strichpunktiert). Abgesehen davon, daß der Gleichgewichtswert N_2^* steigt, laufen die Schnittpunkte N_B und N_1^* aufeinander zu, verschmelzen (strichpunktierte Gerade) und verschwinden bei noch höheren K-Werten ganz. Eine Erniedrigung von K läßt die Gerade nach unten drehen, die Schnittpunkte N_B

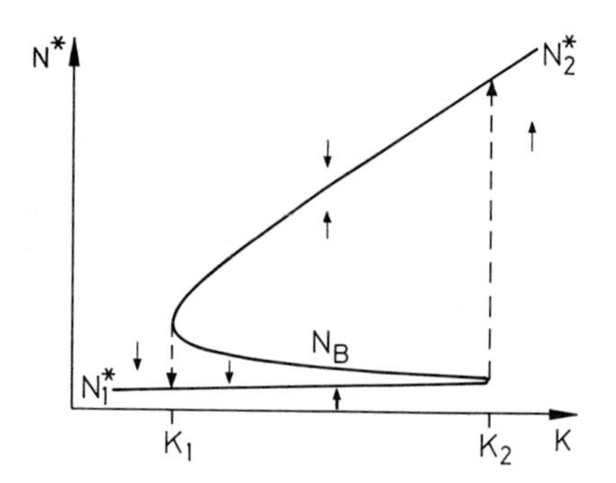

Abb. 3.17. Veränderung der Gleichgewichtswerte N* (also von N_1^*, N_2^* und N_B) mit der Variation der Kapazität K der Beutepopulation gemäß Abb. 3.16. Die *Pfeile* geben die Richtung der zeitlichen Veränderung der Individuenzahl N an. Bei Erhöhung von K über den Schwellenwert K_2 hinaus bzw. Erniedrigung unter K_1 zeigt der Gleichgewichtswert eine sprunghafte Änderung nach oben bzw. unten (*gestrichelte Pfeile*)

und N_2^* nähern sich einander, verschmelzen und sind bei kleinen Werten von K ganz verschwunden. Dieses Verhalten ist in Abb. 3.17 dargestellt, woraus wir jetzt mehrere allgemeine Konsequenzen ziehen werden. D. h., wir wollen von unserem speziellen Modell abstrahieren. Denn Abb. 3.17 zeigt, wie in multiplen stabilen Populationen oder Systemen *Veränderungen äußerer Bedingungen* typischerweise wirken. K könnte auch irgendein anderer Parameter eines anderen Modells sein, das multiple Stabilität zeigt. So wird z. B. die Gerade in Abb. 3.16 auch bei Veränderung von r gedreht oder auch durch Variation von R, sofern man die ganze Gl. (3.74) durch R dividiert hat. Dann ergeben sich Abhängigkeiten der Gleichgewichte N_1^* und N_2^* analog zu Abb. 3.17. Wir sprechen oft von Systemen schlechthin, worunter wir einzelne oder mehrere wechselwirkende Populationen, Lebensgemeinschaften oder ganze Ökosysteme verstehen wollen.

Um Abb. 3.17 zu diskutieren, beginnen wir bei kleinen Werten von K. Die Individuenzahl strebt hier in das einzige Gleichgewicht N_1^*. Wir erhöhen nun K so langsam, daß das System immer in sein jeweiliges Gleichgewicht N* streben kann. Auf diese Weise durchläuft N* die Kurve in Abb. 3.17. Bei Werten von K zwischen K_1 und K_2 existiert zwar noch ein anderes Gleichgewicht N_2^*, aber, wie die Pfeile für die zeitliche Veränderung von N anzeigen (s. Abb. 3.16), muß das System im unteren Gleichgewicht N_1^* bleiben. Sobald aber K den Schwellenwert K_2 überschreitet, verschwindet das untere Gleichgewicht N_1^*. Es existiert nur noch das Gleichgewicht N_2^*. Das System muß in dieses den Pfeilen folgend streben. Wir erhalten also bei K_2 eine *sprunghafte Änderung des Gleichgewichtswertes* N*. Wenn wir nun K wieder unter K_2 erniedrigen, kehrt das System nicht in das untere Gleichgewicht N_1^* zurück. Dies zeigen uns die Pfeile an. Das System bleibt bei N_2^* und zwar so lange, bis K unter den unteren Schwellenwert K_1 gelangt. Dort muß das System in das einzige verbleibende Gleichgewicht N_1^* zurückkehren. Wir erhalten erneut eine diskontinuierliche Veränderung von N* bei K_1. Daß für wachsendes und fallendes K der sprunghafte Übergang zwischen dem oberen und unteren Gleichgewicht bei verschiedenen Schwellenwerten K_1 und K_2 ver-

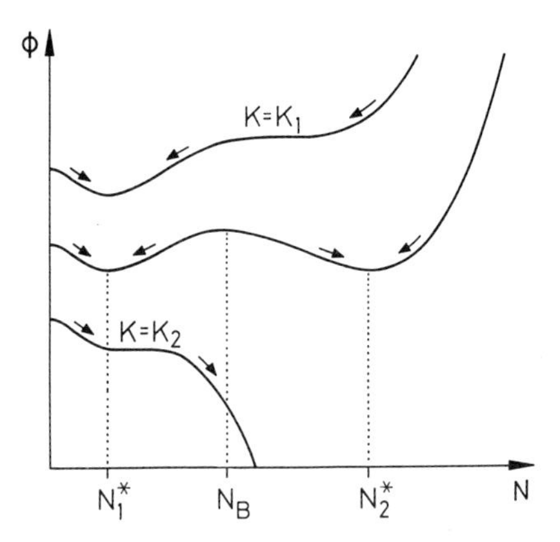

Abb. 3.18. Die zu Abb. 3.16 und Abb. 3.17 bzw. zu Gl. (3.73) gehörige Potentialfunktion φ(N). Die *Pfeile* geben die Richtung der zeitlichen Änderung der Individuenzahl N in die „Täler" hinab an. Bei Punkt N_B liegt ein „Berggipfel", der die Bereiche der Anziehung von N_1^* und N_2^* abgrenzt. Bei $K = K_1$ bzw. $K = K_2$ verschwindet die „Mulde" bei N_1^* bzw. N_2^* und der „gleitende Körper" wird in die andere „Mulde ausgekippt".

läuft, bezeichnet man als *Hysteresis*. Sie ist ein typisches Merkmal der multiplen Stabilität.

Dieses Verhalten wollen wir uns mit Hilfe der *Potentialfunktion* φ(N) verdeutlichen, die wir in Abschn. 2.2.4 zum Zwecke der Veranschaulichung eingeführt haben. Sie hat bei den Gleichgewichten N_1^* und N_2^* Minima und bei N_B ein Maximum. Das dynamische Verhalten der Population läßt sich durch das „Gleiten eines Körpers in diesem Potentialgebirge" veranschaulichen (s. Abschn. 2.2.4). In Abb. 3.18 ist das zu Abb. 3.17 zugehörige Potential φ(N) für verschiedene K-Werte dargestellt. Die mittlere Kurve für $K_1 < K < K_2$ zeigt die multiple Stabilität mit zwei stabilen Gleichgewichten bei N_1^* und N_2^*. Bei Erhöhung von K laufen N_B und N_1^*, gemäß Abb. 3.17, aufeinander zu und sind bei $K = K_2$ miteinander verschmolzen. Dort verschwindet das Minimum bei N_1^*. Ein „Körper, der zunächst in dieser Mulde ruht", wird bei Überschreiten des Schwellenwertes K_2 in die andere Mulde N_2^* „ausgekippt". Bei Erniedrigung von K bleibt er in diesem Tal liegen und zwar solange, bis dieses bei K_1 durch Verschmelzen mit der Bergkuppe N_B verschwindet und er in die linke Mulde N_1^* zurückgekippt wird. Mit der einfachen Hilfskonstruktion des Potentials φ(N) wird also das Hystereseverhalten bei multipler Stabilität recht anschaulich.

Aus dem in Abb. 3.17 und Abb. 3.18 dargestellten Verhalten von multipel stabilen Systemen ergeben sich einige bemerkenswerte Konsequenzen. Werden in solchen Systemen äußere Bedingungen (hier der Parameter K) geringfügig verändert, so treten in der Regel am System auch nur moderate Änderungen (hier von N^*) auf. Doch plötzlich, bei Überschreiten eines Schwellenwertes (K_1 oder K_2), zeigt das System eine dramatische Reaktion. Eine geringe Veränderung der äußeren Bedingungen bringt dort das System zum Umkippen. Die Individuenzahl N^* ändert sich sprunghaft. Die Regel, daß kleine Ursachen auch nur kleine Wirkung haben, verliert hier ihre Gültigkeit. Bei Unkenntnis des in

Abb. 3.17 dargestellten Sachverhalts ist diese heftige Reaktion überraschend, zumal das System zuvor auf Veränderungen ganz „normal" reagiert hat. Unsere Überlegungen hier zeigen, wie man *plötzliche katastrophale Reaktionen* von natürlichen Systemen *auf geringfügige Veränderungen* der Umweltbedingungen verstehen kann. Jeder Ökologe kennt solches katastrophale „*Umkippen*". Besonders gut bekannt sind Beispiele von Fischpopulationen, die bei geringfügiger Erhöhung der Fischereiquoten kollabiert sind. Diese Situation hatten wir bereits in Abschn. 2.2.3 modelliert.

Als nächstes wollen wir die Konsequenz des Hystereseverhaltens diskutieren. Möge in einem multipel stabilen System der Umweltparameter K zwischen K_1 und K_2 liegen und das System z. B. in dem oberen Gleichgewicht sein. Erniedrigt man nun K unter K_1, kippt das System, wie oben beschrieben, um. Ist diese plötzliche Reaktion unerwünscht, wäre es zunächst ganz plausibel, K wieder auf den ursprünglichen Wert zwischen K_1 und K_2 zu bringen, in der Hoffnung, daß das System sich wieder „erholt". Doch wie Abb. 3.17 zeigt, bleibt das System in dem unteren Zustand N_1^*. Die *Rückkehr zu den ursprünglichen Umweltbedingungen garantiert also nicht die Wiederherstellung des ursprünglichen Zustandes* des Systems. Man sollte sich dieser möglichen Nichtumkehrbarkeit immer bewußt sein, wenn man in Ökosysteme eingreift.

Besonders katastrophal wirkt sich diese Irreversibilität in den folgenden Fällen aus. Wie bei dem Modell für das Abernten einer Population, z. B. in der Fischerei (s. Abschn. 2.2.3) gezeigt, kann das untere Gleichgewicht einer multipel stabilen Population bei der Individuenzahl $N = 0$ liegen. Das Umkippen in diesen Zustand bedeutet hier, daß die Population unwiederbringlich vernichtet wird. Auch bei Ökosystemen, die unter natürlichen Verhältnissen multipel stabil sind, können Eingriffe Folgen haben, die nicht wieder rückgängig gemacht werden können. Bei solchen Systemen liegt der relevante Umweltparameter K in der ungestörten, natürlichen Situation zwischen den Schwellenwerten K_1 und K_2. Das System möge sich z. B. in dem unteren Gleichgewicht befinden. Durch Eingriff des Menschen möge K über K_2 hinaus erhöht worden sein. Wie schon oben erwähnt, läßt sich das unerwünschte Umkippen in den oberen Gleichgewichtszustand nicht dadurch rückgängig machen, daß der ursprüngliche K-Wert zwischen K_1 und K_2 wieder hergestellt wird. Dazu wäre es notwendig, K unter seinen natürlichen Wert abzusenken und zwar bis unter K_1.

Oft ist es verhältnismäßig leicht, Veränderungen an Ökosystemen in einer Richtung zu bewirken, wohingegen diese in der umgekehrten Richtung äußerst schwierig oder gar nicht durchführbar sind. Z. B. kann die Temperatur eines Flusses durch Einleiten von Kühlwasser aus Kraftwerken erhöht werden. Ihre Absenkung ist aber kaum möglich. Der Eutrophierungsgrad von Seen und Flüssen wird durch den Menschen oft erhöht. Seine Erniedrigung unter das natürliche Niveau dürfte schwer fallen. Durch Ausbeutung von Populationen, z. B. beim Fischfang oder in der Forstwirtschaft, wird die Sterberate erhöht. Sie unter ihren natürlichen Wert zu reduzieren, ist in der Regel nicht möglich. Für unser Modell zeigen diese Beispiele, daß es bei multipel stabilen Systemen sehr wohl möglich sein kann, einen Umweltparameter von seinem natürlichen Wert (zwischen K_1 und K_2) weg in einer Richtung über einen Schwellenwert hinaus zu verändern, daß aber seine Veränderung in der entgegengesetzten Richtung ausgeschlossen ist. Damit wäre das Umkippen bei Überschreiten eines Schwellenwertes nicht wieder gutzumachen, da der andere Schwellenwert nicht erreichbar ist. Der *Schaden* ist *irreparabel.*

Wir wollen jetzt noch einmal die Potentialfunktion $\varphi(N)$ in Abb. 3.18 betrachten. Um weitere Konsequenzen der multiplen Stabilität zu diskutieren. Bei Annäherung an eine Schwelle, z. B. K_2 wird die Mulde bei N_1^* immer flacher. In den Gln. (2.44) und (2.41) in Abschn. 2.2.3 bzw. 2.2.4 hatten wir gezeigt, daß die Krümmung im Minimum die charakteristische Rückkehrzeit T bestimmt, welche wir als ein mögliches Maß für die Stabilität dieses Zustandes benutzt hatten. Die abnehmende Wölbung des Minimums bei N_1^* bedingt also eine *Zunahme von* T_R *bei Annäherung an die Schwelle.* Das Umkippen bei der Schwelle deutet sich also schon vorher durch Abnahme der Stabilität an. Das heißt, daß das System auf Störung um so sensibler reagiert, je näher es einer Instabilitätsschwelle kommt. Die Zeit, die vergeht, bis eine Störung ausgeheilt ist, wird immer länger.

Auch ein anderes Stabilitätsmaß, nämlich der Bereich der Anziehung (s. Diskussion von Gl. 2.42 in Abschn. 2.2.3), zeigt die abnehmende Stabilität an. Er wird auf der einen Seite durch den Abstand von N_1^* zu N_B bestimmt, und dieser nimmt bei Annäherung an K_2 offensichtlich ab, wie man in Abb. 3.17 sieht. Das heißt also, daß die Größe der Störung, beschrieben durch die Auslenkung aus dem Gleichgewicht, welche noch eine Rückkehr ins Gleichgewicht N_1^* ermöglicht, um so geringer sein muß, je näher wir dem Schwellenwert kommen. Die Stabilität, hier durch die Robustheit gegenüber Störungen beschrieben, nimmt ab.

Schließlich wollen wir die Wirkung zufälliger Umwelteinflüsse (s. Abschn. 2.2.4) untersuchen. Sie ist bei multipler Stabilität von besonderer Bedeutung. Wir hatten in Abschn. 2.2.4 gesehen, daß wir uns diese Zufallseinflüsse als kleine, zufällige Stöße auf unseren im Potentialgebirge gleitenden Körper veranschaulichen können. Damit wird offensichtlich, daß fernab von den Schwellen der Körper in einer der tiefen Mulden hin- und hergestoßen wird. Die Individuenzahl N schwankt also zufällig, z. B. um N_1^* herum. Wir erinnern uns hier noch einmal daran, daß in dieser Weise Gleichgewichte von deterministischen Modellen immer zu interpretieren sind, da ja Zufallseinflüsse in der Realität stets vorhanden sind. Dadurch, daß die Mulde bei Annäherung an die Schwelle immer flacher wird, nehmen die Amplituden der Zufallsschwankungen von N offensichtlich zu. Diese werden auch als ein Maß für die Stabilität dieses Zustands benutzt. Sie beschreiben seine zeitliche Konstanz. Aus Abb. 3.18 wird plausibel, daß das System nicht erst beim Erreichen der Schwelle K_2 in den Zustand N_2^* kippt. Schon vorher, wenn die Mulde hinreichend flach geworden ist, besteht die Möglichkeit, daß der Körper durch die zufälligen Stöße den Berg N_B überwinden und in die rechte Mulde gleiten kann. Je stärker diese Stöße sind, um so höhere Bergkuppen bei N_B können überwunden werden. Also wird das System in Gegenwart von *Zufallseinflüssen* schon *vor dem Schwellenwert* K_2 *umkippen*, und dies umso eher, je stärker diese sind. In der Natur des Zufalls liegt es, daß man nicht sagen kann, wann dieses Umkippen passiert. Somit ist nicht nur die Vorgeschichte dafür verantwortlich, in welchem Gleichgewicht sich ein multipel stabiles System befindet, sondern auch der Zufall.

Zusammensetzung

Populationen mit intraspezifischer Konkurrenz um eine limitierende Ressource, welche durch eine konstante Anzahl von Räubern mit funktioneller Reaktion vom Typ III ausgebeutet werden, können multiple Stabilität (mehrere stabile Gleichgewichte) zeigen. In dem obigen Beispiel wird in dem einen Gleichgewicht die Population durch die Räuber, in dem anderen durch die limitierende Ressource kontrolliert. Bei geringfügiger Veränderung der Umweltparameter (Modellparameter) kann die Individuenzahl plötzlich von einem Gleichgewicht ins andere umschlagen. Dabei geschieht das „Umkippen" bei einem anderen Schwellenwert des Umweltparameters als das „Zurückkippen". Das hat zur Folge, daß das System nach einem „Umkippen" nicht wieder in den ursprünglichen Zustand zurückkehrt, wenn die ursprünglichen Umweltbedingungen (Parameter) wiederhergestellt werden. Kann der Mensch nur in einer Richtung die Umweltbedingungen verändern, kann das „Umkippen" eine irreversible Veränderung des Systems bedeuten. Zufallseinflüsse können bewirken, daß das System bereits vor Erreichen des deterministischen Schwellenwertes „umkippt".

Weiterführende Literatur:
Theorie: Botsford u. Wickham 1978; Bradley u. May 1978; Gilpin u. Chase 1976; Gulland 1975; Haken 1977; Hassell u. Comins 1978; May 1977a, b, 1979a; Noy-Meir 1975; Peterman 1977; Richter 1985; Wissel 1981, 1984c.
Empirik: Botsford u. Wickham 1978; Bradley u. May 1978; Capbell u. Sloan 1977; Gulland 1975; May 1979a; Noy-Meir 1975; Park 1962; Schwertfeger 1935; Simenstead et al. 1978; Sutherland 1974.

3.3.3 Periodische Massenvermehrung

Wir wollen nun unser Modell (3.73) dadurch erweitern, daß wir die *Dynamik der limitierenden Ressource* berücksichtigen. Erfolgt die intraspezifische Konkurrenz um Nahrung, so wird die Kapazität K, d. h. die auf lange Zeit ernährbare Individuenzahl, proportional zum *Nahrungsangebot B* sein. In dieser Form kann unser Modell zur Beschreibung eines Waldschädlings dienen. Es handelt sich um den *Spruce Budworm*, die Raupe des *Tannentriebwicklers Choristoneura fumiferana* (Morris 1963). Diese ernährt sich im Nordosten Amerikas von den Nadeln der Koniferen. Das Besondere ist nun, daß *periodische Massenvermehrungen* dieser Raupen auftreten, die durch Kahlfraß an den Koniferen großen forstwirtschaftlichen Schaden verursachen. Oberstes Ziel eines Modells sollte natürlich sein, eine Erklärung für diese periodische Massenvermehrungen zu finden.

Wir werden daher unser Modell für diesen Spezialfall etwas spezifizieren. Wenn keine anderen limitierenden Faktoren vorhanden sind, wird die Kapazität proportional zum Nahrungsangebot B sein, welches seinerseits durch die Menge und Größe der Bäume bestimmt wird. Wesentliche Feinde des Tannentriebwicklers sind *Vögel*. Die Zahl dieser polyphagen Räuber wird annähernd konstant sein und z. B. durch Nistgelegenheiten (Lack 1954, 1966) oder Territorialverhalten bestimmt. Mit großer Sicherheit ist ihre funktionelle Reaktion vom

Typ III (s. Abb. 3.14c in Abschn. 3.2.3), denn gerade bei Vögeln gibt es ausführliche Untersuchungen dieses Freßverhaltens. Bei ihnen wurde aufgrund von Lernfähigkeit die Existenz eines Suchbildes postuliert.

Wir haben jetzt also ein *Modell mit drei trophischen Ebenen.* Der Wald ist der Primärproduzent, von seinen Nadeln ernähren sich die Raupen als Primärkonsumenten, und schließlich werden diese von den Vögeln, den räuberischen Sekundärkonsumenten, gefangen. Unser Modell (3.73) sagt also für die Budworm-Population multiple Stabilität voraus, die wir mit Hilfe der Abb. 3.17 diskutieren wollen. Eigentlich hätten wir Gl. (3.73) durch eine Gleichung für die Dynamik des Nahrungsgebots, d. h. also für die Größe des Waldes, zu ergänzen (Ludwig et al. 1978). Wir können aber auf diese verzichten und stattdessen folgendermaßen argumentieren. Der *Wald* und damit das Nahrungsangebot wächst sehr langsam im Vergleich zu der Dynamik der Budworm-Population. Letztere vollzieht sich auf der Skala von wenigen Jahren, während der Wald für sein Wachstum Jahrzehnte benötigt. Deshalb ist das *Nahrungsangebot* B und damit die Kapazität K innerhalb von ein paar Jahren *näherungsweise konstant,* und wir können das obige Modell (3.73) benutzen. Die Population begibt sich in ihr Gleichgewicht, z. B. bei N_1^*. Der Wald wächst heran, und damit nimmt B bzw. K langsam zu. Dies geschieht so langsam, daß der Population genügend Zeit bleibt, in das jeweils neue Gleichgewicht (untere Kurve in Abb. 3.17) zu streben. Dies bedeutet, daß ihre Individuenzahl N im Laufe der Zeit langsam der unteren Kurve in Abb. 3.17 folgt.

Dieses hier argumentativ begründete Verhalten läßt sich auch mathematisch herleiten (s. Gl. 4.6 in Abschn. 4.1.1). Entscheidend ist dabei die sogenannte *Trennung der Zeitskalen.* In vielen ökologischen Modellen kann das obige Verfahren angewandt werden. Gibt es Prozesse, die auf verschiedenen Zeitskalen ablaufen, so untersucht man zunächst das Gleichgewicht des schnellen Prozesses, wobei man sich den langsamen Prozeß angehalten vorstellt. Dieses Gleichgewicht ändert sich dann allmählich, wie es durch den langsamen Prozeß bestimmt wird. Für die Budworm-Population hat dies gemäß Abb. 3.17 folgende Konsequenz. Wächst der Wald heran, nimmt mit B also K langsam zu, so folgt die Individuenzahl der Tannentriebwickler der unteren Kurve N_1^*. Überschreitet die Zahl und Größe der Bäume einen gewissen Schwellenwert, bei dem *K über den Wert K_2* gelangt, so nimmt die Population der Tannentriebwickler schlagartig bis zur oberen Kurve N_2^* zu, eine *Massenvermehrung* tritt auf. Dort ist die Zahl der Raupen so groß, daß sie durch ihren Fraß an den Nadeln die Bäume nachhaltig schädigen. Damit wird das Nahrungsangebot B wieder abnehmen. Die *Budworms vernichten ihre eigene Nahrungsgrundlage.* Wird bei dieser Reduzierung von B der Schwellenwert K_1 unterschritten, so bricht die Budworm-Population auf N_1^* zusammen, die Phase der Massenvermehrung ist beendet. Nun ist der Fraß der wenigen Raupen so unbedeutend, daß *der Wald sich wieder erholen* kann und der Zyklus von neuem beginnt. Mit diesen einfachen Argumenten wird das Zustandekommen der periodisch auftretenden Massenvermehrungen deutlich. Es gibt Modelle (Ludwig et al. 1978), die diesen Sachverhalt detaillierter beschrieben und daher mathematisch aufwendiger sind. Ihre Essenz haben wir aber mit den obigen Überlegungen erfaßt.

Die im vorherigen Abschnitt vorgenommene Interpretation der Gleichgewichte N_1^* und N_2^* ermöglicht uns hier, die biologischen Ursachen der zyklischen Massenvermehrungen zu verstehen. Im unteren Gleichgewicht sind die Räuber, d. h. hier die Vögel, der kontrollierende Faktor der Tannentriebwickler. Nimmt das Nahrungsangebot mit dem Heranwachsen des Waldes zu, so wird dadurch das Wachstum der Budworm-Population erhöht. Zunächst können die Vögel diese erhöhte Wachstumsrate durch verstärkten Fraß ausgleichen. Doch wenn das Nahrungsangebot des Waldes und damit die Wachstumsrate der Budworm-Population zu groß sind, macht sich das Sättigungsverhalten (s. Abb. 3.14c in Abschn. 3.2.3) der Räuber bemerkbar. Sie kommen mit dem Fressen gar nicht nach. Die Raupen-Population entgleitet ihrer Kontrolle und erfährt eine Massenvermehrung. Wie meistens in solchen Fällen, zerstört dann die übergroße Population ihre eigene Nahrungsgrundlage und gelangt in den ursprünglichen Zustand mit niedriger Individuenzahl zurück.

Zusammenfassung

Das Beispiel der multiplen Stabilität im vorherigen Paragraphen ist auf die Spruce-budworm-Population anwendbar. Damit läßt sich das Auftreten von periodischen Massenvermehrungen der Raupen verstehen: Das „Umkippen" zwischen den beiden alternativen Gleichgewichten mit niedriger bzw. hoher Individuenzahl (Massenvermehrung) geschieht folgendermaßen. Wenn der Wald heranwächst, erhöht sich das Nahrungsangebot für die Budworm-Population und damit deren Kapazität K. Aufgrund ihrer Sättigung können dann die Räuber diese Beute-Population nicht mehr regulieren. Es tritt eine Massenvermehrung der Budworms auf. Dort reduzieren die Raupen durch Kahlfraß ihre eigene Nahrungsgrundlage, d. h. die grüne Biomasse des Waldes, die Kapazität K wird verringert, die Population „kippt" in den Zustand mit geringer Individuenzahl zurück. Dort kann der Wald sich wieder erholen, und es beginnt ein neuer Zyklus.

Weiterführende Literatur:
Theorie: Clark u. Holling 1979; Goebber u. Seelig 1975; Ludwig et al. 1978; Richter 1985; Wissel 1985;
Empirik: Clark u. Holling 1979; Krebs 1972; Lack 1954, 1966; Miller 1966; Morris 1963.

4 Zeitliche Variabilität der Umwelt

In unseren bisherigen Modellen sind wir meistens davon ausgegangen, daß die Umweltbedingungen, die auf die Populationen wirken, zeitlich konstant sind. Dies steht im krassen Gegensatz zu den wirklichen Verhältnissen. Viele abiotische Umweltparameter, wie z. B. Temperatur, Licht, Niederschlag, zeigen eine Tages- und Jahresperiodik. Dazu kommen die wetterbedingten Fluktuationen. Zu den biotischen Umweltfaktoren zählen alle Organismen, die wir nicht explizit in unseren dynamischen Gleichungen berücksichtigen. Ihre zeitliche Veränderlichkeit bedingt zum Teil stark *schwankende Einflüsse* auf die betrachtete *Populationsdynamik*. Bedenken wir, daß unsere Modelle die Populationen in ihrer abiotischen und biotischen Umwelt beschreiben sollen, so müssen wir für sie zeitlich variierende Wachstumsbedingungen annehmen. Also werden die *Wachstumsraten* f(N), d. h. die Parameter dieser Funktionen *zeitlich schwanken*. In Abschn. 2.2.4 hatten wir bereits die Wirkung zufälliger Umwelteinflüsse abgeschätzt. In diesem Kapitel wollen wir auf die gesamte Problematik zeitlich variierender Bedingungen ausführlich eingehen.

4.1 Deterministisch fluktuierende Einflüsse

4.1.1 Einzelne Populationen

An einem möglichst einfachen Modell (Starfield u. Bleloch 1986) wollen wir uns die Wirkung zeitlich variierender Umwelteinflüsse verdeutlichen. Dabei sollen uns besonders die folgenden Fragen interessieren: Wie reagieren einzelne Populationen auf zeitliche Fluktuationen der Umwelt? Welche Größen sind dabei von entscheidender Bedeutung? Wir betrachten in diesem Modell die *Gesamtbiomasse V der Vegetation* in einem Biotop. Hatten wir in den bisherigen Modellen meistens auf eine Art Bezug genommen, so soll dieses Modell zeigen, daß es durchaus möglich und sinnvoll sein kann, mehrere Taxa zusammenzufassen, sofern die untersuchte Fragestellung dies erlaubt.

Die zeitliche Veränderung der Biomasse V beschreiben wir, wie gewohnt, durch eine Differentialgleichung:

$$dV/dt = b - sV - Q\,. \qquad (4.1)$$

Dabei beschreibt *b die Rate der Vegetationszunahme*. Sie soll hier von der Biomasse V unabhängig sein. Das heißt, sie wird von außen gesteuert. Sie könnte beispielsweise durch den Nährstoffeintrag in Gewässer, den Eintrag von Samen bei Annuellen, die Zufuhr von Mineralien etc. bestimmt sein. Oder, wenn V die Biomasse von Destruenten (Zersetzern) beschreibt, wird ihre Zunahme von dem Eintrag an Detritus (tote organische Substanz) bestimmt. Der zweite Term gibt den *Zerfall der Vegetation* an. Wir nehmen an, daß pro Zeit jeweils der Bruchteil s der Vegetationsbiomasse abstirbt. Die gleiche Form der Populationsdynamik hatten wir in Gl. (2.70) in Abschn. 2.3.1 in einem detaillierten Modell für intraspezifische Konkurrenz hergeleitet. Schließlich betrachten wir den Fall, daß die Vegetation mit einer *konstanten Quote Q ausgebeutet* wird. Dies könnte der Mensch sein oder eine konstante Zahl an Herbivoren. Im letzten Fall wäre die Biomasse Q, die pro Zeit abgeerntet wird, proportional zur Zahl der Herbivoren.

Die Lösung von Gl. (4.1) mit konstantem b ergibt (s. Gl. A2.7 in Anhang A2 mit a = 0)

$$V = -Q/s + b/s - \hat{V}\, e^{-st} . \qquad (4.2)$$

Dabei wird durch $\hat{V}$ die anfängliche Biomasse V(t = 0) bestimmt. Wir untersuchen nun den Fall, daß die *Vegetationszunahme periodisch variiert*:

$$b(t) = \beta + a \cos \omega t . \qquad (4.3)$$

Dies könnte z. B. die üblichen jahreszeitlichen Schwankungen wiedergeben. Wir wollen diese Gleichung hier aber auch als grobe Beschreibung für andere Fluktuationen betrachten, die z. B. durch wechselnde Witterungseinflüsse bedingt sind. Der Parameter β gibt die mittlere Vegetationszunahme an, während a die Amplitude der Schwankungen beschreibt.

Die Gl. (4.1) mit (4.3) sind bei Gl. (A2.7) in Anhang A2 gelöst worden. Es stellt sich eine oszillierende Lösung der Form

$$V = -\frac{Q}{s} + \frac{\beta}{s} + \frac{a}{\sqrt{s^2 + \omega^2}} \cos(\omega t - \varepsilon) + \hat{V}\, e^{-st} . \qquad (4.4)$$

ein. Die ersten beiden Brüche beschreiben die mittlere Biomasse, der dritte die Größe der Amplitude, mit der die Biomasse schwankt. Die *Phasenverschiebung* ε gibt an, um wieviel die Biomasse V zeitlich hinter dem Maximum der Vegetationszunahme b(t) „hinterherhinkt". Der vierte Term beschreibt, wie von einem anfänglichen Wert ausgehend die Biomasse V in das oszillatorische Verhalten übergeht. Nach einer Zeit t, für die $t \gg s^{-1}$ ist, ist die Exponentialfunktion praktisch auf Null abgefallen. Es hat sich ein vom Ausgangszustand unabhängiges Verhalten eingestellt (s. Abb. 4.1).

Ohne Oszillationen, d. h. bei a = 0, strebt V innerhalb einer Zeit von der Größenordnung s^{-1} seinem Gleichgewicht zu. Die natürliche Zeitskala, auf der die Regulation der Population geschieht, ist also s^{-1}. Von entscheidender Bedeutung ist es, wie groß diese im Vergleich zu der Periodendauer T der Schwankungen ist. Für ωt = 2π ist gerade eine Periode durchlaufen, so daß

$$T = \frac{2\pi}{\omega} \qquad (4.5)$$

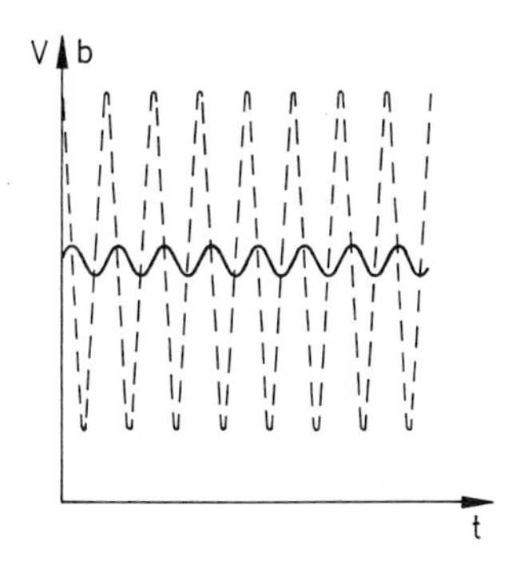

Abb. 4.1. Antwort der Biomasse V (durchgezogen) auf die schnellen Fluktuationen der Vegetationszunahme b (*gestrichelt*). Die Biomasse V zeigt im Laufe der Zeit t nur geringe Schwankungen

gilt. Ist $T \ll s^{-1}$, d. h. also ω sehr groß, so kann in Gl. (4.4) in der Wurzel s^2 gegen ω^2 vernachlässigt werden (s. Gl. A3.1 in Anhang A3). Die Amplitude der Oszillationen ist dann proportional zu ω^{-1}. Eine große Kreisfrequenz ω, d. h. eine *kurze Periodendauer T*, bewirkt also nur *kleine Schwankungen von V*. Für die Phasenverschiebung ergibt sich nach Gl. (A2.11) in Anhang A2 der Wert $\varepsilon = \pi/2$. Das heißt, daß die Biomasse V gerade bei ihrem Mittelwert angekommen ist, wenn die Vegetationszunahme b ihr Maximum erreicht hat (s. Abb. 4.1). Daraus folgt unmittelbar die folgende Interpretation: Verlaufen die umweltbedingten Schwankungen zu schnell (Periodendauer T klein) im Vergleich zur natürlichen Zeitskala s^{-1} der Vegetationsveränderungen, so kann die Biomasse V der Vegetation diesen schnellen Änderungen nicht folgen. Mit ihrer langsamen Reaktion mittelt sie diese Schwankungen weitgehend aus. Sie zeigt nur geringfügige Oszillationen.

Ist umgekehrt $T \gg s^{-1}$, d. h. $\omega \ll s$, so kann in Gl. (4.4) in der Wurzel ω^2 gegen s^2 vernachlässigt werden, und es ist $\varepsilon = 0$ (s. Gl. A2.11 in Anhang A2). Dann ließe sich Gl. (4.4) wegen Gl. (4.3) als

$$V = -Q/s + b(t)/s + \hat{V}\, e^{-st} \tag{4.6}$$

schreiben. Dieses Ergebnis würden wir auch erhalten, wenn wir zunächst davon ausgehen, daß b in Gl. (4.1) zeitlich veränderlich ist. Dann würden wir als Lösung Gl. (4.2) erhalten. In dieser Gleichgewichtslösung müßte b durch die langsam veränderliche Größe b(t) aus Gl. (4.3) ersetzt werden, um die Lösung Gl. (4.6) zu erhalten. Dieses Verfahren bezeichnet man als *Trennung der Zeitskalen*. Wir hatten es schon in Abschn. 3.3.3 angewandt. An diesem Beispiel zeigt sich also, daß es eine mathematische korrekte Methode ist. Laufen die *Umweltveränderungen langsam* (Periodendauer T groß) im Vergleich zur natürlichen Zeitskala s^{-1} der Vegetationsveränderung ab, so *folgt die Größe der Biomasse V* diesem Einfluß völlig (s. Abb. 4.2).

Unser spezielles Modell (4.1) und (4.3) zeigt das qualitative Verhalten, wie es für Modelle mit zeitlich veränderlichen Parametern typisch ist. Ganz allgemein läßt sich folgendermaßen argumentieren: Im ersten Fall möge eine Größe wirken, die auf einer Zeitskala fluktuiert, die wesentlich kürzer als die typische Reaktionszeit der Population ist. Da die Population in diesem Fall der *schnellen Verände-*

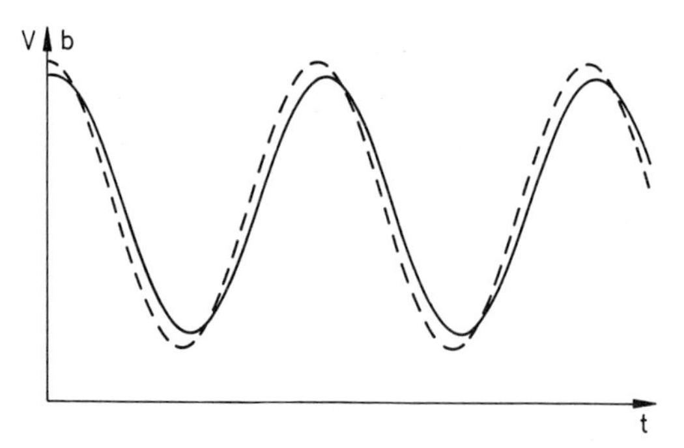

Abb. 4.2. Den langsamen Veränderungen der Vegetationszunahme b (*gestrichelt*) folgt die Biomasse (*durchgezogen*) V im Laufe der Zeit t nach

rung nicht folgen kann, wird der *Einfluß* dieser Fluktuationen weitgehend *herausgemittelt.* Es treten in der Populationsgröße nur *geringe Schwankungen* auf.

Im zweiten Fall betrachten wir die Wirkung einer Größe, die sich auf einer Zeitskala ändert, die wesentlich größer als die Reaktionszeit der Population ist. Für die Populationsdynamik sind diese Veränderungen praktisch nicht bemerkbar. Die Population strebt ihrem Gleichgewicht zu, welches dem momentanen Wert jener Größe entspricht. Dieser *Gleichgewichtswert* wird dann *der langsamen Veränderung* der Größe *folgen (tracking)* (s. Abb. 4.2).

Von dieser Trennung der Zeitskala wird in der Ökologie viel Gebrauch gemacht. So läßt man bei der Beschreibung von Populationsdynamiken zeitliche Veränderungen im Rahmen der Evolution unberücksichtigt, da diese in der Regel auf sehr viel größeren Zeitskalen ablaufen. Entsprechend wird bei der Modellierung von evolutionären Vorgängen nur das Gleichgewicht der Populationsdynamik berücksichtigt. Auf diese Art von Modellen werden wir in Abschn. 6.2.2 eingehen.

Wir wollen uns noch eine Konsequenz für die Herbivoren in unserem Modell (4.1) und (4.3) ansehen. Wir fragen, wie stark darf die Ausbeutung Q der Vegetation durch die Herbivoren sein, damit die Vegetation nicht vernichtet wird. Dabei soll die Zahl H der Herbivoren und deshalb auch die Ausbeutung Q zeitlich konstant sein, sei es, daß H durch andere Faktoren geregelt wird oder ihre Veränderung auf einer sehr viel größeren Zeitskala erfolgt, so daß wir sie nach dem Prinzip der Trennung der Zeitskalen näherungsweise konstant setzen können. Der Minimalwert der Biomasse V der Vegetation ist wegen Gl. (4.4):

$$V_{min} = -Q/s + \beta/s - \frac{a}{\sqrt{s^2 + \omega^2}} . \tag{4.7}$$

Wenn dieser den Wert Null erreicht, ist die Vegetation vernichtet. Deshalb muß die Erntequote kleiner als der Maximalwert

$$Q_{max} = \beta - \frac{as}{\sqrt{s^2 + \omega^2}} = \beta - \frac{a}{\sqrt{1 + \omega^2/s^2}} \tag{4.8}$$

sein, welchen wir durch Nullsetzen der rechten Seite von Gl. (4.7) erhalten. Q_{max} nimmt demnach mit fallendem ω ab. *Je langsamer* (T groß, ω klein) *die Umweltfluktuationen* sind, um so kleiner ist Q_{max} und *um so weniger Herbivoren können sich von der Vegetation ernähren.* Langfristige Schwankungen z. B. der Witterung können also viel gefährlicher sein als kurzzeitige.

Zusammenfassung

Schwankungen der Umwelteinflüsse, welche auf einer Zeitskala geschehen, die kürzer als die typische Zeit ist, auf welcher Populationsveränderungen ablaufen, haben einen geringen Einfluß. Sie mitteln sich weitgehend heraus. Ist aber diese Zeitskala groß gegen die Reaktionszeit der Population, so nimmt die Populationsgröße einen momentanen Gleichgewichtswert an, welcher der langsamen zeitlichen Veränderung der Umwelteinflüsse folgt (Trennung der Zeitskalen!)

Weiterführende Literatur:
Theorie: Goebber u. Seelig 1975; Hallam 1986; Kiester u. Barakat 1974; Lewandowsky u. White 1977; May 1976a; Nisbet u. Gurney 1982; Roughgarden 1975; Starfield u. Bleloch 1986;
Empirik: Dayton 1975b; Luckinbill u. Fento 1978.

4.1.2 Koexistenz zeitlich variierender Populationen

Bei der Frage der Koexistenz von konkurrierenden Arten hatten wir bisher immer Modelle betrachtet, bei denen die überlebende Art einem stabilen Gleichgewicht zustrebt, d. h. schließlich zeitlich konstante Individuenzahlen hat. Nun könnten ja auch Populationen koexistieren, die fortwährend oszillierende Individuenzahlen haben. Wir wollen daher an einem einfachen Beispiel studieren, wie es um die *Koexistenz von zeitlich schwankenden Populationen* bestellt ist. Kann bei einer einzigen Ressource auch in diesem Fall nur eine Art überleben (s. Abschn. 3.1.4)?

Wir betrachten folgendes einfache Modell (Armstrong u. McGehee 1980), welches aber alle für unsere Fragestellung entscheidenden Faktoren enthält. Die Biomasse einer *biologischen Ressource* R möge bei Abwesenheit der Konsumenten dem *logistischen Wachstum* (Gl. 2.27 in Abschn. 2.2.2) gehorchen:

$$dR/dt = rR(1 - R/K) - N_1 \frac{k_1 R}{R + D} - N_2 k_2 R \,. \tag{4.9}$$

Der zweite und dritte Term beschreiben die Abnahme der Ressource aufgrund der Ausbeutung durch die zwei Arten. Für den Konsumenten der Art 2 ist der Einfachheit halber eine lineare funktionelle Reaktion (s. Abschn. 3.2.3) angenommen worden. Jedes Individuum frißt pro Zeit den Bruchteil k_2 der Ressourcenbiomasse. Das bedeutet, daß die Art 2 bei den hier auftretenden Ressourcenmengen R noch kein Sättigungsverhalten (s. Abb. 3.14 in Abschn. 3.2.3) zeigt. Anders für die erste Konsumentenart, die eine funktionelle Reaktion vom Typ II (s. Abb. 3.14b) zeigt. Natürlich ist der pro Zeit konsumierte Teil der Ressource proportional zu den Zahlen N_1 und N_2 der Konsumenten. Das *Wachstum der Konsumenten* beschreiben wir in einfachster Weise durch

$$dN_1/dt = N_1 r_1(R) = N_1 \left(-m_1 + C_1 \frac{k_1 R}{R + D}\right), \tag{4.10}$$

$$dN_2/dt = N_2 r_2(R) = N_2(-m_2 + c_2 k_2 R) . \tag{4.11}$$

Hier sind $-m_1$ bzw. $-m_2$ die individuellen Wachstumsraten bei Fehlen der Ressource R und c_1 bzw. c_2 die Konversionskoeffizienten für die *Umwandlung von vertilgter Ressourcenbiomasse in die Zahl von Konsumentennachkommen* (s. energetisches Modell Gl. 2.70 in Abschn. 2.3.1).

Wie schon bei Gl. (3.28) in Abschn. 3.1.4 für die Konkurrenz zweier Arten um eine Ressource bemerkt, müßte in einem Gleichgewicht bei Koexistenz $N_1^* \neq 0$ und $N_2^* \neq 0$ sein. Die Gleichgewichtsbedingung in den Gln. (4.10) und (4.11) würde das Verschwinden der beiden Klammern erfordern. Doch jede würde für sich einen anderen Gleichgewichtswert R^* der Ressource ergeben. *Koexistenz bei konstanten Individuenzahlen* N_1^* und N_2^* ist also *nicht möglich.* Doch sehen wir uns die Situation bei Abwesenheit der Art 2 an. Dann haben wir ein Räuber-Beute-System vorliegen, wobei die Art 1 der Räuber und die Ressource die Beute ist. Die Räuber-Isokline (s. Abschn. 3.2.2) wird durch Nullsetzen der Klammer in Gl. (4.10) bestimmt, woraus sich ein konstantes $R = R^*$ bestimmt. Die Räuber-Isokline verläuft also senkrecht. Die Beute-(Ressource-)Isokline erhalten wir durch Nullsetzen der rechten Seite von Gl. (4.9) mit $N_2 = 0$. Bei Gl. (A3.16) in Anhang A3 ist gezeigt, daß sie ein Maximum hat. Wir haben also genau die in Abschn. 3.2.2 besprochene Situation vorliegen. Dort wurde gezeigt, daß wir *periodische Oszillationen* von R und N_1 bekommen können, falls R^* auf der linken Seite des Maximums liegt. Diesen Fall und seine Konsequenz für die Koexistenz wollen wir unten genauer untersuchen.

Zunächst betrachten wir aber den Fall, in dem die *Art 1* fehlt, und fragen nach der Möglichkeit, daß diese *einwandern* kann. Die Räuber-Isokline für dieses Räuber-Beute-System verläuft wieder senkrecht, während man die Beute-Isokline durch Nullsetzen der rechten Seite von Gl. (4.9) mit $N_1 = 0$ erhält. Für sie folgt dann

$$N_2 = r(1 - R/K)/k_2 . \tag{4.12}$$

Sie ist also monoton fallend. Wie wir in Abschn. 3.2.2 gezeigt haben, folgt daraus ein *stabiles Gleichgewicht.* Es liegt bei

$$R^{**} = \frac{m_2}{c_2 k_2}, \tag{4.13}$$

$$N_2^* = r(1 - R^{**}/K)/k_2 . \tag{4.14}$$

Die Art 1 kann einwandern, falls bei $R = R^{**}$

$$0 < \frac{dN_1}{dt} = N_1 \left(-m_1 + c_1 \frac{k_1 R^{**}}{R^{**} + D}\right) \tag{4.15}$$

Diese Bedingung ist für gewisse Parameterwerte erfüllt, wovon wir im folgenden ausgehen wollen.

Wenn umgekehrt die Art 2 zunächst fehlt, so oszilliert R, wie wir oben festgestellt haben, um den Wert R* des instabilen Gleichgewichts. Diesen Wert erhält man durch Nullsetzen der Klammer in Gl. (4.10):

$$0 = -m_1 + c_1 \frac{k_1 R^*}{R^* + D} . \tag{4.16}$$

Da die funktionelle Reaktion (der Bruch in den Gln. 4.15 und 4.16 bzw. die durchgezogene Kurve in Abb. 4.3) eine monoton steigende Funktion von R ist, muß wegen Gln. (4.15) und (4.16) $R^{**} > R^*$ sein. Zur Erläuterung sind die individuellen Wachstumsraten (die Klammern in den Gln. 4.10 und 4.11) in Abb. 4.3 gegen R aufgetragen. Um die Frage nach dem erfolgreichen *Einwandern der Art 2* zu beantworten, können wir nicht einfach nach dem Vorzeichen von dN_2/dt fragen. Da R, wie in Abb. 4.3 durch die geschweifte Klammer angedeutet, hin- und heroszilliert, liegt es mal oberhalb R**, mal unterhalb. Bei $R = R^{**}$ ist $dN_2/dt = 0$ wegen Gl. (4.11). Deshalb ist dN_2/dt mal positiv und mal negativ.

Um das Gesamtwachstum der Art 2 zu bestimmen, bilden wir den *Mittelwert* der *individuellen Wachstumsrate* $\overline{r_2(R)}$ über eine Periode T:

$$\overline{r_2(R)} = \frac{1}{T} \int_0^T r_2(R(t))\,dt = \frac{1}{T} \int_0^T [-m_2 + c_2 k_2 R(t)]\,dt = -m_2 + ck_2\bar{R} . \tag{4.17}$$

Ist dieses mittlere Wachstum positiv, also $\bar{R} > R^{**}$, kann die Art 2 erfolgreich einwandern. Bei Gl. (A6.7) in Anhang A6 ist gezeigt, daß die negative Krümmung von $r_1(R)$ zur Folge hat, daß auf alle Fälle $\bar{R} > R^*$ ist. Liegt R** nur ein wenig über R*, ist $\bar{R} > R^{**}$ wohl möglich, was die erfolgreiche Einwanderung der Art 2 zur Folge hat. Wir erwarten also, daß beide Arten *bei oszillierenden Individuenzahlen koexistieren* können, sofern die Parameterwerte unseres Modells geeignet liegen (s. z. B. Gl. 4.15). Dies ist durch numerische Lösung (Armstrong u. McGehee 1980) der Gln. (4.9), (4.10) und (4.11) erhärtet worden.

Im Gegensatz zu dem Modell (3.26) und (3.27) in Abschn. 3.1.4 haben wir also gefunden, daß zwei Arten, die um eine einzige Ressource konkurrieren, sehr wohl koexistieren können. *Voraussetzung* ist einmal, daß statt eines Gleichgewichts

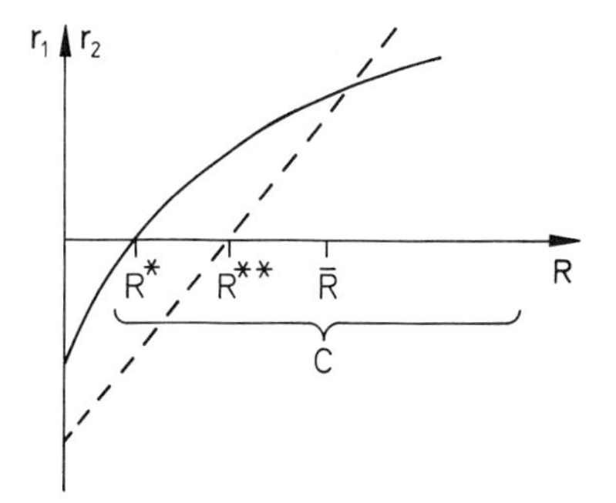

Abb. 4.3. Individuelle Wachstumsrate der Art 1 (*durchgezogen*) und der Art 2 (*gestrichelt*) gegen die verfügbare Menge R der Ressource nach Modell (4.10) und (4.11). Es sind R* und R** die Gleichgewichtswerte von R, die sich in Abwesenheit der anderen Art ergeben. Ohne die Art 2 zeigt R Oszillationen über den Bereich C hinweg mit einem Mittelwert bei $\bar{R}$

periodisch oszillierende Individuenzahlen vorliegen. Außerdem ist die *Nichtlinearität* einer *der funktionellen Reaktion* wesentlich. Wäre $r_1(R)$ eine lineare Funktion, so wäre nach Gl. (A6.7) in Anhang A6 $\bar{R} = R^* < R^{**}$ und die Art 2 könnte nicht erfolgreich kolonisieren. Dieses Resultat läßt sich auf mehrere Arten, die um mehrere Ressourcen konkurrieren, verallgemeinern. Während für eine größere Klasse von biologisch vernünftigen Modellen gezeigt wurde (Levin 1970), daß bei k Ressourcen nur n Arten, mit $n \leqq k$ bei konstanten Individuenzahlen koexistieren können, ist es möglich, daß die Zahl n der koexistierenden Arten die Zahl k der Ressourcen überschreitet, falls nichtlineare funktionelle Reaktionen und oszillatorisches Verhalten vorliegen.

Zusammenfassung

Zwei Arten, welche um eine einzige Ressource konkurrieren, können bei geeigneten Parameterverhältnissen koexistieren, sofern der vermeintlich stärkere Konkurrent oszillierende Individuenzahlen aufweist und einen negativ gekrümmten Verlauf der funktionellen Reaktion auf die Ressourcendichte hat.

Weiterführende Literatur:
Theorie: Armstrong u. McGehee 1980; Huston 1979; Kaplan u. Yorke 1975; *Empirik*: Khan et al. 1975.

4.1.3 Koexistenz in zeitlich variierender Umwelt

Wie wir am Beginn dieses Kapitels 4 bemerkt haben, ist die zeitliche Variabilität ein typisches Merkmal der Umwelt. Im letzten Abschn. 4.1.2 haben wir gesehen, daß für die Frage der Koexistenz von konkurrierenden Arten zeitlich veränderliche Individuenzahlen eine entscheidende Rolle spielen können. War die zeitliche Variation dort durch die Dynamik der Ressource und der Konsumentenpopulationen selbst hervorgerunfen, wollen wir jetzt den Fall untersuchen, daß diese Variation durch die *Umweltfunktionen* erzeugt werden. Dabei interessiert uns wieder die Frage, ob die zeitliche Variation Koexistenz ermöglichen kann. Wir werden ein äußerst simples Modell (Levins 1979) benutzen, um die entscheidenden Zusammenhänge klarzumachen.

Die Populationsdynamik der beiden Arten wurde durch

$$dN_1/dt = N_1 r_1(R) = N_1 k_1(R - \vartheta_1)\,, \tag{4.18}$$

$$dN_2/dt = N_2 r_2(R) = N_2 k_2(R + \alpha R^2 - \vartheta_2) \tag{4.19}$$

beschrieben. Die Gleichung für die Ressourcendichte R benötigen wir nicht. Während für die erste Art die individuelle Wachstumsrate $r_1(R)$ linear mit R ansteigt, haben wir für die zweite Art $r_2(R)$ nichtlinear gewählt. Da es im folgenden allein auf die Existenz dieser *Nichtlinearität* ankommt, haben wir die mathematisch einfachste Form gewählt. Die Form der Wachstumsrate könnte z. B. vom überproportionalen Verbrauch der Ressource, wie bei der funktionellen Reaktion vom Typ III, herrühren, d. h. daß die Konsumenten bei größeren

Ressourcendichten lernen, diese besser auszunutzen. Die Größen ϑ_1 und ϑ_2 sind die Raten, mit denen die Populationen 1 bzw. 2 bei fehlender Ressource R aussterben. Sie bestimmen die Ressourcendichten R, bei denen kein Nettowachstum der jeweiligen Population auftritt. Wie schon in Abschn. 4.1.2 können beide Arten nicht in einem Gleichgewicht koexistieren. Dazu müßte $r_1(R) = 0$ und $r_2(R) = 0$ sein, was, von zufälligen Ausnahmen abgesehen, nicht gleichzeitig erfüllbar ist.

Im Unterschied dazu betrachten wir nun den Fall, daß *R zeitlich variiert*, wobei es egal ist, was die Ursache dafür ist, und ob die Variation periodisch oder zufällig erfolgt. So ist hier auch das Wirken *variierender Umweltbedingungen* eingeschlossen. Bei Gl. (A6.9) in Anhang A6 ist gezeigt, daß die individuellen Wachstumsraten beider Arten, wenn man sie über hinreichend lange Zeit mittelt, Null ergeben müssen, sofern nicht die Individuenzahlen N_1 und N_2 verschwinden.

$$\overline{r_i(R)} = \lim_{T \to \infty} \frac{1}{T} \int_0^T r_i(R(t))\, dt = 0 \qquad \text{für} \quad i = 1, 2\,. \tag{4.20}$$

Dies ist plausibel, wenn man bedenkt, daß die Individuenzahlen N_1 und N_2 nicht beliebig anwachsen dürfen. Über lange Zeit gesehen, müssen bei Koexistenz N_1 und N_2 bei ihren Schwankungen im wesentlichen genauso oft fallen wie ansteigen.

Bei Gl. (A6.9) in Anhang A6 ist gezeigt, daß unter der Voraussetzung, daß

$$\vartheta_2 > \vartheta_1 + \alpha\vartheta_1^2 \tag{4.21}$$

ist, die Bedingung (4.20) erfüllbar ist.

Wir sehen, daß jetzt nichts Prinzipielles gegen eine *Koexistenz* der beiden Arten spricht. Natürlich müssen die Parameterwerte gewisse Bedingungen (z. B. Gl. 4.21) erfüllen. Ohne *Schwankungen* von R und ohne eine *Nichtlinearität* in den Wachstumsraten ist aber Koexistenz prinzipiell unmöglich. Somit können wir die Aussage des vorherigen Abschn. 4.1.2 jetzt auf Situationen ausdehen, in denen fluktuierende Umwelteinflüsse wirken. Die *Zahl n koexistierender Arten* kann *größer* als *die Anzahl k der Ressourcen*, um welche sie konkurrieren, sein, *falls Ressourcen* und Individuenzahlen *zufällig oder deterministisch variieren* und *nichtlineare Abhängigkeiten der Wachstumsrate* zum Tragen kommen.

Zusammenfassung

Falls eine Ressource zeitlich schwankt, besteht die Möglichkeit, daß zwei um sie konkurrierende Arten koexistieren können. Voraussetzung ist, daß die nichtlineare Abhängigkeit der Wachstumsrate einer Art von der Ressource zum Tragen kommt.

Weiterführende Literatur:
Theorie: Huston 1979; Levins 1979;
Empirik: Hutchinson 1961; Sommer 1985a, b; Tilman et al. 1982.

4.2 Zufallsprozesse (Stochastik)

Bei der Beschreibung der Dynamik einzelner Populationen haben wir bisher die Wechselwirkung mit höchstens ein oder zwei anderen Populationen berücksichtigt. Doch ist es hinlänglich bekannt, daß Populationen in einem Ökosystem vielfältigen Einflüssen unterliegen. Sie sind in ein komplexes Netz von gegenseitigen Wechselbeziehungen eingebunden. Es wäre ein sinnloser Versuch, dieses gesamte Netzwerk von Wechselwirkungen in einem Modell beschreiben zu wollen. Das würde zu einem hochkomplexen Modell führen, was völlig ungeeignet wäre, um ein Verständnis für die entscheidenden funktionellen Zusammenhänge zu erlangen (s. Kap. 1). Außerdem sind *nie alle biologischen Wechselbeziehungen* in einem Ökosystem *bekannt*; es ist wegen ihrer Vielfalt prinzipiell unmöglich, sie alle ergründen zu wollen. So bleibt nichts anderes übrig, als sie alle unter dem Begriff *biotische Umwelt* zu subsummieren und dabei nur einige wenige Wechselwirkungen mit anderen Populationen herauszugreifen, deren Wirkung man gezielt untersuchen möchte. Ohne die Kenntnis ihrer Dynamik müssen wir die *zeitlich fluktuierenden Umweltfaktoren als Zufallseinflüssen* ansehen. Dabei schließen wir auch zeitlich variierende abiotische Einflüsse, wie z. B. die Schwankungen der Witterung, mit ein.

Hier kommen wir zu der Frage nach dem prinzipiellen *Unterschied* zwischen *deterministischen und zufälligen Vorgängen.* Die Antwort ist, daß es keinen generellen Unterschied gibt. Entscheidend ist, welche Information man sich besorgt. Dies kann an dem Prototyp eines Zufallsgenerators, nämlich dem Würfel, verdeutlicht werden. Es besteht kein Zweifel, daß seine Bewegung den deterministischen Gesetzen der Mechanik gehorcht. Jedoch sind die Vorgänge dabei zu komplex, als daß man aus den Anfangsbedingungen das Endergebnis berechnen könnte. Außerdem sind genaue Informationen über die Bedingungen, mit denen der Würfel in Bewegung versetzt wird, nicht zu erhalten. Dies führt uns dazu, das Würfeln als Zufallsprozeß anzusehen. Genau die gleiche Situation ist bei der *Vielzahl fluktuierender Umweltfaktoren* gegeben. Da wir keine Chance haben, ihre zeitliche Veränderung deterministisch vorherzusagen, beschreiben wir sie als Zufallseinflüsse.

Diese unvorhersagbaren zufälligen Umwelteinflüsse haben zur Konsequenz, daß bei der gezielten Untersuchung einer einzelnen Populationsdynamik *keine genauen Vorhersagen möglich* sind. Die Individuenzahl wird unter der Wirkung der Zufallseinflüsse eine *Zufallsgröße* (*stochastische Größe*), für die keine deterministischen Angaben gemacht werden können. Eine Beschreibung kann nur mit *Wahrscheinlichkeiten* erfolgen.

Heißt das nun etwa, daß alle unsere Überlegungen in den vorherigen Abschnitten nutzlos waren und am Problem vorbeigingen? Es wäre schlimm, wenn dem so wäre, da die überwiegende Zahl aller bisher benutzten ökologischen Modelle von deterministischer Natur sind. Der Grund dafür ist ganz einfach der, daß stochastische Modelle zur Beschreibung von Zufallseinflüssen mathematisch so schwierig zu behandeln sind. Die unausgesprochene Idee bei all diesen *deterministischen Modellen* ist, daß man mit ihnen das *mittlere Verhalten* richtig beschreibt. Das heißt zum Beispiel, daß alle auftretenden Individuenzahlen Mittelwerte (s. Abschn. 4.2.1) darstellen, um die herum man sich mehr oder minder starke Schwankungen vorstellen muß. Dies hat in vielen Fällen seine Berechtigung. Doch werden wir in diesem Kapitel lernen, daß das qualitative Verhalten von deterministischen Modellen durch die Berücksichtigung von Zufallseinflüssen gelegentlich stark verändert wird. Dafür war Abschn. 4.1.3 bereits ein Beispiel. Außerdem gibt es Fragestellungen, die nur durch stochastische Modelle geklärt werden können. So werden wir in Abschn. 5.3, 6.1.2 und 7.3 von den Methoden und Ergebnissen dieses Abschn. 4.2 Gebrauch machen. Wir werden dort untersuchen, wie eine Populationsdynamik unter zufälligen Einflüssen beschrieben werden kann, welche Aussagen für die Individuenzahl gemacht werden können und wie das Risiko der Auslöschung einer Population bestimmt werden kann.

Zusammenfassung

Vielfältige abiotische und biotische Faktoren in Ökosystemen lassen sich nur als Zufallseinflüsse erfassen. Sie führen dazu, daß für die Individuenzahl einer Population nur Wahrscheinlichkeitsaussagen gemacht werden können. Deterministische Modelle können bestenfalls das Verhalten von Mittelwerten beschreiben.

4.2.1 Wahrscheinlichkeit

Da wir bei der Untersuchung zufälliger Umwelteinflüsse fortwährend mit Wahrscheinlichkeiten rechnen und argumentieren müssen, wollen wir auf diesen Begriff und seine Regeln in diesem Paragraphen eingehen. Statt einer mathematisch exakten Einführung werden wir eine pragmatische, anschauliche benutzen, die das Verständnis für Abläufe in der Natur unterstützt. Die Frage, welche Zahl an Erfolgen ein in zufälliger Weise nach Nahrung suchendes Tier in einer gewissen Zeit erzielt, soll als erläuterndes Beispiel dienen.

Wir stellen uns vor, daß wir Messungen einer Zufallsgröße mehrfach an dem gleichen Zufallsprozeß durchführen. Das könnte z. B. die Individuenzahl einer Population unter bestimmten Bedingungen sein. Es mögen insgesamt Z Messungen durchgeführt werden. Dabei möge Z_n mal die Individuenzahl n gemessen werden. Die *Wahrscheinlichkeit* P_n, den Wert n zu messen, ist dann durch

$$P_n = \lim_{Z \to \infty} Z_n/Z \tag{4.27}$$

definiert. Sie ist also die *relative Häufigkeit* für den Meßwert n. Ein Wert $P_4 = 0{,}12$ bedeutet also, daß in 12% der Versuche der Wert $n = 4$ auftritt. $P_n = 0$ bedeutet, daß n nie auftritt, während $P_n = 1$ besagt, daß nur n möglich ist, wir also ein sicher vorhersagbares Ergebnis haben. Diese Definition entspricht genau dem empirischen Vorgehen bei der Schätzung einer Wahrscheinlichkeitsverteilung P_n. Es ist trivial, daß dabei die Gesamtzahl Z der Messungen nicht 2 oder 3 sein kann. Die empirische Häufigkeit wird die Wahrscheinlichkeit um so besser treffen. je größer die Zahl Z der Versuche ist, im Idealfall also $Z \to \infty$. Man muß sich vergegenwärtigen, daß die *Wahrscheinlichkeit* nur *Aussagen bei Mehrfachuntersuchungen* macht, also den Meßwert bei einem Einzelversuch unbestimmt läßt. Die mehrfache Durchführung der Messung kann entweder parallel an gleichen Objekten, zeitlich nacheinander am selben Objekt oder an verschiedenen Orten durchgeführt werden. In den beiden letzteren Fällen spricht man dann auch von zeitlichen bzw. räumlichen Häufigkeitsverteilungen. Beispiele von Wahrscheinlichkeitsverteilungen P_n findet man in Abb. 4.4.

Einige wichtige Regeln für Wahrscheinlichkeiten sind: $P_n \leqq 1$, da $Z_n \leqq Z$ ist. Summiert man alle Z_n auf, erhält man die Gesamtzahl der Messungen, also Z. Deshalb ist

$$\sum_n P_n = 1 \,. \tag{4.28}$$

Fragt man nach der Wahrscheinlichkeit $P_{n\,\text{oder}\,n'}$, den Wert n *oder* n' zu messen, so muß man alle Versuche mit dem Meßwert n oder n' abzählen:

$$P_{n\,\text{oder}\,n'} = \frac{Z_n + Z_{n'}}{Z} = P_n + P_{n'} \,. \tag{4.29}$$

Also werden die Wahrscheinlichkeiten addiert. Die *Wahrscheinlichkeit,* n *nicht zu messen,* bezeichnen wir mit Q_n. Sie ist äquivalent zur Wahrscheinlichkeit, alle Werte n' alternativ zu n zu messen. Also ist

$$Q_n = \sum_{n'(\neq n)} P_{n'} = \sum_{n'} P_{n'} - P_n = 1 - P_n \,, \tag{4.30}$$

wobei wir Gl. (4.28) benutzt haben. Bei der Wahrscheinlichkeit $P_{n\,\text{und}\,n'}$, den Wert n *in einem und außerdem* n' *in einem zweiten* Versuch zu messen, muß man mehrfach Doppelversuche durchführen. Man zählt also die Versuche mit dem Ergebnis n, deren Zahl Z_n sei und den Teil davon, der zusätzlich im zweiten Versuch den Meßwert n' ergibt. Die entsprechende Zahl sei $Z_{n'n}$. Damit ist die *gemeinsame Wahrscheinlichkeit*

$$P_{n\,\text{und}\,n'} = \frac{Z_{n'n}}{Z} = \frac{Z_n}{Z}\,\frac{Z_{n'n}}{Z_n} = P_n P_{n'n} \,. \tag{4.31}$$

Dabei ist

$$P_{n'n} = Z_{n'n}/Z_n \tag{4.32}$$

die sogenannte *bedingte Wahrscheinlichkeit,* n' zu messen. Das Wort „bedingt" bedeutet, daß bei der Frage nach der zweiten Messung vorausgesetzt wird, daß der erste Meßwert n war. Deshalb tritt bei dieser Wahrscheinlichkeit als Gesamtzahl aller analysierten Meßwerte die Zahl Z_n auf. Ist nun der zweite Versuch unabhängig vom Ergebnis des ersten, so spielt also die Bedingung keine Rolle. Dann wäre also $P_{n'n} = P_{n'}$ und statt Gl. (4.31) würde

$$P_{n\,\text{und}\,n'} = P_n P_{n'} \tag{4.33}$$

gelten. Ein einfaches Beispiel für *unabhängige Versuche* wäre das Würfeln mit zwei Würfeln. Dort ist das Ergebnis des zweiten Würfels unabhängig vom ersten. Ein Beispiel für abhängige Messungen wäre die Individuenzahl einer Population zu zwei eng benachbarten Zeiten. Ist diese zu einer Zeit sehr niedrig, so wird sie mit großer Wahrscheinlichkeit kurz danach auch noch klein sein.

In sehr vielen Fällen ist man an der Kenntnis der gesamten Wahrscheinlichkeitsverteilung P_n gar nicht interessiert. Dies wäre oft zu viel Information, da ja der Wert von P_n für jeden möglichen Meßwert n anzugeben wäre. Deswegen begnügt man sich oft mit Größen, die entscheidende Charakteristika der Wahrscheinlichkeitsverteilung beschreiben. Hier ist zuerst der *Mittelwert* des Meßwertes n zu nennen. Man summiert dabei über alle gefundenen Meßwerte n und dividiert durch die Gesamtzahl Z der Messungen. Da der Meßwert n Z_n-mal auftritt, ist dieser arithmetische Mittelwert

$$\bar{n} = \sum_n n Z_n / Z = \sum_n n P_n \,. \tag{4.34}$$

Hierbei wurde Gl. (4.27) benutzt. Für den Mittelwert einer Größe x schreiben wir im folgenden $\bar{x}$ oder $\langle x \rangle$. Der Mittelwert $\bar{n}$ gibt an, wo die *Wahrscheinlichkeitsverteilung* ihren „*Schwerpunkt*“ hat (s. Abb. 4.4).

Als Maß für ihre Breite nimmt man gewöhnlich die *Varianz*. Sie ist durch

$$\operatorname{var}(n) = \langle (n - \bar{n})^2 \rangle = \sum_n (n - \bar{n})^2 P_n \tag{4.35}$$

definiert. Sie ist nichts anderes, als die *mittlere quadratische Abweichung* der Meßwerte n von ihrem Mittelwert $\bar{n}$. Würde man in Gl. (4.35) das Quadratzeichen weglassen, würde sich der Wert Null ergeben, denn es treten positive wie negative Abweichungen gleich stark auf. Quadriert man, so spielt das Vorzeichen der Abweichung keine Rolle. Nun hat, wenn z. B. der Meßwert n eine Länge ist, die Varianz die Dimension einer Länge zum Quadrat. Deshalb zieht man die Wurzel, um ein vernünftiges Maß für die Breite von P_n zu bekommen, und bezeichnet dies als *Standardabweichung* d(n):

$$d(n) = \sqrt{\operatorname{var}(n)} \,. \tag{4.36}$$

Wie Abb. 4.4 zeigt, sind Mittelwert $\bar{n}$ und Standardabweichung d(n) wichtige Informationen über die Wahrscheinlichkeitsverteilung P_n. Doch geben sie nur eine *beschränkte Auskunft*. Sie sagen nichts über die Form von P_n aus, nichts darüber, wieviele Maxima es hat, wie häufig extreme Wert von n auftreten. Wir werden Beispiele kennenlernen, wo die alleinige Betrachtung des Mittelwertes irreführend ist. Bei anderen Fragestellungen sind ganz andere Eigenschaften der Wahrscheinlichkeitsverteilung P_n entscheidend.

Bei der Betrachtung von *Doppelversuchen* (s. Gln. 4.31–4.33) war es wichtig, ob diese von einander unabhängig sind. Um ein Maß für die *Stärke der Abhängigkeit* zu bekommen, betrachten wir den Mittelwert

$$\langle nn' \rangle = \sum_{nn'} nn' P_{n \text{ und } n'} \,. \tag{4.37}$$

Im Falle der Unabhängigkeit der beiden Meßwerte n und n′ voneinander folgt aus Gl. (4.33):

$$\langle nn' \rangle = \sum_{nn'} nn' P_n P_{n'} = \sum_n n P_n \sum_{n'} n' P_{n'} = \langle n \rangle \langle n' \rangle \,. \tag{4.38}$$

Deshalb nimmt man gelegentlich als *Maß für die gegenseitige Abhängigkeit* die *Kovarianz*:

$$\mathrm{cov}(n, n') = \langle nn' \rangle - \langle n \rangle \langle n' \rangle . \tag{4.39}$$

Für unabhängige Messungen hat sie wegen Gl. (4.38) den Wert Null. Je größer sie ist, um so stärker ist die Abhängigkeit. Die stärkste Abhängigkeit, die auftreten kann, ist die einer Größe von sich selbst, also wenn wir $n = n'$ wählen. Dann ist aber $\mathrm{cov}(n, n) = \mathrm{var}(n)$. Das heißt, die Kovarianz $\mathrm{cov}(n, n')$ beschreibt nicht nur die Abhängigkeit zwischen n und n', sondern auch deren Variabilität. Um dies zu vermeiden, führt man den *Korrelationskoeffizienten*

$$\mathrm{cor}(n, n') = \mathrm{cov}(n, n')/\sqrt{\mathrm{var}(n)\,\mathrm{var}(n')} \tag{4.40}$$

ein. Er hat bei $n = n'$ den Wert $\mathrm{cor}(n, n) = 1$ und wird deshalb als *Maß für die Abhängigkeit (Korrelation)* zwischen n und n' benutzt.

Wir wollen die hier wiederholten Wahrscheinlichkeitsregeln an einem konkreten *Beispiel* verdeutlichen. Wir betrachten das *zufällige Suchen* eines Tieres nach Objekten, z. B. eines Räubers nach Beuteindividuen, eines Konsumenten nach Ressourceneinheiten oder, wie in Abschn. 3.2.1 untersucht, eines Parasitoiden nach seinen Wirten. Das hier demonstrierte Vorgehen ist typisch für das Modellieren von zeitabhängigen Wahrscheinlichkeiten. Es sei $W_n(t)$ die Wahrscheinlichkeit, daß das Tier n Objekte innerhalb der Zeitspanne t findet. Diese Größe wollen wir wie folgt bestimmen. Wir betrachten infinitesimal *kurze Zeitintervalle* dt. Die Wahrscheinlichkeit, ein Objekt in diesem Intervall dt zu finden, sei p dt. Daß sie proportional zu dt sein muß, ist unmittelbar einleuchtend. Doch die Unabhängigkeit der Konstanten p von t bedeutet, daß das Entdecken eines Objektes unabhängig davon ist, was vor dem Zeitintervall dt geschehen ist und zu welcher Zeit gesucht wird. Sie hat außerdem zur Folge, daß die Wahrscheinlichkeit, zwei Objekte in dt zu finden nach Gl. (4.33) $(p\,dt)^2$ ist.

Für die Zeit $t + dt$ können wir schreiben:

$$W_n(t + dt) = (1 - p\,dt)\,W_n(t) + p\,dt\,W_{n-1}(t) . \tag{4.41}$$

Zum Zeitpunkt $t + dt$ können n Objekte gefunden sein, wenn entweder zur Zeit t bereits n oder $n - 1$ gefunden sind (Regel 4.29). Im zweiten Fall muß dann natürlich außerdem (Regel 4.33) im Intervall zwischen t und $t + dt$ ein Objekt gefunden werden. Im ersten Fall darf außerdem (Regel 4.33) kein Objekt in der Zeitspanne dt gefunden werden, wofür nach Gl. (4.30) die Wahrscheinlichkeit $1 - p\,dt$ ist. Da wir im folgenden den Grenzfall $dt \to 0$ betrachten werden, ist die Wahrscheinlichkeit $(p\,dt)^2$ für das Finden von zwei (oder mehr) Objekten im Zeitintervall dt gegen p dt verschwindend klein (s. Gl. A3.1 in Anhang A3). Damit folgt aus Gl. (4.41) mit Gl. (2.12) aus Abschn. 2.1.3:

$$\frac{W_n(t + dt) - W_n(t)}{dt} = \frac{dW_n(t)}{dt} = -\,pW_n(t) + pW_{n-1}(t) . \tag{4.42}$$

Für die Wahrscheinlichkeit $W_0(t)$ gibt es natürlich das zweite Glied nicht. Deshalb gilt

$$dW_0(t)/dt = -pW_0(t)\,. \tag{4.43}$$

Da zur Zeit $t = 0$ der Vorgang des Suchens beginnt, ist es sicher, daß dort noch kein Objekt gefunden ist, also $W_0(0) = 1$ und $W_n(0) = 0$ für $n = 1, 2, 3 \ldots$ gilt. Die Lösung von den Gln. (4.42) und (4.43) lautet daher:

$$W_0(t) = e^{-pt}\,, \tag{4.44}$$

$$W_n(t) = \frac{(pt)^n}{n!}\, e^{-pt}\,, \tag{4.45}$$

was man durch Einsetzen nachprüfen kann. Die Wahrscheinlichkeit, daß das Tier noch keine Beute gefunden hat, geht exponentiell gegen Null, und zwar um so schneller, je größer p ist. Ein entsprechendes Ergebnis hatten wir bei Gl. (3.36) in Abschn. 3.2.1 für den Befall eines Wirtes durch Parasitoide benutzt.

Diese hier aus den Gl. (4.42) und (4.43) hergeleitete Wahrscheinlichkeitsverteilung (4.45) heißt *Poisson-Verteilung*. Sie erhält man generell bei folgenden Zufallsprozessen: Bei einer sehr *großen Zahl Z an unabhängigen Versuchen* tritt *pro Versuch* ein Ergebnis mit einer *sehr kleinen Wahrscheinlichkeit* w auf. Dann ist die Wahrscheinlichkeit, n-mal dieses Ergebnis zu finden, gleich

$$W_n = \frac{\lambda^n}{n!}\, e^{-\lambda}\,, \tag{4.46}$$

wobei $\lambda = wZ$ ist. In unserem Beispiel ist $w = p\,dt$ und $Z = t/dt$ die Zahl der Zeitintervalle dt bis zur Zeit t. Die *allgemeinen Voraussetzungen*, die zu einer Poisson-Verteilung führen, haben zur Folge, daß diese recht oft Verwendung findet. So wird man auch bei Untersuchungen von zufälligen Verteilungen im Raum die Poisson-Verteilung finden (Pielou 1977) (s. Abschn. 5.1). In Abb. 4.4 sind Beispiele der Poisson-Verteilung für verschiedene Mittelwerte $\bar{n} = \lambda$ dargestellt. In

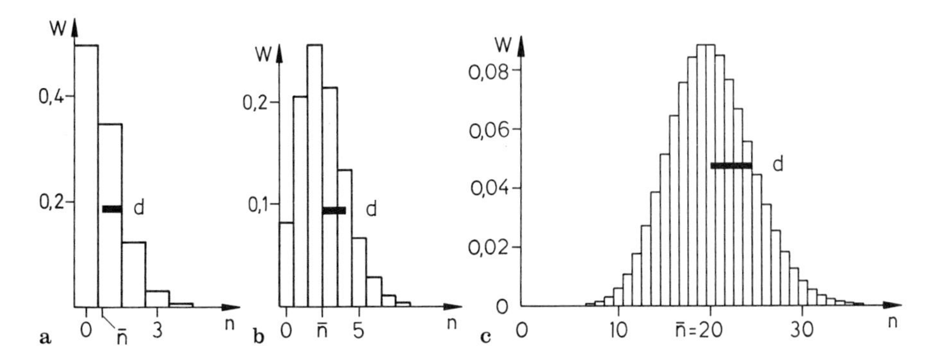

Abb. 4.4a–c. Poisson-Verteilung $P_n = W_n$ für verschiedene Mittelwerte $\bar{n}$. Die Standardabweichung d ist als *schwarzer Balken* eingezeichnet

Gl. (A6.1) in Anhang A6 finden wir die Berechnung des Mittelwertes, der Varianz und des Korrelationskoeffizienten:

$$\bar{n} = \lambda = pt , \tag{4.47}$$

$$\operatorname{var}(n) = \lambda = pt , \tag{4.48}$$

$$\operatorname{cor}(n(t), n(t')) = \sqrt{\frac{t}{t'}} = \left(1 - \frac{t' - t}{t'}\right)^{1/2} . \tag{4.49}$$

Mittelwert und Varianz stimmen überein. Man sollte sich aber davor hüten, umgekehrt aus der Gleichheit von Mittelwert und Varianz, z. B. bei empirischen Daten, auf eine Poisson-Verteilung zu schließen, denn, wie schon oben erwähnt, sind zur vollständigen Charakterisierung einer Wahrscheinlichkeitsverteilung noch viel mehr Größen notwendig.

Der Korrelationskoeffizient als Funktion der Zeiten t und t′ wird auch Korrelationsfunktion genannt. Er gibt an, wie stark die gefangene Zahl n(t) zur Zeit t mit der zur Zeit t′ korreliert ist. Für $t = t'$ erhalten wir den größtmöglichen Wert 1, da n(t) mit sich selbst am stärksten korreliert. Dann fällt die Korrelationsfunktion bei höherem Wert der Differenz $(t' - t)$ ab und ist bei $t' - t \gg t'$ verschwindend klein. Generell sollte man erwarten, daß Meßwerte unkorreliert sind, sofern sie in hinreichend großem zeitlichen Abstand gemessen werden. Die Zeitdifferenz, für welche die Korrelationsfunktion wesentlich von Null verschieden ist, d. h. über die eine echte Korrelation besteht, wird *Korrelationszeit* genannt. Sie ist hier von der Größenordnung t′.

Wir betrachten nun den Fall, daß der mögliche Meßwert nicht diskret, wie oben betrachtet, sondern eine kontinuierliche Variable x (z. B. Länge, Gewicht) ist. Dann teilt man die x-Achse in kleine infinitesimale Intervalle der Länge dx ein. Dann sei P(x) dx die Wahrscheinlichkeit, einen Wert zwischen x und x + dx zu finden. Eine sehr oft auftretende Wahrscheinlichkeitsverteilung ist die sogenannte *Normal-* oder *Gauß-Verteilung*

$$P(x) = \frac{1}{\sqrt{2\pi}\, W} \exp\left[-\frac{(x - m)^2}{2W^2}\right] . \tag{4.50}$$

Ihr häufiges Erscheinen liegt am mathematischen *zentralen Grenzwertsatz*, der im wesentlichen besagt, daß eine Größe, die sich additiv aus sehr vielen Zufalls-

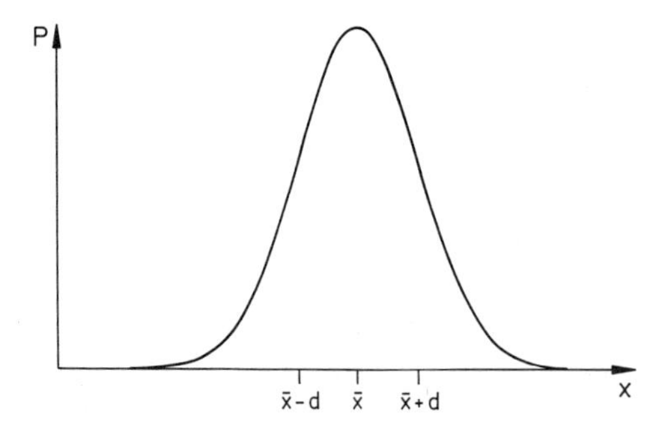

Abb. 4.5. (Gauß-)Normalverteilung P gegen die kontinuierliche Meßgröße x. Es ist $\bar{x}$ der Mittelwert und d die Standardabweichung

größen zusammensetzt, normalverteilt ist. Die Gaußverteilung hat die Form einer *symmetrischen Glockenkurve*, wie in Abb. 4.5 dargestellt. Ihr Maximum liegt bei $x = m$. Bei kontinuierlichen Wahrscheinlichkeitsverteilungen sind bei Mittelwert, Varianz usw. die Summen durch Integrale zu ersetzen, da ja

$$\sum_x P(x)\,dx \xrightarrow[dx \to 0]{} \int P(x)\,dx \tag{4.51}$$

ist. Deshalb ist, wie bei Gl. (A6.10) in Anhang A6 gezeigt, der Mittelwert

$$\bar{x} = \int_{-\infty}^{\infty} x \frac{1}{\sqrt{2\pi}\,W} \exp\left[-\frac{(x-m)^2}{2W^2}\right] dx = m \tag{4.52}$$

und die Varianz

$$\mathrm{var}(x) = W^2 , \tag{4.53}$$

so daß die Standardabweichung

$$d(x) = W \tag{4.54}$$

ist. Sie ist als Maß für die Breite der Verteilung in Abb. 4.5 eingezeichnet.

Nachdem wir in diesem mehr methodischen Abschnitt grundlegende Wahrscheinlichkeitsbegriffe eingeführt haben, können wir uns mit diesem Rüstzeug im folgenden wieder auf biologische Inhalte konzentrieren.

Zusammenfassung

Wir können Wahrscheinlichkeiten als relative Häufigkeiten von Meßwerten bei einer Vielzahl von Wiederholungsversuchen deuten. Der Mittelwert $\bar{n}$ gibt den „Schwerpunkt" und die Standardabweichung d die Breite dieser Häufigkeitsverteilung an. Die Varianz ist $v = d^2$. Der Korrelationskoeffizient beschreibt die Stärke der Abhängigkeit zwischen zwei Messungen. Wenn bei einer sehr hohen Zahl von Wiederholungsversuchen ein Meßwert mit einer sehr kleinen Wahrscheinlichkeit auftritt, ist die Wahrscheinlichkeit, diesen n-mal zu finden, durch die Poisson-Verteilung gegeben.

Weiterführende Literatur

Theorie: Bronstein u. Semendjajew 1981; Pielou 1977; Nisbet u. Gurney 1982.

4.2.2 Zufällige Umwelteinflüsse

Da nun alle Populationen, wie zu Beginn dieses Abschn. 4.2 dargelegt, zufälligen Umwelteinflüssen unterliegen, fragen wir uns zunächst, welche Aussagen über die Individuenzahl noch gemacht werden können. Ist die Vorstellung korrekt, daß die Wirkung dieser Stochastik nur in einem „Verwischen" der deterministischen Ergebnisse besteht, welche aber das mittlere Verhalten richtig beschreiben? Um dies zu entscheiden, müssen wir eine Modellierung der Zufallseinflüsse finden. Gezielte Fragen sind dann, wie es um die Stabilität einer Population bei stochastischen Umwelteinflüssen bestellt ist. Wie sieht es mit dem Risiko aus, daß die Population ausstirbt? Der Umgang mit diesem Problemkreis wird uns zu weiteren Fragestellungen führen.

Wir hatten uns bereits in Abschn. 2.2.4 angesehen, wie wir das Wachstum von Populationen unter zufälligen Umwelteinflüssen durch eine stochastische Differentialgleichung beschreiben können:

$$dN/dt = f(N) + g(N)\,\xi(t) = Nr(N) + g(N)\,\xi(t)\,. \tag{4.55}$$

Dabei beschreibt f(N) die *deterministische Wachstumsrate*, welcher der *zufällig fluktuierende Anteil* g(N) ξ(t) überlagert ist, der auch als Rauschen bezeichnet wird. Diesen modelliert man in der Regel durch folgende Überlegung: Die herrschenden Umweltbedingungen legen die Parameter der Wachstumsrate f(N) fest. Diese sind z. B. beim logistischen Wachstum (s. Gl. 2.26 in Abschn. 2.2.2)

$$f(N) = r_m N(1 - N/K) \tag{4.56}$$

die potentielle Wachstumsrate r_m und die Kapazität K. Zufällig schwankende Umwelteinflüsse sollten dazu führen, daß einer oder beide dieser *Parameter zufällig variieren.* So könnte z. B. das Wachstum durch einen Term mit

$$g(N) = N \tag{4.57}$$

ergänzt werden. Das bedeutet, daß zur deterministischen individuellen Wachstumsrate r(N) = f(N)/N ein zufällig schwankender Anteil ξ(t) hinzukommt. Bedenken wir, daß die Wachstumsrate r(N) = b(N) — d(N) (s. Gl. 2.16 in Abschn. 2.1.3) die Differenz der Geburtsrate b(N) und Sterberate d(N) ist, so bedeutet g(N)/N ξ(t) die Differenz der flukturierenden Anteile von b(N) und d(N).

An dieser Stelle soll daran erinnert werden, daß wir uns in Abschn. 2.2.4 eine anschauliche Interpretation für die Wirkung der Zufallseinflüsse g(N) ξ(t) überlegt hatten: Die deterministische Bewegung wird durch das „Gleiten eines Körpers im Potentialgebirge" veranschaulicht. Die Zufallseinflüsse wirken dann wie viele „zufällige Stöße gegen den Körper". Dieses anschauliche Hilfsmittel wollen wir im weiteren in Erinnerung behalten, denn es kann viele mathematisch hergeleitete Ergebnisse verständlich machen.

Für die sogenannte *stochastische Kraft* ξ(t) werden üblicherweise folgende Eigenschaften angenommen: Ihr Mittelwert wird

$$\langle \xi(t) \rangle = 0 \tag{4.58}$$

gesetzt. Dies bedeutet keine Einschränkung, da die mittlere Wachstumsrate durch f(N) beschrieben wird, so daß g(N) ξ(t) den um diesen Mittelwert fluktuierenden Anteil angibt. Der Mittelwert wird hier über eine Vielzahl von Parallelversuchen ermittelt. Für die Zufallsgröße ξ(t) wird sog. *weißes Gauß'sches Rauschen* angenommen. Das heißt, daß ξ(t) zu einer festen Zeit t eine Gauß'sche Wahrscheinlichkeitsverteilung (Normalverteilung) besitzt, wobei die Kovarianz (s. Gl. 4.39 in Abschn. 4.2.1)

$$\mathrm{cov}\,(\xi(t), \xi(t')) = \langle \xi(t) \rangle = \sigma^2 \delta(t - t') \tag{4.59}$$

ist. Hier gibt σ an, wie stark die Schwankungen von $\xi(t)$ sind. Es beschreibt daher die *Stärke des Rauschens.* Die δ-Funktion $\delta(t - t')$ ist für $t \neq t'$ identisch mit Null (Nisbet u. Gurney 1982). Diese Eigenschaft des weißen Rauschens bedeutet also, daß die Werte von $\xi(t)$ *zu verschiedenen Zeiten unkorreliert* (unabhängig) sind.

Der Grund für diese Annahmen ist, daß man ohne sie kaum Chancen hat, die stochastische Differentialgleichung für das Populationswachstum mathematisch zu behandeln. Wir müssen uns über die Einschränkung, die diese von der Mathematik diktierten Eigenschaften bewirken, Klarheit verschaffen. Wie in Abschn. 4.2.1 dargelegt, treten Normalverteilungen in der Natur recht häufig auf. Zudem wollen wir uns daran erinnern (s. Kap. 1), daß unsere idealisierten Modelle ohnehin nur qualitative Aussagen machen können. Die unter den obigen Annahmen erhaltenen qualitativen Ergebnisse sollten erhalten bleiben, wenn die Wahrscheinlichkeitsverteilung von der Normalverteilung etwas abweicht.

Daß $\xi(t)$ zu verschiedenen Zeiten unkorreliert ist, bedeutet eine starke Idealisierung. Über kurze Zeiten wird immer eine Korrelation bestehen. Wenn wir z. B. das Wetter als zufälligen Umwelteinfluß betrachten, so hat dieses sicher eine *endliche Korrelationszeit* T_K. Das heißt, wenn es jetzt schönes Wetter ist, wird es in den nächsten Stunden mit großer Wahrscheinlichkeit auch schön sein. Die Korrelationszeit T_K des Wetters mag etwa 1 bis 2 Tage betragen. Doch falls deterministische Veränderungen der Populationsgröße auf einer Zeitskala verlaufen, die sehr viel größer als T_K sind, kann im Angesicht dieser langen Zeiten T_K als verschwindend klein angesehen werden. Nur wenn diese beiden Zeitskalen in dieser Weise stark getrennt sind, ist die obige Annahme der Unkorreliertheit gerechtfertigt.

Sind die Zeitskalen der Populationsdynamik und der biotischen und abiotischen Faktoren von gleicher Größenordnung, so müssen letztere explizit durch weitere dynamische Gleichungen der Form (4.55) modelliert werden. Diese Faktoren könnten z. B. die Individuenzahlen N_i anderer Arten sein. Wir hätten dann statt Gl. (4.55) für jedes N_i eine Gleichung:

$$dN_i/dt = f_i(N_1, N_2, \ldots) + \sum_j g_{ij}(N_1, N_2, \ldots)\,\xi_j(t) \qquad \text{für} \quad i = 1, 2, \ldots, \tag{4.60}$$

wobei hier mehrere unkorrelierte stochastische Kräfte $\xi_j(t)$ berücksichtigt sind.

Im mathematisch strengen Sinn müßte man statt Gl. (4.55) eine Gleichung für die Änderung $dN(t) = \ldots$ formulieren, denn unter dem Einfluß der Zufallsgröße $\xi(t)$ ist die zeitliche Veränderung von $N(t)$ und damit $N(t)$ selbst eine stochastische Größe. Sie ist zwar als Funktion von t stetig, doch nicht differenzierbar. Das heißt, die Kurve $N(t)$ hat in ihrem Verlauf beliebig viele Zacken (s. Abb. 4.6). Läßt man $N(t)$ bei $t = 0$ jeweils bei x beginnen, so sorgt die Zufallsgröße $\xi(t)$ dafür, daß der Verlauf von $N(t)$ bei jeder Wiederholung ein anderer ist. Wie schon in Abschn. 4.2.1 bemerkt, lassen sich für die stochastische Größe $N(t)$ nur Wahrscheinlichkeitsaussagen machen. An erster Stelle interessiert die *Wahrscheinlichkeit* $P(x, t)\,dx$, *zur Zeit t* einen Wert der *Individuenzahl* $N(t)$ *zwischen x und* $x + dx$ zu finden. Wir betrachten, wie in Abb. 4.6 dargestellt,

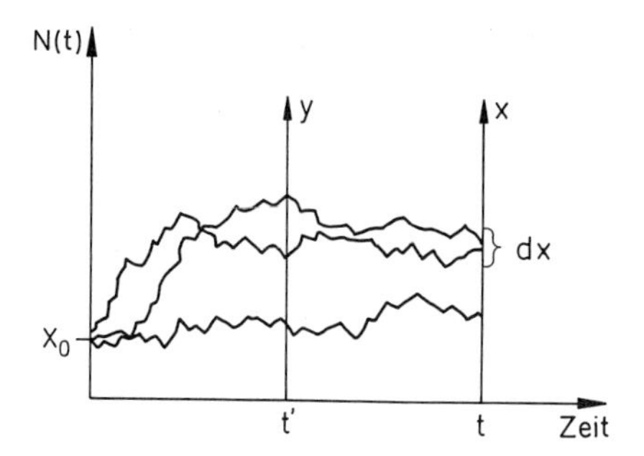

Abb. 4.6. Beispiele für den zeitlichen Verlauf der Individuenzahl N unter zufälligen Umwelteinflüssen. Trotz gleicher Anfangsgröße x_0 ergeben sich immer wieder andere „Bahnen". Bei der Wahrscheinlichkeitsverteilung P(x, t) wird danach gefragt, ob zur Zeit t die Individuenzahl N in ein Intervall dx um x herum liegt

einen festen Zeitpunkt t und fragen nach der relativen Häufigkeit (Wahrscheinlichkeit), daß bei Versuchswiederholung die „Bahn" in ein bestimmtes „Fenster" dx trifft.

Um diese Wahrscheinlichkeit zu bestimmen, nützt man die sog. Markow-Eigenschaft aus, die sich aus Gl. (4.55) ergibt. Sie besagt, daß, wenn N(t) zu einem gewissen Zeitpunkt ($t = 0$ in Abb. 4.6) einen Wert (x_0) hat, es für den weiteren Verlauf von N(t) unerheblich ist, wie N(t) zu früheren Zeiten ($t < 0$) zu diesem Wert (x_0) gekommen ist. Kurz gesagt, ist ein *Markow-Prozeß ein Zufallsprozeß ohne Gedächtnis.* Die Wahrscheinlichkeit mit einer genau fixierten Anfangsbedingung x_0 nennt man, wie bei Gl. (4.32) in Abschn. 4.2.1 formuliert, die bedingte Wahrscheinlichkeit. Es ist also $P(x, t/x_0, 0)\,dx$ die bedingte Wahrscheinlichkeit, daß N(t) zur Zeit t einen Wert zwischen x und $x + dx$ hat, vorausgesetzt, es war N(t) zur Zeit $t = 0$ gleich x_0. Bei Gl. (A7.1) in Anhang A7 ist für diese *bedingte Wahrscheinlichkeit* eine mathematische Beziehung abgeleitet worden, die die Markow-Eigenschaft benutzt. Ist zur Zeit $t = 0$ der Wert von N(t) nicht genau bekannt, sondern seine Wahrscheinlichkeit $P(x, 0)\,dx$, so wird sich zu dem späteren Zeitpunkt t auch eine andere Wahrscheinlichkeit $P(x, t)\,dx$ ergeben. Sie läßt sich nach Gl. (A7.2) aber aus $P(x, t/x_0, 0)$ berechnen. Ganz allgemein können alle Informationen, die über N(t) aus Gl. (4.55) erhalten werden können, aus der bedingten Wahrscheinlichkeit berechnet werden. Wir werden uns daher in der Regel um diese zentrale Größe bemühen.

Zusammenfassung

Zufällige Umwelteinflüsse werden durch eine stochastische Differentialgleichung

$$dN/dt = Nr(N) + g(N)\,\xi(t) \tag{4.55}$$

beschrieben, wobei $g(N)\,\xi(t)$ der zufällige fluktuierende Anteil der Wachstumsrate ist. Übliche Annahmen sind, daß $\xi(t)$ eine Normalverteilung als Wachrscheinlichkeitsverteilung besitzt und daß die Korrelationszeit von $\xi(t)$ zu verschiedenen Zeiten klein gegen die typische Zeit für deterministische Veränderungen ist. Eine zentrale Größe für die Beschreibung dieser stochastischen Populationsdynamik ist die bedingte Wahrscheinlichkeitsverteilung $P(x, t/x_0)$ für die Individuenzahl zur Zeit t.

Weiterführende Literatur:
Theorie: Chesson 1978; Cody u. Diamond 1975; Feldman u. Roughgarden 1975; Gardiner 1983; Goel u. Richter-Dyn 1974; Haken 1977; Levins 1969; Lewandowsky u. White 1977; May 1973a; Nisbet u. Gurney 1982; Ricciardi 1977, 1986a; Roughgarden 1975; Turelli 1986.

4.2.3 Fokker-Planck-(Kolmogorow)-Gleichung

Für die *Wahrscheinlichkeitsverteilung* $P(x, t)\,dx$ bzw. $P(x, t/x_0, 0)\,dx$ läßt sich aus Gl. (4.55) bei weißem Gauß'schen Rauschen eine *Bestimmungsgleichung* herleiten, die *Fokker-Planck-* oder *Kolmogorow-Gleichung* genannt wird:

$$\frac{\partial P(x,t)}{\partial t} = -\frac{\partial}{\partial x}[A(x)\,P(x,t)] + \frac{1}{2}\frac{\partial^2}{\partial x^2}[B(x)\,P(x,t)]. \tag{4.61}$$

(Bei Funktionen von mehreren Variablen (hier $P(x, t)$) wird bei der Ableitung nach einer Variablen für kleine Änderungen statt „d" das Symbol „∂" benutzt.) Diese partielle Differentialgleichung zweiter Ordnung gilt es zu lösen, wobei man die Ausgangssituation, d. h. $P(x, 0)$ vorgeben muß. Ist diese durch $N(t = 0) = x_0$ genau fixiert, so muß in Gl. (4.61) $P(x, t)$ durch die bedingte Wahrscheinlichkeit $P(x, t/x_0, 0)$ ersetzt werden. Die *Koeffizienten $A(x)$ und $B(x)$* von Gl. (4.61) sind durch die Funktionen $f(N)$ und $g(N)$ aus Gl. (4.55) festgelegt. Dabei werden zwei verschiedene Möglichkeiten (Turelli 1977) benutzt:

$$B(x) = \sigma^2 g^2(x), \tag{4.62}$$

wobei σ nach Gl. (4.59) die Rauschstärke ist. Nach dem Kalkül von Ito ist

$$A(x) = f(x), \tag{4.63I}$$

hingegen nach Stratonovich

$$A(x) = f(x) + \frac{1}{2}\sigma^2 g(x)\frac{dg(x)}{dx}. \tag{4.63S}$$

Wir wollen uns hier nicht mit der mathematisch aufwendigen Herleitung der Gln. (4.61), (4.62) und (4.63) beschäftigen, und wie die beiden verschiedenen Kalküle mathematisch begründet werden. Für unseren Gebrauch ist folgende Regel entscheidend: Haben wir eine Populationsdynamik vorliegen, die eigentlich besser durch ein zeitdiskretes Modell (s. Abschn. 2.1.2) beschrieben wird, ist die Korrelationszeit T_K des Rauschens kürzer als die Zeitschritte dieses Modells, und approximieren (s. Gl. 2.17 in Abschn. 2.1.3) wir diese diskrete Beschreibung durch eine kontinuierliche, dann ist das Ito-Kalkül zu wählen. Beschreiben wir die Population besser durch ein zeitkontinuierliches Modell, bei dem die Korrelationszeit T_K des Rauschens kleiner als die typische Zeit für deterministische Veränderungen in der Population ist, so ist das Stratonovich-Kalkül zu benutzen.

Wenn man von der etwas abstrakten Interpretation von Gl. (4.61) als Diffusion im Wahrscheinlichkeitsraum absieht, können die Koeffizienten A(x) und B(x) nicht direkt biologisch gedeutet werden. Deshalb sollte man bei der *Modellierung zufälliger Umwelteinflüsse* immer zunächst eine Gleichung der Form (4.55) aufstellen, deren biologische Bedeutung direkt ersichtlich ist. Um Aussagen für die Wahrscheinlichkeit P(x, t) dx machen zu können, muß man dann auf Gl. (4.61) übergehen und diese Gleichung lösen. Leider ist eine analytische Lösung ohne Computer nur in sehr einfachen, ökologisch meist wenig interessierenden Fällen möglich. Eine numerische Lösungsmethode werden wir unten angeben. Es läßt sich jedoch zeigen, daß P(x, t) gegen eine stabile Gleichgewichtsverteilung P*(x) strebt. Sie erhält man durch Nullsetzen der linken bzw. rechten Seiten von Gl. (4.61). Mit Gl. (A2.15)) in Anhang A2 wird die *stationäre Gleichgewichtsverteilung*

$$P^*(x) = \frac{c}{B(x)} \exp\left(\int \frac{2A(x)}{B(x)}\,dx\right) \tag{4.64}$$

bestimmt. Die Konstante c berechnet sich daraus, daß entsprechend zu Gl. (4.28)

$$\int P^*(x)\,dx = 1 \tag{4.65}$$

gelten muß. Nach einer gewissen Anfangsphase gelangt die Population also in einen Zustand, in dem sich die Wahrscheinlichkeitsverteilung nicht mehr ändert. Mit Gl. (A2.21) in Anhang A2 ist für das logistische Modell (4.56) und (4.57) das Integral in Gl. (4.64) gelöst worden. Im Falle der Stratonovich-Formel ist

$$P^*(x) = c \exp\left\{\left[\frac{2r_m}{\sigma^2} - 1\right] \ln x - \frac{2r_m x}{K\sigma^2}\right\}. \tag{4.66}$$

Diese Gleichgewichtsverteilung ist in Abb. 4.7 dargestellt. Für kleinere Rauschstärken σ erhalten wir das zu Beginn von Abschn. 4.2.1 vermutete Ergebnis. Die

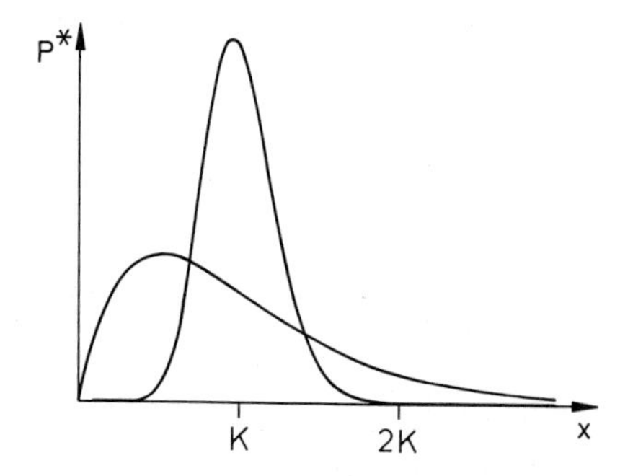

Abb. 4.7. Stationäre Wahrscheinlichkeitsverteilung P*(x) der Individuenzahl N für das logistische Wachstum mit zufälligen Umwelteinflüssen gemäß Gl. (4.66). Für $\sigma^2/r_m = 0{,}1$ ergibt sich die schmale Normalverteilung um die Kapazität K herum (s. auch Näherungsrechnung Gl. (4.72). Für $\sigma^2/r_m = 1$ ist die Verteilung schief und stark nach links verschoben

zufälligen Umwelteinflüsse verursachen ein „*Verwischen*“ *des deterministischen Verhaltens*: Um den deterministischen Gleichgewichtswert K herum entsteht eine Wahrscheinlichkeitsverteilung. Doch ganz anders sieht die Situation bei stark fluktuierenden Umweltbedingungen aus. Wir finden statt der symmetrischen Glokkenkurve um K eine schiefe Verteilung, die zu kleineren Individuenzahlen hin verschoben ist. Das Maximum liegt nach Gl. (A7.4) in Anhang A7 bei

$$x_{max} = K\left(1 - \frac{\sigma^2}{2r_m}\right). \tag{4.67}$$

Nur falls $\sigma^2 \ll 2r_m$, ist $x_{max} \approx K$. Je stärker die Umweltbedingungen schwanken, um so kleiner wird x_{max}. Nach Gl. (A7.9) liegt der Mittelwert der Individuenzahl bei $\bar{x} = K$. Die Breite der Verteilung ist nach Gl. (A7.12) durch die Standardabweichung

$$d(x) = \frac{K\sigma}{\sqrt{2r_m}} \tag{4.68}$$

gegeben. Mit zunehmenden Umweltfluktuationen σ wird sie, wie erwartet, größer.

Wir wollen an dieser Stelle einem möglichen Irrtum verbeugen. Wir hatten festgestellt, daß nach einer gewissen Übergangszeit die Wahrscheinlichkeitsverteilung $P(x, t)$ gegen die Gleichgewichtsverteilung $P^*(x)$ strebt. Doch besagt dies nur, daß bei vielen *Parallelversuchen* die Wahrscheinlichkeit für die Individuenzahl schließlich konstant wird. In einem *einzelnen Versuch* wird die *Individuenzahl* $N(t)$ aufgrund der Zufallseinflüsse weiterhin *zeitlich variieren*. Um dies zu sehen und quantitativ zu beschreiben, sehen wir uns die Situation bei kleiner Rauschstärke σ an (Turelli 1986; Nisbet u. Gurney 1982). Wir erwarten, daß dann die Individuenzahl nur wenig vom deterministischen Gleichgewichtswert $N = K$ abweicht. Wenn wir eine stochastische Populationsdynamik allgemein durch

$$dN/dt = f(N) + g(N)\,\xi(t) \tag{4.55}$$

beschreiben und N nahe bei N^* bleibt, was durch $f(N^*) = 0$ bestimmt ist, so können wir $f(N)$ in der Nähe von N^* durch eine Gerade approximieren (s. Anhang A4a). Für die Abweichung $U(t) = N(t) - N^*$ vom Gleichgewicht N gilt dann die Gleichung (s. Gl. A4.3)

$$dU/dt = -\frac{1}{T_R}U + g(N^*)\,\xi(t)\,, \tag{4.69}$$

wobei der Kehrwert der charakteristischen Rückkehrzeit T_R durch die Ableitung der Wachstumsrate $f(N)$ bei N^* gegeben ist (s. Gl. A4.4). Wir haben in $g(N)$ wegen der kleinen Abweichungen der Individuenzahl N von N^* in einfachster Näherung N^* eingesetzt.

In der Fokker-Planck-Gleichung (4.61) für die Wahrscheinlichkeitsverteilung von U lauten wegen der Gln. (4.62) und (4.63) die Koeffizienten nun

$$B(x) = \sigma^2 g^2(N^*)\,, \tag{4.70}$$

$$A(x) = -\frac{1}{T_R}x\,. \tag{4.71}$$

In diesem Fall läßt sich mit etwas mathematischem Aufwand (Goel u. Richter-Dyn 1974; Gardiner 1983; Ricciardi 1977) die zeitabhängige Lösung von Gl. (4.61) finden. Sie lautet nach Gl. (A7.16) in Anhang A7

$$P(x, t/x_0) = \frac{1}{\sqrt{2\pi}\, V(t)} \exp\left\{-\frac{[x - m(t)]^2}{2V^2(t)}\right\}, \tag{4.72}$$

wobei der Mittelwert

$$\bar{x} = m(t) = x_0\, e^{-t/T_R} \tag{4.73}$$

und die Standardabweichung

$$d(x) = V(t) = \frac{1}{2}\sigma^2 g^2 T_R[1 - \exp(-2t/T_R)] \tag{4.74}$$

dieser Normalverteilung (s. Abb. 4.5 in Abschn. 4.2.1), wie für die Gln. (4.52) und (4.54), bestimmt werden.

Bei *schwachen Umweltfluktuationen* finden wir also generell, daß der *Mittelwert wie im deterministischen Fall* (siehe Gl. 2.40 in Abschn. 2.2.3) exponentiell mit der charakteristischen Rückkehrzeit T_R in das Gleichgewicht $U = 0$ d. h. $N = N^*$ strebt. Also beschreiben die deterministischen Gleichungen bei schwachen Zufallseinflüssen das mittlere Verhalten. Die Wahrscheinlichkeitsverteilung $P(x, t/x_0)$ entspricht der von Gauß, wobei die Standardabweichung gegen den Wert

$$d^*(x) = \frac{1}{2}\sigma^2 g^2(N^*)\, T_R \tag{4.75}$$

strebt. Daß auch im Fall der Gleichgewichts-Wahrscheinlichkeitsverteilung $P^*(x)$ die *Individuenzahlen* in einem Einzelversuch weiter *fluktuieren*, zeigt die Korrelationsfunktion, die nach Gl. (A7.24)

$$\mathrm{cor}\,(U(t), U(0)) = \exp(-t/T_R) \tag{4.76}$$

lautet. Sie gibt, wie bei Gl. (4.39) dargelegt, an, wie im Mittel der Wert der Abweichung U zur Zeit t mit dem Wert zur Zeit Null korreliert ist. Wäre die Individuenzahl unveränderlich konstant, so müßte sich nach den Gln. (4.39) und (4.40) der Wert 1 ergeben. Aus Gl. (4.76) sehen wir, daß die Korrelation der Individuenzahl zu verschiedenen Zeiten mit größer werdendem zeitlichen Abstand abnimmt. Nur bis zur *Korrelationszeit*, die hier gleich der charakteristischen Rückkehrzeit T_R ist, wird die Individuenzahl in ihrem zeitlichen Verlauf durch die „Vorgeschichte" bestimmt. Bei größeren Zeiten überwiegen die Zufallseinflüsse.

Nun wird man zu Recht einwenden, daß man in der Ökologie kaum die Gelegenheit hat, ausreichend viele Paralleluntersuchungen durchzuführen, um die Wahrscheinlichkeitsverteilung, Mittelwert, Varianz usw. zu bestimmen und mit dieser Theorie hier zu vergleichen. Häufig untersucht man nur eine einzelne Population. Hier hilft uns der sog. *Ergodensatz*, der besagt, daß die *Wahrscheinlichkeitsverteilung* $P^*(x)$ *über* eine *Vielzahl von Parallelversuchen die gleiche* ist *wie die zeitliche Verteilung in einem einzelnen Versuch*. Die Voraussetzungen sind so allgemein, daß sie für die hier betrachteten Modelle immer zutreffen sollten (Nisbet u. Gurney 1982). Zwar können wir jetzt auf Parallelversuche verzichten, doch müssen wir stattdessen $P^*(x)$ als Häufigkeitsverteilung der Individuenzahl im Laufe der Zeit bestimmen. Dazu ist dann eine entsprechend lange Untersuchungsdauer nötig. Bei wenigen Parallelversuchen kann man auch die Häufigkeitsverteilung über die Zeit und die Paralleluntersuchungen aufnehmen. In jedem Fall sind eine erhebliche Menge von Daten zu erfassen. Mit ihnen kann man dann aus der Korrelationsfunktion (4.76) die charakteristische Rückkehrzeit T_R bestimmen, und aus der Standardabweichung (4.75) die Stärke der Zufallseinflüsse $\sigma^2 g^2$.

Erinnern wir uns an die *bildliche Veranschaulichung* der stochastischen Populationsdynamik durch einen Körper, der in einer Mulde um N^* herum durch die Zufallseinflüsse hin- und hergestoßen wird. Am häufigsten wird er sich bei N^* aufhalten, während größere Abweichungen von N^* selten auftreten. Dies zeigt auch die Rechnung (4.72). Die mittleren Auslenkungen werden umso größer sein, je flacher die Mulde (kleine $1/T_R$) (s. Gln. 2.41 und 2.44 in Abschn. 2.2.3 und 2.2.4) und je stärker die Stöße im Mittel ($\sigma^2 g^2$ groß) sind. Genau dies wird durch die Standardabweichung $d^*(x)$ in Gl. (4.75) beschrieben. Da sie das Ausmaß der mittleren Schwankung der Individuenzahl beschreibt, wird sie auch als (inverses) Maß für die Stabilität benutzt. Diese Stabilität ist um so geringer, d. h. $d^*(x)$ um so größer, je kleiner die deterministische Stabilität, beschrieben durch die inverse Rückkehrzeit $1/T_R$ und je größer die Stärke $\sigma^2 g^2$ der Zufallseinflüsse ist.

Wenn wir den Fall stärkerer Zufallseinflüsse in Abb. 4.7 betrachten, sehen wir, daß dort kleine Individuenzahlen durchaus auftreten können. Damit stellt sich natürlich die Frage, wie wahrscheinlich ist es, daß die Individuenzahl $N = 0$ erreicht wird, die Population also ausstirbt. Um diese ökologisch wichtige Fragestellung anzugehen, führen wir hier eine andere Größe zur Beschreibung der stochastischen Populationsdynamik ein. Es ist die *First-Passage-Time-Verteilung* $F(x, t/y)\,dt$. Sie ist definiert als die Wahrscheinlichkeit, den Wert $N = x$ im Zeitintervall $t, t + dt$ zum ersten Mal zu erreichen, wenn zur Zeit $t = 0$ der Wert $N = y$ vorlag. Der große Vorteil dieser Verteilung liegt darin, daß man ihren Mittelwert

$$M(x, y) = \int_0^\infty t F(x, t/y)\, dt \tag{4.77}$$

analytisch berechnen kann, wie in Anhang A7 bei Gl. (A7.25) angegeben wird. Es ist also $M(x/y)$ die mittlere Zeit, die nötig ist, um von der Individuenzahl y zum ersten Mal zum Wert x zu gelangen.

Von besonderem Interesse ist für uns die *mittlere Zeit $M(0, y)$ bis zum Aussterben der Population* für das logistische Modell mit Zufallseinflüssen (4.55), (4.56) und (4.57). Bei Gl. (A7.29) in Anhang A7 ist gezeigt, daß diese Zeit unendlich wird. Dies bedeutet also, daß im Mittel unendlich lange Zeit vergeht, bis die Population ausstirbt. Obwohl kleine Individuenzahlen erreicht werden, *stirbt in endlicher Zeit* die Population doch *nicht aus*. Dies steht im Widerspruch zur Erfahrung, daß kleine Populationen vom Aussterben bedroht sind. Hier hat unser stochastisches *Modell* (4.55) einen entscheidenden *Mangel*. Es beschreibt die Individuenzahl N als kontinuierliche Variable. Dies ist aber bei kleinen N sicher nicht statthaft. Das heißt, wir müssen für kleinere Individuenzahlen eine diskrete stochastische Beschreibung suchen.

Zusammenfassung

Die Wahrscheinlichkeitsverteilung P(x, t) für die Individuenzahl ist aus der Fokker-Planck-Gleichung zu bestimmen, deren Koeffizienten sich aus der Modellgleichung (4.55) ergeben. Die stationäre Verteilung P*(x) beschreibt, wie in einem „Gleichgewichtszustand" die Individuenzahl zeitlich hin- und herfluktuiert. Es zeigt sich, daß geringe Stärken σ der Zufallseinflüsse nur zu einem „Verwischen" des deterministischen Verhaltens führen. Es ergibt sich eine Normalverteilung der Individuenzahlen um das deterministische Gleichgewicht N* herum, deren Standardabweichung d um so größer ist, je stärker der Zufallseinfluß und je schwächer die Regulation auf das Gleichgewicht hin (charakteristische Rückkehrzeit T_R groß) ist. Individuenzahlen sind über die Dauer T_R miteinander korreliert. Beim logistischen Wachstum tritt bei starken Zufallseinflüssen (σ groß) eine Wahrscheinlichkeitsverteilung, die nicht mehr um K zentriert ist, auf. In dieser Beschreibung (4.55) ist das Aussterben der Population in endlicher Zeit unmöglich.

Weiterführende Literatur:
Theorie: Capocelli u. Ricciardi 1974; Chesson 1978; Gardiner 1983; Goel u. Richter-Dyn 1974; Haken 1977; Levins 1969; Lewandowsky u. White 1977; Ludwig 1974; May 1973a, b; Nisbet u. Gurney 1982; Ricciardi 1977, 1986a; Roughgarden 1975; Turelli 1977, 1986.

4.2.4 Demographische Stochastik

In diesem Paragraphen soll untersucht werden, wie eine diskrete stochastische Beschreibung der Populationsdynamik erfolgen kann. Wir werden untersuchen, welche Vorgänge zum Aussterben einer Population führen können.

Eine Beschreibung der stochastischen Populationsdynamik, welche die *Diskretheit der Individuenzahl N* berücksichtigt, ist besonders *bei kleinem N wichtig.* Während sich bei großen Zahlen N eine diskrete von einer kontinuierlichen Beschreibung kaum unterscheidet, ist es dagegen wesentlich, daß N keine Werte wie 1,8 oder 2,3 annehmen kann, sondern nur N = 0, 1, 2, ... Wenn wir von vornherein die Wirkung von Zufallseinflüssen berücksichtigen und deshalb die Individuenzahl N als stochastische Größe ansehen, kommt nur eine Wahrscheinlichkeitsbeschreibung der Populationsdynamik in Frage. Dazu betrachten wir die bedingte *Wahrscheinlichkeit* $P_{nm}(t)$, daß *zur Zeit t die Individuenzahl N = n* vorliegt, vorausgesetzt, es war N = m zur Zeit Null.

Für die zeitliche Veränderung der Populationsgröße N sind *Geburts- und Sterbeprozesse* verantwortlich, wobei wir eine mögliche Immigration in der Geburtenzahl und eine Emigration in der Sterbezahl mit berücksichtigen (s. Abschn. 2.1.1). Die Zufallseigenschaft dieser Prozesse folgt aus der Tatsache, daß lebende Individuen nicht wie Maschinen in konstanten Zeitabständen eine Geburt und einen Sterbefall bewirken, sondern daß Geburt und Sterben in unregelmäßiger Folge auftreten. Wir beschreiben dies durch *zufällige Geburts-* und *Sterberaten.* Deshalb werden diese Zufallseinflüsse auch *demographisches Rauschen* genannt (May 1973b). Doch werden wir unten (s. Diskussion nach Gl. 4.89b in Abschn. 4.2.5) sehen, daß man diesen Sprachgebrauch ändern muß. Die Geburtsrate λ_n ist dadurch definiert, daß λ_n dt die *Wahrscheinlichkeit* ist, daß innerhalb eines infinitesimal kurzen *Zeitintervalls* dt *eine Geburt* auftritt, wenn n Individuen vorhanden sind. Die Sterberate μ_n legt die *Wahrscheinlichkeit* μ_n dt fest, daß *innerhalb der Zeitdauer* dt *ein Individuum stirbt*, wenn die Zahl n vorhanden war. Der allgemeine Zustand der Population geht über die Populationsgröße n in diese Größen ein. Ansonsten nehmen wir an, daß die Geburts- und Sterbeprozesse voneinander unabhängig ablaufen und daß es keine Rolle spielt, wie der Zustand $N = n$ erreicht wurde. Wir sehen die Populationsdynamik also wieder als Markow-Prozeß (s. Abschn. 4.2.2 und Gl. A7.1 in Anhang A7) an.

Die *Master-Gleichung* (4.78), durch welche die Wahrscheinlichkeit $P_{nm}(t)$ bestimmt wird, wird bei Gl. (A7.30) in Anhang A7 ganz analog zu Gl. (4.41) in Abschn. 4.2.1 hergeleitet:

$$\frac{dP_{nm}}{dt} = -(\lambda_n + \mu_n) P_{nm} + \lambda_{n-1} P_{n-1,m} + \mu_{n+1} P_{n+1,m} . \tag{4.78}$$

Sie wird vollständig durch die biologisch direkt interpretierbaren Geburts- und Sterberaten λ_n bzw. μ_n festgelegt. Eigentlich ist Gl. (4.78) ein gekoppeltes Differentialgleichungssystem, da für jede Individuenzahl n eine Gleichung existiert.

Wir wollen zunächst den Zusammenhang dieser diskreten Beschreibung mit dem vorhergehenden Abschnitt aufzeigen, in dem die Individuenzahl N als kontinuierliche Variable betrachtet wird. Wenn man die rechte Seite der Fokker-Planck-Gleichung (4.61), wie bei numerischen Lösungsverfahren üblich, diskretisiert und umordnet, erhält man nach Gl. (A7.32) in Anhang A7 eine Master-Gleichung vom Typ (4.78), wobei die Geburts- und Sterberaten, wie folgt, durch die Koeffizienten der Gln. (4.62) und (4.63) von (4.61) bestimmt sind:

$$\lambda_n = \frac{1}{2} [B(n) + A(n)] , \tag{4.79}$$

$$\mu_n = \frac{1}{2} [B(n) - A(n)] . \tag{4.80}$$

Damit haben wir für das gleiche populationsdynamische Modell sowohl eine Beschreibung (4.61) mit kontinuierlicher Individuenzahl N als auch eine (4.78) mit diskretem N. Durch Vergleich von Größen (stationäre Verteilung in den Gln. 4.64 und 4.81 und Mean-First-Passage-Zeit mit den Gln. 4.77 bzw. A7.25 und A7.38), die man analytisch berechnen kann, läßt sich zeigen, daß bei größeren Individuenzahlen beide Beschreibungsweisen übereinstimmen. Bei *kleineren Individuenzahlen versagt* die *kontinuierliche Beschreibung* mit der Fokker-Planck-Gleichung (4.61), wie wir am Ende des vorherigen Abschnittes gesehen haben, und es bleibt dann nur die diskrete mit der Mastergleichung (4.78). Bei großen

Individuenzahlen hat man die Wahl zwischen beiden Möglichkeiten. Oft nimmt man die kontinuierliche Fokker-Planck-Gleichung, da das analytische Rechnen mit einer einzigen Differentialgleichung vertrauter ist. Doch hat die diskrete Form (4.78) für numerisches Lösen am Computer einige Vorteile (s. Gl. A7.42). Außerdem ist sie universell bei allen Individuenzahlen N anwendbar und schließt bei Benutzung der Gln. (4.79) und (4.80) den kontinuierlichen Fall (4.61) bei großem N mit ein.

Leider läßt sich für die Mastergleichung (4.78) ebensowenig wie für die Fokker-Planck-Gleichung (4.61) eine vollständige analytische Lösung angeben. Nur für einige sehr spezielle Fälle gelingt dies mit einigem mathematischem Aufwand (Goel u. Richter-Dyn 1974). Jedoch gibt es für die *Master-Gleichung* ein sehr schnelles, gutes, numerisches Verfahren (s. Gl. A7.42). Wegen der oben besprochenen Äquivalenz hat man damit auch ein numerisches Lösungsverfahren für die Fokker-Planck-Gleichung in dem Bereich, wo sie Gültigkeit hat, d. h. bei großen Individuenzahlen. Ebenso wie bei der Fokker-Planck-Gleichung strebt die Wahrscheinlichkeitsverteilung $P_{nm}(t)$ einer zeitlich unveränderlichen *Gleichgewichtsverteilung* P_n^* zu, die unabhängig von der Anfangsbedingung $N = m$ bei $t = 0$ ist. Bei Gl. (A7.35) in Anhang A7 ist gezeigt, daß für P_n^* die Rekursionsformel

$$P_{n+1}^* = P_n^* \lambda_n / \mu_{n+1} \tag{4.81}$$

gilt. Ausgehend von P_0^* lassen sich alle anderen P_n^* sukzessiv berechnen.

Ebenso wie bei der Fokker-Planck-Gleichung (4.61) bedeutet die zeitliche Unveränderlichkeit von P_n^* nicht, daß die *Individuenzahl* N konstant ist. Vielmehr *fluktuiert* diese auch nach Erreichen von P_n^* noch weiter hin und her und zwar so, daß sich dabei die *Häufigkeitsverteilung* P_n^* ergibt (Ergodenaussage (s. Abschn. 4.2.3)). Folgende Überlegungen kann man anstellen, um sich die rechnerischen Ergebnisse verständlich zu machen. Die Differenz zwischen Geburtsrate λ_n und Sterberate μ_n ergibt die *mittlere Wachstumsrate*, wie auch Gln. (4.79), (4.80), (4.63I), (4.62) und (4.55) zeigen. Aus diesen Gleichungen folgt auch, daß die Summe aus λ_n und μ_n die *Stärke der Zufallseinflüsse angibt.*

Ein spezieller Fall ergibt sich, wenn $\lambda_0 = 0$ ist. Diese Situation erwarten wir, wenn *keine Immigration* stattfindet. Denn, wenn keine Individuen vorhanden sind ($n = 0$), kann auch keine Geburt erfolgen. Aus Gl. (4.81) folgt, daß $P_1^* = 0$ ist und dann auch $P_n^* = 0$ für alle anderen $n > 0$. Die Population strebt im Laufe der Zeit einer Situation P_n^* zu, in der nur noch P_0^* von Null verschieden ist. Dies bedeutet, daß dort mit Sicherheit die Individuenzahl N gleich Null, die Population also ausgelöscht ist. In dieser Beschreibung durch die Master-Gleichung (4.78) ohne Immigration ist das *Aussterben der Population* nicht nur möglich, sondern geschieht nach einiger Zeit *mit Sicherheit.* Jedoch können wir hier noch nicht feststellen, wie lange es dauert, bis eine Population ausgestorben ist. Tritt jedoch eine Einwanderung auf, so ist $\lambda_0 > 0$. In diesem Fall gibt λ_0 die *Immigrationsrate*, also die Zahl der pro Zeit einwandernden Individuen an. Nun wird man aus Gl. (4.81) auch für größere Individuenzahlen eine endliche Wahrscheinlichkeit P_n^* erhalten. Doch der von Null verschiedene Wert von P_0^* zeigt, daß die Individuenzahl $N = 0$, also ein Aussterben der Population, bei den Schwankungen der Populationsgröße N gelegentlich einmal vorkommt. In diesem Fall sorgt die endliche Immigrationsrate λ_0 immer wieder für eine erneute Besiedlung. Beispiele für solche P_n^* findet man in Abb. 4.9.

Zusammenfassung

Zur stochastischen Beschreibung, welche die Diskretheit der Individuenzahl n berücksichtigt, dient die Master-Gleichung, welche durch die Geburts- und Sterberaten der Population festgelegt wird. Diese Master-Gleichung kann auch als gute Approximation der kontinuierlichen Fokker-Planck-Gleichung bei hohen Individuenzahlen dienen. Für die Lösung der Master-Gleichung existiert eine einfache numerische Methode. Die stationäre Wahrscheinlichkeitsverteilung P_n^* beschreibt die Fluktuationen der Individuenzahl n im Gleichgewicht. Ist die Geburtsrate bei verschwindender Individuenzahl ($n = 0$) gleich Null, stirbt die Population im Laufe der Zeit aus; ist sie von Null verschieden, beschreibt sie eine Immigrationsrate.

Weiterführende Literatur:
Theorie: Barlett 1960; Chesson 1978, 1981; Cody u. Diamond 1975; Gardiner 1983; Goel u. Richter-Dyn 1974; Haken 1977; Horn 1975; Ludwig 1974; Nisbet u. Gurney 1982; Ricciardi 1977, 1986b; Turelli 1986; Wissel 1984a.

4.2.5 Auslöschung

In diesem Paragraphen wollen wir uns mit dem Problem der *Extinktion* näher beschäftigen. Dabei soll uns interessieren, bei welchen Populationsgrößen das Risiko einer Auslöschung besonders groß ist und welche Zeiten man bis zur Extinktion erwarten kann. Um die letzte Größe zu bestimmen, ist die *First-Passage-Zeit* besonders geeignet. So wie in Abschn. 4.2.3 ist $F_{nm}(t)\,dt$ als die Wahrscheinlichkeit definiert, daß die Individuenzahl N den Wert n zum ersten Mal im Zeitintervall $t, t + dt$ erreicht, wenn zur Zeit $t = 0$ der Wert m vorlag. Für den entsprechenden Mittelwert, die Mean-First-Passage-Zeit M_{nm}, die durch

$$M_{nm} = \int_0^\infty t F_{nm}(t)\,dt \qquad (4.82)$$

zu berechnen ist, ist im Anhang A7 ein geschlossener Ausdruck (A7.38) angegeben. Noch eine andere direkt berechenbare Größe (s. Gl. A7.40 in Anhang A7) ist für unser Extinktionsproblem von Interesse: $R_{nm}(r)$ steht für die Wahrscheinlichkeit, daß die Individuenzahl den Wert n annimmt, bevor sie den Wert r erreicht, wenn sie ursprünglich den Wert m hatte.

Zunächst wollen wir uns die Größe $R_{nm}(0)$ ansehen, die die *Wahrscheinlichkeit* angibt, daß eine Population der ursprünglichen Größe m die *Individuenzahl n erreicht, bevor sie ausstirbt*. Für das folgende simple Modell (MacArthur u. Wilson 1967) ist die Berechnung besonders einfach. Bei *kleinen Individuenzahlen*, wo man noch keine intraspezifische Konkurrenz erwartet, sollten die Geburts- und Sterberaten eines einzelnen Individuums λ bzw. μ von der Größe n der Population unabhängig sein. Also sollten die Raten für die Gesamtpopulation proportional zu n sein:

$$\lambda_n = \lambda \cdot n\,, \tag{4.83}$$

$$\mu_n = \mu \cdot n\,. \tag{4.84}$$

Da diese Gleichungen alleine ein unbegrenztes Wachstum ergeben, wird die Geburtsrate $\lambda_K = 0$ für eine gewisse maximale Individuenzahl K gesetzt. Deterministisch würde in diesem Fall die Populationsgröße mit der Wachstumsrate

$$f(N) = \lambda_N - \mu_N = (\lambda - \mu)\,N = rN$$

ohne dichteabhängige Regulation wachsen, bis sie den Wert K erreicht und dort verharrt. Dieses in Abb. 2.13 dargestellte Verhalten wurde in Abschn. 2.3.1 auch als Limitierung bezeichnet. Dies ist sicher ein sehr grobes Modell, was vielleicht am ehesten bei Konkurrenz um Raum angebracht ist. Doch sind seine qualitativen Ergebnisse auch auf detailliertere Modelle übertragbar. In diesem Fall ist nach Gl. (A7.41) in Anhang A7:

$$R_{nm}(0) = \frac{1 - (\mu/\lambda)^m}{1 - (\mu/\lambda)^n}\,. \tag{4.85}$$

Diese Wahrscheinlichkeit als Funktion von n ist in Abb. 4.8 für den Fall dargestellt, daß man mit einem Kolonisator ($m = 1$) beginnt. Für $n = 1$ erhält man aus Gl. (4.85) den Wert $R_{11}(0) = 1$. Mit wachsendem n nimmt $R_{n1}(0)$ ab, sofern die individuelle Wachstumsrate $r = \lambda - \mu > 0$ ist. Da dann $\mu/\lambda < 1$, wird $(\mu/\lambda)^n$ mit wachsendem n immer kleiner, bis es schließlich im Nenner von Gl. (4.85) gegen 1 zu vernachlässigen ist (s. Gl. A3.1 in Anhang A3). Dies geschieht etwa bei $(\mu/\lambda)^n \approx 10^{-3}$. Daraus folgt, daß, wenn n den kritischen Wert von

$$n_c = 3/\log(\lambda/\mu) \tag{4.86}$$

übersteigt, der Nenner von Gl. (4.85) praktisch gleich 1 ist und sich mit wachsendem n nicht mehr ändert (Goel u. Richter-Dyn 1974). Deshalb behält $R_{n1}(0)$ für $n > n_c$ den Wert $(1 - \mu/\lambda)$.

Dieses Ergebnis wollen wir nun interpretieren. Die *Wahrscheinlichkeit*, daß aus einem Kolonisator *eine Population der Größe n* wird, ist zunächst um so kleiner, je größer n ist. Das heißt, daß die Schwankungen beim Heranwachsen einer Population mit einer gewissen Wahrscheinlichkeit zur Extinktion führen, bevor größere Individuenzahlen erreicht werden. Hat die Individuenzahl n aber einmal den *kritischen Wert* n_c überschritten, so werden Zahlen bis zum Maximalwert K mit derselben Wahrscheinlichkeit erreicht. Dies folgt auch aus der Tatsache, daß $R_{nm}(0) \approx 1$ ist, falls $n > n_c$ und $m > n_c$. Dies bedeutet, daß Populationen, die eine Größe von $m > n_c$ erreicht haben, mit Sicherheit zu einer voll etablierten Population ($n = K$) heranwachsen.

Bei der Kolonisation gibt es also eine kritische Phase, in welcher eine endliche Wahrscheinlichkeit besteht, daß die Population ausstirbt, bevor sie größere Indi-

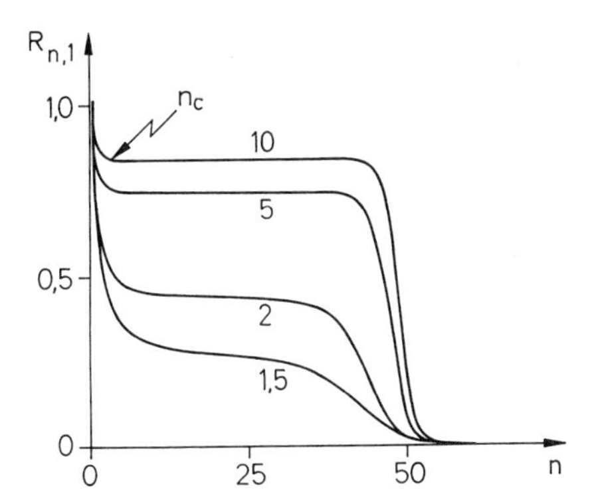

Abb. 4.8. Wahrscheinlichkeit $R_{n1}(0)$, daß ein Kolonisator eine Population der Größe n gründet, bevor diese ausstirbt (nach Modell 4.83 und 4.84). Der Parameter an den Kurven ist λ/μ. Hat die Individuenzahl den Wert n_c überschritten, werden mit Sicherheit noch größere Zahlen n erreicht

viduenzahlen erreicht. Werden umgekehrt in etablierten Populationen die Individuenzahlen durch äußere Einflüsse stark vermindert, so besteht die große Gefahr, daß die Population ausstirbt. Dies könnte z. B. durch einen Eingriff des Menschen oder bei natürlichen Oszillationen geschehen (s. Abschn. 2.3.2 und 3.2.2). Wie auch immer, *kleine Populationen* sind immer in Gefahr, durch die demographische *Stochastik ausgelöscht* zu werden. Dieses Verhalten findet man ebenso bei einer Vielzahl anderer Modelle (Goel u. Richter-Dyn (1974 und Gln. 4.87a, 4.87b), so daß man von der Allgemeingültigkeit dieses Ergebnisses ausgehen kann. Auch die Formel (4.86) für den kritischen Wert n_c gibt zumindest einen guten Näherungswert für diese Modelle.

Wie wir in Gl. (4.86) sehen, hängt n_c vom Verhältnis der individuellen Geburts- und Sterberaten ab. Bei sogenannten K-Strategen (s. Abschn. 6.2.1), bei welchen Geburts- und Sterberaten relativ klein sind, könnte z. B. $\lambda/\mu = 2$ sein, was $n_c = 10$ ergibt. Bei sogenannten r-Strategen (s. Abschn. 6.2.1) sind beide Raten sehr groß, so daß λ/μ nahe an 1 kommt. Bei $\lambda/\mu = 1{,}05$ ist $n_c = 142$.

Als nächsten Schritt wollen wir das etwas zu simple Modell (4.83) und (4.84) verbessern. Für niedrige Individuenzahlen n war es zwar recht plausibel, doch erwarten wir bei höheren Werten n das allmähliche Einsetzen einer dichteabhängigen Regulation, z. B. aufgrund intraspezifischer Konkurrenz (s. Abschn. 2.2.1 und 2.2.2). So hatten wir bereits in Gl. (4.55) mit den Gln. (4.56) und (4.57) intraspezifische Konkurrenz mit Hilfe des logistischen Wachstums bei zufälligen Umwelteinflüssen modelliert. Doch ergeben sich Schwierigkeiten, diese Gleichung zu lösen. Deshalb benutzen wir hier die Tatsache, daß die zugehörige *Fokker-Planck-Gleichung* (4.61) bei großen Individuenzahlen *äquivalent zur Master-Gleichung* (4.78) ist, für welche einfache numerische Lösungsmethoden (s. Gl. A7.42 in Anhang A7) existieren. Wir berechnen also aus der stochastischen Differentialgleichung (4.55) mit Hilfe der Gln. (4.62) und (4.63) die Koeffizienten der Fokker-Planck-Gleichung und daraus mit Hilfe der Gln. (4.79) und (4.80) die entsprechenden Geburts- und Sterberaten der Master-Gleichung so, wie sie bei hohen Individuenzahlen n gelten. Damit ist

$$\lambda_n = \frac{1}{2}[\sigma^2 n^2 + rn(1 - n/K)] ,$$
$$\mu_n = \frac{1}{2}[\sigma^2 n^2 - rn(1 - n/K)] . \tag{4.87a}$$

Diese Geburts- und Sterberaten beschreiben in der Master-Gleichung (4.78) das *logistische Wachstum mit Umweltrauschen.* Wie erwartet, ergibt ihre Differenz

$$\lambda_n - \mu_n = f(n) = rn(1 - n/K) \tag{4.88}$$

für das mittlere Wachstum die logistische Wachstumsrate, während die Summe

$$\lambda_n + \mu_n = \sigma^2 n^2 \tag{4.89a}$$

die Stärke des Umweltrauschens beschreibt.

Diese diskrete Version des logistischen Wachstums mit Umweltrauschen ist bei niedrigen Individuenzahlen n nicht brauchbar, wie wir oben bemerkt hatten. Dort war vielmehr der Ansatz (4.83) und (4.84) plausibel. Durch Ergänzung von Gl. (4.87a) können wir *beide Modellansätze in einem einzigen Modell* vereinen:

$$\lambda_n = \frac{1}{2}[\sigma^2 n^2 + rn(1 - n/K)] + \frac{1}{2}Rn ,$$
$$\mu_n = \frac{1}{2}[\sigma^2 n^2 - rn(1 - n/K)] + \frac{1}{2}Rn . \tag{4.87b}$$

Zunächst ist zu bemerken, daß bei hohen Individuenzahlen n die Glieder linear in n gegen die Glieder proportional zu n^2 vernachlässigbar sind (s. Gl. A3.1 in Anhang A3). Das heißt, die Ergänzung $1/2 \cdot Rn$ läßt die korrekte Beschreibung bei hohen Individuenzahlen unverändert.

Die Größe von R können wir nun so bestimmen, daß *bei niedrigen Individuenzahlen* n (4.87b) mit dem Modell (4.83) und (4.84) übereinstimmt, welches ja eine *vernünftige Beschreibung* bei kleinen n liefert. Dort können wir die Anteile proportional zu n^2 vernachlässigen (s. Gl. A3.1) und erhalten

$$\lambda_n = \frac{1}{2}rn + \frac{1}{2}Rn , \tag{4.90}$$

$$\mu_n = -\frac{1}{2}rn + \frac{1}{2}Rn . \tag{4.91}$$

Der Vergleich mit den Gln. (4.83) und (4.84) ergibt

$$\lambda = \frac{1}{2}(r + R) , \tag{4.92}$$

$$\mu = \frac{1}{2}(-r + R) . \tag{4.93}$$

Das mittlere Wachstum f(N), durch die Differenz von λ_n und μ_n beschrieben, bleibt unverändert, wie in Gl. (4.88) angegeben. Die Summe $\lambda_n + \mu_n$, die ja die Stärke der Zufallseinflüsse angibt, ist nun

$$\lambda_n + \mu_n = \sigma^2 n^2 + Rn\,. \tag{4.89b}$$

Der Zusatz R beschreibt also weitere zufällige Einflüsse. Da er sich ohne das Umweltrauschen σ allein aus der Summe der individuellen Geburtsrate λ und Sterberate μ bei kleinem n ergibt, wollen wir dies, wie üblich, *demographisches* oder *internes Rauschen* nennen. Es folgt allein aus der Tatsache, daß *Geburts- und Sterbeprozesse in zufälliger Folge* ablaufen, während das Umweltrauschen σ zufällige äußere Einflüsse beschreibt. In Tabelle 4.1 ist gezeigt, wie R mit λ/μ zusammenhängt.

Es sei erwähnt, daß gelegentlich eine allgemeine Master-Gleichung (4.78) mit Geburts- und Sterberaten als Beschreibung von demographischem Rauschen bezeichnet wird. Dies ist nicht ganz korrekt. Bei hohen Individuenzahlen sind Master-Gleichung und Fokker-Planck-Gleichung äquivalent, so daß, wie bei Gl. (4.87b), in den Geburts- und Sterberaten auch das Umweltrauschen σ erscheint. Als demographisches Rauschen sollte nur der Anteil 1/2 Rn der proportional zu n ist, bezeichnet werden.

Diese ganze Herleitung mag für den Neuling etwas verwirrend wirken. Doch zeigt sie die Verbindungen der Beschreibungsweisen, die in der theoretischen Ökologie üblich sind, und wie diese in einer einheitlichen Darstellung zusammengefaßt werden können. Die übliche Beschreibung von Umweltrauschen durch eine Fokker-Planck-Gleichung und von demographischen Rauschen durch eine Master-Gleichung ist in einer *umfassenden Master-Gleichung* eingeschlossen. Außerdem zeigt sich hier ein einfacher Weg zur Konstruktion von brauchbaren stochastischen Modellen. So wird man häufig mit einer deterministischen Beschreibung beginnen und dann wie in Gl. (4.55) zufällige Umwelteinflüsse berücksichtigen. Um dieses bei hohen Individuenzahlen brauchbare Modell auf kleine Individuenzahlen n auszudehnen, modelliert man Geburts- und Sterberaten für diesen Bereich, was dann, wie Gl. (4.87b) zeigt, zu einer Ergänzung des Modells führt. Natürlich besteht im Prinzip auch die Möglichkeit, die biologisch deutbaren Geburts- und Sterberaten direkt zu modellieren und so auf den Umweg über die Fokker-Planck-Gleichung zu verzichten.

Da wir nun mit Gl. (4.87b) ein im ganzen Bereich der Individuenzahlen n brauchbares Modell haben, wollen wir uns nun der Frage widmen, wie lange es dauert, bis eine Population ausstirbt. Zunächst ist festzustellen, daß auch für etablierte Populationen mit Individuenzahlen $n > n_c$ die *Mean-First-Passage-Zeit*

Tabelle 4.1. Zusammenhang zwischen dem Quotienten aus der individuellen Geburts- und Sterberate λ und μ bei niedrigen Individuenzahlen n und dem Quotienten aus der Stärke R des demographischen Rauschens und der potentiellen Wachstumsrate r gemäß den Gln. (4.92) und (4.93).

λ/μ	1,1	1,2	1,4	2	3	6	11
R/r	21	11	6	3	2	1,4	1,2

M_{0n}, welche die *mittlere Dauer bis zum Aussterben* beschreibt, einen endlichen Wert ergibt, wie Gl. (A7.38) in Anhang A7 zeigt. Dies folgt auch aus der Tatsache, daß Populationen auf lange Sicht mit Sicherheit aussterben. Doch ist dieses theoretische Ergebnis mit Vorsicht zu deuten. Wir berechnen nach Gl. (A7.38) in Anhang A7 mit dem einfachen Modell (4.83) und (4.84) die mittlere Dauer M_{0K}, die eine etablierte Population der Größe K bis zum Aussterben benötigt. Für $K = 40$ und $\lambda = 2\mu$ ist $M_{0K} \approx 10^{11} \lambda^{-1}$. Wenn also λ etwa 100 Geburten pro Jahr beschreibt, ergibt sich $M_{0K} \approx 10^9$ Jahre. Bei größeren Werten von K und kleinerem λ sind die Werte von M_{0K} noch größer. Auch für andere Modelle *ohne Umweltrauschen* σ ergeben sich solche *astronomischen Zahlen für die mittlere Extinktionszeit*. Diese liegen sicher außerhalb der ökologisch interessierenden Zeitabstände. Man schließt daraus, daß solche Populationen in ökologischen Zeiten keine Gefahr laufen, ausgelöscht zu werden.

Diese enormen mittleren Extinktionszeiten erhält man für Modelle ohne Umweltrauschen σ. Es gibt aber Situationen, in denen dieses für die Populationsdynamik von entscheidender Bedeutung ist. Die relative Bedeutung des Umweltrauschens und des demographischen Rauschens kann aus Gl. (4.89b) entnommen werden. Für den Quotient aus beiden ergibt sich

$$\frac{\sigma^2 n}{Rn} = \frac{\sigma^2 n}{R}. \tag{4.94}$$

Ist dieser Quotient größer als 1, so überwiegt das Umweltrauschen. Wir folgern aus Gl. (4.94), daß bei hinreichend *großen Individuenzahlen* n das *demographische Rauschen gegen das Umweltrauschen zu vernachlässigen* ist. Es gibt Fälle, wo solche hohen Individuenzahlen aufgrund der dichteabhängigen Regulation gar nicht erreicht werden. Ist aber die Kapazität K einer Population groß genug, kann das demographische Rauschen bei hohen Individuenzahlen vernachlässigt werden.

Ein Beispiel ist in Abb. 4.9 dargestellt. Aufgrund einer kleinen Immigrationsrate λ_0 gibt es dort eine stationäre Verteilung P_n^* (s. Gl. 4.81). Ohne das Umweltrauschen ergibt sich eine sehr schmale Verteilung. Dies zeigt den generellen

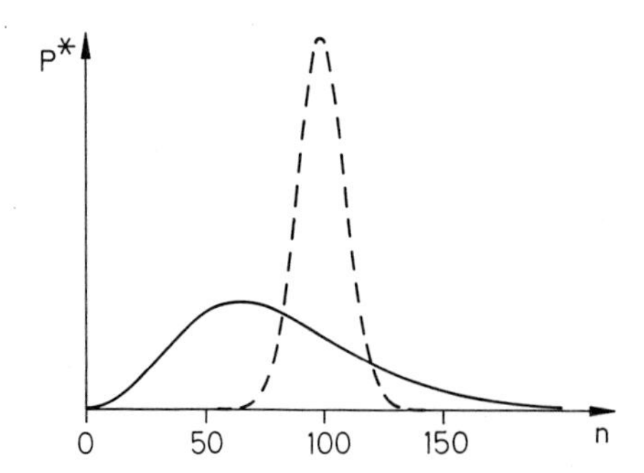

Abb. 4.9. Stationäre Wahrscheinlichkeitsverteilung P_n^* für das Modell (4.87b). Parameterwerte sind $R = 2r$, $K = 100$, $\lambda_0 = 0{,}1r$. Ohne Umweltrauschen ($\sigma = 0$) ergibt sich die *gestrichelte Kurve*, während die durchgezogene für $\sigma = 0{,}58\sqrt{r}$ gilt

Trend an, daß das demographische Rauschen allein bei großen Kapazitäten K nur noch zu geringen Fluktuationen der Individuenzahl um diesen Mittelwert K herum führt. Mit dem Umweltrauschen wird die stationäre Verteilung P_n^* sehr viel breiter, so daß jetzt eine endliche Wahrscheinlichkeit besteht, auch kleinere Individuenzahlen anzutreffen. Erinnern wir uns, daß, wie in Abschn. 4.2.3 gezeigt, das Umweltrauschen allein nicht zum Aussterben einer Population führen kann. Bei einer großen Kapazität ist es jedoch von entscheidender Bedeutung, damit kleine Individuenzahlen überhaupt auftreten können. Bei diesen sorgt dann das demographische Rauschen dafür, daß eine Extinktion wahrscheinlich wird. In dieser Situation kann also eine *Auslöschung* erst *durch Zusammenwirken von beiden Zufallseinflüssen* mit einiger Wahrscheinlichkeit geschehen.

Dies zeigt auch die mittlere Zeit M_{0K} bis zur Auslöschung, die nach Gl. (A7.38) in Anhang A7 berechnet wurde. Für die Parameterwerte von Abb. 4.9 ergibt sich ohne Umweltrauschen ein enorm großer Wert von $M_{0K} = 5{,}9 \cdot 10^{21}/r$, während mit beiden Zufallseinflüssen diese Zeit erheblich auf $M_{0K} = 9{,}9 \cdot 10^3/r$ verkürzt wird.

Bisher hatten wir immer mit der mittleren Extinktionszeit argumentiert. Nun wäre für die Erhaltung von kleineren Populationen, z. B. in Naturschutzgebieten und Nationalparks, von Interesse, für welche Dauer eine Auslöschung so gut wie ausgeschlossen ist. Bei dieser Frage helfen keine Mittelwertbetrachtungen. Wir müssen daher die *gesamte First-Passage-Zeit-Verteilung* $F_{nm}(t)$ berechnen. Dies ist mit Gl. (A7.38a) und den in Gl. (A7.42) in Anhang A7 skizzierten numerischen Methoden möglich. In Abb. 4.10 sind für das Modell (4.87b) zwei typische $F_{0K}(t)$ gezeigt. Sie geben also die *Wahrscheinlichkeit* an, daß eine Population von der Größe der deterministischen Kapazität K *in einem Zeitintervall dt um die Zeit t herum ausstirbt*. Für kurze Zeiten besteht offensichtlich keine Gefahr der Auslöschung. Doch ab einer gewissen *kritischen Zeit* T_K nimmt die Wahrscheinlich-

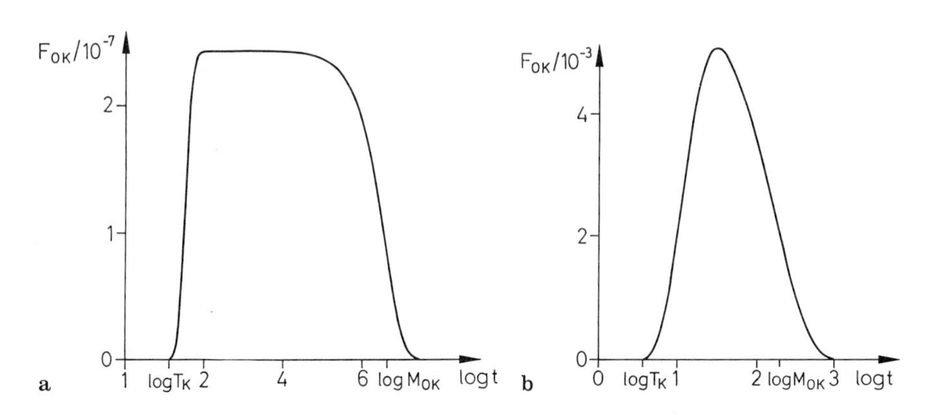

Abb. 4.10 a, b. First-Passage-Zeit-Verteilung F_{0K}, d. h. Wahrscheinlichkeit, daß die Population mit der Individuenzahl $n = K$ im Zeitintervall $[t, t + dt]$ ausstirbt, gegen den Logarithmus der Zeit t für das Modell (4.87b). Parameterwerte sind $K = 100$, $\sigma = 0{,}05\sqrt{r}$, $R = r$ für **a** und $R = 5r$ für **b**. Bis zur Zeit T_K besteht keine Gefahr der Auslöschung. M_{0K} ist die mittlere Zeit bis zum Aussterben

keit, daß die Population ausstirbt, drastisch zu. Nur bis zu dieser Zeit T_K ist eine Population vor dem Aussterben völlig sicher.

Aufschlußreicher als $F_{0K}(t)$ ist die *Wahrscheinlichkeit* $W_{0K}(t)$, ob eine Population *bis zur Zeit t bereits ausgestorben* ist. In diesem Fall müssen wir $F_{0K}(t)$ dt integrieren (summieren) in Übereinstimmung mit Regel (4.29), da die Auslöschung zu irgendeiner Zeit bis zum Zeitpunkt t erfolgt sein kann:

$$W_{0K}(t) = \int_0^t F_{0K}(t')\, dt' . \quad (4.95)$$

In Abb. 4.11 und Abb. 4.12 sind die typischen sigmoiden Verläufe von $W_{0K}(t)$ dargestellt. Bis zu einem Grenzwert t_g ist das Risiko des Aussterbens verschwindend klein und nimmt dann relativ rasch zu, wobei die logarithmische Zeitskala zu berücksichtigen ist. Die mittlere Zeit M_{0K} bis zum Aussterben liegt in der Regel dort, wo $W_{0K}(t)$ etwa den Wert 0,5 erreicht. Sie liegt also um ein bis zwei Größenordnungen oberhalb des Grenzwertes t_g. Dies ist zu berücksichtigen, wenn man M_{0K} benutzt, um die Zeit t_g abzuschätzen, bis zu der eine Population praktisch ungefährdet ist. Abb. 4.11 und 4.12 zeigen, welchen Einfluß die Kapazität K einer Population und die zufälligen Umwelteinflüsse auf die Aussterbewahrscheinlichkeit haben. *Größere Populationen* (K groß) sind also *über längere Zeiten vor dem Aussterben sicher*. Das Aussterben von kleineren Populationen erfolgt um so eher, je stärker die zufälligen Umwelteinflüsse sind.

Bei großer Kapazität mit nicht zu starkem Umweltrauschen sterben Populationen in ökologischen Zeiten also praktisch nicht aus. In diesem Fall ist der Endzustand $P_0^* = 1$ und $P_n^* = 0$ für $n > 1$, wie er sich mathematisch ergibt, ohne Interesse, da er erst in Zeiten erreicht würde, die außerhalb unserer Betrachtung liegen. Wie zwischen den Gln. (A7.47) und (A7.52) in Anhang A7

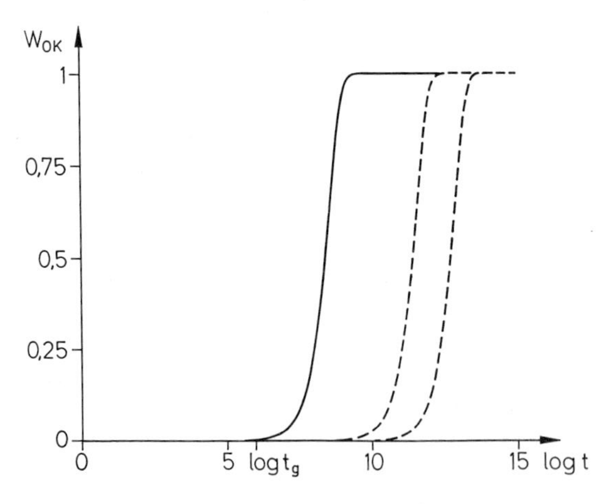

Abb. 4.11. Wahrscheinlichkeit W_{0K}, daß eine Population der Individuenzahl n = K bis zum Zeitpunkt t ausgestorben ist für das Modell (4.87b). Zeit in logarithmischer Skala! Bis zur Zeit t_g ist das Risiko des Aussterbens verschwindend klein. Parameterwerte sind $\underline{K} = 200$; $r = 0{,}15$; $\bar{R} = r$ und für die Kurven von links nach rechts ist $\sigma = 0{,}1\sqrt{r}$; $\sigma = 0{,}05\sqrt{r}$; $\sigma = 0{,}025\sqrt{r}$

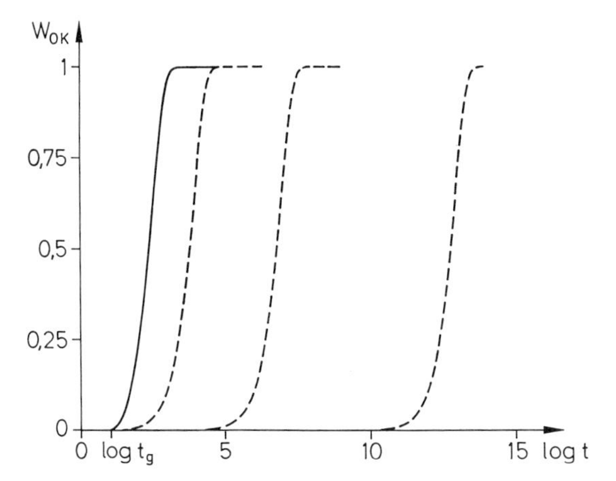

Abb. 4.12. Wie Abb. 4.11 für die Parameterwerte $r = 0{,}15$; $R = r$; $\sigma = 0{,}025\sqrt{r}$ und für die Kurven von links nach rechts $K = 25$; $K = 50$; $K = 100$; $K = 200$

dargelegt, stellt sich stattdessen im Laufe der Zeit eine *quasistationäre Verteilung* $P_n^{(m)}$ ein (Barlett 1960; Goel u. Richter-Dyn 1974; Nisbet u. Gurney 1982), die sich in den uns interessierenden Zeiten praktisch nicht ändert. Sie stimmt beliebig gut mit der stationären Verteilung P_n^* überein, die man bei kleinen Immigrationsraten $\lambda_0 \neq 0$ erhalten würde. Ein solcher Fall ist z. B. durch die gestrichelte Kurve in Abb. 4.9 dargestellt. Große Populationen, für die zwar die potentielle Möglichkeit des Aussterbens besteht, gelangen also in einen quasistationären Zustand $P_n^{(m)}$, der in ökologisch interessierenden Zeiten von einem stationären Gleichgewichtszustand P_n^* ununterscheidbar ist. Er wird auch *metastabil* genannt.

Das Bestreben der Ökologie ist es, Stabilitätsmaße für Populationen, Artengemeinschaften und Ökosysteme zu finden. Eine Population, die Gefahr läuft, in kurzer Zeit auszusterben, wird man als relativ instabil bezeichnen. Deshalb ist die *mittlere Zeit bis zum Aussterben* M_{0K} ein mögliches *Stabilitätsmaß*, das gelegentlich als *Persistenz* bezeichnet wird. Wesentlichen Einfluß darauf hat neben den Zufallseinflüssen vor allem die Größe K der Population. In diesem Sinne sind kleine Populationen weniger stabil.

Zusammenfassung

Bei kleinen Individuenzahlen n ohne intraspezifische Konkurrenz sind die individuelle Geburts- und Sterberate λ bzw. μ von der Individuenzahl unabhängig. Kleine Populationen laufen Gefahr, aufgrund der demographischen Stochastik (variabler Verlauf der Geburts- und Sterbeprozesse) auszusterben. So auch in der kritischen Phase einer Kolonisation. Hat aber die Individuenzahl n den kritischen Wert n_c überstiegen, wird eine länger existierende Population etabliert.

Die obige Beschreibung mit konstanten Raten μ und λ für kleine Individuenzahlen n und die kontinuierliche Modellierung des Wachstums mit Umweltrauschen bei höheren n lassen sich in einer einzigen Master-Gleichung zusammenfassen. Dort beschreibt $R = \lambda + \mu$ die Stärke des demographischen Rauschens.

Dieses im gesamten Wertebereich der Individuenzahlen gültige Modell zeigt, daß die mittlere Zeit bis zum Aussterben der Population bei sehr geringem Umweltrauschen astronomische Werte annimmt. Bei hohen Individuenzahlen n ist das Umweltrauschen entscheidend. Es sorgt dafür, daß auch kleinere Werte von n vorkommen. Dort ist dann das demographische Rauschen alleine maßgebend. Es sorgt dafür, daß eine endliche Wahrscheinlichkeit des Aussterbens erhalten wird.

Die vollständige First-Passage-Zeit-Verteilung für die Zeit bis zum Aussterben (Extinktion) zeigt, daß bis zu einer Zeit t_g, die um etwa zwei Größenordnungen kleiner als die mittlere Extinktionszeit ist, kein Risiko des Aussterbens besteht. Für hinreichend große Kapazität K läuft eine Population keine Gefahr, in ökologisch interessierenden Zeiten aufgrund von Zufallseinflüssen auszusterben.

Weiterführende Literatur:
Theorie: Feldman u. Roughgarden 1975; Goel u. Richter-Dyn 1974; Keidung 1975; Nisbet u. Gurney 1982; Ricciardi 1977, 1986b; Roff 1974; Turelli 1986; Wissel 1984a;
Empirik: Den Boer 1979; Stenseth 1979.

4.2.6 Metastabilität

In diesem Abschnitt soll die Wirkung von *Zufallseinflüssen bei multipler Stabilität* untersucht werden. Hier wird durch die Stochastik das deterministische Verhalten grundlegend verändert. Wir betrachten also eine Population, welche unter festen Umweltbedingungen, d. h. bei festen Modellparametern zwei stabile Gleichgewichte besitzt. Wir wollen von dem deterministischen Modell (3.73) in Abschn. 3.3.2 ausgehen, das eine Population mit logistischem Wachstum unter dem Einfluß eines polyphagen Räubers mit funktioneller Reaktion vom Typ III beschreibt. Die bistabilen Eigenschaften dieses Modells haben wir in Abschn. 3.3.2 diskutiert.

Zunächst wollen wir eine *stochastische Version* (Wissel 1984b) des Modells (3.73) erstellen, indem wir ohne den Weg über eine kontinuierliche Beschreibung (s. Abschn. 4.2.5) die Geburts- und Sterberaten der Master-Gleichung (4.78) direkt modellieren:

$$\lambda_n = 2rn + \lambda_0 , \tag{4.96}$$

$$\mu_n = rn(1 + n/K) + \frac{Rn^2}{L^2 + n^2} . \tag{4.97}$$

Wie Gl. (4.88) in Abschn. 4.2.5 zeigt, muß die Differenz $\lambda_n - \mu_n$ das deterministische Wachstum (3.73) ergeben. Die Geburtsrate λ_n ist hier noch um eine kleine Immigrationsrate λ_0 erweitert worden. Ohne diese wäre der Zustand $n = 0$ „absorbierend". Wir hätten die Überlagerung der Effekte der multiplen Stabilität und des Aussterbens. Da wir hier aber allein die multiple Stabilität untersuchen

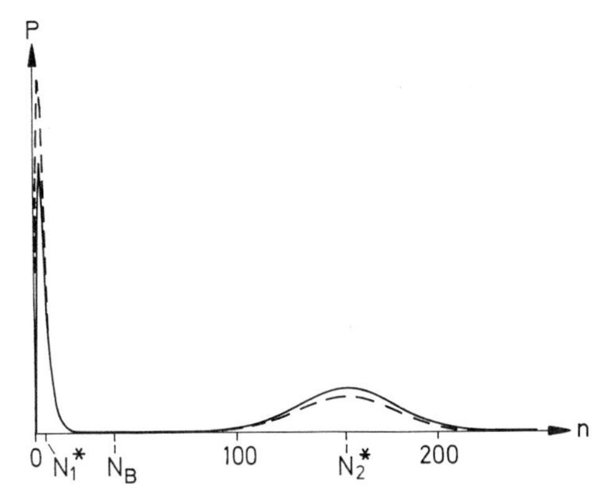

Abb. 4.13. Stationäre Wahrscheinlichkeitsverteilung P_n^* (*durchgezogen*) und ein Beispiel der metastabilen Verteilung $P_{nm}^{(m)}$ (*gestrichelt*) (s. Gl. 4.99) für die Individuenzahl n nach Modell (4.96) und (4.97) mit den Parameterwerten $K = 200$; $L = 6$; $R = 43r$ und $\lambda_0 = 10r$. Die deterministischen Gleichgewichtswerte sind N_1^* und N_2^* (stabil) sowie N_B (instabil)

wollen, schließlich wir ein kleines λ_0 mit ein, was ja auch in vielen Fällen realistisch ist. Der Einfluß der Räuber zeigt sich natürlich in der Sterberate μ_n (zweite Term).

In Abb. 4.13 ist die zugehörige stationäre Wahrscheinlichkeitsverteilung P_n^* im Falle der Bistabilität dargestellt, wie sie sich aus Gl. (4.81) in Abschn. 4.2.4 ergibt. Im Gegensatz zum deterministischen Fall ohne Rauschen, bei dem der Endzustand eindeutig von der Ausgangssituation, d. h. von der Vorgeschichte abhängt (s. Abb. 3.16 in Abschn. 3.3.2), erreicht die Population unter der Wirkung der Zufallseinflüsse den Endzustand P_n^*. In diesem *fluktuiert die Individuenzahl* N mal um den deterministischen Gleichgewichtswert N_1^* mal um den Wert N_2^* herum. Welchen Wert sie gerade einnimmt, ist allein durch den Zufall bestimmt. Wir wollen dieses allgemeine Ergebnis auf den Fall von komplexen Artengemeinschaften ausdehnen. In solchen Systemen muß man mit einer Vielzahl alternativer Gleichgewichte rechnen. In welchem von diesen sich ein System jeweils befindet, hängt also von der Vorgeschichte und dem Zufall ab.

In Anhang A7 ist bei Gl. (A7.47) gezeigt, daß die Wahrscheinlichkeitsverteilung $P_{nm}(t)$ in einem Zeitintervall $[t_1, t_2]$ praktisch zeitunabhängig ist:

$$P_{nm}(t) = P_{nm}^{(m)} \quad \text{für} \quad t_1 \leqq t \leqq t_2 \,. \tag{4.99}$$

Da diese *zeitliche Konstanz nur für die Dauer* $T_m = t_2 - t_1$ gilt, nennt man diesen Zustand $P_{nm}^{(m)}$ ein *Quasigleichgewicht* oder auch *metastabil*. Er unterscheidet sich von dem echten Gleichgewicht P_n^*, was erst später erreicht wird.

Ein Beispiel für $P_{nm}^{(m)}$ ist in Abb. 4.13 durch die gestrichelte Kurve dargestellt. Es zeigt sich, daß die Form der Gipfel der metastabilen Verteilung $P_{nm}^{(m)}$ und der stationären Verteilung P_n^* generell übereinstimmen. Nur die Höhen sind verschieden. Dieses können wir durch Z beschreiben, was die Wahrscheinlichkeit angibt, daß die Individuenzahl bei kleinen Werten in der Nähe des ersten Gipfels liegt. Also gilt

$$Z = \sum_{n=0}^{N_B} P_{nN_0}(t) \; . \tag{4.100}$$

Es ist also Z ein Maß für die Höhe des ersten Gipfels. In Abb. 4.14 ist das zeitliche Verhalten dieser Wahrscheinlichkeit Z gegen die Zeit t für verschiedene Anfangswerte N_0 der Individuenzahl dargestellt. Wenn man berücksichtigt, daß

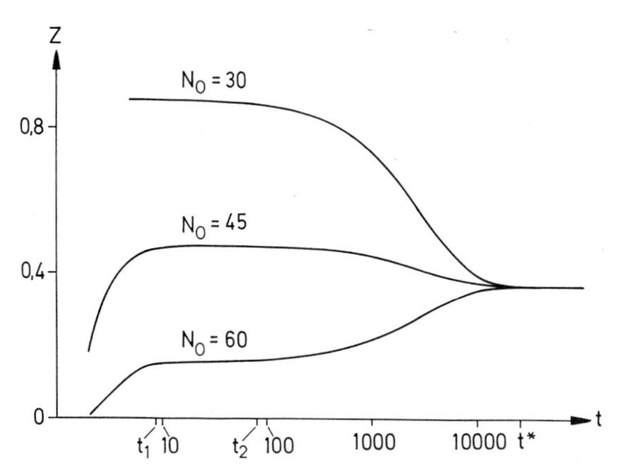

Abb. 4.14. Wahrscheinlichkeit Z, daß die Population niedrige Individuenzahlen um N_1^* herum annimmt, gegen die Zeit t (Einheit 1/r) in logarithmischer Skala für verschiedene Anfangswerte N_0 der Individuenzahl. Zwischen t_1 und t_2 liegt der quasistationäre metastabile Zustand $P_{nm}^{(m)}$ vor. Bei t^* ist die stationäre Verteilung P_n^* erreicht. Parameter wie in Abb. 4.13

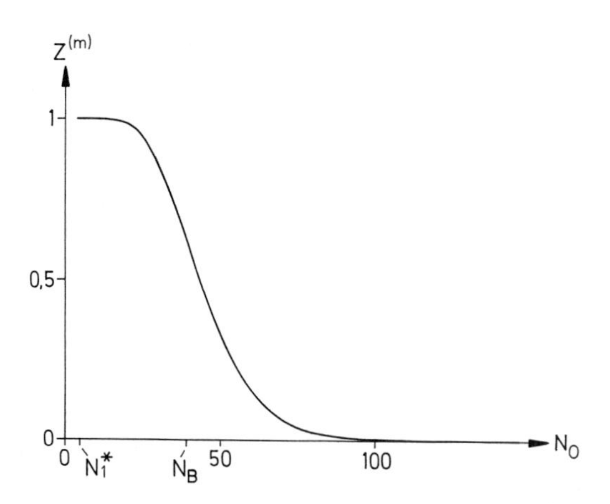

Abb. 4.15. Wahrscheinlichkeit $Z^{(m)}$, daß die Population im metastabilen Zustand niedrige Individuenzahlen um N_1^* herum annimmt, gegen die Anfangswerte N_0 der Individuenzahl. Bei N_1^* liegt ein deterministisch stabiles Gleichgewicht, bei N_B ein instabiles. Parameter wie in Abb. 4.13

die t-Skala logarithmisch aufgetragen ist, ist das Einlaufen in den zeitlich annähernd konstanten metastabilen Zustand zu erkennen. Bei t_2 verläßt die Population diesen, um bei t* den endgültigen stationären Zustand P_n^* zu erreichen. Der Wert $Z^{(m)}$, der im metastabilen Zustand angenommen wird, wird offensichtlich von der Anfangsbedingung N_0 beeinflußt. In Abb. 4.15 ist dargestellt, wie $Z^{(m)}$ vom Anfangswert N_0 der Individuenzahl abhängt. Die Dauer T_m des metastabilen Zustands $P_{nm}^{(m)}$ ist bei Gl. (A7.54) in Anhang 17 bestimmt worden. Sie ist vom Anfangswert N_0 unabhängig. Doch hängt sie sehr entscheidend von den Modellparametern ab, wie Abb. 4.16 und 4.17 zeigen. Die logarithmische Skala von T_m zeigt, daß ganz verschiedene Größenordnungen auftreten können.

Diese Ergebnisse bedürfen nun einer eingehenden Interpretation. Zufallseinflüsse ermöglichen bei multipel stabilen Populationen die Existenz eines metastabilen Zustands. In diesem fluktuiert die Individuenzahl entweder um den deterministischen Gleichgewichtswert N_1^* oder um N_2^* in gleicher Weise, wie dies im stationären Zustand P_n^* geschieht. Daraus resultiert die Gleichheit der Form für die Gipfel der beiden Verteilungen. Wie häufig diese Fluktuationen um N_1^* herum erfolgen, gibt die Größe $Z^{(m)}$ an. Wie Abb. 4.15 zeigt, erfolgen die Fluktuationen im metastabilen Zustand allein um N_1^* herum, ist also $Z^{(m)} = 1$,

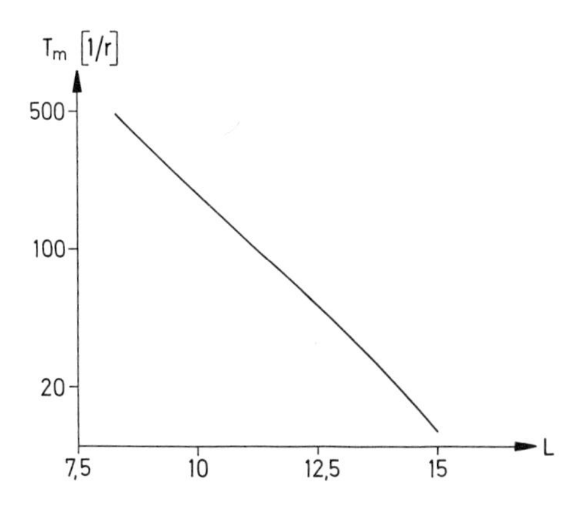

Abb. 4.16. Dauer T_m des metastabilen Zustands (in Einheiten 1/r) in logarithmischer Skala gegen den Parameter L für $K = 250; R = 43r; \lambda_0 = 10r$

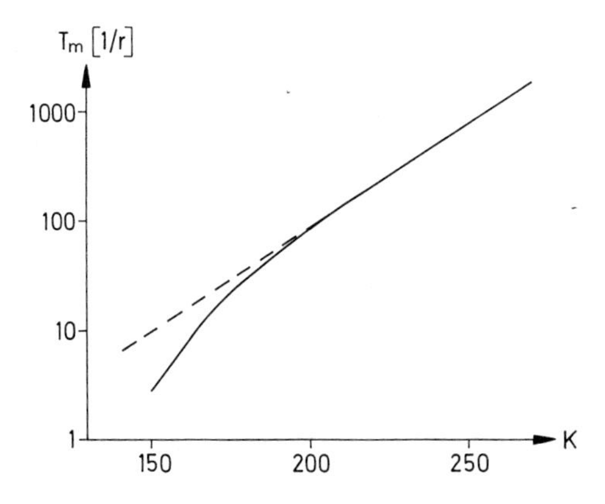

Abb. 4.17. Dauer T_m des metastabilen Zustands (in Einheiten 1/r) in logairithmischer Skala gegen die Kapazität K für L = 6. $R = 43r$; $\lambda_0 = 10r$ (*gestrichelt* eine angepaßte Gerade)

wenn zu Beginn die Individuenzahl N_0 bereits nahe N_1^* liegt. Wenn nun N_0 in der Nähe von N_2^* liegt, kann die Individuenzahl im metastabilen Zustand mit Sicherheit keine Werte um N_1^* herum annehmen, sondern fluktuiert um N_2^* herum. Dann ist also $Z^{(m)} = 0$. Dies entspricht völlig dem deterministischen Verhalten (s. Abb. 3.16 in Abschn. 3.3.2), wenn man von den Fluktuationen absieht.

Doch ganz anders, wenn die Individuenzahl zu Beginn im Zwischenbereich zwischen N_1^* und N_2^* liegt. Dies könnte durch eine Störung, z. B. durch den Menschen hervorgerufen werden. Im deterministischen Fall gibt N_B eine scharfe Grenze an, d. h. $Z^{(m)}$ wäre eine Stufenfunktion bei N_B. Liegt N_0 unterhalb von N_B, so würde die Individuenzahl N unzweifelhaft nach N_1^* streben. Die Zufallseinflüsse bewirken nun, daß diese scharfe Trennung wegfällt. Es besteht eine endliche Wahrscheinlichkeit, daß N nach N_1^* oder N_2^* läuft. Solange also die Individuenzahl nicht weit von den Gleichgewichten N_1^* und N_2^* abweicht, verhält sich die Population im metastabilen Zustand wie im deterministischen Fall, von den Fluktuationen abgesehen. Doch ist die *Reaktion auf die stärkere Störung* (N_0 nahe bei N_B) *nicht eindeutig*. Dies ist eine Warnung für die Praxis. Ist ein Ökosystem einmal nach einer Störung in das ursprüngliche Gleichgewicht zurückgekehrt, so braucht dies bei einer erneuten Störung nicht unbedingt wieder gutzugehen. Es besteht auch nach einigen problemlos verlaufenen Eingriffen die Möglichkeit, daß das System doch einmal in einen anderen Zustand umkippt.

Die *große Variationsbreite der Dauer* T_m des metastabilen Zustands $P_{nm}^{(m)}$ hat einige Folgen. Für kleine Populationsgrößen K tritt diese Metastabilität gar nicht auf, wie Abb. 4.17 zeigt. Doch bei sehr großen Populationen kann T_m astronomisch große Werte von Jahrmillionen annehmen. In diesem Fall wird die stationäre Verteilung P_n^* in ökologisch interessierenden Zeiten nie erreicht und ist deshalb ohne Bedeutung für uns. Ihre Position nimmt dann die metastabile Verteilung $P_{nm}^{(m)}$ ein.

Ist die Dauer T_m zwar groß, aber liegt noch im ökologisch interessierenden Bereich, so finden wir folgendes Verhalten. Nach einer Störung, die die Individuenzahl N_0 bewirkt, tritt zunächst eine *Kurzzeitreaktion* auf, deren Ergebnis nicht eindeutig ist, wie wir oben gesehen haben. Dann folgt eine zeitliche Konstanz, abgesehen von kleineren Fluktuationen. Ohne weitere Informationen würde man in realen Situationen dies als Gleichgewicht ansehen. Doch zu späteren Zeiten treten erneut Veränderungen ein. Es ist ganz plausibel, wenn man dann nach einer Ursache suchen würde, die zeitlich kurz davor liegt. Doch außer den zufälligen Einflüssen gibt es diese nicht. Diese Veränderung ist eine *Langzeitreaktion* auf die ursprüngliche Störung. Der zeitliche Abstand zwischen Ursache und Wirkung kann dabei so groß werden, daß es in praktischen Situationen schwer fällt, diesen Zusammenhang zu entdecken. Wer rechnet schon mit einer Konsequenz nach langer Zeit, wenn vorher schon eine Reaktion erfolgt ist?

Haben wir hier mit einer kurzzeitigen Störung argumentiert, die den Anfangswert N_0 bewirkt, so ist es bei anhaltenden Störungen möglich, daß die Population erst durch diese in die multipel stabile Lage gebracht wird. Äußere Einflüsse, z. B. durch den Menschen, können die Verhältnisse, d. h. die Parameter (hier z. B. K oder r) so ändern, daß aus einer völlig stabilen nun eine multipel stabile Situation wird. Die Argumentation würde dann weiter wie oben verlaufen. Für die Praxis kann uns dies eine Warnung sein. Ist ein Ökosystem nach einer Störung in einen zeitlich konstanten Zustand (von geringen Schwankungen abgesehen) gekommen, so muß dieser *nicht das endgültige Gleichgewicht* sein. Noch nach sehr langer Zeit kann eine Spätfolge der Störung auftreten.

Zusammenfassung

In multipel stabilen Systemen führen die stochastischen Einflüsse dazu, daß es weitgehend vom Zufall abhängen kann, in welchem der alternativen Gleichgewichte sich das System befindet. Außerdem tritt ein quasistationärer (metastabiler) Zustand auf, der für eine gewisse Zeit T_m eine zeitlich unveränderliche Wahrscheinlichkeit für die Individuenzahl ergibt. Nach einer stärkeren Störung eines Gleichgewichts ist die Reaktion des Systems nicht eindeutig vorhersagbar, d. h. es hängt vom Zufall ab, in welches der Gleichgewichte das System zurückkehrt. Nach dieser unter Umständen sehr lange dauernden zeitlich konstanten (metastabilen) Phase kann nach sehr langer Zeit eine zweite Reaktion auf die Störung erfolgen.

Weiterführende Literatur:
Theorie: Wissel 1984a, b.

5 Räumliche Heterogenität

Ein typisches Charakteristikum der meisten Ökosysteme ist ihre *räumliche Heterogenität.* Diese mag durch äußere Faktoren, wie die Topographie, die Geologie des Bodens, den Lichteinfall, die Versorgung mit Wasser, den Eintrag von Nährstoffen bedingt sein. Doch auch unter vermeintlich homogenen äußeren Bedingungen scheinen Ökosysteme sich selbst räumlich strukturiert zu organisieren. Zum Beispiel ist die Aggregation von Plankton und das Auftreten von Fischschwärmen und Herden bekannt. Wir hatten bisher nur räumlich homogene Populationen behandelt. In diesem Kapitel wollen wir nun berücksichtigen, daß Tiere sich meistens aktiv im Raum bewegen können und daß Pflanzensamen passiv verfrachtet werden. Dies führt zu *räumlichen Verteilungsmustern* der Individuen, welche durch die räumliche Heterogenität der äußeren Faktoren vorgeformt sein können. Wir wollen in diesem Kapitel der Frage nachgehen, welchen Einfluß räumliche Heterogenität zusammen mit der *Ausbreitungsfähigkeit* auf die Populationsdynamik haben kann. Insbesondere wollen wir untersuchen, ob die Stabilität, die Koexistenz von Arten oder die langfristige Sicherung der Existenz einer Art hierdurch beeinflußt werden.

5.1 Wirt-Parasitoid

Zuerst wollen wir uns ein Modell (Hassell u. May 1973) ansehen, in dem eine *räumliche Strukturierung* der Populationen nicht direkt modelliert wird. Stattdessen wird diese *indirekt durch Modifizierung der Wechselwirkungen* berücksichtigt. Hier soll der Frage nachgegangen werden, ob eine räumliche Strukturierung einen stabilisierenden Einfluß auf Wirt-Parasitoid-Beziehungen hat. Wir gehen von dem Modell (3.37) und (3.38) in Abschn. 3.2.1 aus, welches ja beliebig anwachsende Oszillationen zeigt, also instabil ist:

$$N_{j+1} = RN_j\, e^{-aP_j}, \tag{3.37}$$

$$P_{j+1} = WN_j(1 - e^{-aP_j}). \tag{3.38}$$

Hier gibt N_j und P_j die Zahl der Wirte bzw. der Parasitoide im Jahr „j" an. R ist die Zahl der Nachkommen eines nichtparasitierten Wirts, und W die Zahl der Parasitoidnachkommen pro Wirt. Die Sucheffizienz der Parasitoiden wird durch a beschrieben. Die Exponentialfunktion gibt den Bruchteil der Wirtspopulation an, der ohne Parasitoidbefall überlebt.

Die gesamte Wirts- und Parasitoidpopulation möge sich in jeder Generation *auf n Areale (Patches)* verteilen. Diese Areale sind die Orte in einem Biotop, an welchen die Wirtsindividuen überleben können. Sie können durch abiotische Faktoren festgelegt sein, aber auch einzelne Pflanzen oder Blätter können solche Patches sein. Der Bruchteil der Wirtspopulation im i-ten Areal sei α_i, der Bruchteil der Parasitoidpopulation sei dort β_i. Deshalb muß

$$\sum_i \alpha_i = 1 ; \qquad \sum_i \beta_i = 1 \tag{5.1}$$

sein. Für jedes einzelne Areal „i" wird die Zahl der nicht parasitierten Wirtsindividuen durch eine Exponentialfunktion wie in Gl. (3.37) beschrieben, wobei die Zahl der Parasitoiden P_j jetzt durch den Bruchteil $\beta_i P_j$ im i-ten Areal zu ersetzen ist. Wir gehen davon aus, daß die Sucheffizienz a des Parasitoiden in allen Arealen gleich ist und deshalb für jedes Areal eine Gleichung der Art (3.37) gilt. Also werden von der Zahl $\alpha_i N_j$ der Wirtsindividuen im i-ten Areal $\alpha_i N_j \exp(-\alpha\beta_i P_j)$ ohne Parasitoide überleben. Damit ergibt sich für die Gesamtpopulation statt Gl. (3.37) nun

$$N_{j+1} = R \sum_i \alpha_i N_i \exp(-a\beta_i P_j) , \tag{5.2}$$

Für die Parasitoidenzahl P_j folgt dann entsprechend zu Gl. (3.38):

$$P_{j+1} = W N_j \left[1 - \sum_i \alpha_i \exp(-a\beta_i P_j)\right] . \tag{5.3}$$

Wir haben *innerhalb der Areale das Suchen* nach den Wirten als *zufällig* angenommen, was zu den Exponentialfunktionen in den Gln. (3.37) und (3.38) führte (s. Gl. 4.44 in Abschn. 4.2.1).

Eine ungleichmäßige Verteilung α_t der Wirte auf die Areale kann z. B. durch deren unterschiedliche Qualität oder Zugänglichkeit bewirkt werden. Eine ungleichmäßige Verteilung β_i der Parasitoiden wird dann eine Folgeerscheinung sein. Wir wollen den Fall untersuchen, daß die Parasitoide die Fähigkeit besitzen, Areale mit hoher Wirtszahl verstärkt aufzusuchen. Dann folgt also ihre räumliche Verteilung β_i der der Wirte α_1. Das so für beliebige Verteilungen gültige Modell (5.2) und (5.3) kann mit Hilfe einer linearen Stabilitätsanalyse (Hassell u. May 1973; Hassell 1978) analog zum Anhang A4d untersucht werden. Auf die Darstellung der hier etwas umständlichen Rechnung (Hassell u. May 1973) müssen wir verzichten.

Wir wollen nun die Ergebnisse der Stabilitätsanalyse für verschiedene Situationen diskutieren. Wenn wir nur 2 Patches betrachten (n = 2) und $\alpha_1 = (N_j - N_0)/N_j$, $\alpha_2 = N_0/N_j$, $\beta_1 = 1$ und $\beta_2 = 0$ wählen, erhalten wir

$$N_{j+1} = RN_0 + R(N_j - N_0) \exp(-aP_j) , \tag{5.4}$$

$$P_{j+1} = W(N_j - N_0) [1 - \exp(-aP_j)] . \tag{5.5}$$

Diese Gleichungen können wir folgendermaßen interpretieren. Den Wirten steht immer eine gewisse Zahl an *Refugien* zur Verfügung, so daß eine feste Individuenzahl N_0 von den Parasitoiden unbehelligt ($\beta_2 = 0$) zur Reproduktion kommt (RN_0). Für den Rest $N_j - N_0$ der Wirtspopulation gilt dann das ursprüngliche Modell (3.37) und (3.38). Dieser Teil wird von der Zahl P_j an Parasitoiden befallen. Für dieses Modell (Hassell 1978) ist das Ergebnis der Stabilitätsanalyse in Abb. 5.1 dargestellt. Für aN_0 oberhalb der Kurve erhalten wir stabile Koexistenz beider Populationen. Abhängig von der Reproduktionsrate R der Wirte, muß die durch Refugien *geschützte Wirtszahl* N_0 *eine gewisse Grenze überschreiten*, um *Stabilität* zu gewährleisten. Dies ist verständlich, da die Instabilität des ursprünglichen Modells (3.37) und (3.38) kompensiert werden muß.

Der Fall $n = 2$, $\alpha_1 = 1 - \gamma$, $\alpha_2 \leqq \gamma$, $\beta_2 = 1$ und $\beta_1 = 0$ führt zu (Hassell 1978):

$$N_{j+1} = R(1 - \gamma)\, N_j + R\gamma N_j \exp(-aP_j)\,, \tag{5.6}$$

$$P_{j+1} = W\gamma N_j[1 - \exp(-aP_j)]\,. \tag{5.7}$$

Auch dies beschreibt die Existenz von parasitoidfreien Refugien. Doch anders als im vorhergehenden Fall ist nun immer der *Bruchteil* $1 - \gamma$ *der Wirtspopulation* N_j *geschützt*. Dies mag der Fall sein, wenn die Wirte sich in einem Medium so verteilen, daß nur ein gewisser Prozentsatz nahe der Oberfläche für die Parasitoide erreichbar ist, oder wenn Wirts- und Parasitoidhabitat sich nur teilweise räumlich überlappen. Auch könnte hierdurch ein zeitliches Refugium beschrieben sein, wenn die Wirte desynchron auftreten und das Erscheinen der Parasitoide nicht vollständig zeitlich überlappt. Abb. 5.2 ist zu entnehmen, daß es abhängig von der Reproduktionsrate R der Wirte einen Bereich für $1 - \gamma$ gibt, bei dem Stabilität vorliegt. Zu wenig Schutz führt zu den instabilen Oszillationen, zu viel zum unbeschränkten Anwachsen der Wirtspopulation.

Um den Einfluß von Refugien bei der zeitkontinuierlichen Beschreibung von Räuber-Beute-Beziehungen mit überlappenden Generationen zu untersuchen,

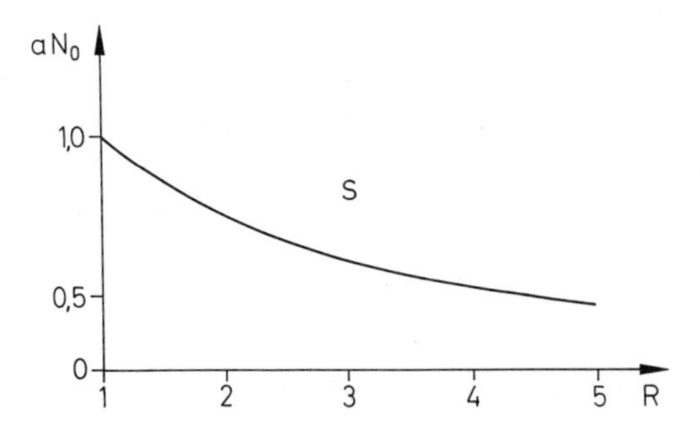

Abb. 5.1. Stabilitätsbereich S des Modells (5.4) und (5.5) für eine konstante Zahl N_0 an Refugien. Für Parameterwerte oberhalb der Kurve koexistieren beide Arten. R = Reproduktionsrate der Wirte, N_0 = Zahl der in den Refugien geschützten Wirte, a = Sucheffizienz der Parasitoiden. (Nach Hassell u. May 1973)

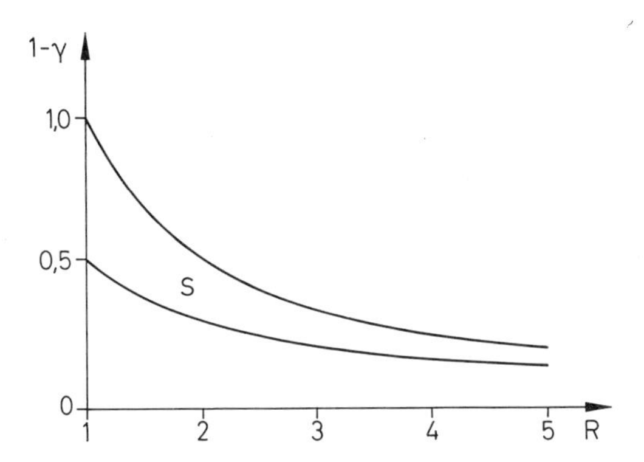

Abb. 5.2. Stabilitätsbereich S des Modells (5.6) und (5.7). Für Parameterwerte zwischen den Kurven koexistieren beide Arten. R = Reproduktionsrate der Wirte, $1 - \gamma$ = Bruchteil der in Refugien geschützten Wirte. (Nach Hassell u. May 1973)

gehen wir von jenem *Lotka-Volterra-Modell* (3.30) und (3.31) in Abschn. 3.2.1 aus, welches nicht stabil ist. Wenn nur der *Bruchteil* γ' der Beutepopulation *unter den Einfluß der Räuber* gerät, erhalten wir

$$dN/dt = Nr - \gamma N \gamma' P \,, \tag{5.8}$$

$$dP/dt = -P\varrho + N\delta\gamma' P \,, \tag{5.9}$$

indem wir in der Wechselwirkung P durch γ'P ersetzen. Da wir $\gamma'\gamma$ und $\gamma'\delta$ jeweils zu einem Parameter zusammenfassen können, hat dieses Modell die gleichen schlechten Stabilitätseigenschaften wie das ursprüngliche. Anders, wenn eine *feste Zahl* N_0 an Beuteindividuen von Räubern *unbeeinflußt* bleibt. Dann gilt

$$\frac{dN}{dt} = Nr - \gamma(N - N_0)\, P \,, \tag{5.10}$$

$$\frac{dP}{dt} = -\varrho P + \delta(N - N_0)\, P \,. \tag{5.11}$$

Die lineare Stabilitätsanalyse gemäß Gl. (A4.79) in Anhang A4d zeigt, daß das Modell (5.10) und (5.11) generell ein *stabiles Gleichgewicht* für beide Populationen ergibt.

Wir können daher den allgemeinen Schluß ziehen, daß für Räuber-Beute- bzw. Wirt-Parasitoid-Systeme *Refugien* mit einer *festen Zahl* N_0 *geschützter Individuen* die *Stabilität erhöhen*. Refugien mit einem festen Bruchteil verschonter Individuen können nur in zeitverzögerten Fällen, also z. B. bei diskreten, getrennten Generationen zur Stabilität beitragen. Doch muß auch dort eine sensible Balance zwischen zu viel und zu wenig Schutz bestehen.

Als nächsten Spezialfall (Hassell u. May 1973) des Modells (5.2) und (5.3) betrachten wir eine *extrem heterogene Verteilung der Wirtspopulation*. Ein Areal enthält einen hohen Bruchteil α, während sich in den anderen $(n - 1)$ Arealen je der Bruchteil $(1 - \alpha)/(n - 1)$ befindet. Die *Reaktion der Parasitoide* auf die Wirtsverteilung wollen wir durch

$$\beta_i = c\alpha_i^\mu \tag{5.12}$$

beschreiben, wobei die Konstante c aus der Normierung (5.1) folgt. Der Parameter μ ist ein *Aggregationsindex*, der die Stärke der Parasitoidaggregation in Arealen hoher Wirtsdichte beschreibt. Der Wert $\mu = 0$ ergibt β_i = konst., also eine gleichmäßige Verteilung der Parasitoide. Damit ergeben die Summen in den Gln. (5.2) und (5.3) den Wert 1, so daß wir zu dem ursprünglichen Modell (3.37) und (3.38) gelangen. Wir haben die bekannte instabile Situation. Da wegen Gl. (5.1) $\alpha_i < 1$, sind für hinreichend große μ alle β_i gegen das größte vernachlässigbar klein. In diesem Fall befinden sich alle Parasitoide im Areal mit größter Wirtsdichte. Für $\mu = 1$ stimmen Wirts- und Parasitoidverteilung überein. In Abb. 5.3 ist ein Beispiel für die *Stabilitätsbedingung* dargestellt. Ansteigende Werte des Aggregationsindex μ wirken stabilisierend. Je größer die Zahl $(n - 1)$ der Areale mit niedriger Wirtszahl ist, desto kleiner kann der Aggregationsindex μ sein. Bei hinreichend großer Reproduktionsrate R ist keine Stabilisierung möglich.

Schließlich soll eine Beschreibung (Hassell u. May 1973) vorgestellt werden, die keine detaillierten Angaben mit Hilfe der α_i und β_i für einzelne Areale benötigt, sondern die Heterogenität der Wirtsverteilung und der Parasitoidaggregation summarisch wiedergibt. In Abschn. 3.2.1 sind wir davon ausgegangen, daß die Parasitoiden ihre Wirte zufällig aufspüren, was zu der Exponentialfunktion in den Gln. (3.37) bzw. (5.2) führte. Stattdessen wird nun die sogenannte *negative Binomialverteilung* (Pielou 1975, 1977) benutzt, um das *Aggregationsverhalten* der Parasitoide als Reaktion auf eine geklumpte Wirtsverteilung *summarisch* zu beschreiben (Griffiths u. Holling 1969; Murdoch u. Oaten 1975; May 1978). Dieses

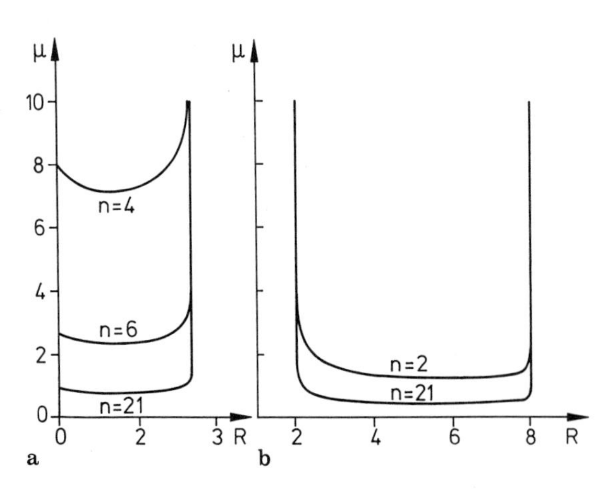

Abb. 5.3 a, b. Stabilitätsgrenzen im Parameterraum des Modells (5.2) und (5.3) mit dem Bruchteil α der Wirtspopulation in einem Areal (s. Text). Für Parameterwerte oberhalb der Kurven existiert ein stabiles Gleichgewicht beider Populationen. In **a** ist $\alpha = 0{,}3$ und in **b** ist $\alpha = 0{,}7$. R = Reproduktionsrate der Wirte, μ = Aggregationsindex (s. Gl. 5.12) der Parasitoide, n = Zahl der Areale. (Nach Hassell u. May 1973)

heuristische Modell (Southwood 1978; May 1978) ist in ctlichen Fällen empirisch bestätigt worden. Für uns ist die Wahrscheinlichkeit W_0, daß ein Wirt von keinem Parasitoid gefunden wird, von Interesse, welche hier

$$W_0 = (1 + aP_j/k)^{-k} \tag{5.13}$$

ist. In den ursprünglichen Modellen (3.37) und (3.38) ist die Exponentialfunktion also durch diesen Ausdruck zu ersetzen. Damit erhalten wir

$$N_{j+1} = RN_j(1 + aP_j/k)^{-k}, \tag{5.14}$$

$$P_{j+1} = WN_j[1 - (1 + aP_j/k)^{-k}]. \tag{5.15}$$

Der *Parameter k* beschreibt den *Grad der Aggregation der Parasitoiden auf Areale mit großer Wirtszahl.* Je kleiner k, umso größer ist W_0, d. h. umso mehr Wirte entgehen der Parasitierung in dünn besiedelten Arealen. Für $k \to \infty$ geht Gl. (5.13) in eine Exponentialfunktion über. Dann liegt also eine zufällige Situation ohne Aggregation vor. Entscheidend für die Stabilität ist, daß die Regulation der Wirtspopulation durch die Räuber nicht zu stark ist. Dies hatte ja im ursprünglichen Modell (3.37) und (3.38) zu den sich aufschaukelnden Regelschwingungen geführt. In Abb. 5.4 ist die Wahrscheinlichkeit W_0 für das Überleben eines Wirtes aus Gl. (5.13) gegen die Zahl P_j der Parasitoiden für verschiedene Parameter k aufgetragen. Für $k \to \infty$, d. h. für den Fall des zufälligen Suchens nimmt W_0 am steilsten ab, die Regulation durch die Parasitoiden ist am stärksten. Je kleiner k ist, umso schwächer wird diese Regulation.

Die lineare Stabilitätsanalyse zeigt für die Gln. (5.14) und (5.15), daß eine *stabile Koexistenz* der Parasitoiden und Wirte nur für $k < 1$ möglich ist. Unser instabiles Modell (3.37) und (3.38) wird also durch hinreichend starke Aggregation der Parasitoide bei hinreichend geklumpter Wirtsverteilung *stabilisisert.* Die von den Wirten wenig besiedelten Areale wirken wie Refugien, da die Parasitoide diese wegen ihrer Aggregation in den dicht besiedelten kaum besetzen. Dieses

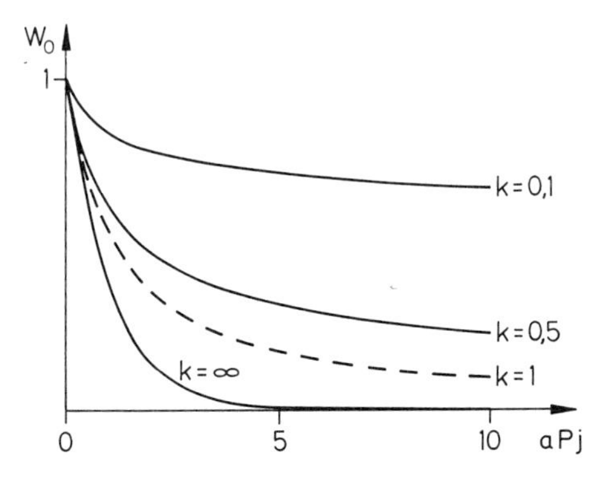

Abb. 5.4. Wahrscheinlichkeit W_0 der negativen Binomialverteilung für das Überleben eines Wirtes gegen die Zahl P_j der Parasitoiden für verschiedene k-Werte nach Modell (5.14) und (5.15). a = Sucheffizienz der Parasitoiden. Für hinreichend starke Aggregation ($k < 1$) der Parasitoiden bei geklumpter Wirtsverteilung liegt ein stabiles Gleichgewicht vor

Beispiel bestätigt das Ergebnis des Modells (5.2) und (5.3), daß Verhalten, welches zu einer *räumlichen Inhomogenität* führt, *stabilisierend* wirken kann.

Zusammenfassung

In Wirt-Parasitoid-Modellen ohne dichteabhängige Regulation kann man die räumliche Strukturierung durch die Verteilung der Wirt- und Parasitoid-Population auf Patches beschreiben. Ist eine feste Zahl N_0 an Wirten in Refugien vor den Parasitoiden geschützt, so führt dies zu einem stabilen Gleichgewicht, sofern N_0 groß genug ist. Wird immer ein fester Bruchteil der Wirtspopulation in Refugien geschützt, erhält man Stabilität, falls dieser innerhalb bestimmter Grenzen liegt. Ist die räumliche Verteilung einer Wirtspopulation geklumpt und aggregieren die Parasitoiden stark genug dort, wo die größten Wirtsdichten vorliegen, so führt dies zu einem Gleichgewicht. Im marginal-stabilen Lotka-Volterra-Modell für Räuber-Beute-Beziehungen mit überlappenden Generationen, ändert der Schutz eines Bruchteils der Beute-Population nichts am Ergebnis des Modells. Ist dort eine feste Zahl an Beuteindividuen geschützt, führt dies immer zu einem stabilen Gleichgewicht. Allgemein kann Verhalten, das zu räumlicher Inhomogenität führt, stabilisierend wirken.

Weiterführende Literatur:
Theorie: Anderson 1981; Bradley u. May 1978; Griffiths u. Holling 1969; Hassell 1971, 1976b, 1978; Hassell u. May 1973, 1974; Levin 1976; May 1977b, 1978; Murdoch u. Oaten 1975; Pielou 1974, 1977; Rogers u. Hassell 1974; *Empirik*: Banks 1957; Begon u. Mortimer 1986; Curio 1976; Huffaker et al. 1963; Mills 1982; Pielou 1974; Taylor u. Taylor 1977; Zwölfer 1979.

5.2 Interspezifische Konkurrenz

Nachdem wir bei Räuber-Beute- bzw. Wirt-Parasitoid-Beziehungen gesehen haben, daß Inhomogenitäten in der räumlichen Verteilung der Populationen stabilisierend wirken können, wollen wir nun der Frage nachgehen, ob dies auch bei *zwischenartlicher Konkurrenz* der Fall ist. Als Ausgangspunkt nehmen wir das einfache *Lotka-Volterra-Modell* (3.3) und (3.4), welches

$$\frac{dN_1}{dt} = r_{m1} N_1 \left(1 - \frac{N_1}{K_1} - \frac{\beta_{12}}{K_1} N_2\right), \tag{5.16}$$

$$\frac{dN_2}{dt} = r_{m2} N_2 \left(1 - \frac{N_2}{K_2} - \frac{\beta_{21}}{K_2} N_1\right) \tag{5.17}$$

lautet. Es zeigt alle typischen Eigenschaften von allgemeinen Modellen, welche interspezifische Konkurrenz beschreiben. Wir wollen die Situation untersuchen, daß die Art 1 die Art 2 immer herauskonkurriert, was nach Abb. 3.1a in Abschn. 3.1.1 für

$$K_1/\beta_{12} > K_2\,; \qquad K_1 > K_2/\beta_{21} \tag{5.18}$$

der Fall ist. Die bei der Konkurrenz *unterlegene Art 2* möge nun die *Fähigkeit zur Migration* besitzen, während die Art 1 so wenig Mobilität zeigen möge, daß ihre Migration vernachlässigbar klein ist. Das heißt, wir gehen davon aus, daß die Art 2 einen ständigen Zustrom von Immigranten aus anderen Gebieten erhält, in denen diese Art existieren kann (Fenchel 1975b). Wir haben dann Gl. (5.17) durch

$$\frac{dN_2}{dt} = r_{m2}N_2\left(1 - \frac{N_2}{K_2} - \frac{\beta_{21}}{K_2}N_1\right) + m \tag{5.19}$$

zu ersetzen, wobei m die *Immigrationsrate*, d. h. die einwandernde Individuenzahl pro Zeit ist.

Um die Frage nach der Koexistenz beider Arten zu beantworten, untersuchen wir, wie in Abschn. 3.1.1, ob jede Art in eine etablierte Population der anderen Art einwandern kann. Es sei zunächst die Art 1 allein in ihrem Gleichgewicht vorhanden, d. h. $N_1 = K_1$. Wenn nun die Art 2 mit sehr geringer Individuenzahl N_2 auftritt, so kann der erste Term in Gl. (5.19) gegen m vernachlässigt werden (s. Gl. A3.1 in Anhang A3). Die Population dieser Art nimmt mit dieser Rate m zu. Dies bedeutet, daß Populationen, die einen ständigen *Zuwachs durch Immigration* erfahren, immer in der Lage sind, auch in Gebieten, in welchen durch Konkurrenz überlegene Arten etabliert sind, *kleine Populationen aufzubauen*. Die Größe dieser Populationen hängt von der Immigrationsrate m und dem Konkurrenzdruck ab.

Wenn nun die Art 2 allein vorhanden ist, so nimmt ihre Individuenzahl den Wert

$$N_2^* = \frac{1}{2}K_2 + \left(\frac{1}{4}K_2^2 + \frac{m}{r_{m2}}K_2\right)^{1/2} \tag{5.20}$$

an, wie man leicht durch Nullsetzen der rechten Seite von Gl. (5.19) erhält. Nun mögen einige Individuen der Art 1 dazukommen. Ihre Zahl N_1 sei so klein, daß der Term N_1/K_1 in Gl. (5.16) gegen die anderen Glieder in der Klammer vernachlässigt werden kann. Die Population der Art 1 wird anwachsen, wenn die Klammer in Gl. (5.16) positiv ist, d. h. wenn

$$0 < 1 - \frac{\beta_{12}}{K_1}N_2^* \tag{5.21}$$

ist. Daraus folgt mit Hilfe von Gl. (5.20)

$$m < r_{m2}K_1(K_1 - \beta_{12}K_2)/(K_2\beta_{12}^2)\,. \tag{5.22}$$

Wegen Gl. (5.18) ist die erste Klammer positiv. Die Art 1 kann also in einer etablierten Population der Art 2 kolonisieren, wenn Gl. (5.22) erfüllt ist. Ist Gl. (5.22) nicht erfüllt, ist die zeitliche Veränderung von N_1 nach Gl. (5.16) negativ, die Art 1 stirbt aus. Somit können wir folgern, daß eine bei interspezifischer Konkurrenz unterlegene Art 2 den stärkeren Konkurrenten der Art 1 verdrängt, sofern sie einen hinreichend starken Zustrom m von Immigranten hat. Übersteigt dieser jedoch nicht ein gewisses Maß (gegeben durch die rechte Seite von Gl. 5.22), können beide Arten koexistieren. So können Arten, z. B. r-Strategen (s. Abschn. 6.2.1), ihre *geringe Konkurrenzfähigkeit durch stärkere Migration ausgleichen.*

Als nächstes wollen wir die Populationsdynamik beider Arten in *zwei benachbarten Arealen* untersuchen, wobei beide Arten zwischen diesen *hin- und herwandern* können (Levin 1974). Zunächst haben wir für jedes Areal i (i = 1, 2) die Wachstumsgleichungen (5.16) und (5.17) beider Arten zu betrachten:

$$\frac{dN_1^{(i)}}{dt} = r_m N_1^{(i)} \left(1 - \frac{N_1^{(i)}}{K} - \frac{\beta}{K} N_2^{(i)}\right) + m(N_1^{(j)} - N_1^{(i)}) \quad \text{für} \quad i \neq j \quad (5.23)$$

$$\frac{dN_2^{(i)}}{dt} = r_m N_2^{(i)} \left(1 - \frac{N_2^{(i)}}{K} - \frac{\beta}{K} N_1^{(i)}\right) + m(N_2^{(j)} - N_2^{(i)}) \quad \text{für} \quad i \neq j\,. \quad (5.24)$$

Dabei ist $N_1^{(i)}$ die Individuenzahl der Art 1 im i-ten Areal. Der Einfachheit halber haben wir in beiden Arealen für beide Arten die Populationsdynamik samt der Konkurrenz identisch angesetzt, so daß alle Modellparameter in beiden Arealen gleich, d. h. unabhängig von i sind.

Der letzte Term proportional zu m beschreibt in beiden Gleichungen die Migration. Wir wollen hier annehmen, daß diese zufällig geschieht. Wenn jedes Individuum bei seiner *zufälligen Wanderung* die Wahrscheinlichkeit m dt besitzt, innerhalb des Zeitintervalls dt von einem Areal zum anderen zu wechseln, so wird pro Zeit also gerade der Bruchteil m einer Population diesen Übergang vollziehen. Z. B. verlassen also pro Zeit $mN_1^{(i)}$ Individuen der Art 1 das i-te Areal, was wir in Gl. (5.23) als negativen Beitrag berücksichtigt haben. Entsprechend tritt aus dem anderen Areal j die Zahl $mN_1^{(j)}$ pro Zeit ins Areal i über und führt dort zu einer entsprechenden Zunahme. Entsprechendes gilt für die andere Art 2. Die *Migrationsrate* m haben wir hier für beide Arten und Areale als gleich angesetzt.

Wir wollen von der Situation ausgehen, daß beide Arten *im räumlich homogenen Fall nicht koexistieren* können, so wie es in Abb. 3.1 b in 3.1.1 dargestellt ist. Dies ist gleichbedeutend damit, daß

$$\beta > 1 \quad (5.25)$$

ist, die interspezifische Konkurrenz also stärker als die intraspezifische ist (s. Diskussion nach Gl. 3.5 in Abschn. 3.1.1). Wir stellen uns zunächst vor, daß die Möglichkeit zur Migration „abgeschaltet“ ist und daß in jedem Areal eine andere Art etabliert ist. So habe z. B. im Areal 1 die Art 1 ihr Gleichgewicht erreicht und im Areal 2 die Art 2. Wenn wir nun die Migrationsrate m von Null aus ein wenig anwachsen lassen, wird dies für beide Areale nur eine kleine Störung bedeuten. Wir erwarten, daß im Areal 1 die Individuenzahl N_1 nur wenig verändert wird, ebenso im Areal 2 die Zahl N_2, denn die ursprünglichen Gleichgewichte sind, wie die Kolonisationsargumente für Abb. 3.1 b in Abschn. 3.1.1 zeigen, gegen geringfügige Störungen durch die andere Art stabil. Ist die Migrationsrate m hinreichend groß, so werden die Individuen aus beiden Arealen stark durchmischt und beide Areale zusammen werden ein einziges homogenes System bilden. In dieser durch Abb. 3.1b in Abschn. 3.1.1 beschriebenen Situation, verdrängt eine Art die andere vollständig. Wir erwarten daher eine *kritische Größe* m_c für die *Migrationsrate*, so daß, wenn $m < m_c$ ist, beide Arten koexistieren können, während dies für $m > m_c$ nicht möglich ist.

In der Tat wurde gezeigt (Christiansen u. Fenchel 1977), daß beide Arten koexistieren können, falls

$$m < m_c = \frac{1}{2} r_m K \frac{\beta - 1}{\beta + 1} . \qquad (5.26)$$

Je größer β, d. h. die interspezifische Konkurrenz ist, eine um so stärkere Zuwanderungsrate m der konkurrierenden Art kann verkraftet werden. Dabei ist zu bedenken, daß zu Beginn die Situation geschaffen wurde, in der sich die Hauptteile der Populationen auf verschiedene Areale konzentrieren. Beginnt man mit dem Fall, daß in beiden Arealen nur eine Art existiert, so hat die andere keine Chance, in eines von diesen einzuwandern.

Dieses Ergebnis läßt sich auf *mehrere Populationen* verallgemeinern (Levin 1976). Ist ein Ökosystem in *mehrere Areale (Patches)* aufgeteilt und die Migration durch gewisse *Barrieren* zwischen diesen erschwert, so können Arten, welche in einem homogenen System nicht koexistieren können, auf diese Areale verteilt sehr wohl überleben. Die Verteilung auf die Areale ist einmal durch ein historisches Ereignis geschaffen worden und bleibt unter dem geringen Einfluß der Migration unverändert. Es kann also für die Verteilung von Arten in einem räumlich inhomogenen Ökosystem die *Vorgeschichte* eine entscheidende Rolle spielen. So wird bei der *Erstbesiedlung* eines Systems das Prinzip „Wer zuerst kommt, mahlt zuerst" gelten. Wir haben in diesem Abschnitt ein Modell untersucht, das Aussagen über die *Artenvielfalt* in Ökosystemen macht. Aber um zu diesem Ergebnis zu gelangen, war es notwendig, kleine Migrationsraten anzunehmen, und diese Forderung ist sicher nicht immer erfüllt.

Zusammenfassung

Eine bei der interspezifischen Konkurrenz unterlegene Art kann überleben, wenn sie aus einem benachbarten Gebiet fortwährend einen Zustrom von Einwanderern erfährt. Ist diese Immigration zu stark, wird sogar der stärkere Konkurrent verdrängt. Zwei Arten, bei welchen die interspezifische Konkurrenz stärker als die intraspezifische ist, können in räumlich homogenen Populationen nicht koexistieren, wohl aber in zwei benachbarten Arealen, sofern die Migration zwischen diesen einen Grenzwert nicht überschreitet.

Weiterführende Literatur:

Theorie: Christiansen u. Fenchel 1977; Fenchel 1975a, b; Levin 1974, 1976; Levin u. Paine 1974; Pielou 1974; Yodzis 1978;

Empirik: Christiansen u. Fenchel 1977; Crombie 1946; Fenchel 1975a, b; Pielou 1974.

5.3 Extinktion und Immigration

Bei jenen opportunistischen Arten, die wir r-Strategen (s. Abschn. 6.2.1) nennen, ist es immer wieder zu beobachten, daß eine *lokale Population* durch ungünstige Umstände ausstirbt. Doch ebenso schnell kann ein Areal neu besiedelt werden, wenn die Verhältnisse dort günstig sind. Bei einer solchen Art finden *Extinktion und Rekolonisierung* in relativ kurzer Zeit statt. Für diesen Vorgang wollen wir ein einfaches Modell erstellen, um die Bedingungen zu finden, unter welchen die Art als Ganzes zu überleben vermag.

Ein Ökosystem möge aus N Arealen bestehen, in denen unsere Art im Prinzip zu leben vermag (Goel u. Richter-Dyn 1974). Wir unterscheiden der Einfachheit halber nur zwischen Arealen, in denen die Art vorkommt oder nicht vorhanden ist. Die *Wahrscheinlichkeit*, daß in einem Areal diese Art im Zeitintervall dt *ausstirbt*, sei μ dt. Hier unterscheiden wir nicht, ob die Population in diesem Areal schon länger besteht oder gerade erst entstanden ist. Die *Wahrscheinlichkeit*, daß ein *„leeres" Areal* von einem besetzten aus in der Zeit dt *besiedelt wird*, sei ϱ dt, wobei Einflüsse von Größe und Lage zueinander unberücksichtigt bleiben. Ist die Zahl der besetzten Areale n, so sind also $(N_0 - n)$ leer. Damit ist nach Regel (4.33) in Abschnitt 4.2.1 die Wahrscheinlichkeit λ_n dt, daß irgendeines der „leeren" Areale während des Zeitintervalls dt besiedelt wird:

$$\lambda_n \, dt = \varrho n(N_0 - n) \, dt = \lambda n(1 - n/N_0) \, dt \, , \tag{5.27}$$

wobei $\lambda = N_0 \varrho$ ist. Die Wahrscheinlichkeit, daß in einem der n besetzten Areale im Zeitintervall dt die Art ausstirbt, ist

$$\mu_n \, dt = \mu \cdot n \, dt \, . \tag{5.28}$$

Für die *Wahrscheinlichkeit* $P_n(t)$, daß *n Areale zur Zeit t besetzt sind*, finden wir (Goel u. Richter-Dyn 1974) dann völlig analog zu Abschn. 4.2.4 eine Master-Gleichung (4.78) vom Geburts- und Sterbetypus. Statt der Individuen zählen wir

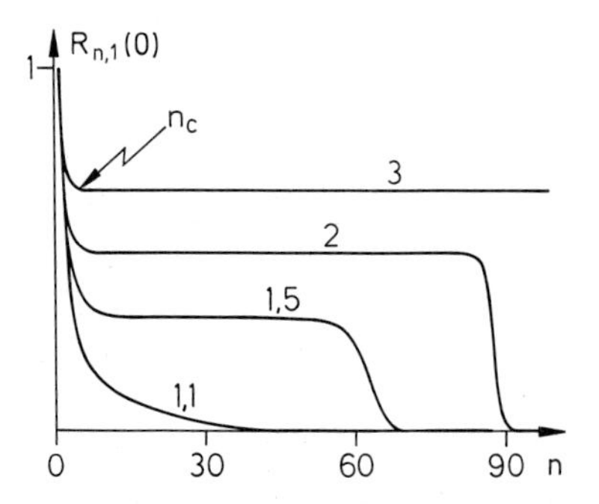

Abb. 5.5. Wahrscheinlichkeit $R_{n1}(0)$, daß sich aus einem besetzten Areal eine Population mit n besetzten Arealen entwickelt, bevor die Art im Gesamtökosystem ausstirbt (nach Modell 5.27 und 5.28). Parameterwert an den Kurven ist der Quotient λ/μ aus der maximalen Besiedlungswahrscheinlichkeit λ und der Extinktionsrate μ pro Areal. Die Gesamtzahl der Areale ist hier $N_0 = 100$

hier die besetzten Areale. Deren Zahl ändert sich wie in Abschn. 4.2.4 mit gewissen *Zunahme-* (5.27) und *Abnahmeraten* (5.28), die völlig den Geburts- und Sterberaten in Gl. (4.78) entsprechen.

Wir können daher die Ergebnisse (s. Abb. 4.8 und Gl. 4.86 aus Abschn. 4.2.5) übernehmen. Ebenso wie dort interessiert uns, ob die Zahl $n = 0$ erreicht wird, d. h. kein besetztes Areal mehr existiert, die Art also im gesamten Ökosystem ausgestorben ist. Wie in Abschn. 4.2.5 sehen wir uns die Wahrscheinlichkeit $R_{n1}(0)$ an, daß die Zahl n erreicht wird, bevor die Art völlig ausstirbt ($n = 0$), wenn ein besetztes Areal vorliegt. Ein Beispiel für $R_{n1}(0)$ ist in Abb. 5.5 dargestellt. Wie in Abschn. 4.2.5 existiert auch hier eine *kritische Zahl*

$$n_c = 3/\log\left(\frac{\lambda}{\mu}\right). \tag{5.29}$$

Hat die Zahl n der besetzten Areale diese Zahl n_c erreicht, ist die *Gefahr des Aussterbens* für eine längere Zeit gebannt und die Zahl n wird gegen den deterministischen Gleichgewichtswert N^* streben, der hier durch $\lambda_{N^*} - \mu_{N^*} = 0$ (s. Gl. 4.88 in Abschn. 4.2.5) gegeben ist, woraus

$$N^* = (1 - \mu/\lambda)\, N_0 = N_0 - \mu/\varrho \tag{5.30}$$

folgt. Diese Zahl ist natürlich umso größer, je geringer die Extinktionswahrscheinlichkeit μ und je größer die Besiedlungswahrscheinlichkeit ϱ ist. Die kritische Zahl n_c, oberhalb der ein längeres Überleben gewährleistet ist, nimmt gemäß Gl. (5.29) mit wachsendem λ bzw. ϱ und fallendem μ ab. Wenn die Immigrationsrate λ groß und die Extinktionsrate μ klein ist, ist die Existenz der Art auch bei kleinerer Zahl an Arealen gesichert.

Kritisch wird die Situation, wenn die Zahl N_0 der insgesamt zur Verfügung stehenden Areale zu klein ist. Liegt sie gar unterhalb n_c, so kann die Zahl N^* der besetzten Areale den kritischen Wert n_c nicht überschreiten, und nach kurzer Zeit ist die Art im gesamten Ökosystem verschwunden. Um eine Vorstellung zu bekommen, wie lange es im Mittel dauert, bis kein Areal mehr die Art enthält, sehen wir uns die Mean-First-Passage-Zeit M_{0N^*} (s. Gl. 4.82 in Abschn. 4.2.5) an. Für verschiedene Werte von N_0, μ und λ bzw. ϱ wurde diese *mittlere Zeit bis zum Aussterben* nach Gl. (A7.38) in Anhang 7 berechnet und in Tabelle 5.1 angegeben. Nehmen wir z. B. einmal an, daß die mittlere Lebensdauer der Art $1/\mu$ in einem Areal etwa 10 Jahre beträgt. Dann haben wir also die Werte in Tabelle 5.1 mit 10 zu multiplizieren, um die mittlere Extinktionszeit M_{0N^*} in Jahren zu erhalten. Wir sehen, daß für große Werte von N_0 und λ/μ astronomische Werte erreicht werden. Die Art läuft keinerlei Gefahr auszusterben. In der Tabelle sind außerdem noch die zugehörigen Werte der kritischen Zahl n_c und des deterministischen Mittelwertes N^* an besetzten Arealen (im Klammern) angegeben. Ist N^* deutlich geringer als n_c, ist die Art nach einigen Jahrzehnten ausgestorben. Je weiter N^* über n_c liegt, umso länger überlebt sie. Bedenken wir, daß λ die maximale Zuwanderungsrate in ein leeres Areal ist, falls fast alle Areale besetzt sind. Wir sehen, falls das Verhältnis λ/μ der Zuwanderungs- zur Extinktionsrate nicht groß genug (z. B. $\lambda/\mu = 1{,}1$) ist, so reicht eine überschaubare Gesamtzahl N_0 (hier 100) an Arealen zur Existenzsicherung gar nicht aus. Eine Art, die immer wieder

Tabelle 5.1. Mittlere Zeit M_{0K} bis zum völligen Aussterben der Art im gesamten Ökosystem (als Vielfaches der mittleren Lebensdauer $1/\mu$ einer Population in einem einzelnen Areal). In Klammern die Zahl N* der besetzten Areale im deterministischen Gleichgewicht. Parameter sind die Gesamtzahl N_0 aller Areale im Ökosystem und das Verhältnis der maximalen Immigrationsrate λ und der Extinktionsrate μ pro Areal. Die kritische Zahl an besetzten Arealen, die Überschritten werden muß, um eine erfolgreiche Kolonisation zu erreichen, ist n_c.

λ/μ	$N_0 = 10$	20	40	100	n_c
5	887 (8)	$1{,}9 \cdot 10^6$ (16)	$1{,}4 \cdot 10^{13}$ (32)	$1{,}1 \cdot 10^{34}$ (80)	4
3	55 (7)	$2{,}6 \cdot 10^3$ (13)	$9{,}9 \cdot 10^6$ (26)	$1{,}1 \cdot 10^{18}$ (66)	6
2	14 (5)	69 (10)	$2 \cdot 10^3$ (20)	$1{,}3 \cdot 10^8$ (50)	10
1,5	8 (4)	18 (7)	59 (14)	$2{,}4 \cdot 10^3$ (37)	17
1,1	6 (1)	9 (2)	14 (4)	27 (9)	72

lokale Auslöschung erleidet, hat dann eine *gute Chance, insgesamt zu überleben*, falls sie eine *gute Kolonisationsfähigkeit* λ bzw. ϱ besitzt und eine *hinreichend große Zahl* N_0 *an geeigneten Arealen* zur Verfügung hat.

Dieses Ergebnis vor Augen wird man fragen, ob nicht auch bei konkurrierenden Arten eine lokale Auslöschung in einem Areal toleriert werden kann, falls an anderer Stelle eine Neubesiedlung erfolgt. Wir werden die Frage nach der dauerhaften Koexistenz beider Arten mit einem Modell, ähnlich wie oben, untersuchen. Doch müssen wir auf eine stochastische Beschreibung verzichten, um keine größeren mathematischen Schwierigkeiten zu bekommen.

Wir betrachten (Levin 1976; Christiansen u. Fenchel 1977) wieder eine *große Menge an Arealen*, die für *zwei konkurrierende Arten* prinzipiell als Habitat geeignet sind. Ohne auf die Populationsdynamik innerhalb eines einzelnen Areals einzugehen, beschreiben wir durch Z_1 die Zahl der Areale, die nur die erste Art beherbergt, durch Z_2 die Zahl der Areale mit der zweiten Art und durch Z_0 die Zahl ohne beide Arten. Hier wollen wir zuerst den Fall betrachten, daß eine Art in ein von der anderen Art besetztes Areal nicht einwandern kann (s. Abb. 3.1b in Abschn. 3.1.1). Die Größe der Gesamtpopulationen soll durch

$$N_i = C_i Z_i \tag{5.31}$$

beschrieben werden. Es ist also C_i die Individuenzahl der Art „i" in einem einzelnen Areal. Jedes dieser Individuen möge von seinem besetzten Areal zu einem bestimmten leeren Areal mit einer *Migrationswahrscheinlichkeit* m_i wandern. Außerdem möge jede Art in ihrem besetzten Areal mit der *Extinktionswahrscheinlichkeit* e_i aussterben.

Damit folgt dann die Bilanzgleichung:

$$\begin{aligned} dZ_1/dt &= m_1N_1Z_0 - e_1Z_1 \,, \\ dZ_2/dt &= m_2N_2Z_0 - e_2Z_2 \,, \\ dZ_0/dt &= -(m_1N_1 + m_2N_2)\, Z_0 + e_1Z_1 + e_2Z_2 \,. \end{aligned} \tag{5.32}$$

Die zeitliche Zunahme der mit der ersten Art besetzten Areale dZ_1/dt ist proportional zur Zahl N_1 der migrationsfähigen Individuen, zur Zahl Z_0 der freien Areale und zur Migrationswahrscheinlichkeit m_1. Analoges gilt für die zweite Art. Die Bilanz von Z_0 ergibt sich aus

$$dZ_0/dt = -(dZ_1/dt + dZ_2/dt)\,, \tag{5.33}$$

da die zeitliche Zu- bzw. Abnahme der besetzten Areale die entsprechende Ab- bzw. Zunahme der leeren ergibt.

Eine *mögliche Koexistenz* prüfen wir wieder, indem wir annehmen, daß zunächst nur eine Art, z. B. die erste, vorhanden ist, und fragen, ob die andere in das Ökosystem einwandern kann. Bei Fehlen der Art 2 ist also $Z_2 = 0$ und damit auch $N_2 = 0$. Als Gleichgewichtswert ergibt sich durch Nullsetzen der rechten Seite von Gl. (5.32) mit Hilfe von Gl. (5.31):

$$Z_0^* = \frac{e_1}{m_1C_1}\,. \tag{5.34}$$

Wenn wir die Gesamtzahl der Areale mit Z_g bezeichnen, so ist

$$Z_1^* = Z_g - Z_0^* = Z_g - \frac{e_1}{m_1C_1}\,. \tag{5.35}$$

Nun untersuchen wir, unter welchen Bedingungen die Art 2 einwandern kann. Setzen wir Gl. (5.34) in die Gl. (5.32) für Z_2 ein, so folgt

$$dZ_2/dt = Z_2\left(m_2C_2\frac{e_1}{m_1C_1} - e_2\right). \tag{5.36}$$

Wenn die rechte Seite von Gl. (5.36) positiv ist, nimmt Z_2 zu. Die zweite Art kann also einwandern, falls

$$m_2C_2/e_2 > m_1C_1/e_1\,. \tag{5.37}$$

Wenn wir nun umgekehrt zunächst eine etablierte Population der Art 2 vorliegen haben und danach fragen, ob die Art 1 einwandern kann, so brauchen wir in unseren obigen Überlegungen nur den Index 1 mit dem Index 2 zu vertauschen. Tun wir dies auch bei Gl. (5.37), so ergibt sich als *Einwanderungsbedingung* für die Art 1:

$$m_1C_1/e_1 > m_2C_2/e_2\,. \tag{5.38}$$

Da dies die genaue Umkehrung der Bedingung (5.37) ist, können nicht beide Arten die Fähigkeit besitzen, in ein Ökosystem einzuwandern, welches von der anderen Art bereits besetzt ist. *Koexistenz beider Arten* ist hier also *nicht möglich.*

Wir können dies als Konkurrenz um Raum oder um verfügbare Areale ansehen, wobei die interspezifische Konkurrenz so groß ist, daß gleichzeitiges Auftreten in einem einzelnen Areal unmöglich ist. Die Art, die bei Gegenwart der anderen einwandern kann, ist die überlegene. Sie verdrängt die andere Art. Bedenkt man, daß eine Gl. (5.35) entsprechende Gleichung auch für die zweite Art gilt, falls diese alleine vorhanden ist, und vergleicht man die Einwanderungsbedingungen (5.37) und (5.38) damit, so zeigt sich, daß die Art mit dem größeren Z_i^* überlegen ist. Die *Art, welche die Ressource* (verfügbare Areale) *besser nutzt*, also eine größere Zahl Z_i^* an besetzten Arealen etablieren kann, ist der *bessere Konkurrent*.

In unserem Modell (5.32) wollen wir nun die Stärke der interspezifischen Konkurrenz etwas abschwächen, indem wir annehmen, daß *beide Arten*, zumindest für eine kurze Zeit, *in einem einzelnen Areal gemeinsam vorkommen* können (Slatkin 1974; Levin 1974; Christiansen u. Fenchel 1977). Die Zahl dieser Areale zur Zeit t sei $Z_{12}(t)$. Es sei $\hat{m}_1$ die Einwanderungswahrscheinlichkeit eines Individuums der Art 1 in ein von der Art 2 besetzten Areal; entsprechend ist $\hat{m}_2$ definiert. Die Größe der Gesamtpopulation ist statt Gl. (5.31) nun

$$N_i = C_i(Z_i + w_i Z_{12}) \,, \tag{5.39}$$

denn wegen der interspezifischen Konkurrenz kann die Art „i“ in den von beiden besetzten Patches nur eine auf den Bruchteil w_i verminderte Individuenzahl wC_i erreichen ($w_i < 1$). Schließlich sei $\hat{e}_i$ die Wahrscheinlichkeit, daß die Art i in einem von beiden Arten besetzten Gebiet ausstirbt. Damit haben wir Gl. (5.32) folgendermaßen zu ergänzen:

$$\begin{aligned}
dZ_0/dt &= -(m_1N_1 + m_2N_2)\,Z_0 + e_1Z_1 + e_2Z_2 \\
dZ_1/dt &= m_1N_1Z_0 - e_1Z_1 - \hat{m}_2N_2Z_1 + \hat{e}_2Z_{12} \\
dZ_2/dt &= m_2N_2Z_0 - e_2Z_2 - \hat{m}_1N_1Z_2 + \hat{e}_1Z_{12} \\
dZ_{12}/dt &= \hat{m}_1N_1Z_2 + \hat{m}_2N_2Z_1 - (\hat{e}_1 + \hat{e}_2)\,Z_{12} \,.
\end{aligned} \tag{5.40}$$

Die Zahl Z_1 der allein mit der Art 1 besetzten Areale kann auch durch Zuwanderung der Art 2 abnehmen ($-\hat{m}_2N_2Z_1$) und durch Aussterben der Art 2 in einem von beiden Arten besetzten Areal zunehmen ($\hat{e}_2Z_{12}$). Entsprechendes gilt für Z_2. Areale, die mit beiden Arten besetzt sind, können nur aus solchen, die bereits eine Art enthalten, entstehen.

Mit diesem *Modell* (5.40) sind wir nun an die Grenze dessen gestoßen, was noch überschaubar ist. Mit 12 Parametern ist es bereits so *komplex*, daß es schwierig ist, ein einfaches Verständnis oder allgemeine biologische Ergebnisse aus ihm zu erhalten, obwohl es analytisch untersucht werden kann. Andererseits gibt es auch nur eine grobe Beschreibung unserer Fragestellung, ohne auf die Dynamik innerhalb der Areale einzugehen oder Unterschiede zwischen diesen zu berücksichtigen.

Wieder untersuchen wir die Situation, in welcher nur die Art 1 im Ökosystem etabliert ist und fragen, ob die Art 2 zuwandern kann. Wir setzen also $Z_2 = 0$ und $Z_{12} = 0$, wodurch mit Gl. (5.39) $N_2 = 0$ folgt, und berechnen die Gleichgewichtswerte Z_0^* und Z_1^* durch Nullsetzen der rechten Seite der beiden ersten Gleichungen in Gl. (5.40), wobei wir wieder die Gln. (5.34) und (5.35) erhalten. Da die Art 2 bei Einwanderung allein oder zusammen mit der Art 1 Patches besetzen kann, müssen wir untersuchen, ob Z_2 oder Z_{12} mit der Zeit zunehmen. Aus Gl. (5.40) erhalten wir daher:

$$\begin{aligned} dZ_2/dt &= m_2 Z_0^* N_2 - e_2 Z_2 - \hat{m}_1 N_1^* Z_2 + \hat{e}_1 Z_{12} \\ dZ_{12}/dt &= \hat{m}_1 N_1^* Z_2 + \hat{m}_2 N_2 Z_1^* - (\hat{e}_1 + \hat{e}_2) Z_{12} . \end{aligned} \tag{5.41}$$

Diese Gleichungen lassen sich mit der Methode der linearen Stabilitätsanalyse, wie in Anhang A4.d angegeben, lösen. Einigermaßen übersichtliche Verhältnisse erhält man für ein *symmetrisches Modell*, in welchem die Parameter für beide Arten gleich sind. Wir können also bei den Parametern m_i, $\hat{m}_i$, e_i, $\hat{e}_i$, w_i und C_i den Index „i" weglassen.

Die Bedingung, daß die zweite Art einwandern kann, ist hier (Christiansen u. Fenchel 1977; s. Gl. A4.78 in Anhang A4d)

$$w\hat{m}C(Z_g - Z_0^*)\,[2e + \hat{m}C(Z_g - Z_0^*)] > 0 . \tag{5.42}$$

Die analoge Untersuchung, ob die Art 1 einwandern kann, wenn die Art 2 etabliert ist, erhält man durch Vertauschen der Indices 1 und 2. Da aber wegen der Symmetrie diese in Gl. (5.42) nicht erscheinen, gilt Gl. (5.42) auch als *Einwanderungsbedingung* für die Art 1. Da natürlich die Gesamtzahl Z_g der Areale größer als die Zahl Z_0^* der leeren ist und auch die Individuenzahl C in einem besetzten Areal größer als Null ist, folgt aus Gl. (5.42), daß $w > 0$ und $m > 0$ sein müssen. Beide Arten können also einwandern und daher koexistieren, wenn jede Art in ein von der anderen besetztes Areal einwandern kann ($m > 0$) und auch die Individuen aus einem von beiden Arten besetzten Areal zur Migration etwas beitragen ($w > 0$). Dabei ist es egal, wie schnell eine der beiden Arten aus einem gemeinsam besetzten Areal verdrängt wird. Die mittlere Zeit hierfür ist $1/(\hat{e}_1 + \hat{e}_2)$, da wegen Gl. (5.41) $(\hat{e}_1 + \hat{e}_2)$ den Bruchteil der von beiden Arten besetzten Patches angibt, in dem pro Zeit eine der Arten ausstirbt. Sie mag extrem kurz sein. *Kurzzeitige Koexistenz* in einem Areal, die einige zusätzliche, wandernden Individuen hervorbringt, reicht also für die *dauerhafte Koexistenz* aus. Die von einer Art bereits besetzten Areale dienen als „*Sprungbrett*" für die andere, um von dort leere Areale zu besiedeln. In einer heterogenen Umwelt werden also Patches von den Arten nur eine Zeit lang besetzt. Lokal in einem Patch sterben die Arten immer wieder aus. Doch ermöglicht ihre Migration, daß leere Patches immer wieder besiedelt werden. Hierdurch wird global für das gesamte Ökosystem die Koexistenz beider Arten gesichert.

Es lassen sich auch für das *allgemeine Modell* (5.40) ohne Symmetrie in gewissen Fällen Koexistenzbedingungen diskutieren (Christiansen u. Fenchel 1977). Diese bedeuten dann immer gewisse Einschränkungen an die Modellparameter. Doch immer ist die Koexistenz für einen weiten Bereich der Parameter möglich. Es gibt andere Modelle, die ähnliche Beschreibungen von Auslöschung und Einwanderung in einer Menge von Arealen vornehmen. Sie haben alle die Eigenschaft, daß unter weiten Bedingungen Koexistenz von Arten in solchen räumlich strukturierten Ökosystemen möglich ist, auch wenn diese bei räumlich homogenen Populationen ausgeschlossen ist.

Zusammenfassung

Eine Population möge in einem Ökosystem eine feste Zahl an Arealen vorfinden, die für ihre Reproduktion geeignet sind. Wenn diese Species in den einzelnen Arealen in zufälliger Weise ausstirbt und wieder einwandert, kann die Population im Gesamtsystem doch erhalten bleiben, sofern die Zahl der Areale und das Verhältnis der Einwanderungs- zur Extinktionsrate groß genug sind.

Zwei konkurrierende Arten mögen eine feste Zahl an Arealen besiedeln und in diesen gelegentlich wieder aussterben. Wenn die Einwanderung einer Art in ein Areal, das bereits von der anderen besetzt ist, unmöglich ist, so überlebt nur eine Art diese Konkurrenz um Areale. Diejenige, welche bei Abwesenheit der anderen die kleinere Gleichgewichtspopulation hätte, also die Ressource (die Patches) schlechter nützt, wird verdrängt. Können beide Arten in ein bereits besetztes Areal einwandern und dort auch nur sehr kurze Zeit koexistieren, so ist die dauerhafte Koexistenz beider Arten im Gesamtsystem gesichert.

Weiterführende Literatur:
Theorie: Caswell 1978; Christiansen u. Fenchel 1977; Cohen 1970; Fretwell 1972; Hanski 1981; Hasting 1977; Hilborn 1975; Horn u. MacArthur 1972; Hutchinson 1951; Levin 1974, 1976, 1986; Levins u. Culver 1971; Maynard Smith 1974; Murdoch u. Oaten 1975; Roff 1974; Skellam 1951; Slatkin 1974; Southwood 1977; Vandermeer 1973; Whittaker u. Levin 1977; Zeigler 1977;
Empirik: Barash 1977; Den Boer 1979; Fretwell 1972; Huffaker et al. 1963; Paine 1966.

5.4 Zufallsgerichtete Ausbreitung

In den letzten beiden Abschnitten sind wir immer davon ausgegangen, daß eine räumliche Strukturierung des betrachteten Ökosystems bereits vorliegt. Durch örtlich unterschiedliche abiotische oder auch biotische Faktoren zerfällt das Ökosystem in einzelne Areale, die von einer oder mehreren Arten besiedelt werden können. Durch die Anordnung der Areale ist diesen Populationen eine gewisse räumliche Grundstruktur bereits vorgegeben. Ganz anders werden wir jetzt von *räumlich homogenen Umweltbedingungen* ausgehen und uns ansehen, welche Konsequenzen es hat, wenn *Populationen* sich in einer konstanten Umwelt *ausbreiten können*; sei es aktiv oder passiv. Dabei wollen wir annehmen, daß diese *Bewegung im Raum zufällig* erfolgt. Wir sehen also von Situationen ab, in welcher Individuen durch Wind oder Wasserströmung in einer bestimmten Richtung passiv verdriftet werden oder aktiv eine zielgerichtete Bewegung durchführen. In diesem Fall müßten ja gewisse Umweltparameter räumlich inhomogen sein, um eine Richtung vor der anderen auszuzeichnen.

In diesem Abschnitt wollen wir die Frage untersuchen, wie sich zufällige Bewegungen im Raum beschreiben lassen und welche Konsequenzen sie für die Stabilität einer Population haben. Schließlich fragen wir uns, ob räumliche

Strukturen immer von abiotischen Faktoren vorgeformt sind oder ob auch biotische Wechselwirkungen räumliche Inhomogenitäten erzeugen können.

Man wird zu Recht einwenden, daß in nahezu allen Situationen eine gewisse räumliche Strukturierung der Umwelt vorliegt, zumindest über kürzere Distanzen. Hier ist es nun wichtig, daß wir die *zeitliche und räumliche Skala* festlegen, für welche unsere Betrachtungen gelten sollen. Bereits bei der zeitlichen Beschreibung von Populationen interessieren uns nur Zeiten, in denen merkliche Veränderungen der Populationsgröße vonstatten gehen. Über kürzere Zeiten haben wir dabei in Gedanken immer gemittelt. Das heißt, die Einzelheiten, die innerhalb von Stunden oder Tagen ablaufen, spielten keine Rolle. Wenn wir dies nun für die Bewegung der Individuen im Raum beherzigen, so wird klar, daß wir über kurze räumliche Distanzen, welche die Individuen im Lauf ihrer täglichen Aktivität überstreichen, mitteln werden. So werden sicherlich im täglichen Leben der Individuen gerichtete Bewegungen, sei es bei Nahrungserwerb oder Feindvermeidung, auftreten. Diese wollen wir in unserer Betrachtung herausmitteln.

Wir beginnen unsere Überlegungen im eindimensionalen Raum. Die Ergebnisse dieser abstrakten Situation lassen sich sehr leicht auf den zwei- oder dreidimensionalen Raum verallgemeinern. Wir teilen die Raumachse, wie in Abb. 5.6 dargestellt, in Intervalle der Länge Δx ein und bezeichnen die Individuenzahl, die sich zur Zeit t im Intervall Δx um x herum befindet, mit $N(x, t)$. Wie bereits bei Gl. (5.24) in Abschn. 5.2 wollen wir nun die zufällige Bewegung der Individuen längs der x-Achse beschreiben. Es sei $m \Delta t$ die Wahrscheinlichkeit, daß ein Individuum im Zeitintervall Δt das Intervall Δx nach rechts verläßt. Da keine Raumrichtung ausgezeichnet sein soll, muß die Wahrscheinlichkeit für den Übergang nach links gleich groß sein. Damit ist die Individuenzahl $N(x, t + \Delta t)$ bei x zum Zeitpunkt $t + \Delta t$:

$$\begin{aligned} N(x, t + \Delta t) = N(x, t) &+ N(x - \Delta x, t)\, m\, \Delta t - N(x, t)\, m\, \Delta t \\ &+ N(x + \Delta x, t)\, m\, \Delta t - N(x, t)\, m\, \Delta t\,. \end{aligned} \tag{5.43}$$

Diese Individuenzahl ist die Zahl $N(x, t)$, die zur Zeit t vorlag, korrigiert um die Zu- und Abwanderungen. Der erste Term beschreibt die Einwanderung aus dem linken Intervall bei $x - \Delta x$. Da jedes der dortigen Individuen mit der Wahrscheinlichkeit $m \Delta t$ nach rechts ins Intervall bei x wandert, ist die mittlere Gesamtzahl, die von dort übertritt, gleich der dort vorhandenen Individuenzahl multipliziert mit dieser *Übergangswahrscheinlichkeit.* Entsprechend beschreibt der zweite Term den Verlust durch Übergang ins linke Intervall, der dritte die Zunahme durch Einwanderung aus dem rechten Intervall und der letzte die Abnahme durch Abwanderung in dieses.

Wir teilen nun durch Δt und ordnen um:

$$\frac{N(x, t + \Delta t) - N(x, t)}{\Delta t} = m[N(x - \Delta x, t) - 2N(x, t) + N(x + \Delta x, t)]. \tag{5.44}$$

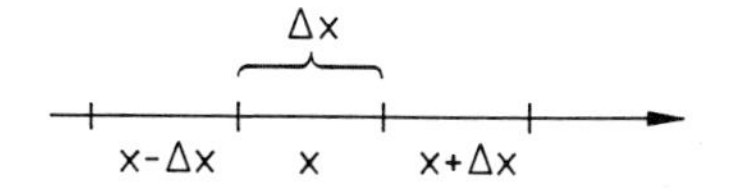

Abb. 5.6. Einteilung einer Raumachse x in Intervalle der Länge Δx

Wir setzen nun

$$m = D/\Delta x\,, \tag{5.45}$$

$$n(x, t) = N(x, t)/\Delta x\,. \tag{5.46}$$

Die erste Gleichung (5.45) berücksichtigt, daß die Übergangswahrscheinlichkeit m um so kleiner sein wird, je größer das Intervall Δx ist, d. h. je unwahrscheinlicher es ist, daß ein Individuum sich nahe genug am Rand des Intervalls aufhält. In Gl. (5.46) wird $n(x, t)$ als die Zahl pro Intervall, also als Individuenzahldichte, definiert. Ihre Abhängigkeit vom Ort x besagt, daß die Individuenzahl pro Intervall von Ort zu Ort verschieden sein kann. Aus Gl. (5.44) folgt mit den Gln. (5.45) und (5.46) für hinreichend kleine Δx und Δt:

$$\frac{\partial n(x, t)}{\partial t} = D\,\frac{\partial^2 n(x, t)}{\partial x^2}\,. \tag{5.47}$$

Die zeitliche Änderung der Individuendichte n ist proportional zur zweiten Ableitung von n nach dem Ort. Dabei ist berücksichtigt, daß man, wie bei Gl. (2.12) in Abschn. 2.1.3 dargelegt, die Differenzquotienten für kleine Δx bzw. Δt durch Differentialquotienten ersetzen kann. (Bei der Differentiation einer Funktion mehrerer Variablen nach einer von diesen wird das Zeichen „∂" statt „d" benutzt.)

Die Verallgemeinerung von Gl. (5.47) auf den vollen Raum ist sehr simpel. So würde man z. B. bei Bewegung in der Fläche diese in kleine Quadrate einteilen. Die Überlegungen wären dann genauso wie oben, nur daß nun auch noch Übergänge in der zweiten Raumrichtung möglich wären. Es gilt dann statt Gl. (5.47):

$$\frac{\partial n}{\partial t} = D\,\frac{\partial^2 n}{\partial x^2} + D\,\frac{\partial^2 n}{\partial y^2}\,. \tag{5.49}$$

Je nachdem, ob es sich um terrestrische oder aquatische Systeme handelt, haben wir einen zwei- oder dreidimensionalen Raum zu betrachten. Wir führen zur Abkürzung den *Ortsvektor* $\vec{x} = (x, y)$ bzw. $\vec{x} = (x, y, z)$ und

$$\Delta = \partial^2/\partial x^2 + \partial^2/\partial y^2 \quad \text{bzw.} \quad \Delta = \partial^2/\partial x^2 + \partial^2/\partial y^2 + \partial^2/\partial z^2$$

ein. Δ wird der *Laplace-Operator* genannt. Dann gilt allgemein

$$\frac{\partial n(\vec{x}, t)}{\partial t} = D\,\Delta n(\vec{x}, t)\,.$$

Dies ist die aus der Physik wohlbekannte *Diffusionsgleichung*. In der Tat beruht Diffusion auf der zufälligen Bewegung der Moleküle. Die Diffusionskonstante D gibt an, wie schnell die Ausbreitung im Raum erfolgt. Im Gleichgewicht ist $\partial n/\partial t = 0$; also muß dort auch die räumliche Ableitung auf der rechten Seite verschwinden. Die zufällige Bewegung, d. h. die Diffusion, sorgt in einem abgeschlossenen Gebiet für den *Ausgleich der räumlichen Inhomogenitäten* der Dichte, so daß diese räumlich konstant wird.

In Gl. (5.49) ist nur die zeitliche Veränderung der lokalen Dichte $n(\vec{x}, t)$ berücksichtigt, welche durch die *räumliche Bewegung* der Individuen verursacht wird.

Natürlich haben wir in der Regel außerdem das *Populationswachstum* zu berücksichtigen. Damit erhalten wir:

$$\frac{\partial n(\vec{x}, t)}{\partial t} = nr(n) + D\,\Delta n\,. \tag{5.50}$$

Bei der individuellen Wachstumsrate r(n) haben wir hier angenommen, daß sie nur von der Individuenzahldichte am gleichen Ort abhängt. Dies bedeutet, daß Reproduktion und Sterbeprozesse in einem räumlichen Bereich nur von der Individuenzahl in diesem abhängen. Damit ergibt sich für die räumliche Skala unserer Beschreibung eine Grenze. Über Raumgebiete, die bei der Reproduktion oder beim „Kampf ums Überleben" überstrichen werden, müssen wir also mitteln. Sie geben uns die untere Grenze unserer räumlichen Auflösung an. Diese Beschreibung (5.50) ist bei Arten, die während ihres Reproduktionszyklus weite Wanderungen vornehmen, deshalb nicht geeignet.

Die Lösung der Gleichungen der Art (5.50) erfordert ein hohes Maß an Mathematik, was in diesem Buch nicht dargestellt werden kann. Für den eindimensionalen Fall hat man eine wellenförmige Ausbreitung der Population gefunden (Levin 1986), wobei die Geschwindigkeit von der Ausgangssituation abhängt, aber nicht den Wert $2\,(Dr(0))^{1/2}$ unterschreitet.

Wir wollen nun eine Population in einem Areal untersuchen, welches von einem lebensfeindlichen Raum umgeben ist (Kierstead u. Slobodkin 1953; Skellam 1951). Dabei werden wir der Frage nachgehen, wann die Population anwachsen kann und wann sie aufgrund der Verluste durch die *Emigration in die lebensfeindliche Umwelt* ausstirbt. Wir werden uns zunächst im eindimensionalen Raum eine Population in der exponentiellen Wachstumsphase (s. Abb. 2.2 in Abschn. 2.2.1) ansehen, Das heißt, es ist $r(n) = r_m = \text{const}$. Dies ist eine gute Näherung, falls die Individuendichte klein genug bleibt, so daß keine dichteabhängige Regulation durch intraspezifische Konkurrenz (s. Abb. 2.13 in Abschn. 2.3.1) wichtig wird. Die Population möge sich in einem begrenzten Gebiet $0 \leqq x \leqq L$ ausbreiten, welches von einem Bereich umgeben ist, in dem die Art nicht existieren kann, also $n = 0$ ist. Die zufällige Bewegung soll auch über die Grenzen $x = 0$ und $x = L$ unseres Gebiets in diesen ungünstigen Bereich hinein erfolgen. Diese könnte durch passive Drift, z. B. bei der Verbreitung von Pflanzensamen oder Phytoplankton, aber auch aktiv erfolgen, wenn die Individuen „nichts ahnend" in den tödlichen Bereich gelangen.

Statt Gl. (5.50) ist unser Modell hier

$$\frac{\partial n(x, t)}{\partial t} = r_m n + D\frac{\partial^2 n}{\partial x^2} \quad \text{für} \quad 0 \leqq x \leqq L\,, \tag{5.51}$$

$$n(x, t) = 0 \quad \text{für} \quad x < 0 \text{ bzw. } x > L\,. \tag{5.52}$$

Die Lösung von Gl. (5.51) (Nisbet u. Gurney 1982) lautet nach den Gln. (A2.31) bzw. (A2.28) in Anhang A2

$$n(x, t) = \sum_{\nu=1} B_\nu \sin(\nu\pi x/L) \exp\left[(r_m - \nu^2\pi^2 D/L^2)\,t\right]. \tag{5.53}$$

Die Anteile für verschiedene ν steigen zeitlich an oder fallen ab, je nachdem, welches Vorzeichen das Argument der Exponentialfunktion hat. Selbst für das kleinste $\nu = 1$ kann es negativ sein. Dies geschieht (s. Gl. A2.32 in Anhang A2), falls

$$L < L_c = \pi \sqrt{D/r_m} \tag{5.54}$$

ist. In diesem Fall nehmen alle Beiträge in Gl. (5.53) im Laufe der Zeit ab, die Population stirbt aus.

Der Anteil $r_m t$ in der Exponentialfunktion rührt vom Wachstum der Population her, während $\nu^2\pi^2 Dt/L$ den Verlust durch Auswanderung aus dem Gebiet $0 \leqq x \leqq L$ beschreibt. Dieser Verlust ist um so höher, je kleiner die Größe L des Gebietes ist. Unterschreitet sie die *kritische Größe* L_c, so kann das Wachstum diesen Verlust nicht mehr kompensieren. Wir hatten schon in Abschn. 2.1.1 bemerkt, daß zur vollständigen Beschreibung der Populationsdynamik die Emigration dazugehört. Wir hatten sie implizit bei der Sterberate berücksichtigt. Hier ist nun explizit gezeigt worden, wie zufällige Wanderungen zur Emigration beitragen. Das für den eindimensionalen Raum abgeleitete Ergebnis kann mit etwas größerem mathematischen Aufwand auch für den zwei- oder dreidimensionalen Fall hergeleitet werden, wobei die Zahl π in Gl. (5.54) durch eine andere Zahl gleicher Größenordnung ersetzt wird. Das bedeutet, daß in *zu kleinen Biotopen eine Art nicht länger existieren* kann, falls ihre Individuen zufällige Wanderungen durchführen, welche auch in die lebensfeindliche Umgebung führen. Die kritische Größe des Biotops, die nicht unterschritten werden darf, ist um so größer, je größer die Beweglichkeit D der Individuen und je kleiner die Wachstumsrate r_m ist.

Als nächstes wollen wir uns die Konsequenz der Fähigkeit, sich im Raum auszubreiten, für zwei *wechselwirkende Arten* ansehen. Statt Gl. (5.50) haben wir nun

$$\begin{aligned} \partial n_1/\partial t &= n_1 r_1(n_1, n_2) + D_1 \, \Delta n_1 \, , \\ \partial n_2/\partial t &= n_2 r_2(n_1, n_2) + D \, \Delta n_2 \, . \end{aligned} \tag{5.55}$$

Aufgrund von Räuber-Beute-Beziehungen oder interspezifischer Konkurrenz hängt das Wachstum der einen Art auch von der Dichte der anderen ab. Gleichungen vom Typ (5.55) sind als *Reaktions-Diffusionsgleichungen* bekannt, da sie auch die Reaktion und Diffusion von zwei chemischen Substanzen beschreiben können. Ihre Lösung ist sehr aufwendig und kann hier nicht dargestellt werden.

Eine spezielle Frage kann jedoch leicht beantwortet werden. Wie in Abschn. 3.1.1 fragen wir, *ob eine räumlich homogene Gleichgewichtslösung* (n_1^*, n_2^*) *stabil* ist. Wir betrachten also den Fall, wo die räumliche Ableitung Δ der Diffusion keinen Beitrag liefert, da n_1^* und n_2^* nicht vom Ort $\vec{x}$ abhängen sollen. Durch Nullsetzen der Zeitableitung in Gl. (5.55) erhalten wir die Gleichgewichtsbedingungen

$$0 = n_i^* r_i(n_1^*, n_2^*) \quad \text{für} \quad i = 1, 2 \, . \tag{5.56}$$

Beispiele für solche Gleichungen kennen wir von Konkurrenz- oder Räuber-Beute-Modellen aus den Abschn. 3.1.1 und 3.2.2. Wieder betrachten wir kleine Abweichungen vom homogenen Gleichgewicht

$$u_i(\vec{x}, t) = n_i(\vec{x}, t) - n_i^* \quad \text{für} \quad i = 1, 2 \tag{5.57}$$

und untersuchen, ob diese im Laufe der Zeit abnehmen (lineare Stabilitätsanalyse, s. Anhang A4f). Doch anders als in den Abschn. 3.1.1 und 3.2.2 können diese Abweichungen von Ort zu Ort verschieden sein. Bei Gl. (A4.88) in Anhang A4f ist gezeigt, daß es Fälle geben kann, bei denen Abweichungen mit spezieller räumlicher Struktur zeitlich anwachsen (Steele 1974b). Dieses Phänomen ist unter dem Namen *diffusive Instabilität* bekannt (Levin 1976). Dies bedeutet, daß aus räumlich homogenen Individuenverteilungen n_1^* und n_2^* spezielle räumliche Strukturen der Individuendichten $n_1(\vec{x}, t)$ und $n_2(\vec{x}, t)$ entstehen können. Wohlbemerkt, die Umweltbedingungen waren räumlich homogen. Das heißt, die Wechselwirkung der beiden Populationen zusammen mit der zufälligen Ausbreitung im Raum bedingen die räumliche Strukturierung; ein Phänomen, das *räumliche Selbstorganisation* (*Synergetik* nach Haken 1977) genannt wird. Eine wesentliche Voraussetzung für diesen Vorgang ist, daß die beiden Arten sich verschieden schnell ausbreiten ($D_1 \neq D_2$). Deshalb kann man allgemein davon ausgehen, daß räumliche Strukturierung in Ökosystemen durch abiotische Faktoren nicht immer vorbestimmt sein muß. Die Wechselwirkungen unter den Arten und die Fähigkeit, sich aktiv oder passiv im Raum auszubreiten, kann Ursache für räumlich strukturierte Verteilungen von Populationen sein. Sie bilden dann eine räumlich inhomogene, biotische Umwelt für andere Arten. Daß dies einen Beitrag zur Stabilisierung der Koexistenz von Arten liefern kann, haben die Modelle zu Beginn dieses Kapitels gezeigt.

Zusammenfassung

Zufallsgerichtete Ausbreitungen von Populationen lassen sich durch Diffusionsgleichungen beschreiben. Eine Population möge ein Areal besiedeln, welches von einem lebensfeindlichen Raum umgeben ist. Geraten ihre Individuen bei ihrer zufälligen Ausbreitung auch in diesen Bereich und ist das Areal zu klein, so stirbt die Population aus. Bei räumlich homogenen Umweltbedingungen können wechselwirkende Arten aufgrund ihrer unterschiedlichen Fähigkeit der zufälligen Ausbreitung zu einer räumlichen Strukturierung Anlaß geben.

Weiterführende Literatur:

Theorie: Dubois 1975; Gurney u. Nisbet 1975; Hadeler 1976; Haken 1977; Levin 1975, 1976, 1986a, b; Levin u. Segel 1976; Maynard Smith 1974; Nisbet u. Gurney 1982; Okubo 1980; Pielou 1977; Platt 1981; Segel u. Jackson 1972; Skellam 1951; Steele 1978; Teramoto u. Yamaguti 1987, Whittaker u. Levin 1977;

Empirik: Baker 1978; Begon et al. 1986; Gadgil 1071; Harper 1977; Huffaker 1958; Huffaker et al. 1963; Johnson 1960; Kennedy 1975; Kierstead u. Slobodkin 1953; Southwood 1962, 1977; Steele 1974a, b, 1978; Taylor u. Taylor 1977.

6 Anpassung

Es gibt Ökologen, die behaupten, man könne ökologische Vorgänge nur verstehen, wenn man sie aus der Sicht der *Evolution* betrachtet. Gegen diese extreme Position kann man vorbringen, daß man die Eigenschaften der Arten mit ihren gegenseitigen Wechselwirkungen einfach hinnehmen kann, ohne nach den Vorgängen der Evolution zu fragen, welche diese hervorgebracht haben, und stattdessen deren Wirkungsweisen untersuchen kann. Dies haben wir in den bisherigen Kapiteln (mit Ausnahme der Abschn. 3.1.2 und 3.1.3) so gehalten, und dies wird auch bei den meisten empirischen und theoretischen Untersuchungen getan. Dennoch ist es eine legitime Frage, warum eine Art diese oder jene Eigenschaften hat und welches die *Faktoren der Selektion* gewesen sein könnten, die diese bewirkt haben. Man mag zunächst an genetische Betrachtungsweisen mit Häufigkeiten für Gene und Genotypen denken. Auf dieser Ebene geht die Populationsgenetik (Wright 1969; Ewens 1970; Crow u. Kimura 1970; Sperlich 1973) diese Problematik an. Jedoch ist es in dieser Beschreibung schwierig, ökologische Faktoren, welche als *Selektionsdruck* die Richtung der natürlichen Auslese bestimmen, zu berückskchtigen.

Deshalb benutzt man in der theoretischen Ökologie häufig Modelle (Maynard Smith 1982; Stephens u. Krebs 1986), welche auf die zugrundeliegenden genetischen Mechanismen gar nicht eingehen. Man geht dabei vielmehr von einer hinreichend starken *genetischen Variabilität* aus, wie sie ja auch in Züchtungsversuchen bestätigt wird. Sie soll eine gewisse Menge an Phänotypen ermöglichen, die in dem Modell untersucht wird. Aus diesen Phänotypen sucht man nun denjenigen, der eine *optimale Anpassung* an bestimmte Umweltbedingungen liefert. Solche Optimierungsmodelle sind immer wieder kritisiert worden. Natürlich ist es falsch, zu glauben, daß die Evolution zu Arten mit optimaler Fitness führt. Doch wenn man davon ausgeht, daß die natürliche Selektion zu einem gewissen Grad der Anpassung zwischen Organismen und ihrer Umwelt führt, ist die Frage legitim, ob und welchen *Nutzen ein bestimmtes Merkmal* haben könnte.

Dabei sollte man sich aber davor hüten, zu glauben, daß alle beobachteten Merkmale von Organismen optimale Anpassungen an bestimmte Umweltbedingungen sind (Gould u. Lewontin 1979). Es gibt so viele *physiologische Zwänge und Bedingungen*, die nur bestimmte Eigenschaften zulassen. Außerdem sind viele *Merkmale aneinander gekoppelt*. Die Abwandlung des einen im Lauf der Evolution kann die Veränderung eines anderen als zwingende Folge haben, ohne daß im letzteren Fall von einer Anpassung gesprochen werden könnte.

Außerdem ist es manchmal völlig unklar, zu welchem Umweltfaktor ein Merkmal eine Anpassung darstellen könnte.

Aber gerade bei dieser letzten Frage kann man Optimierungsmodelle einsetzen. Dabei sollten wir uns wieder bewußt werden, daß mathematische Modelle keinen Wahrheitsanspruch erheben (s. Kap. 1). Sie zeigen nur eine Erklärungsmöglichkeit auf. Wenn wir in unseren Modellen einige wenige Faktoren berücksichtigen und zeigen, daß unter diesen Voraussetzungen eine bestimmte Eigenschaft optimal ist, so kann dies unserem Verständnis weiterhelfen. Wir erhalten Hinweise, in welche *Richtung evolutionärer Druck* wirkt und welchen *adaptiven Wert ein bestimmtes Merkmal* haben könnte. Natürlich sind die oben genannten Einschränkungen zu berücksichtigen. Sie werden die Ergebnisse der Modelle zumindest modifizieren. Doch sollte man Optimierungsmodelle nicht verwerfen, da sie ein mögliches Hilfsmittel sind, die Nützlichkeit gewisser Merkmale besser zu verstehen.

Alle Optimierungsmodelle weisen folgende Elemente auf: Zuerst muß eine klare Fragestellung vorhanden sein. Es muß das Problem, welches auf optimale Weise gelöst werden soll, spezifiziert werden. Dann müssen die alternativen Möglichkeiten, mit denen diesem Problem begegnet werden könnte, festgelegt werden. Hat man wirkliche Slektionsvorgänge vor Augen, so wäre die Menge der *alternativen Phänotypen* zu benennen. Es sind in jedem Falle die Variablen anzugeben, unter denen das „Beste" gefunden werden soll. Sodann muß ein *Optimierungskriterium* bestimmt werden, welches als Richtschnur für das Auffinden der optimalen Eigenschaften dient. Der in verbalen Diskussionen oft benutzte Begriff der *Fitness* muß genau spezifiziert werden. Und schließlich dürfen die oben erwähnten Nebenbedingungen und Zwänge nicht vergessen werden. Nicht alle mathematischen Möglichkeiten sind biologisch sinnvoll.

Zusammenfassung

Optimierungsmodelle werden benutzt, um ein besseres Verständnis dafür zu erlangen, welchen adaptiven Wert gewisse Eigenschaften einer Art bei bestimmten Umweltbedingungen haben könnten. Dabei wird eine ausreichende genetische Variabilität vorausgesetzt.

Weiterführende Literatur:

Theorie: Cody u. Diamond 1975; Crow u. Kimura 1970; Dawkins 1976; Emlen 1973; Ewens 1979; Fisher 1930; Frankel u. Soule 1981; Gould u. Lewontin 1979; Hofbauer u. Sigmund 1984; Krebs u. Davies 1978; Loeschke 1987; Maynard Smith 1972, 1978, 1982; Rosenzweig u. Schaffer 1978; Stephens u. Krebs 1986; Wright 1969;

Empirik: Emlen 1984; Frankel u. Soule 1981; Krebs u. Davies 1978, 1981; Pimentel et al. 1965; Sperlich 1973; Wilson 1980.

6.1 Optimaler Nahrungserwerb

Modelle des optimalen Nahrungserwerbs (*optimal foraging theories*) behandeln vor allem zwei grundlegende Probleme: Welche Nahrungspartikel oder Beutetiere sollte ein Nahrungssuchender aufnehmen? Und: Wie lange sollte ein Tier in einem bestimmten Areal nach Nahrung suchen, wenn diese in getrennten Arealen (Patches) zur Verfügung steht? Dabei wird gefragt, welche Nahrungsbeschaffungsstrategie den höchsten Nettoenergiegewinn pro Zeit liefert. Das bedeutet, daß man davon ausgeht, daß *maximale Energieaufnahme* auch *optimale Fitness* der Tiere bedingt und somit ein Selektionsdruck in Richtung auf energie-maximierendes Verhalten besteht. Dies kann sicher nur dann richtig sein, wenn *Energie* ein *limitierender Faktor* (s. Abschn. 2.3.1) ist. Es gibt eine ganze Reihe von Modellen, die verschiedene Aspekte berücksichtigen. Im Rahmen dieses Buches können wir nur die einfachsten behandeln, die zeigen, wie man prinzipiell solche Probleme angeht und von welcher Art die Ergebnisse sein können.

6.1.1 Maximierung des Energiegewinns

Wenden wir uns dem ersten Problem zu. Man geht hier davon aus, daß ein Tier bei *zufälliger Nahrungssuche* auf ein Nahrungspartikel trifft und nun zu entscheiden hat, ob es dieses aufnehmen soll. Als Optimierungskriterium wird benutzt, daß die mittlere Energieaufnahmerate, also die mittlere pro Zeit aufgenommene Energie maximiert werden soll. Diese Wahl ist nicht selbstverständlich und im nächsten Abschn. 6.1.2 werden wir besser begründete Kriterien kennenlernen. Bei Tieren, für welche die Nahrungsbeschaffung ein Problem darstellt, ist aber dieses Kriterium hier plausibel. Besser ernährte Tiere sollten fitter sein und sich deshalb besser reproduzieren, so daß sich diese bei der Selektion durchsetzen sollten. Wir fragen also danach, welche *Kriterien* soll ein Tier bei seiner *Wahl der Nahrungspartikel* benutzen, um die gesamte *Energieaufnahme zu maximieren* und damit seine Fitness zu optimieren.

Die Bestimmung der *mittleren Energieaufnahmerate* R erfolgt völlig analog zu den Überlegungen über die funktionelle Reaktion in Abschn. 3.2.3. (Schoener 1971; Maynard Smith 1974; Stephens u. Krebs 1986). Die insgesamt zur Nahrungsbeschaffung zur Verfügung stehende Zeit T_f teilt sich in die *Zeit* T_s *für das Suchen* der Nahrung und die *Handhabungszeit (handling time)* T_h auf:

$$T_f = T_s + T_h \, . \tag{6.1}$$

In T_h ist die Zeit berücksichtigt, die ein Räuber zur Verfolgung und Überwältigung eines Beutetieres im Mittel benötigt, die für das Verzehren der Nahrung nötig ist und die vergeht, bis die Nahrungssuche wieder aufgenommen wird. Es gilt also für die mittlere Energieaufnahme pro Zeit

$$R = \frac{E}{T_h + T_s}, \tag{6.2}$$

wenn E die in der Zeit T_f aufgenommene Gesamtnettoenergie ist.

Es sollen nun n verschiedene Typen an Nahrungspartikeln bzw. Beutetieren zur Verfügung stehen, die wir mit „i" durchnumerieren. Die Handhabungszeit für den i-ten Typ sei h_i. Wir wollen den Energieverbrauch während der ganzen Zeit T_f für die Nahrungsbeschaffung gleich $T_f s$ setzen, wobei s die für das Suchen pro Zeit benötigte Energie ist. Falls $\tilde{e}_i$ der Nettoenergiegewinn durch ein Partikel ist, muß daher berücksichtigt werden, daß während der Handhabungszeit h_i kein Energieverbrauch für das Suchen benötigt wird. Deshalb ist der *Gesamtenergiegewinn* beim Vertilgen eines Nahrungspartikels des Typs „i":

$$e_i = \tilde{e}_i + h_i s . \tag{6.3}$$

Es sei außerdem λ_i die Rate, mit welcher der Nahrungssuchende auf ein Partikel der Art „i" trifft. Diese *Zahl der „Treffer"* pro Zeit λ_i berücksichtigt, wie häufig der Beutetyp „i" vorkommt und wie leicht er von dem Räuber gefunden wird. Schließlich wird als Variable, welche die Entscheidung des Nahrungssuchenden über die Aufnahme eines gefundenen Partikels beschreibt, die *Wahrscheinlichkeit* p_i benutzt, daß *ein angetroffenes Partikel* des Typs „i" auch *wirklich vertilgt* wird.

In der Zeit T_s, die zum Suchen zur Verfügung steht, ist also die Zahl der „Treffer" mit dem Typ „i" gleich $\lambda_i T_s$. Davon führt der Bruchteil p_i zur Aufnahme der Energie e_i. Die Zahl der Nahrungsaufnahmen des Typs „i" ist deshalb

$$\lambda_i T_s p_i . \tag{6.3a}$$

Also ist der Energiegewinn aus dem Typ „i" insgesamt $\lambda_i T_s p_i e_i$. Den gesamten *Nettoenergiegewinn* E erhalten wir durch Summation über alle n Typen, wobei der Grundenergieverbrauch $T_f s$ abzuziehen ist (s. Gl. 6.3):

$$E = T_s \sum_i \lambda_i p_i e_i - s T_f . \tag{6.4}$$

Da für jedes aufgenommene Nahrungspartikel des Typs „i" die Handhabungszeit h_i benötigt wird, ist wegen Gl. (6.3a) die gesamte Handhabungszeit T_h

$$T_h = T_s \sum_i \lambda_i p_i h_i . \tag{6.5}$$

Somit folgt mit den Gln. (6.1), (6.4) und (6.5) für die *Energieaufnahmerate R* aus Gl. (6.2):

$$R = \frac{T_s \sum_i \lambda_i p_i e_i}{T_s + T_s \sum_i \lambda_i p_i h_i} - s . \tag{6.6}$$

Unsere Fragestellung ist nun, welche Strategie ein Nahrungssuchender einschlagen muß, um diesen Nettoenergiegewinn pro Zeit R zu maximieren. Da s eine unveränderliche Konstante ist, ist die Bestimmung des Maximums von R äquivalent zur Maximierung von

$$\tilde{R} = \frac{\sum_i \lambda_i p_i e_i}{1 + \sum_i \lambda_i p_i h_i} . \tag{6.7}$$

Die Bedingung für die Gültigkeit der Gln. (6.6) bzw. (6.7) ist, daß der Nahrungssuchende während der Handhabung einer Beute nicht schon weiter auf Nahrungssuche gehen kann, daß also T_s und T_h sich ausschließende Zeiten sind. Außerdem wurde angenommen, daß beim Zusammentreffen mit einer Beute, die verschmäht wird, weder Zeitaufwand noch Energiekosten anfallen.

Die verschiedenen *Nahrungsbeschaffungsstrategien* werden durch die *Wahrscheinlichkeiten* p_i, daß ein gefundenes Partikel des Typs „i" vertilgt wird, beschrieben. Gesucht wird die Strategie, d. h. also die p_i, welche die Nettoenergieaufnahme pro Zeit R bzw. $\tilde{R}$ maximiert. Dies ist bei Gl. (A3.17) in Anhang A3 untersucht worden. Dabei zeigt sich, daß die optimale Strategie darin besteht, ein gefundenes Nahrungspartikel des Typs „j" entweder immer ($p_j = 1$) oder niemals ($p_j = 0$) zu vertilgen (s. Gl. A3.23 in Anhang A3).

Wir nehmen eine *Rangfolge* unter den Beutearten nach dem Energiegewinn pro Handhabungszeit vor und lassen die Numerierung „i" mit fallendem Rang laufen. Dann gilt also

$$e_1/h_1 > e_2/h_2 > \ldots > e_n/h_n \,. \tag{6.8}$$

Das bei Gl. (A3.17) in Anhang A3 bestimmte Maximum des Nettoenergiegewinns pro Zeit R bzw. $\tilde{R}$ erhalten wir dann auf folgende Weise: Wir betrachten der Reihe nach die Typen 1, 2, 3, ... Der Typ „j" wird in die Nahrung mit aufgenommen ($p_j = 1$), sofern folgende Bedingung erfüllt ist (s. Gl. A3.31):

$$\frac{e_j}{h_j} > \frac{\sum_{i=1}^{j-1} \lambda_i e_i}{1 + \sum_{i=1}^{j-1} \lambda_i h_i} \,. \tag{6.9}$$

Ist Gl. (6.9) nicht erfüllt, so werden der j-te Typ und alle nachfolgenden rangniedrigeren ausgeschlossen ($p_j = 0$).

Die Interpretation von Gl. (6.9) wird deutlich, wenn wir bedenken, daß die rechte Seite von Gl. (6.9) wegen Gl. (6.7) die Größe R angibt. Dies ist der Energiegewinn pro Zeit, ohne Berücksichtigung des Typs j und aller nachfolgenden. Verschmäht der Nahrungssuchende den Typ j bei einem Zusammentreffen, so ist der weitere erwartete Energiegewinn pro Zeit gerade durch die rechte Seite von Gl. (6.9) gegeben. Vertilgt er aber den j-ten Typ, so gewinnt er die Energie e_j in der Handhabungsdauer h_j. Wenn dieser Energiegewinn pro Zeit e_j/h_j größer als der alternativ erwartete Gewinn (rechte Seite) ist, wird also der Typ „j" vertilgt. Interessanterweise spielt die Trefferrate λ_j, also wie häufig er den Typ „j" findet, für diese Entscheidung keine Rolle. Das liegt daran, daß keine gezielte Suche nach den Nahrungstypen erfolgt und nur die Wahl (Verschmähen oder Vertilgen) zu treffen ist, wenn ein Nahrungspartikel bereits gefunden ist. Die Trefferraten λ_i für die anderen Typen i (mit $i < j$) haben jedoch entscheidenden Einfluß. Sie bestimmen den zu erwartenden alternativen Energiegewinn (rechte Seite von Gl. 6.9), wenn ein Partikel des Typs „j" verschmäht wird.

Unser Modell kann keine Auskunft über die Zusammensetzung der Nahrung eines Tieres geben, wie man sie z. B. durch den Mageninhalt bestimmt. Dazu wäre es notwendig, die Größe der Parameter λ_i, e_i und h_i zu kennen. Außerdem kann die Häufigkeit eines Typs und somit die Trefferrate λ_i von Areal zu Areal verschieden sein, was zu unterschiedlichen Beiträgen der Nahrungstypen führen würde. Auch über die Präferenz eines Nahrungstyps, z. B. in einem Auswahlversuch bei gleichzeitigem Anbieten verschiedener Typen, kann nichts gesagt werden. In unserem Modell treten die Nahrungspartikel in sequenzieller Folge auf.

Um dieses allgemeine Ergebnis zu verdeutlichen, wollen wir uns noch den *Spezialfall von* $n = 2$ *Nahrungstypen* ansehen. Dann bleibt die einzige Frage, ob der rangniedrigere Typ 2 verschmäht wird. Dies geschieht nach Gl. (6.9), falls

$$\frac{e_2}{h_2} < \frac{\lambda_1 e_1}{1 + \lambda_1 h_1} . \tag{6.10}$$

Wie wir bei Gl. (3.36) in Abschn. 3.2.1 gezeigt haben, hängt die Trefferrate λ_1 linear von der Häufigkeit n_1 (Zahl N der Partikel pro Fläche) der Partikel des Typs 1 ab. Wenn nun die Häufigkeit n_1 des Typs 1 und somit auch seine Trefferrate λ_1 abnimmt, so wird bei einem kritischen Wert $\hat{\lambda}_1$ in Gl. (6.10) das Gleichheitszeichen erreicht und bei noch niedrigeren Werten von λ_1 die umgekehrte Ungleichung gelten, so daß dann der Typ 2 nicht mehr verschmäht wird. Wir erwarten also, daß der Anteil p_2 der Partikel vom Typ 2, welcher aufgenommen wird, gegen die Häufigkeit n_1 der Partikel vom Typ 1 aufgetragen, eine Stufenfunktion ergibt, wie in Abb. 6.1 dargestellt. Ob ein Partikel (hier Typ 2) mit einem geringen Energiegewinn (e_2) pro Handhabungszeit (h_2) aufgenommen wird, hängt von der Häufigkeit n_1 der „besseren" Partikel (hier Typ 1) ab. Ist letztere klein, so sollten auch die „schlechteren" Partikel (Typ 2) nicht verschmäht werden. Solche Vorhersagen lassen sich in Experimenten überprüfen. Doch ist zu bedenken, daß wir in unserem Modell nur mittlere Größen benutzt haben. Eine Berücksichtigung der Variabilität der Parameter sollte eine Aufweichung der Kante ergeben, wie es die gestrichelte Kurve in Abb. 6.1 darstellt.

Es sei daran erinnert, daß hier nur der *simpelste Modelltypus* dieser Art vorgestellt wurde. Es gibt Modelle, die weitere Faktoren berücksichtigen. So könnte das Zusammentreffen mit den Beutetypen nicht ganz zufällig geschehen, wenn diese in geklumpten Verteilungen auftreten. Bei der Fütterung von Jungen spielt die Entfernung vom Nest eine Rolle. Nur für Partikel mit hohem Nährwert lohnt es sich, eine größere Distanz zurückzulegen. Außerdem ist nicht nur die Energie die entscheidende Größe bei der Ernährung, sondern es müssen auch Mindestmengen bestimmter Nährstoffe aufgenommen werden, die womöglich nur in

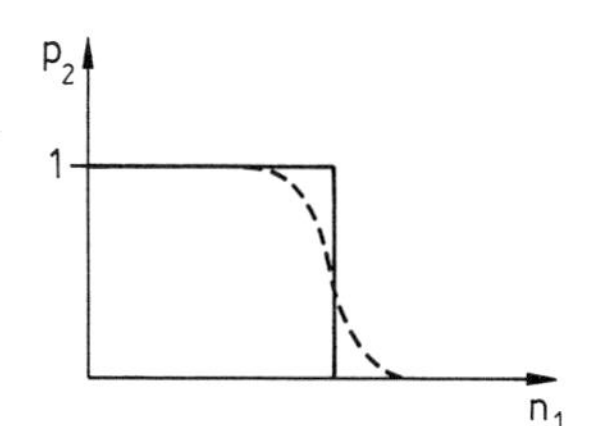

Abb. 6.1. Anteil p_2 der Nahrungspartikel des Typs 2, welcher aufgenommen wird, gegen die Häufigkeit n_1 der Partikel des Typs 1 gemäß Gl. (6.10) für das Modell (6.6) (gestrichelt bei variablen Verhältnissen)

bestimmten Beutetypen vorhanden sind. Tiere können verschiedene Suchstrategien besitzen. Zum Beispiel können sie nach der häufiger vorkommenden Art gezielt suchen, wie es bei der funktionellen Reaktion vom Typ III in Abschn. 3.2.3 angenommen wurde. Und schließlich kann es eine Rolle spielen, daß ein Tier bei der Ausbeutung einer bestimmten Nahrungsquelle eine besonders hohe Gefährdung durch Räuber eingeht.

Wenden wir uns nun der Frage zu, *wie lange* ein Nahrungssuchender in einem Areal (Patch) *verweilen* soll, wenn die *Nahrung inhomogen über mehrere Areale verteilt* ist. Es möge n verschiedene Typen von Arealen geben, die wir mit „i" durchnumerieren. Sie mögen sich dadurch unterscheiden, in welcher Menge und wie schnell dort Nahrung gefunden wird. Bei Vögeln könnten z. B. Büsche verschiedener Arten und Größen solche „Areale" darstellen. Sie bieten verschiedene Mengen an Energie z. B. in Form von Beeren unterschiedlich leicht zugänglich an. Die Areale mögen in zufälliger Weise mit einer *Trefferrate* λ_i aufgesucht werden. Das heißt, es ist λ_i die Wahrscheinlichkeit pro Zeit, beim Suchen auf ein Areal des Typs „i" zu treffen. Beim Suchen möge pro Zeit die Energie s verbraucht werden. Es sei t_i die *Zeit*, welche ein Tier im Areal des Typs „i" *verweilt*, bevor es ein anderes Areal aufsucht. Dabei möge es in diesem Areal einen *Nettoenergiegewinn* $g_i(t_i)$ erzielen.

Wie beim vorherigen Modell fragen wir nun, welche Strategie eine maximale Energiegewinnrate R und somit eine optimale Fitness ergibt. Dabei werden die verschiedenen Nahrungsbeschaffungsstrategien durch die *Verweildauern* t_i in den Arealen des Typs „i" unterschieden. Ein Nahrungssuchender wird im Laufe der Zeit die verfügbare Nahrung in einem Areal verbrauchen. Mit zunehmender Aufenthaltsdauer wird es immer schwieriger, dort noch Nahrungspartikel zu finden. Damit stellt sich die Frage, wann er das Areal verlassen und auf Suche nach „besseren" Arealen gehen soll.

Für unser Modell (Charnov 1976) ist die *Gewinnfunktion* $g_i(t)$, die angibt, welcher Gesamtenergiegewinn bis zur Verweildauer t erzielt wird, entscheidend. Es ist klar, daß $g_i(0) = 0$ ist, denn ohne zu verweilen, kann in einem Areal keine Energie gewonnen werden. Dann sollte der Energiegewinn $g_i(t)$ zunächst mit zunehmender Verweildauer anwachsen. Da schließlich der Energievorrat eines Areals erschöpft sein wird, muß $g_i(t)$ unterhalb einer gewissen Grenze bleiben. Sie mag gegen einen Sättigungswert streben, wie bei der durchgezogenen Kurve in Abb. 6.2 dargestellt, oder sie kann bei größeren Zeiten wieder abnehmen, da ja beim Absuchen des Areals Energie verbraucht wird (strichpunktiert). Die Ableitung $g_i'(t)$ gibt den momentanen Zuwachs des Energiegewinns zum Zeit-

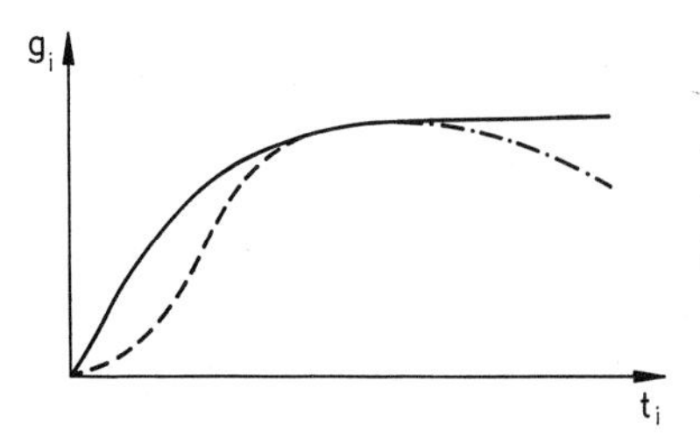

Abb. 6.2. Gewinnfunktion g_i (Nettoenergiegewinn im Areal des Typs „i") gegen die Verweildauer t_i im Areal des Typs „i". Für die *strichpunktierte Kurve* ist bei langen Zeiten t_i der Energiegewinn kleiner als der Energieverbrauch. Im gestrichelten Fall lernt ein Tier im Laufe der Zeit, das Areal besser auszubeuten

punkt t an (s. auch Abb. 2.1 in Abschn. 2.1.3). Dieser mag zunächst ansteigen, wie in Abb. 6.2 gestrichelt dargestellt, da es eine Weile dauern kann, bis ein Tier gelernt hat, ein Areal optimal auszubeuten.

Um die optimale Energieaufnahmerate R zu bestimmen, können wir wieder Gl. (6.2) verwenden, wobei T_h jetzt durch die Verweilzeiten in den Arealen zu ersetzen ist. Die Zahl der besuchten Areale vom Typ „i" ist während der Suchzeit T_s gleich $\lambda_i T_s$. Der Energiegewinn pro Besuch ist $\tilde{g}_i(t_i)$, wobei wie oben bei Gl. (6.3) zu der Energieaufnahme $\tilde{g}_i(t_i)$ noch die Energie st_i, die beim Suchen eingespart wird, hinzugerechnet wird:

$$g_i(t) = \tilde{g}_i(t_i) + st_i \,. \tag{6.11}$$

Deshalb ist mit einem Grundenergieverbrauch von sT_f während der Zeit T_f der Nahrungsbeschaffung zu rechnen. Also ist der Nettoenergiegewinn E während der Zeit T_f analog zu Gl. (6.4):

$$E = \sum_i \lambda_i T_s g_i(t_i) - sT_f \,. \tag{6.12}$$

Da pro Besuch in einem Areal vom Typ „i" die Zeit t_i verstreicht, ist die Gesamtverweilzeit T_h in den Arealen analog zu Gl. (6.5)

$$T_h = \sum_i \lambda_i T_s t_i \,. \tag{6.13}$$

Analog zu Gl. (6.6) ergibt sich während der Zeit $T_f = T_s + T_h$ für die Nettoenergieaufnahme pro Zeit mit den Gln. (6.12) und (6.13)

$$R = \frac{T_s \sum_i \lambda_i g_i(t_i)}{T_s + T_s \sum_i \lambda_i t_i} - s \,. \tag{6.14}$$

Da s eine Konstante ist, spielt für die Bestimmung des Maximums von R nur

$$\tilde{R} = \frac{\sum_i \lambda_i g_i(t_i)}{1 + \sum_i \lambda_i t_i} \tag{6.15}$$

eine Rolle. Es gilt also, $\tilde{R} = \tilde{R}(t_1, t_2, \dots, t_n)$ als Funktion der Verweilzeiten t_i zu maximieren.

Bei Gl. (A3.33) in Anhang A3 ist gezeigt, daß die *Bedingung für das Maximum* von $\tilde{R}$

$$g_i'(t_i) = \frac{dg_i(t_i)}{dt_i} = \tilde{R}(t_1, t_2, \dots t_n) \tag{6.16}$$

ist. Wir haben also für jedes t_i eine Bestimmungsgleichung.

Wenn wir uns daran erinnern, daß $g_i'(t_i)$ die momentane Energieaufnahme in einem Areal des Typs „i" bedeutet, können wir Gl. (6.16) wie folgt interpretieren. Um die mittlere Energieaufnahmerate $\tilde{R}$ zu maximieren, muß ein Nahrungssuchender so lange in einem Areal „i" *verweilen, bis* dort die *momentane Energieaufnahmerate* $g'(t_i)$ gleich der *mittleren Aufnahmerate* $\tilde{R}$ ist. Wie Abb. 6.2 zeigt, wird für längere Zeiten die momentane Energieaufnahmerate $g'(t_i)$ mit wachsendem t_i kleiner. Würde der Nahrungssuchende länger verweilen, würde seine momentane Aufnahmerate kleiner werden als die mittlere Aufnahmerate $\tilde{R}$, welche Suchen und Ausbeuten anderer Areale einschließt. In diesem Fall ist es also besser, ein neues Areal zu suchen.

Nehmen wir an, daß das Gesamthabitat nahrungsärmer wird, ohne daß sich die Nahrungssituation im Areal „i", d. h. also $g_i(t_i)$ ändert. Dies bedeutet, daß $\tilde{R}$ abnehmen würde. Dann müßte im optimalen Fall, wie Gl. (6.16) zeigt, auch $g_i'(t_i)$ kleiner werden. Dies geschieht, wie Abb. 6.2 zeigt, bei höheren Verweildauern t_i. In nahrungsarmen Gesamthabitaten ist es also günstiger, in einem einzelnen Areal länger zu verweilen.

Für den Fall, daß nur ein Arealtyp vorliegt, reduziert sich $\tilde{R}$ in Gl. (6.15) auf

$$\tilde{R} = \frac{\lambda g(t)}{1 + \lambda t} . \qquad (6.17)$$

Aus Gl. (6.16) folgt, daß das Maximum von $\tilde{R}$ erreicht wird für

$$g' = \frac{g}{1/\lambda + t} . \qquad (6.18)$$

Es ist λ die Rate, mit welcher beim zufälligen Suchen Areale gefunden werden. Deshalb ist $1/\lambda$ die mittlere Suchzeit bis zum Auffinden eines neuen Areals (s. Gl. 4.47 in Abschn. 4.2.1). Da g der Energiegewinn pro Areal ist und die Summe aus Verweilzeit t und mittlerer Suchzeit $1/\lambda$ die gesamte für ein Areal im Mittel benötigte Zeit ist, gibt die rechte Seite den *mittleren Energiegewinn pro Zeit* an, wie es nach unserem Modellansatz auch sein muß. Dieser muß im optimalen Fall *gleich der momentanen Energieaufnahmerate* g' sein, wie sie vor Verlassen eines Areals erzielt wird.

Bei Gl. (A3.37) in Anhang A3 ist gezeigt, daß man die Verweildauer t, graphisch bestimmen kann. Wie in Abb. 6.3 dargestellt, trägt man g(t) gegen t auf und nach links die mittlere Suchzeit $1/\lambda$. Vom Punkt $1/\lambda$ legt man eine Tangente an g(t). Dort, wo sie berührt, liegt die optimale Verweilzeit t. Aus dieser Graphik läßt

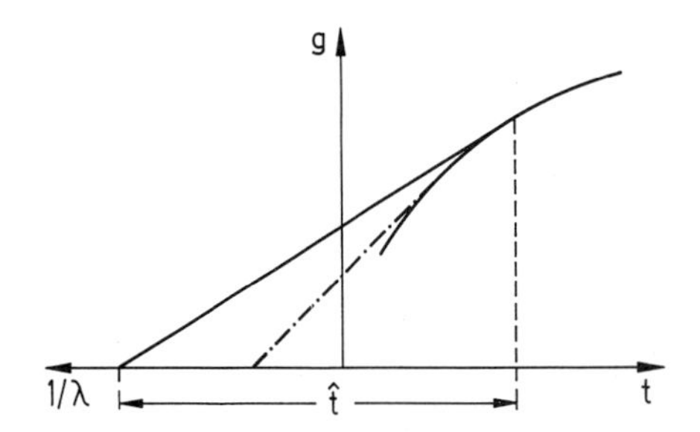

Abb. 6.3. Bestimmung der optimalen Verweilzeit für das Modell (6.17). Auf der negativen Zeitachse wird die mittlere Suchzeit pro Areal $1/\lambda$ aufgetragen (λ Trefferrate beim Suchen nach Arealen) und von dort die Tangente an die Gewinnfunktion g gezogen. Am Berührpunkt liegt die optimale Verweilzeit t (*gestrichelt*). Kürzere Suchzeiten $1/\lambda$ ergeben kleinere Verweilzeiten t (*strichpunktiert*)

sich auch sofort schließen, daß, *je größer die Suchzeit* $1/\lambda$, *um so größer auch die optimale Verweilzeit* ist. Es ist plausibel, daß der Nahrungssuchende umso länger in einem Areal verweilen sollte, je schwieriger es ist (je kleiner λ), ein neues Areal zu finden.

In beiden Modellen (6.6) und (6.14) ist für die Entscheidung des Nahrungssuchenden der zu erwartende alternative Energiegewinn R von entscheidender Bedeutung. Ist dieser größer als die Energieaufnahme pro Zeit, die er bei Aufnahme eines Partikels bzw. bei längerem Verweilen in einem Areal hat, so ist es besser, woanders auf erneute Nahrungssuche zu gehen. Dabei ist vorausgesetzt, daß der Nahrungssuchende aus Erfahrung „weiß", welchen mittleren Energiegewinn R er zu erwarten hat.

Auch diese einfachste Form für Modelle zur Verweilzeit in Arealen ist durch zusätzliche Berücksichtigung anderer Faktoren erweitert worden. Eine wichtige Annahme des hier vorgestellten Modells war, daß der Nahrungssuchende sich verhält, als hätte er *vollständige Informationen* über Suchzeiten $1/\lambda_i$ und Gewinnfunktionen $g_i(t_i)$. Es gibt Modelle, welche berücksichtigen, daß der Nahrungssuchende bei der Ausbeutung eines Areals Informationen über dessen Eigenschaften sammelt. Da solche Modelle sehr aufwendig sind, können wir hier nicht auf sie eingehen.

Zusammenfassung

Die klassische Theorie des optimalen Nahrungserwerbs (optimal foraging) untersucht, welche Strategie der Nahrungsaufnahme zu einer optimalen Energieversorgung eines Tieres führt. Für ein zufällig nach Nahrung suchendes Tier stellt sich das Problem, ob ein angetroffenes Nahrungspartikel oder Beuteindividuum gefressen werden soll. Dabei spielt der Energieinhalt e_i eines Partikels und die Zeit h_i, welche für seine Handhabung nötig ist, die entscheidende Rolle. Partikel von verschiedenem Typus können nach dem Quotienten e_1/h_i klassifiziert werden. Bei einer optimalen Strategie wird ein Partikel des Typs „i" entweder immer oder nie aufgenommen. Eine Aufnahme erfolgt, sofern e_i/h_i größer als die gesamte mittlere Energieaufnahmerate ist, die ohne den Typ „i" und alle schlechteren Partikel (mit kleineren e_j/h_j) erzielt wird. Dabei hat die Häufigkeit, mit der Partikel des Typs „i" angetroffen werden, keinen Einfluß, wohl aber die der „besseren" Partikel. Unterschreitet die Häufigkeit der „besseren" Partikel einen Schwellenwert, sollten vorher völlig verschmähte, „schlechtere" Partikel nun regelmäßig aufgenommen werden.

Ist die Nahrung in verschiedenen Mengen auf Areale verteilt, so stellt sich das Problem, wie lange ein Tier ein Areal absuchen soll, um auf Dauer den größten Energiegewinn zu erzielen. Die optimale Strategie besteht darin, das Areal zu dem Zeitpunkt zu verlassen, in welchem die dort pro Zeit gewonnene Energie geringer als die im Langzeitmittel erzielte Energieaufnahmerate wird. Je schlechter die Nahrungsversorgung insgesamt ist, um so länger sollte in jedem Areal nach Nahrung gesucht werden.

Weiterführende Literatur:
Theorie: Belovsky 1974; Charnov 1976; Comins u. Hassell 1979; Cook u. Cockrell 1978; Cook u. Hubbard 1977; Engen u. Stenseth 1984; Gould u. Lewontin 1979; Gross 1986a; Hassell 1980; Krebs 1978; Krebs u. Davies 1978, 1981; MacArthur u. Pianka 1966; MacArthur 1972; Maynard Smith 1974; McNair 1980; Oaten 1977; Pianka 1974a; Pyke et al. 1977; Rapport 1971; Royama 1970b, 1971; Schoener 1969a, b, 1971, 1983a; Sibly u. Calow 1986; Stephens u. Krebs 1986; Stenseth u. Hannson 1979.
Empirik: Belovsky 1974; Cook u. Cockrell 1978; Cook u. Hubbard 1977; Cowie 1977; Davidson 1977b; Davis 1977; De Benedictis et al. 1978; Erichsen et al. 1980; Hassell 1980; Huey u. Pianka 1981; Kamil u. Sargent 1981; Krebs 1978; Krebs u. Cowie 1976; Krebs u. Davies 1978, 1981; Krebs et al. 1977; Lawton 1973; Pianka 1974a; Putman u. Wratten 1984; Pyke 1979, 1981; Pyke et al. 1977; Smith u. Sweatman 1974; Werner u. Hall 1974; Wolf 1975.

6.1.2 Minimierung des Risikos

Bisher sind wir davon ausgegangen, daß bei der Nahrungssuche der entscheidende Faktor, welcher die Fitness eines Tieres beeinflußt, der mittlere Energiegewinn pro Zeit ist. Wir hatten uns im letzten Abschnitt Modelle angesehen, die optimale Strategien bestimmen, welche den Energiegewinn maximieren. Es sind jedoch Situationen vorstellbar, in welchen andere Kriterien für die Fitness eines Tieres wichtiger sind. Nehmen wir zum Beispiel an, daß ein Tier im Mittel reichlich genug mit Nahrung versorgt ist, daß aber die *Aufnahme der Nahrung* zufällig *in unregelmäßiger Folge* geschieht. Dann kann es passieren, daß durch ungünstige zufällige Umstände das Tier über längere Zeit kaum Nahrung erhält. In diesem Fall nützt es ihm wenig, daß es später Nahrung im Überfluß hat, was im Mittel zu einer guten Versorgung führt, wenn es vorher bereits verhungert ist. In einem solchen Fall ist es viel wichtiger, das *Risiko des Verhungerns*, d. h. die Wahrscheinlichkeit, in einem Zeitabschnitt zu wenig Nahrung zu erhalten, zu minimieren.

Wir wollen uns zunächst ein sehr einfaches Modell ansehen, welches dieses Problem behandelt (Stephens 1981; Stephens u. Charnov 1982). Ein Vogel muß im Winter tagsüber genügend Energie aufnehmen, um die Nacht überstehen zu können. Die Energie, die das Überleben der Nacht garantiert, sei E_c. Nun findet der Vogel die Nahrung in kleinen Einheiten in zufälliger Folge und Größe. Deshalb wird die Gesamtenergieaufnahme bis zum Abend eine zufällige Größe sein. Das heißt, es existiert für die bis zum Abend *aufgenommene Energie E eine Wahrscheinlichkeitsverteilung* W(E). Beispiele sind in Abb. 6.4 dargestellt.

Nehmen wir an, der Vogel kann durch die Art der Nahrungssuche zwar nicht den Mittelwert m dieser Verteilung W(E), aber ihre *Varianz* (oder Standardabweichung) beeinflussen. Welche Strategie soll er einschlagen: eine mit großer oder kleiner Varianz? Das können wir leicht anhand der Abb. 6.4 entscheiden. In Abb. 6.4a liegt der Mittelwert m oberhalb des kritischen Nahrungsbedarfs E_c, das heißt, der Vogel findet *im Mittel genug Nahrung*. Der Teil der Wahrscheinlichkeitsverteilung W(E), der unterhalb E_c liegt, ergibt also zu wenig Energie, führt also zum Tod des Vogels. Mit einer Wahrscheinlichkeit, die proportional zu der

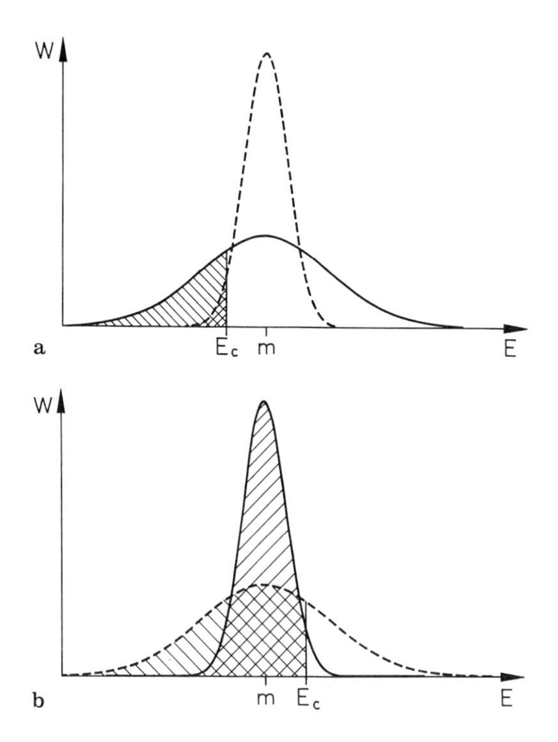

Abb. 6.4. a Wahrscheinlichkeitsverteilung W, die Energie E aufzunehmen, für den Fall, daß die benötigte Energie E_c kleiner als der Mittelwert m ist. Die Wahrscheinlichkeit, zu wenig Energie zu erhalten, wird durch die *schraffierte Fläche* angegeben. Sie ist für die breite Verteilung größer. **b** Wie Abb. 6.4a für den Fall, daß E_c größer als m ist. Die Wahrscheinlichkeit zu wenig Energie zu erhalten, ist für die schmale Verteilung größer

schraffierten Fläche ist, überlebt er die Nacht nicht. Es ist offensichtlich, daß eine *Verminderung der Varianz*, also der Breite der Verteilung W(E) die Überlebenswahrscheinlichkeit erhöht. Anders in Abb. 6.4b, wo der mittlere Energiegewinn m unterhalb des kritischen Nahrungsbedarfs E_c liegt. Eine geringe Varianz würde mit Sicherheit zum Tod des Vogels führen. Nur eine *größere Varianz* würde dafür sorgen, daß ein Teil der Wahrscheinlichkeit W(E) oberhalb von E_c liegt und somit eine endliche Chance zu überleben besteht.

Dieses Ergebnis läßt sich auch für andere Beispiele verallgemeinern. Entscheidend ist, daß in einer gewissen Zeit ein bestimmter Nahrungsbedarf E_c besteht und daß aber der erhaltene Energiegewinn eine Wahrscheinlichkeitsverteilung W(E) aufweist. Ist die im Mittel erhaltene Energie m größer als der Bedarf E_c, so sollte die Verteilung W(E) möglichst schmal sein. Man nennt dies ein *risikofeindliches* Verhalten, da hier Schwankungen im Energiegewinn E möglichst gering gehalten werden. Ist aber der Mittelwert m der erhaltenen Energie geringer als der Bedarf E_c, so sollte die Varianz der Nahrungsaufnahme möglichst groß sein. Dies wird als *risikofreudiges* Verhalten bezeichnet.

Wir wollen uns ein konkretes Beispiel (Lovegrove u. Wissel 1988) ansehen, das uns zeigt, wie das Risiko zu verhungern, minimiert werden kann. Wir stellen uns wieder Tiere vor, die ihre Nahrungseinheiten in zufälliger Weise finden. Es sei p dt die Wahrscheinlichkeit, daß ein einzelnes Tier beim Nahrungssuchen auf eine Einheit trifft. Die Handhabungszeit sei hier vernachlässigbar klein. Wir betrachten die *Wahrscheinlichkeit* $W_n(t)$, daß es *n Nahrungseinheiten in der Zeit t* findet. Diese Größe haben wir bei Gl. (4.45) in Abschn. 4.2.1 mit

$$W_n(t) = \frac{(pt)^n}{n!} e^{-pt} \tag{6.23a}$$

berechnet. Sie stellt eine Poisson-Verteilung (s. Abb. 4.4 in Abschn. 4.2.1) dar. Die Größe

$$W_0 = e^{-pt} \tag{6.24}$$

gibt die Wahrscheinlichkeit an, daß bis zur Zeit t noch keine Nahrungseinheit gefunden wurde. Sie ist für unsere Frage nach dem *Risiko des Verhungerns* von entscheidender Bedeutung.

Wir fragen nun danach, welchen Einfluß es auf das Risiko des Verhungers hat, wenn sich eine Zahl N von Tieren zu einer *sozialen Einheit* zusammenschließt und die gefundene Nahrung gleichmäßig aufgeteilt wird. Es mögen alle Tiere der Gruppe gleichzeitig nach Nahrung suchen. Dann ist die Wahrscheinlichkeit, daß eines von den N Tieren in der Zeit t eine Nahrungseinheit findet (s. Regel 4.29 in Abschn. 4.2.1) gleich Np dt. Also ist die Wahrscheinlichkeit, daß die Gruppe n Nahrungseinheiten bis zur Zeit t gefunden hat, gleich

$$W_n(t) = \frac{(pNt)^n}{n!} e^{-pNt} . \tag{6.23b}$$

Die Wahrscheinlichkeit, daß bis zur Zeit t nichts gefunden wurde, ist hier

$$W_0 = e^{-pNt} .$$

Diese ist zwar kleiner als die für ein solitäres Tier (s. Gl. 6.24), doch ist zu bedenken, daß jedes der soziallebenden Tiere bei einem Nahrungsfund auch nur den N-ten Teil erhält.

Um die Frage nach dem Risko des Verhungerns näher zu untersuchen, benutzen wir folgendes einfache Modell, (die numerischen Rechnungen wurden von H. Brier durchgeführt): Die *Energiereserven eines Tieres* bezeichnen wir mit E, wobei es egal ist, ob diese im Körper des Tieres, z. B. in Form von Fett, gespeichert sind oder in einem Vorratslager zur Verfügung stehen. Bei den soziallebenden Tieren sei für alle Tiere E gleich. Diese Gleichheit bleibt auch im Laufe der Zeit erhalten, da die Tiere alle Nahrung teilen. Eine *Nahrungseinheit* möge die Energie $\Delta\varepsilon$ liefern, wobei die Assimilationseffizienz (Effizienz der Energieausnützung) berücksichtigt ist. Wenn N Tiere diese aufteilen, erhält jedes die *Energieportion*

$$\Delta E = \Delta\varepsilon/N . \tag{6.25a}$$

Ein Tier möge pro Zeit die Energie v verbrauchen, wobei der Ruhestoffwechsel, die Energie für die Nahrungssuche und alle anderen Tätigkeiten berücksichtigt sind.

Dann *reicht* also *die Energieportion* ΔE *für die Zeit*

$$T = \frac{\Delta E}{v} = \frac{\Delta \varepsilon}{Nv} . \tag{6.25}$$

In Abb. 6.5 ist die Energieskala eines Tieres in Vielfache der Energieportionen ΔE aufgeteilt dargestellt. Wenn keine Nahrung gefunden wird, sinkt also E in der Zeit T um den Betrag $\Delta E = vT$ ab. Wird eine Nahrungseinheit gefunden, springt E um den Betrag ΔE nach oben.

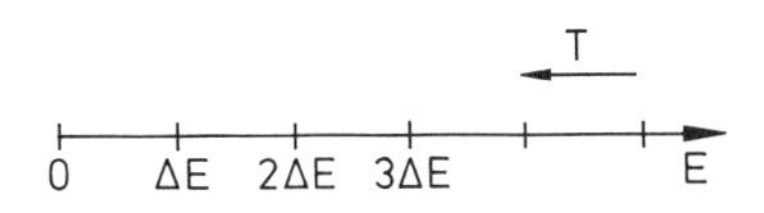

Abb. 6.5. Einteilung der Energieskala E eines Tieres in Portionen ΔE, welche es beim Aufspüren einer Nahrungseinheit $\Delta\varepsilon$ anteilmäßig erhält. Eine Portion ΔE wird während der Zeit T verbraucht

Wir teilen nun auch die Zeitskala in Vielfache ν der Zeit T ein und bezeichnen mit $P_i(\nu T)$ die Wahrscheinlichkeit, daß zur Zeit

$$t = \nu T \tag{6.26}$$

die vorrätige Energie

$$E = i\,\Delta E \tag{6.27}$$

ist, also i Energieportionen pro Tier vorhanden sind. Von besonderem Interesse ist die *Wahrscheinlichkeit* $P_0(\nu T)$, *daß zur Zeit* νT *die Tiere verhundert* sind. Wir können dann folgende Bestimmungsgleichung für $P_i(\nu T)$ aufschreiben

$$P_i((\nu + 1)\,T) = P_{i+1}(\nu T)\,W_0(T) + P_i(\nu T)\,W_1(T) + P_{i-1}(\nu T)\,W_2(T) + \dots , \tag{6.28}$$

wobei $W_n(T)$ die Wahrscheinlichkeit aus Gl. (6.23b) ist, daß n Nahrungseinheiten während der Zeit T gefunden werden. Denn um i Einheiten zur Zeit $(\nu + 1)\,T$ zu haben, müssen, falls keine Nahrung gefunden wird ($W_0(T)$), zur Zeit νT gerade $i + 1$ Einheiten vorhanden gewesen sein oder, falls eine Einheit gefunden wurde ($W_1(T)$), i Einheiten oder, falls zwei Einheiten gefunden wurden, $i - 1$ Einheiten usw. vorgelegen haben.

Nach Gl. (6.23b) ist

$$W_n(T) = \frac{(NpT)^n}{n!}\,e^{-pNT} = \frac{A^n}{n!}\,e^{-A} , \tag{6.29}$$

wobei wegen Gl. (6.25)

$$A = NpT = p\,\Delta\varepsilon/v \tag{6.30}$$

definiert ist.

Bei Gl. (4.47) in Abschn. 4.2.1 ist gezeigt, daß der Mittelwert der Verteilung $W_n(T)$ gleich A ist. Die Größe A beschreibt also die *mittlere Zahl der Nahrungseinheiten* $\Delta\varepsilon$, welche *in der Zeit T gefunden* werden, also mit Hilfe der Energie einer Einheit $\Delta\varepsilon$. Wir sehen, daß A unabhängig von der Gruppengröße ist. Dies ist auch ganz plausibel, denn N Individuen finden im Mittel auch N-mal so viel Nahrung wie ein einzelnes. Da sie diese aber auch durch N teilen müssen, erhält im Mittel jedes Tier auch nicht mehr als ein solitäres. Wir haben hier also eine Situation, wo verschiedene Strategien (solitär oder sozial) keinen Einfluß auf die mittlere Energieaufnahme pro Zeit, welche im vorherigen Abschn. 6.1.1 maximiert wurde, haben.

Da wir hier aber die Wahrscheinlichkeit des Verhungerns untersuchen wollen, müssen wir die Wahrscheinlichkeitsverteilung $P_i(\nu T)$ aus Gl. (6.28) bestimmen. Mit Hilfe eines Rechners ist die iterative Lösung von Gl. (6.28) kein Problem. Wir starten immer mit der Situation, daß alle Tiere gut ernährt sind und einen Energievorrat von E_0 besitzen. Nun betrachten wir zwei verschiedene Situationen. In der einen werden *viele kleine Nahrungseinheiten* $\Delta\varepsilon$ gefunden. Dann hat ein solitäres Tier zu Beginn $M = E_0/\Delta E$ Energieportionen in Reserve. Wir wählen $M = 245$. Wir betrachten den Fall $A = 1{,}1$. Das heißt, die mittlere Energieversorgung ist knapp gesichert. Für uns ist die Wahrscheinlichkeit $P_0(\nu T)$, daß der Energievorrat zu einer gewissen Zeit $t = \nu T$ erschöpft ist und das Tier deshalb stirbt, von Interesse. Diese Größe ist in Abb. 6.6 gegen die Zeit aufgetragen. Sie wächst, wie erwartet, mit der Zeit an. Doch sehen wir, daß bald ein Plateau erreicht wird, welches so niedrig liegt, daß die *Wahrscheinlichkeit des Verhungerns* immer *verschwindend klein* bleibt. Für sozial lebende Tiere erwarten wir ein Risiko, welches noch kleiner ist. Bei einem Nahrungsangebot in vielen kleinen Einheiten besteht daher weder für sozial noch solitär lebende Tiere ein merkliches Risko zu verhungern, sofern die Energieversorgung im Mittel gesichert ist.

Im zweiten Fall betrachten wir die Situation, daß *wenige große Nahrungseinheiten* der Größe $\Delta\varepsilon$ zur Verfügung stehen. Der Einfachheit halber sei bei einem solitär lebenden Tier der anfängliche Energievorrat $E_0 = \Delta E$. Das heißt, wir starten mit $M = 1$, also einer Energieeinheit als Reserve. Bei 20 soziallebenden Tieren ist die Energieportion pro Individuum ΔE wegen Gl. (6.25a) um den Faktor 20 kleiner, da ja jede Nahrungseinheit geteilt wird. Bei gleicher Ausgangssituation pro Tier müßte jedes $M = 20$ dieser kleineren Portionen besitzen.

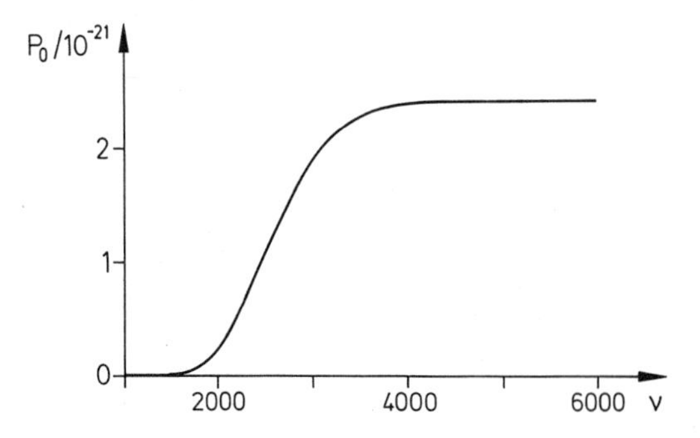

Abb. 6.6. Wahrscheinlichkeit P_0 eines solitären lebenden Tieres zu sterben gegen die Zeit νT (s. Gl. 6.25) für das Modell (6.23b) und (6.28) für den Fall vieler kleiner Nahrungseinheiten. Die mittlere Zahl der Nahrungseinheiten $\Delta\varepsilon$, die mit der Energie $\Delta\varepsilon$ einer Einheit gefunden werden können, ist hier $A = 1{,}1$. Zu Beginn liegt ein gut ernährtes Tier mit einem Energievorrat von $M = 245$ dieser Energieeinheiten $\Delta\varepsilon$ vor

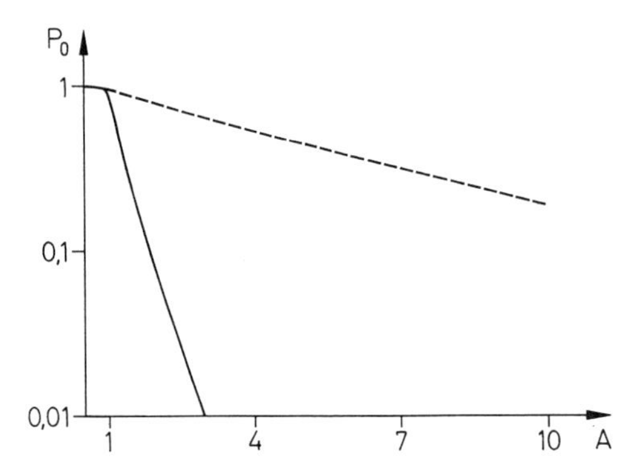

Abb. 6.7. Wahrscheinlichkeit P_0 zu verhungern gegen die mittlere Zahl A der Nahrungseinheiten, die mit der Energie $\Delta\varepsilon$ gefunden werden können, für ein solitär lebendes Tier (*gestrichelt*) und eine Kolonie der Größe N = 20 (*durchgezogen*)

Nach einer gewissen Zeit t betrachten wir die Wahrscheinlichkeit $P_0(t)$, daß die Tiere bzw. das Tier verhungert ist. Für t wählen wir die *mittlere Lebensdauer* eines Tieres, wobei wir Daten von afrikanischen Sandgräbern (Lovegrove u. Wissel 1988) benutzt haben. Es sei aber betont, daß die qualitativ gleichen Ergebnisse auch für andere Zeiten erhalten werden. In Abb. 6.7 ist die resultierende Wahrscheinlichkeit P_0 gegen A für ein solitäres Tier gestrichelt dargestellt. Selbst bei höheren Werten von A, also guter mittlerer Nahrungsversorgung, ergibt sich ein *hohes Risiko*, daß ein *solitär lebendes Tier verhungert*. Bei den *sozial lebenden Tieren* ist diese Wahrscheinlichkeit $P_0(t)$ bei knapper Nahrungsversorgung ($A \gtrsim 1$) auch sehr groß. Doch bei etwas *verbesserter Energieversorgung* ($A \gtrsim 3$) *fällt das Risiko des Verhungerns stark ab* und ist bald um Größenordnungen kleiner als bei einem solitär lebenden Tier.

Wir können daher folgenden allgemeinen Schluß ziehen: Ein Nahrungssuchender, welcher in einer Region lebt, wo die Nahrung in vielen kleinen Einheiten zur Verfügung steht, geht auch bei knapper mittlerer Nahrungsversorgung praktisch kein Risiko ein, zu verhungern. In einem Gebiet, in welchem die Nahrung in wenigen großen Einheiten vorliegt, ist die Wahrscheinlichkeit, lange Zeit keine von diesen zu finden und deshalb zu verhungern, sehr groß, auch wenn die mittlere Nahrungsversorgung sehr gut ist. Eine mögliche Strategie, um dieses Risiko deutlich zu reduzieren, ist, daß die Tiere sich in sozialen Gruppen zusammenschließen und gleichzeitig die mittlere Ernährungssituation A durch Reduzierung der Energieansprüche verbessern (Bestätigung durch die Daten in Lovegrove u. Wissel 1988).

Zusammenfassung

Wenn Nahrung in zufälliger unregelmäßiger Weise aufgenommen wird, ergibt sich für die Energieaufnahme eine Wahrscheinlichkeitsverteilung. Findet ein Tier im Mittel genug Nahrung, so ist eine risikofeindliche Strategie des Nahrungserwerbs, welche die Varianz der Verteilung verkleinert, optimal. Erhält es aber im Mittel zu wenig Energie, ist eine risikofreudige Strategie, welche die Varianz vergrößert, angezeigt.

Bei zufälliger Suche nach Nahrungseinheiten existiert eine endliche Wahrscheinlichkeit, daß ein Tier über längere Zeit keine Nahrung findet und daher verhungert. Suchen die Tiere in sozialen Einheiten nach Nahrung, wobei die gefundene Nahrung zwischen den Mitgliedern der Gruppe geteilt wird, hat dies auf die mittlere Nahrungsversorgung keinen Einfluß. Liegt die Nahrung in vielen kleinen Einheiten vor, besteht so gut wie kein Risiko des Verhungerns, sofern die mittlere Versorgung gesichert ist. Fällt die Nahrung aber in wenigen großen Einheiten an, dann läuft ein solitäres Tier große Gefahr zu verhungern, auch wenn auf lange Sicht im Mittel genug Nahrung zur Verfügung steht. Soziale Nahrungssuche ist eine geeignete Strategie zur Vermeidung dieses Risikos, sofern das mittlere Nahrungsangebot ausreichend groß ist.

Weiterführende Literatur:
Theorie: Clark u. Mangel 1984; Clutton Brock u. Harvey 1978; Gosling u. Petrie 1981; Lovegrove u. Wissel 1988; Macevicz u. Oster 1976; McNair 1980; Pulliam u. Caraco 1984; Pyke et al. 1977; Schoener 1969b; Stephens 1981; Stephens u. Charnov 1982; Stephens u. Krebs 1986; Townsend u. Hughes 1981.
Empirik: Clutton Brock u. Harvey 1978; Crook u. Gartlan 1966; Davidson 1977b; Horn 1968a; Jarman 1974; Lawick-Goodall u. Lawick-Goodall 1970; Lloyd u. Dybas 1966; Lovegrove u. Wissel 1988; Pyke et al. 1977; Townsend u. Hughes 1981.

6.2 Optimale Reproduktion

6.2.1 Maximale Reproduktion

Wir hatten bisher argumentiert, daß für die Fitness eines Tieres in einem Fall der mittlere Energiegewinn pro Zeit entscheidend sein mag. In einer anderen Situation sollte es auschlaggebend sein, das Risiko des Verhungerns zu minimieren. Im Hintergrund stand immer die Idee, daß der Fitteste sich auch am besten reproduziert und sich deshalb im Laufe der Evolution durchsetzt. Genaugenommen müßte man für jede zur Diskussion stehende Strategie die zugehörige Reproduktionsrate bestimmen. Die mit der *besten Reproduktion* hat einen *Selektionsvorteil.* Bei den im vorherigen Abschn. 6.1 behandelten Fällen war es schwierig, einen direkten Zusammenhang mit der Reproduktionsrate herzustellen. Man hat sich so beholfen, daß man es als offensichtlich ansah, daß ein großer mittlerer Energiegewinn und ein kleines Risiko am vorteilhaftesten für die Reproduktion sind.

In diesem Abschnitt werden wir uns einfache Modelle ansehen, bei denen die Wirkung auf die Reproduktionsrate beschrieben wird. Die Strategie, welche die *größte Reproduktion* ergibt, sollte die optimale sein und sich durchsetzen. Betrachten wir (Cohen 1966; MacArthur 1972) annuelle Pflanzen, deren Fortbestehung durch das *Überwintern der Samen* gesichert ist. In Gegenden mit sehr variablem Klima kann es nun passieren, daß in einem Jahr die Witterungsbedingungen so schlecht sind (z. B. zu trocken), daß dort keine Reproduktion, d. h. kein Reifen der Samen möglich ist. Um diesen Reproduktionsausfall zu überbrücken, haben diese Pflanzen die Strategie entwickelt, daß ein *Teil der Samen erst in späteren Jahren keimt*. Wir fragen nun, welcher *Bruchteil g der Samen pro Jahr keimen* soll, damit eine *optimale Reproduktion* gesichert ist.

Der Einfachheit halber unterscheiden wir nur zwischen guten und schlechten Jahren, wobei in einem schlechten Jahr die Samen entweder nicht zu reproduktionsfähigen Individuen heranwachsen oder diese keine keimfähigen Samen produzieren sollen. Es sei N_j die Zahl der Samen zu Beginn des j-ten Jahres. Der Bruchteil g von ihnen möge in diesem Jahr keimen und jeder gekeimte Samen möge, sofern es ein gutes Jahr ist, S keimungsfähige Samen produzieren. Von den nicht gekeimten Samen möge im nächsten Winter der Bruchteil d absterben. Dann ist die Zahl N_{j+1} der Samen zu Beginn des nächsten Jahres durch

$$N_{j+1} = N_j[gS + (1 - g)(1 - d)] \tag{6.31a}$$

gegeben, sofern das Jahr „j" ein gutes ist. Ist es aber ein schlechtes, so gilt

$$N_{j+1} = N_j[(1 - g)(1 - d)]\,. \tag{6.31b}$$

Durch n-fache Anwendung von Gl. (6.31a) oder Gl. (6.31b) erhalten wir

$$N_{j+n} = N_j[gS + (1 - g)(1 - d)]^{n_g}\,[(1 - g)(1 - d)]^{n_s}\,, \tag{6.32}$$

wobei n_g die Zahl der guten und n_s die Zahl der schlechten Jahre ist. Wenn wir dies mit Gl. (2.20) in Abschn. 2.2.1 vergleichen, wo wir die Reproduktion durch

$$N_{j+n} = R^n N_j \tag{6.33}$$

beschrieben haben, so ergibt sich als mittlere Produktionsrate

$$R = [gS + (1 - g)(1 - d)]^p\,[(1 - g)(1 - d)]^q\,, \tag{6.34}$$

wobei $p = n_g/n$ die *relative Häufigkeit* (Wahrscheinlichkeit) für gute und $q = n_s/n$ die für *schlechte Jahre* ist. Da $n_g + n_s = n$ ist, gilt

$$q = 1 - p\,. \tag{6.35}$$

Unsere Fragestellung ist nun, für welche Keimungsrate g die Reproduktionsrate maximal ist.

Durch Ableiten von R nach g ist bei Gl. (A3.39) in Anhang A3 gefunden worden, daß das Maximum für

$$g = (Sp + d - 1)/(S + d - 1) \tag{6.36}$$

erreicht ist. Wenn die Zahl S der von einem Keimling produzierten Samen sehr groß ist, liefern die Terme d − 1 in Gl. (6.36) einen vernachlässigbar kleinen Beitrag. Dann kürzt sich S heraus, und es wird g = p. In diesem Fall haben Pflanzen, deren Samen eine jährliche Keimungsrate g haben, welche gleich der Häufigkeit p der guten Jahre ist, die größte Reproduktionsrate und werden sich bei der Selektion durchsetzen. *Je häufiger also schlechte Jahre auftreten*, umso mehr sollte die *Keimung der Samen in spätere Jahre verlegt* werden. Weiter unten werden wir dieses Ergebnis modifizieren müssen.

In einem weiteren Beispiel wollen wir der Frage nachgehen, ob es für ein Tier die *bessere Reproduktionsstrategie* ist, *viele kleine oder wenige große Jungen zu zeugen.* Dabei geht man davon aus, daß größere Jungen eine höhere Überlebenschance haben und sich bei Konkurrenz besser durchsetzen. Folgendes sehr einfache Modell (Christiansen u. Fenchel 1977) geht davon aus, daß jedes reproduktionsfähige Individuum im Mittel die *Energie E pro Jahr für die Reproduktion* aufwendet. *Jedes Junge* möge davon den *Energieanteil* S erhalten, d. h. die Zahl der Jungen pro Individuum und Jahr ist E/S. Die *Sterberate* d eines heranwachsenden Individuums wird *umso geringer* sein, *je mehr Energie* S es erhält, d. h. je größer es ist. Um die Zahl der überlebenden Individuen zu berechnen, benutzen wir eine modifizierte Wachstumsgleichung (2.15), in welcher die individuelle Wachstumsrate r durch —d ersetzt wird, also wegen Gl. (2.16) nur der Sterbeprozeß ohne Geburten berücksichtigt ist:

$$dN/dt = -dN\,. \tag{6.37}$$

Nach Gl. (2.24) gilt für konstantes d

$$N(t) = N_0\, e^{-d \cdot t}\,. \tag{6.38}$$

Da die Sterberate d von der Energie S abhängen soll, setzen wir

$$d \cdot t = f(S) = \frac{e}{S^\alpha + k} \tag{6.39}$$

an, wobei wir hier die Zeitspanne t eines Jahres betrachten. Dabei ist e/k die *maximale Sterberate*, welche für kleine Junge ($S \to 0$) erreicht wird. Der Parameter α gibt an, wie schnell die Sterberate bei größerem Energieeinsatz S pro Junges kleiner wird.

Von der Zahl E/S der Jungen wird also der *Bruchteil* exp (—f(S)) *bis zum nächsten Jahr überleben.* Wir fragen nun danach, wie groß S sein sollte, damit die Zahl N_n der Nachkommen maximal ist. Wir müssen also

$$N_n = E/S \exp(-f(S)) \tag{6.40}$$

maximieren, was bei Gl. (A3.41) in Anhang A3 geschehen ist. Wir erhalten, daß N_n maximal bei

$$S^\alpha = S_M^\alpha = e\alpha/2 - k + \sqrt{e\alpha(e\alpha/4 - k)} \tag{6.41}$$

ist und minimal bei

$$S^\alpha = S_m^\alpha = e\alpha/2 - k - \sqrt{e\alpha(e\alpha/4 - k)}\,. \tag{6.42}$$

Das Maximum und das Minimum existieren für

$$\alpha e/k > 4\,. \tag{6.43}$$

Ein Beispiel für einen solchen Verlauf von N_n als Funktion von S ist in Abb. 6.8 dargestellt. Wenn wir annehmen, daß die Selektion so wirkt, daß die Strategie mit größerer Zahl N_n an Nachkommen bevorzugt wird, erhalten wir zwei *alternative*

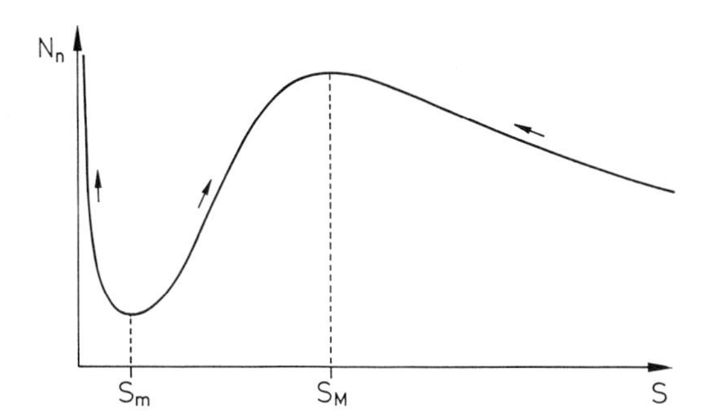

Abb. 6.8. Zahl der Nachkommen N_n, die bis zum nächsten Jahr überleben, gegen die Energie S, welche in ein Junges investiert wird, nach Modell (6.40). Die Richtung der Selektion ist durch *Pfeile* dargestellt

Evolutionsrichtungen, wie sie durch Pfeile dargestellt sind. Entweder es ist optimal, *wenige große Junge* mit dem Energieaufwand S_M oder immer *mehr* und immer *kleinere Junge* zu bekommen. Natürlich gibt es aus physiologischen Gründen eine Grenze, welche die Größe S der Individuen nicht unterschreiten kann. Ist die Bedingung (6.43) nicht erfüllt, fällt die Zahl der Nachkommen N_n als Funktion von S monoton ab. Dann ist es immer günstiger, viele kleine Junge zu haben. Damit Gl. (6.43) gilt, müssen die maximale Sterberate e/k und die Stärke α, mit welcher die Sterberate bei zunehmender Größe S der Jungen abnimmt, hinreichend groß sein. Nur dann finden wir in Abb. 6.9 ein Minimum und die alternative Strategie bei S_M. Das heißt, es lohnt sich nur dann, wenige große Junge zu haben, wenn kleine Junge ein beträchtliches Sterberisiko (großes e/k) hätten und dieses *durch größeres* S hinreichend stark *reduziert* wird (großes α).

Mit diesem Beispiel für zwei alternative Reproduktionsstrategien wollen wir auf das Konzept (MacArthur 1962) der Einteilung in *K- und r-Strategien* zu sprechen kommen. Sie stellen die *Extreme auf einer Skala von Reproduktionsstrategien* dar. Wie jede Abstraktion simplifiziert auch diese Einteilung. Sie gibt sicher nur einen Aspekt wieder und wird nicht überall anwendbar (s. Kap. 1) sein. Die Buchstaben K und r beziehen sich auf die Kapazität und die potentielle Wachstumsrate der logistischen Gl. (2.27). K-selektierte Individuen haben die Eigenschaften und Fähigkeiten, dafür zu sorgen, daß ihre Population immer nahe der Kapazität K bleibt, während r-selektierte häufig in die Lage geraten, wo ihre große potentielle Wachstumsrate zum Tragen kommt.

K-Strategen sind *große Individuen* mit einer langen Lebensdauer. Dies führt dazu (s. Abschn. 4.1.1), daß die *zufälligen Umwelteinflüsse weitgehend herausgemittelt* werden, so daß die Populationsgröße nur wenig um die Kapazität K herum schwankt (s. Gl. 4.75) in Abschn. 4.2.3). Da dort *starke Konkurrenz* herrscht (s. Abschn. 2.3.1), sollten sie an diese angepaßt sein. K-Strategen haben *wenige Nachkommen*, in welche bei der Geburt oder auch bei der Brutpflege viel Energie investiert wird. Aufgrund ihrer *langen Lebensdauer* sollten sie sich mehrfach reproduzieren (iteropar).

Umgekehrt sind *r-Strategen kleine Individuen* mit einer *kurzen Lebensdauer*, die sich oft nur einmal in ihrem Leben reproduzieren (semelpar). Sie sind der ganzen Stärke der zufälligen Umwelteinflüsse ausgesetzt und zeigen daher *extreme Schwankungen der Populationsgröße* (s. Abb. 4.7 in Abschn. 4.2.3). Diese führen immer wieder zu sehr kleinen Individuenzahlen, wo dichteabhängige Regulation noch keine Rolle spielt, oder gar zur lokalen Extinktion. Sie sollten daher eine *gute Kolonisationsfähigkeit* und in günstigen Situationen eine *sehr hohe potentielle Wachstumsrate* besitzen. Sie werden daher auch als Opportunisten bezeichnet. Sie werden meist sehr *viele kleine Junge* haben.

Entsprechend kann man auch die Habitate einteilen. Man sagt, daß *konstante Umweltbedingungen K-selektiv* sind, während sehr *variable* Umwelt *r-selektiv* ist. Diese Klassifizierung von Arten bzw. Habitaten kann für gewisse theoretische Erörterungen nützlich sein. Wir hatten sie in diesem Buch mehrfach angesprochen. Da noch viele andere Eigenschaften zur Charakterisierung von Arten nötig sind, hat dieses Konzept der K- bzw. r-Strategie aber nur Sinn für sonst relativ ähnliche oder nah verwandte Arten.

Zusammenfassung

Bei evolutionären Optimierungsmodellen wird häufig nach einem Maximum der Reproduktion unter bestimmten Umweltbedingungen gesucht. Bei annuellen Pflanzen stellt sich die Frage, welcher Bruchteil ihrer Samen in einem guten Jahr nicht keimen und für spätere Keimung aufbewahrt bleiben soll, um in optimaler Weise schlechte Jahre, in denen keine Keimung erfolgen kann, zu überbrücken. Bei der optimalen Strategie sollte die jährliche Keimungsrate um so geringer sein, je häufiger schlechte Jahre auftreten.

Um die Frage, ob es besser ist, viele kleine Junge oder wenige große zu zeugen, zu beantworten, wurde angenommen, daß jedes fertile Individuum einen festen Energiebetrag pro Jahr in die Produktion von Jungen investiert. Dabei sollen größere, mit Energie besser ausgestattete Junge eine höhere Überlebenschance haben. Sofern die Sterberate für Junge, welche mit wenig Energie versehen worden sind, hoch ist und durch eine bessere Energieausstattung deutlich verringert werden kann, gibt es zwei alternative Reproduktionsstrategien: Entweder viele kleine oder wenige große Junge. Hierbei deutet sich die Einteilung in sogenannte r- und K-Strategien an. Bei der ersten leben die Individuen einer Art unter stark variierenden Umweltbedingungen, haben kurze Lebensdauer, geringe Körpergröße, unter günstigen Bedingungen hohe Reproduktionsraten und zeugen viele kleine Junge. Bei der zweiten sind die Individuen groß mit einer langen Lebensdauer und guter Konkurrenzfähigkeit und wenigen großen Jungen.

Weiterführende Literatur:

Theorie: Austin u. Short; Charlesworth 1980; Christiansen u. Fenchel 1977; Cohen 1966; Gadgil u. Solbrig 1972; Gould u. Lewontin 1979; MacArthur 1962, 1972; MacArthur u. Wilson 1967; Maynard Smith 1977, 1978; Pianka 1972, 1974a; Price et al. 1984; Schaffer 1984; Sibly u. Calow 1986; Smith u. Fretwell 1974; Southwood 1976; Stearns 1976; Wissel 1977.

Empirik: Abrahamson u. Gadgil 1973; Charlesworth 1980; Dawkins u. Carlisle 1976; Forsyth u. Robertson 1975; Gadgil u. Solbrig 1972; Heron 1972; Lack

1947, 1968; McNaughton 1975; Putman 1977; Putman u. Wratten 1984; Solbrig u. Simpson 1974; Southwood 1976.

6.2.2 Evolutionär stabile Strategien

Im letzten Abschnitt sind wir davon ausgegangen, daß es sinnvoll ist, das Maximum der Reproduktionsrate bei gewissen alternativen Reproduktionsstrategien zu suchen. Dabei hatten wir uns gar nicht darum gekümmert, daß diese starke Reproduktion zu einem ständigen Anwachsen der Population führt. Wir wissen, daß durch *dichteabhängige Regulation* (s. Abschn. 2.2.2) das Wachstum einer Population schließlich beendet wird. Dort muß die *Nettoreproduktionsrate R* (s. Gl. 2.50 in Abschn. 2.2.5) *gleich 1* sein. Für diese Situation müßten unsere Selektionsüberlegungen neu durchgeführt werden.

Dies geschieht mit dem Konzept der *evolutionär stabilen Strategie (ESS)* (Maynard Smith 1978, 1982). Dabei wird eine *Population im Gleichgewicht*, also mit der Reproduktionsrate $R = 1$ oder individuellen Wachstumsrate $r = 0$ (s. Gl. 2.38 in Abschn. 2.2.3) betrachtet. Ihre Reproduktionsstrategie wird als evolutionär stabil bezeichnet, wenn eine *kleine Gruppe* von Artgenossen mit einer abweichenden Strategie in dieser Population eine *geringere individuelle Wachstumsrate* ($r < 0$) als der Hauptteil besitzt. Die Idee dabei ist, daß eine geringe Zahl solcher Abweichler z. B. durch Mutation, durch Zuwanderung modifizierter Artgenossen oder durch genetische Variabilität auftreten kann. Wenn ihre individuelle Wachstumsrate $r < 0$ ist, werden sie schnell wieder aus der Population verschwinden. Wäre umgekehrt bei ihnen $r > 0$, so würde ihre Zahl stark zunehmen, und die Reproduktionsstrategie der gesamten Population würde sich verschieben.

Modellmäßig erfassen wir dies dadurch (Reed u. Stenseth 1984), daß wir die *verschiedenen Strategien* durch einen *Satz von Variablen* charakterisieren. Wir wollen uns den Fall ansehen, daß eine kontinuierliche Variable a geeignet ist, die verschiedenen Reproduktionsstrategien zu beschreiben. Bei der evolutionär stabilen Strategie (ESS) möge a den Wert a* haben. In einer Population mit N* Individuen dieser Eigenschaft müßte dann die individuelle Wachstumsrate im Gleichgewicht

$$r = r(N^*, \alpha^*) = 0 \tag{6.44}$$

sein. Da wir nur sehr wenige Abweichler betrachten, ist ihr Einfluß auf diese Wachstumsrate z. B. durch Konkurrenz vernachlässigbar. Wenn eine kleine Zahl N′ von Abweichlern mit der Eigenschaft a′ vorhanden ist, so muß deren individuelle Wachstumsrate

$$r' = r'(a'; N^*, \alpha^*) < 0 \tag{6.45}$$

sein. Da N′ so klein ist, wird es keine dichteabhängige Wirkung, z. B. durch intraspezifische Konkurrenz durch die Abweichler selbst geben. Deshalb ist r′ unabhängig von N′. Aber die große Zahl N* der Individuen mit der Eigenschaft a* wird in vielen Fällen durch *biotische Wechselwirkungen einen Einfluß* *auf die Wachstumsrate der Abweichler* r′ haben. Die Bedingung (6.45) besagt, daß r′ als Funktion a′ bei a* maximal ist und wegen Gl. (6.44) bei a′ = a* den Wert 0 hat.

Betrachten wir unter diesem Gesichtspunkt noch einmal (Bulmer 1984) unser Modell (6.31) des letzten Abschn. 6.2.1. Es ging dort darum, zu bestimmen, wie groß der Anteil g der Samen, die jährlich keimen, sein sollte. Unsere Variable a ist hier also a = g. Da eine Wachstumsrate r = 0 eine Reproduktionsrate R = 1 ergibt (s. Gln. 2.49 und 2.50 in Abschn. 2.2.5), haben wir statt Gl. (6.44) nun

$$R(N^*, g^*) = 1 \,. \tag{6.46}$$

Die *intraspezifische Konkurrenz*, die das Wachstum begrenzt, möge so wirken, daß die *Zahl S der keimungsfähigen Samen pro Pflanze* beeinflußt wird. Das heißt, S ist dichteabhängig, also S = S(N). Im Gleichgewicht N* muß S also gerade so groß (S = S* = S(N*)) sein, daß Gl. (6.46) gilt. Also folgt aus Gl. (6.34)

$$1 = [gS^* + (1-g)(1-d)]^p \, [(1-g)(1-d)]^q \,. \tag{6.47}$$

Bei der intraspezifischen Konkurrenz zwischen den Pflanzen des Hauptteils N* sind die Abweichler in gleicher Weise eingeschlossen. Deshalb wird die Zahl der keimungsfähigen Samen pro Pflanze auch bei den Abweichlern gleich S* sein. Darin liegt in diesem Modell der Unterschied zwischen der einfachen Maximierung der Reproduktionsrate R, wie in Abschn. 6.2.1 geschehen, und einer ESS. Statt Gl. (6.45) erhalten wir also

$$R' = R'(g', S^*) < 1 \quad \text{für} \quad g' \neq g^* \,, \tag{6.48}$$

wobei R′ durch Gl. (6.34) gegeben ist, mit R = R′, g = g′ und S = S*. Die Bedingung (6.48) bedeutet, daß R′ als Funktion von g′ maximal sein muß. Diese Maximierung haben wir in Abschn. 6.2.1 durchgeführt, und deshalb folgt aus Gl. (6.36)

$$g^* = (S^*p + d - 1)/(S^* + d - 1) \,, \tag{6.49}$$

wobei jetzt S* durch die Bedingung des Nullwachstums der Population mit Gl. (6.47) bestimmt ist. Wir müssen also die Gln. (6.49) und (6.47) gleichzeitig lösen.

Das Ergebnis ist in Tabelle 6.1 für verschiedene Werte von p und d dargestellt. Dabei zeigt sich wieder die Tendenz, daß bei einer kleinen Häufigkeit

Tabelle 6.1. Optimale Keimungsrate g* nach den Gln. (6.47) und (6.49) als Funktion der Sterberate d und der Häufigkeit p der guten Jahre. (Nach Bulmer 1984)

p \ d	0,01	0,1	0,5	0,9	1
0,1	0,040	0,086	0,100	0,100	0,100
0,25	0,072	0,173	0,245	0,250	0,250
0,5	0,124	0,304	0,464	0,499	0,500
0,75	0,205	0,472	0,687	0,744	0,750
0,9	0,323	0,653	0,849	0,894	0,900

p an guten Jahren eine kleine Keimungsrate (Verteilung der Keimung über viele Jahre) günstiger ist (*Risikostreuung*). Wenn jedoch die *Sterberate* der Samen *groß* ist, *lohnt* es sich *nicht*, *die Keimung* all zu weit *auf spätere Jahre zu verschieben*, da die Samen mit großer Wahrscheinlichkeit bis dahin abgestorben wären. Deshalb nimmt die *optimale Keimungsrate* g^* *mit wachsender Sterberate* d *zu*. Generell ist g^* kleiner als die Häufigkeit p an guten Jahren oder gleich, wobei $g^* = p$ nur für große Sterberaten d gilt. Die kleinste Keimungsrate g^* mit einer Verteilung der Keimung über sehr viele Jahre ist dann angezeigt, wenn schlechte Jahre häufig auftreten (p klein) und die Samen eine große Chance haben, über viele Jahre ihre Keimungsfähigkeit zu behalten (d klein).

Dieses Konzept der evolutionär stabilen Strategie (ESS) läßt sich natürlich auch bei der Untersuchung von alternativen Reproduktionsstrategien, welche durch mehrere kontinuierliche oder diskrete Variablen charakterisiert werden, anwenden. Entscheidend ist immer, daß der Hauptteil der Population im Gleichgewicht ist und die Abweichler eine negative Wachstumsrate besitzen, wobei diese durch die Eigenschaften des Hauptteils mitbestimmt wird.

Zusammenfassung

Bei Modellen für evolutionär stabile Strategien (ESS) wird untersucht, was geschieht, wenn wenige Individuen mit abweichenden Eigenschaften in Gleichgewichtspopulationen auftreten. Die Reproduktionsstrategie des unveränderten Hauptteils der Population wird als evoutionär stabil bezeichnet, wenn die wenigen Abweichler eine geringere individuelle Reproduktionsrate als der Hauptteil besitzen, wobei biotische Wechselwirkungen zwischen allen Individuen zu berücksichtigen sind.

Bei dem Modell für die Vermehrung von Annuellen (s. Abschn. 6.2.1) ist die optimale Keimungsrate (ESS) immer kleiner als die Häufigkeit der guten Jahre. Je häufiger schlechte Jahre auftreten und je weniger Samen im Laufe des Jahres absterben, umso günstiger ist es, die Keimung auf spätere Jahre zu verschieben.

Weiterführende Literatur:

Theorie: Bulmer 1984; Hofbauer u. Sigmund 1984; Maynard Smith 1972, 1976, 1982; Reed u. Stenseth 1984; Thomas 1984.
Empirik: Putman u. Wratten 1984.

7 Artengemeinschaften und Ökosysteme

In der freien Natur enthalten größere terrestrische Areale oder Volumina Wasser Ansammlungen verschiedener Species in unterschiedlichen Mengen. Diese werden *Artengemeinschaften (communities)* genannt. Die Eigenschaften dieser Artengemeinschaften ergeben sich aus den Eigenschaften der Arten selbst und ihren Wechselwirkungen untereinander. *Ökosysteme* beinhalten Artengemeinschaften samt ihrer abiotischen Umwelt. Hier werden neben den biotischen Wechselwirkungen also auch die abiotischen Einflüsse betrachtet. Obwohl eine Unterscheidung der Begriffe Ökosystem und Artengemeinschaft mitunter nützlich sein kann, wollen wir hier darauf verzichten. In unseren *Modellen* sind die *abiotischen Einflüsse immer implizit berücksichtigt*. Ihre Auswirkung auf Geburts- und Sterbeprozesse ist in den Modellparametern enthalten. Die jahreszeitlichen Oszillationen der mittleren Temperatur und des Lichteinfalls z. B. führen zu entsprechenden periodischen Schwankungen in der Primärproduktion der Pflanzen, d. h. der Zunahme von pflanzlicher Biomasse, was man im Modell direkt berücksichtigen kann (s. Gl. 4.3 in Abschn. 4.1.1). Ebenso wie bei Populationen kann die Begrenzung eines Ökosystems schwierig sein. Man wählt in der Regel einen größeren Lebensraum, welcher aus biologischer Sicht eine gewisse Einheitlichkeit und eine typische Gliederung zeigt und sich somit von angrenzenden Gebieten unterscheidet. Wie schon bei Populationen soll der Austausch von Individuen mit benachbarten Systemen relativ gering sein. In jedem Fall ist auch das *Ökosystem ein idealisierender abstrakter Begriff.*

In diesem Kapitel wollen wir der Frage nachgehen, wie es in Ökosystemen zu einer so großen Zahl an koexistierenden Arten kommen kann. Wir werden den Zusammenhang zwischen *Komplexität* des Nahrungsnetzes und seiner *Stabilität* untersuchen. Es werden verschiedene Faktoren diskutiert, die entscheidenden Einfluß auf die Stabilität und auf die *Zahl der vorhandenen Arten* haben.

Bei der Untersuchung von Ökosystemen gibt es *zwei* unterschiedliche *Betrachtungsweisen.* Die eine geht *integrativ (bottom up)* vor und glaubt, das Funktionieren eines Ökosystems verstehen zu können, indem sie die diversen Populationen darin samt ihren biotischen und abiotischen Wechselwirkungen untersucht und das Gesamtsystem aus diesen Komponenten aufgebaut betrachtet. Wenn eine besondere Betonung auf die *trophischen Beziehungen* (wer frißt wen) gelegt wird, spricht man bei Artengemeinschaften auch von *Nahrungsnetzen (food webs)*. Die andere Betrachtungsweise hat eine *ganzheitliche, holistische Sichtweise (top down).* Ohne in die populationsdynamischen Einzelheiten zu gehen, sollen funktionelle Abläufe und Strukturen ganzer Ökosysteme erfaßt werden. Manchmal wird ein

Ökosystem sogar wie ein *Superorganismus* angesehen (Shelford 1963), dessen Funktionieren nicht durch simple Addition seiner „Bausteine" verständlich wird. Es werden charakteristische Strukturen und Eigenschaften vermutet. In der theoretischen Ökologie wird vornehmlich die erste Vorgehensweise benutzt. Für die andere, holistische Betrachtungsweise müßten phänomenologische Größen gefunden werden, die eine ganzheitliche Beschreibung gestatten. Im Gegensatz zur empirischen Ökologie sind in der Theorie nur wenige Ansätze in dieser Richtung gemacht worden. Daß jede dieser Methoden sinnvoll sein kann und die Kombination aus beiden sicherlich die besten Einsichten vermittelt, wird weiter unten diskutiert.

Weiterführende Literatur:
Theorie: Brown 1981; Cody u. Diamond 1975; Elton 1927; Holling 1973; Hutchinson 1959; Innis u. O'Neill 1979; Levin 1975; MacArthur 1972; May 1979a; Mcintosh 1967; Pianka 1974a; Price et al. 1984; Rosenzweig u. Schaffer 1978; Roughgarden 1983; Shelford 1953.
Empirik: Braun-Blanquet 1951; Connell 1979; Innis u. O'Neill 1979; Janzen 1970; Krebs 1972; Odum 1971, 1975; Putman u. Wratten 1984; Terborgh u. Robinson 1986; Whittaker 1975.

7.1 Verallgemeinerung von Modellen mit wenigen Arten

Bisher haben wir nur die Dynamik einzelner oder weniger wechselwirkender Populationen betrachtet. Obwohl in der freien Natur immer viel Arten gemeinsam auftreten, gibt es gute Gründe für dieses Vorgehen. Wenn man sich von einer einfachen Seite her dem Fall vieler wechselwirkender Arten nähern will, so scheint es günstig zu sein, wenn man zunächst die Dynamik isolierter Populationen und paarweiser Wechselwirkung verstehen lernt. Außerdem sind Situationen vorstellbar, in welcher andere Arten auf eine betrachtete Population einen näherungsweise konstanten Einfluß haben, welcher in der Wahl der Modellparameter zum Ausdruck kommt. Die vielfältigen, zeitlich schwankenden Wirkungen anderer Arten in einer komplexen Artengemeinschaft können als Zufallseinflüsse betrachtet werden (s. Beginn von Abschn. 4.2), sofern die betrachtete Population keine deterministische Rückwirkung auf diese Arten hat. So gibt es immer wieder Fragestellungen in Ökosystemen, für welche die in den vorherigen Kapiteln dargelegten Modelle mit wenigen Arten ausreichen.

Zunächst wollen wir also versuchen, Ergebnisse, die wir für wenige wechselwirkende Arten erhalten haben, auf eine größere Artengemeinschaft zu übertragen. Unter diesem Gesichtspunkt betrachten wir die Resultate der vorausgegangenen Kapitel. Dabei soll die Frage im Vordergrund stehen, welche Faktoren auf die Stabilität von Artengemeinschaften und auf die Koexistenzbedingungen Einfluß haben könnten. Wie bereits bei einer einzelnen Population werden *die Individuenzahlen einer Artengemeinschaft* nicht zeitlich konstant in einem Gleichgewicht verharren, sondern aufgrund von Zufallseinflüssen *Schwankungen* aufweisen (s. Abschn. 2.2.4). Alle Populationen in einem Ökosystem müssen eine *dichte-*

abhängige Regulation aufweisen, damit sie nicht durch unbeschränktes Wachstum über alle Grenzen anwachsen (s. Abschn. 2.2.2). Auch für das Wachstum der Gesamtbiomasse muß eine solche dichteabhängige Regulation existieren. Dabei ist die Primärproduktion der Pflanzen von entscheidender Bedeutung, da diese die grundlegende Ressource für das gesamte Ökosystem sind. Intra- und interspezifische Konkurrenz um Licht, Wasser und Nährstoffe begrenzen ihr Wachstum. Tritt bei der dichteabhängigen Regulation eine *Zeitverzögerung* (s. Abschn. 2.3.2) der Wirkung auf, so kann dies zu *Fluktuationen* in den Populationsgrößen führen. Diese Zeitverzögerung kann auch durch die starke jahreszeitliche Variation der abiotischen Faktoren bedingt werden. Arten mit einer geringen Körpergröße der Individuen können z. B. im Winter zur Diapause oder zum Aussetzen der Reproduktion gezwungen sein. Diese Verzögerung kann dazu führen, daß die verschiedenen Generationen nicht überlappen. Wir wissen aus Abschn. 2.2.5, daß dann starke dichteabhängige Regulationen zu zeitlichen Schwankungen führen werden.

Die Rolle der *interspezifischen Konkurrenz* für Artengemeinschaften ist umstritten. Sie sollte aber zumindest bei Pflanzen eine wichtige Rolle spielen. Wir hatten bei der interspezifischen Konkurrenz die Situation diskutiert, bei der beide Arten nicht koexistieren können und keine von diesen der durchweg überlegene Konkurrent ist (s. Abschn. 3.1.1). In diesem Fall verdrängt die zuerst vorhandene Art die andere. Ganz entsprechend kann bei mehreren konkurrierenden Arten die *Besiedlungsgeschichte* eines Ökosystems eine entscheidende Rolle für die Artenzusammensetzung spielen. Der Zufall kann darüber entscheiden, welche Arten zuerst kolonisieren und damit das Artengefüge präjudizieren. Wir haben gesehen, wie zwei oder drei Arten eine vorgegebene Ressourcenverteilung nützen und wie groß die Überlappungen dabei sein dürfen (s. Abschn. 3.1.3). Will man dies auf mehrere Arten verallgemeinern, so müssen diese ihre Ressourcennutzung so verteilen, daß keine starken Überlappungen auftreten. Man nimmt also an, daß die zur Verfügung stehenden *Ressourcen die Zahl der Arten*, die koexistieren können, *beschränkt. Jede Art* sollte ihre *eigene Nische* besitzen, die ausreichend von denen der anderen Arten getrennt ist. Diese Wirkung der interspezifischen Konkurrenz, die den Ausschluß von einigen konkurrierenden Arten bewirkt, kann durch andere Faktoren abgeschwächt werden. Die zeitliche Variation der Populationsgröße der überlegenen Arten kann den unterlegenen die Möglichkeit der Koexistenz eröffnen (s. Abschn. 4.1.2 und 4.1.3). Die zeitlichen Variationen können, wie oben beschrieben, durch Zufallseinflüsse oder durch Zeitverzögerung in der Populationsregulation entstehen. Aber auch bei starker Wirkung von monophagen Räubern kann es zu periodischen Oszillationen kommen. *Polyphage Räuber* können unter Umständen auf ihre Beutepopulationen so wirken, daß bei der Konkurrenz unterlegene Arten überleben können (s. Abschn. 3.3.1).

Es ist prinzipiell unmöglich, alle Einflüsse in einem Ökosystem auf eine Population zu untersuchen und in einem Modell darzustellen. Sie sind viel zu zahlreich und vielschichtig ineinander verwoben, als daß man sie alle ergründen könnte. In einer Beschreibung von Ökosystemen, die auf der Darstellung von Populationsdynamiken beruht, bleibt gar nichts anderes übrig, als die *Mehrzahl jener Einflüsse als Zufallsgrößen* zusammenzufassen und nur einige entscheidende Wechselwirkungen zwischen den Arten explizit zu berücksichtigen. Leider läßt sich keine Methode angeben, mit welcher man herausfinden kann, welche die wichtigen Wechselwirkungen sind. Die „Kunst“ des Modellierens besteht wesentlich darin, die entscheidenden Faktoren aufzuspüren. In Ökosystemen sind also immer *starke Zufallseinflüsse* vorhanden, die sich aus der Komplexität dieser Systeme ergeben (s. Abschn. 2.2.4 und 4.2.2). Ihre Wirkung ist zum Teil bereits oben diskutiert worden. Darüber hinaus können sie dazu führen, daß bei einzelnen Arten die Individuenzahl gelegentlich weit absinkt (s. Abschn. 4.2.3). Dort spielt dann die demographische Stochastik eine wichtige Rolle (s. Abschn. 4.2.5). Sie bewirkt, daß diese kleinen Populationen mit einer gewissen Wahrscheinlichkeit aussterben. Es ist also damit zu rechnen, daß in einem Teile eines Ökosystems immer wieder einmal *eine Art ausstirbt*, wofür wir die nicht näher identifizierbaren zufälligen Einflüsse, z. B. auch von anderen Arten, verantwortlich machen.

Die Zufallseinflüsse sind auch bei multipler Stabilität von Bedeutung, wie wir in Abschn. 4.2.6 sehen. Nun erwartet man gerade in Modellen von komplexen Systemen (Holling 1973), daß dort *mehrere alternative Gleichgewichte* auftreten können. In welchem sich ein Ökosystem jeweils befindet, hängt von der Vorgeschichte und somit auch vom Zufall ab. Nun sollte man nicht glauben, daß der Zustand eines Ökosystems völlig willkürlich ist. Es gibt eine bestimmte Anzahl von alternativen Zuständen mit ganz bestimmten Eigenschaften. Wie wir in Abschn. 3.3.2 sahen, können bereits kleine Veränderungen in den äußeren Bedingungen zu einem *Umkippen* von einem in den anderen Zustand führen. Dabei ist besonders auf eine mögliche Irreversibilität dieses Vorgangs aufmerksam zu machen. Zufallseinflüsse können bei multipler Stabilität zur Metastabilität führen. Dies bedeutet, daß sich ein Ökosystem längere Zeit in einem Quasigleichgewicht befindet und dann mit einem Mal in einen anderen Zustand übergeht. Dafür sind nicht identifizierbare, also zufällige Einflüsse verantwortlich.

Von ganz entscheidender Bedeutung sind räumliche Inhomogenitäten eines Ökosystems. Die *räumliche Strukturierung* der abiotischen Faktoren gestatten eine wesentliche *Erhöhung der Artenzahl* in einem Ökosystem. Beutepopulationen finden Refugien und entgehen so der Auslöschung durch Räuber (s. Abschn. 5.1). Das Ökosystem ist in verschiedene Bereiche gegliedert, in welchen durch unterschiedliche biotische und abiotische Bedingungen verschiedene Arten die überlegenen Konkurrenten sind. Barrieren, welche die Ausbreitung konkurrierender Arten behindern, führen zur Einteilung in *Areale*, in welchen der *Erstbesiedler einen Konkurrenzvorteil* hat. In diesem Fall kann das bei der Kolonisation eines Ökosystems durch den Zufall bedingte räumliche Muster der konkurrierenden Arten erhalten bleiben. Die Unterteilung eines Ökosystems in Bereiche mit getrennten Subpopulationen führt dazu, daß in den *einzelnen Arealen eine Art* immer wieder einmal *aussterben* kann, *ohne* daß ihre *Gesamtpopulation gefährdet* wäre (s. Abschn. 5.3). Bei einer hinreichend großen Zahl an Subpopulationen ist die Neubesiedlung eines Areals nach einer Auslöschung gesichert. Schließlich ist zu bedenken, daß die räumliche Strukturierung eines Ökosystems nicht allein durch die Inhomogenität der abiotischen Faktoren bedingt sein muß. Wie wir in Abschn. 5.4 sahen, kann die Ausbreitungsfähigkeit von Populationen zu einem *räumlichen Muster* führen, welches durch *Selbstorganisation* erzeugt wird. Diese durch biotische Faktoren erzeugte räumliche Struktur bildet dann für andere Arten eine räumlich inhomogene biotische Umwelt mit den oben geschilderten Konsequenzen.

Dieser Abschnitt soll nicht ohne die Warnung abgeschlossen werden, daß Ergebnisse von *Modellen nicht* einen *absoluten Wahrheitsanspruch* erheben können. Sie sind immer vor dem Hintergrund der Modellannahmen zu sehen, welche durchaus kontrovers sein können. Sie sollen nur Möglichkeiten aufzeigen, wie gewisse ökologische Vorgänge funktionieren können. Wenn wir bei Modellen für wenige Arten diese Vorbehalte machen müssen, dann um so mehr bei der Verallgemeinerung auf ganze Ökosysteme. Doch hofft man hierdurch *Hinweise* zu erhalten, welche Faktoren dort eine wichtige Rolle spielen könnten.

Zusammenfassung

Es gibt Fragestellungen an Ökosysteme, für welche die Betrachtung weniger Arten ausreicht. Das Wachstum im gesamten Ökosystem muß eine dichteabhängige Regulation aufweisen. Aufgrund zufälliger Einflüsse oder zeitverzögerter Regulation zeigen die Individuenzahlen aller Arten zeitliche Schwankungen. Welche Arten in einem Ökosystem vorhanden sein können, sollte durch interspezifische Konkurrenz mitbestimmt sein. Dabei kann die Besiedlungsgeschichte eine Rolle spielen. Zeitliche Variation der Umweltbedingungen und das Wirken polyphager Räuber können Möglichkeiten der Koexistenz eröffnen. Die hohe Komplexität von Ökosystemen führt dazu, daß vielfältige Zufallseinflüsse zu berücksichtigen sind. Diese können das gelegentliche Aussterben einer lokalen Population bewirken. Geringe Veränderungen der äußeren Bedingungen von Ökosystemen können zu einem Umkippen in ein alternatives Gleichgewicht führen. Räumliche Heterogenität von Ökosystemen trägt wesentlich dazu bei, daß viele Arten koexistieren können.

Weiterführende Literatur:
Theorie: Cody 1975; Connell 1975; Holling 1973; Huston 1979; Hutchinson 1953, 1959; MacArthur 1972; May 1974a, 1979a; Orians 1975; Pianka 1976; Rappold u. Hogeweg 1980; Schoener 1974; Slobodkin u. Sanders 1969; Stenseth 1979; Van Valen 1976, 1977; Yoshiyama u. Roughgarden 1977.
Empirik: Begon et al. 1986; Cody 1974, 1975; Connell 1975; Connor u. Simberloff 1979; Fuentes 1976; Hutchinson 1961; Janzen 1970; Krebs 1972; Lawton u. Pimm 1978; Orians 1975; Paine 1966; Paine u. Vadas 1969; Pianka 1973, 1980; Putman u. Wratten 1984; Putwain u. Harper 1970; Schoener 1974; Schulze u. Zwölfer 1987; Thorman 1982; Zwölfer 1987.

7.2 Komplexität und Stabilität

Die *These*, daß *ein Ökosystem um so stabiler ist, je größer seine Komplexität*, war längere Zeit ein fundamentales Dogma der Ökologie (Elton 1958). Ihre Plausibilität war so groß, daß sie fast wie ein mathematisches Theorem angesehen wurde (Hutchinson 1969). Wenn man ein Ökosystem als Bauwerk betrachtet, wobei die Wechselwirkungen zwischen den Arten wie Streben in dieser Konstruktion wirken, dann scheint es offenkundig zu sein, daß das Gebäude um so stabiler ist, je mehr Streben vorhanden sind, d. h. je mehr Arten und Wechselwirkungen das Ökosystem enthält. Jedoch ist diese Aussage ein typisches Beispiel dafür, was der Gebrauch von unscharfen Begriffen anrichten kann. Erst als man anfing, sie mit Hilfe von mathematischen Modellen zu überprüfen, zeigte es sich, daß *genauere Definitionen von Stabilität und Komplexität notwendig* sind.

Deshalb wollen wir uns zunächst mit einer Einteilung dieser Definitionen und ihrer quantitativen Beschreibung befassen und dann Modelle vorführen, welche der Frage nachgehen, wie die Komplexität mit der Stabilität eines Systems verknüpft ist. Dabei können wir in diesem kurzen Abschnitt dieses Problem nicht vollständig behandeln, zumal viele Aspekte bis heute unberücksichtigt geblieben sind. Unter *Komplexität* kann man im einfachsten Fall den *Artenreichtum* verstehen, welchen wir durch die Zahl n der Arten im Ökosystem beschreiben. Ein anderes Komplexitätsmaß ist der *Grad* c *der Verknüpfung*. Er ist die *Zahl der aktuellen Wechselwirkungen* zwischen den Arten dividiert durch die Zahl der potentiell möglichen. Bei n vorhandenen Arten ist die letztere Zahl gleich $n(n - 1)$. Einen weniger offensichtlichen Zusammenhang mit dem landläufigen Gebrauch des Wortes Komplexität hat die *Wechselwirkungsstärke*. Als Maß wird hier die mittlere Stärke der Wechselwirkungen in dem Nahrungsnetz benutzt, d. h. um welchen Betrag ein Individuum der einen Art die individuelle Wachstumsrate der anderen im Mittel verändert. Zum Beispiel gibt die funktionelle Reaktion (s. Abschn. 3.2.3) pro Beuteindividuum oder die numerische Reaktionen pro Räuber diese Stärke an.

Verschiedene Maße für die Stabilität sind schon in den vergangenen Kapiteln angesprochen worden. Wir wollen hier nur die Stabilitätsmaße aufführen, welche weiter unten Verwendung finden. Ein Gleichgewicht wird als *lokal stabil* bezeichnet, wenn alle Systemvariablen (in der Regel die Individuenzahlen der verschiedenen Arten) zu ihrem ursprünglichen Gleichgewichtswert zurückkehren, nachdem sie durch eine kleine Störung verändert worden sind. Dieser Stabilitätsbegriff wird in der theoretischen Ökologie *am häufigsten benutzt*, wie die vorausgehenden Kapitel gezeigt haben. Um lokal stabile Gleichgewichte weiter zu klassifizieren, wird die Geschwindigkeit, mit der die Rückkehr ins Gleichgewicht erfolgt, betrachtet. Als quantitatives Maß wird hierfür die inverse *charakteristische Rückkehrzeit* $1/T_R$ benutzt, die wir in Abschn. 2.2.3 bereits eingeführt haben.

Eine weitere wichtige Aussage über die Stabilität eines Ökosystems erhält man, wenn seine Reaktion auf die Vernichtung einer seiner Arten untersucht wird. Als instabil könnte man Artengemeinschaften ansehen, die als Konsequenz weitere Arten verlieren. In den folgenden Modellen, welche die Wechselbeziehung zwischen Komplexität und Stabilität untersuchen, werden diese Komplexitäts- und Stabilitätsmaße Verwendung finden. Über diese beschränkte Auswahl hinaus sind in der Literatur eine ganze Reihe weiterer *Stabilitätsbegriffe* diskutiert worden (Pimm 1984). Leider herrscht auf diesem Gebiet in der Ökologie eine heillose Sprachverwirrung.

Wie ein Nahrungsnetz im Prinzip modelliert werden kann, ergibt sich unmittelbar durch Verallgemeinerung des Vorgehens in Kap. 3. *Für jede Art* „i" ist eine *Wachstumsgleichung*

$$dN_i/dt = f_i(N_1, N_2, \dots, N_n) \quad \text{für} \quad i = 1, 2, \dots, n \tag{7.1}$$

zu formulieren, wobei die Wachstumsrate f_i durch Konkurrenz- oder Räuber-Beute-Beziehungen von den Individuenzahlen N_j der wechselwirkenden Arten abhängt. Für zwei wechselwirkende Arten wurden in Kap. 3 eine Reihe von Beispielen besprochen. Gleichgewichte liegen vor, wenn die Zeitableitung in Gl. (7.1) verschwindet, also für

$$0 = f_i(N_1^*, N_2^*, \dots, N_n^*) \quad \text{für} \quad i = 1, 2, \dots, n \,. \tag{7.2}$$

Die Stabilitätseigenschaften dieser Gleichgewichte werden in den folgenden Modellen betrachtet und auf ihre Abhängigkeit vom Komplexitätsgrad der Nahrungsnetze untersucht.

Um sich einen *qualitativen Überblick* über die Art der Wechselwirkungen in einem Nahrungsnetz zu verschaffen, werden häufig *Graphen* von dem Typus, wie in Abb. 7.1 dargestellt, benutzt. Es werden die Populationen der verschiedenen Arten durch Kreise dargestellt. Die Pfeile geben an, in welche Richtung die Energie durch das System fließt, d. h. wer wen frißt. Sie geben also die *trophischen Beziehungen* wieder. Zusätzlich zu der hierdurch beschriebenen Konkurrenz um Nahrung, könnte noch andere *interspezifische Konkurrenz* (Interferenz) auftreten (s. Abschn. 3.2.2). Sie ist durch gestrichelte Verbindungen gekennzeichnet. Kommensalismus (s. Einleitung des Kap. 3) wird in den meisten Fällen nicht betrachtet. Häufig ordnet man die Arten (Kreise) in *trophischen Ebenen* an. Das heißt, die unterste Reihe beschreibt die Pflanzenpopulationen, die darüberliegende die Herbivoren und die nächst höhere die Karnivoren usw. Wie der Pfeil von der untersten Reihe zur obersten Art anzeigt, sind solche Einteilungen Idealisierungen und in Einzelfällen nicht strikt anwendbar.

Meistens werden die *Nahrungsnetze* mehr oder minder stark ausgeprägt die Form einer *Nahrungspyramide* haben. Die autotrophen Pflanzen führen dem System durch Photosynthese Energie zu, welche dann längs der Nahrungsketten weitergegeben wird, wobei ein hoher Prozentsatz durch Respiration, Faeces und Absterben verlorengeht. Diese niedrige Assimilationseffizienz bei der Weitergabe der Energie zwischen den trophischen Ebenen wird als Grund dafür angesehen, daß die Anzahl der Arten mit der Höhe der trophischen Ebene abnimmt und deshalb zu der charakteristischen Pyramidenform der Nahrungsnetze führt. Außerdem sollte deshalb die Individuenzahl einer trophischen Ebene mit wachsender

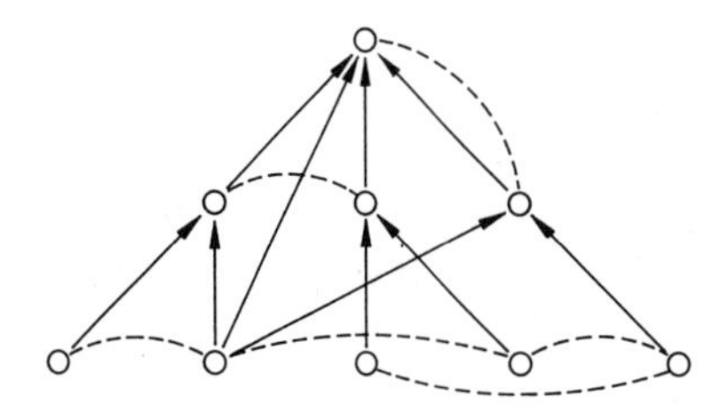

Abb. 7.1. Beispiel eines Nahrungsnetzes. Die Populationen der verschiedenen Arten sind durch *Kreise* gekennzeichnet. Die *Pfeile* geben die Flußrichtung der Energie (Räuber-Beute-Beziehung) an. Zusätzliche Konkurrenz zwischen den Arten ist durch *gestrichelte* Verbindungen gekennzeichnet

Höhe abnehmen. Dies führt zwangsläufig zu einer Beschränkung der Höhe der Nahrungspyramide. Gelegentlich werden die Konkurrenzbeziehungen innerhalb einer trophischen Ebene als *horizontale* und die trophischen Beziehungen als *vertikale Regulation* bezeichnet.

Meistens finden die *Destruenten*, welche die toten organischen Substanzen zersetzen und somit zu einem Recycling der Mineralien führen, in den Nahrungsnetzen keine Berücksichtigung. Überhaupt ist ihre Ökologie mit Modellen *kaum untersucht*. Vielleicht ist ihre Bedeutung für das Verständnis von ökologischen Prozessen bisher unterschätzt worden?

Die ersten Untersuchungen (Gardner u. Ashby 1970; May 1972) des *Zusammenhangs zwischen Komplexität und Stabilität* mit Hilfe mathematischer Modelle haben Nahrungsnetze in der Nähe von lokalen Gleichgewichten betrachtet und untersucht, ob diese stabil sind. Für eine feste Zahl n an Populationen wurde ein bestimmter Grad der Vernetzung c, d. h. eine bestimmte Zahl an Wechselwirkungen vorgegeben. Die *Auswahl*, welche Arten miteinander Wechselwirken, erfolgte *zufällig*. Für die *Stärke der Wechselwirkung* in der Nähe des Gleichgewichtes wurden positive und negative Werte *zufällig* aus einem gewissen Wertebereich gewählt. Genaueres ist bei Gl. (A4.84) in Anhang A4 zu finden. Das heißt, Räuber-Beute-Beziehung, interspezifische Konkurrenz und Kommensalismus verschiedener Stärke wurden in einem Nahrungsnetz zufällig zusammengefügt. Außerdem ist die dichteabhängige Regulation, z. B. durch intraspezifische Konkurrenz, für jede Art berücksichtigt worden, wobei deren Stärke entweder für alle Arten gleichgesetzt oder aus einem Wertebereich zufällig gewählt wurde. Mit den bei Gln. (A4.81) bzw. (A4.84) in Anhang A4 skizzierten Methoden ist untersucht worden, wie hoch der relative *Bruchteil* (Wahrscheinlichkeit) dieser so konstruierten Nahrungsnetze, die *lokal stabil* sind, ist. Dabei ergab sich, daß für hinreichend große Artenzahlen n und

$$\alpha < (nc)^{-1/2} \tag{7.3}$$

fast alle Nahrungsnetze stabil sind, wobei α die mittlere Stärke der Wechselwirkung zwischen den Arten beschreibt. Für

$$\alpha > (nc)^{-1/2} \tag{7.4}$$

ist das Gleichgewicht dieser Artengemeinschaft fast durchweg instabil. Bei geringeren Artenzahlen bleibt dieses Ergebnis im wesentlichen erhalten, wobei der Übergang von den stabilen zu den instabilen Situationen nicht ganz so abrupt erfolgt wie in den Gln. (7.3) und (7.4).

Aus diesen allgemeinen Modellen ist nun der Schluß gezogen worden, daß ein zu hoher Grad c der Vernetzung und zu *große Stärke* α der *Wechselwirkungen zur Instabilität führt* und daß dieser Effekt um so ausgeprägter ist, *je größer die Artenzahl* n ist. Dies würde also genau das Gegenteil der oben erwähnten These bedeuten. Komplexere Nahrungsnetze wären also instabiler.

Weiter könnte man schließen, daß, wenn in einem stabilen Nahrungsnetz mit fester Artenzahl n der Grad c der Vernetzung erhöht wird, man entsprechend die mittlere Stärke α der Wechselwirkung verringern müßte, so daß $\alpha^2 nc$ konstant bleibt, um den gleichen Stabilitätscharakter zu erhalten. Es scheint in der Tat empirische Hinweise (Margalef 1968) dafür zu geben, daß Arten, welche mit einer Vielzahl anderer Arten wechselwirken, dies nur in schwacher Weise tun.

An diesen sehr abstrakten Modellen ist einige Kritik geübt worden. Zunächst muß gewährleistet sein, daß die *Gleichgewichtswerte* N_i^* der Individuenzahlen, so wie sie sich aus der Gleichgewichtsbedingung (7.2) ergeben, *positiv (feasible)* sind. Da aber die Wachstumsraten $f_i(N_1 \ldots N_n)$ nicht explizit modelliert wurden, sondern nur die Wechselwirkungskoeffizienten in der Nähe des Gleichgewichts, kann über die Vorzeichen von N_i^* nichts gesagt werden. Wir hatten oben schon erwähnt, daß in komplexen Systemen eine große Wahrscheinlichkeit für multiple Stabilität besteht. Nun haben wir in Abb. 2.6 in Abschn. 2.2.3 gesehen, daß alternative, lokal stabile Gleichgewichte immer durch instabile getrennt werden. Dies gilt auch für Vielkomponentensysteme. Deshalb müssen Nahrungsnetze mit mehreren stabilen Zuständen auch immer eine gewisse Anzahl instabiler besitzen. Sowohl diese Zustände als auch die Gleichgewichte mit negativen N_i^* sind in den obigen Modellen mitgezählt worden.

Mit spezielleren Modellen (Roberts 1974; Gilpin 1975) vom *Lotka-Volterra-Typ* (s. Abschn. 3.1.1 und 3.2.1) hat man versucht, die oben beschriebenen Mängel zu beheben. Statt durch Gl. (7.1) wurde nun die Dynamik des Nahrungsnetzes mit einer speziellen Form der Wachstumsraten $f_i(N_1 \ldots N_n)$ beschrieben:

$$dN_i/dt = N_i\Big(r_i + \sum_j a_{ij}N_j\Big) \qquad \text{für} \quad i = 1, 2, \ldots n\,. \tag{7.5}$$

Im Gegensatz zu den obigen Modellen wurden die Eigenschaften der Wachstumsrate direkt angegeben. Die potentiellen Wachstumsraten wurden durchweg $r_i = 1$ gesetzt. Für die Wechselwirkungskoeffizienten wurde

$$a_{ij} = \pm\alpha \tag{7.6}$$

benutzt, wobei das Vorzeichen zufällig mit gleicher Wahrscheinlichkeit gewählt wurde.

Die Gleichgewichte N_i^* dieser Modelle ergeben sich aus

$$0 = r_i + \sum_j a_{ij}N_j^*\,. \tag{7.7}$$

Wie bei Gl. (A4.86) in Anhang A4e gezeigt, läßt diese Bedingung *nur eine Gleichgewichtslösung* für das Nahrungsnetz zu. Das heißt, multiple Stabilität mit nicht verschwindenden Individuenzahlen kann es hier nicht geben. Eine größere Anzahl von Modellen wurde auf diese Weise (mit *zufällig* ausgewähltem α) konstruiert, wobei diejenigen, welche für alle Arten positive Individuenzahlen N_i^* lieferten, mit Hilfe der bei Gl. (A4.81) in Anhang A4e beschriebenen lokalen Stabilitätsanalyse untersucht wurden. Dabei zeigt sich die gleiche Tendenz wie bei den obigen Modellen. *Je höher die Zahl der Arten* im Nahrungsnetz und *je größer die Wechselwirkungsstärke* α ist, um *so geringer ist die Wahrscheinlichkeit, daß das Gleichgewicht stabil ist.* Da es in diesem Modelltypus (7.5) keine weiteren Gleichgewichte gibt, müssen in den instabilen Nahrungsnetzen entweder permanente Schwankungen (Grenzzyklus oder Chaos) (s. Abschn. 2.2.5 und 2.3.2) auftreten oder, was wahrscheinlicher ist, eine der Arten stirbt aus.

Da also zufällig konstruierte Modelle mit hoher Artenzahl und vielfachen Wechselwirkungen inhärent instabil zu sein scheinen, liegt der Schluß nahe, daß *natürliche Nahrungsnetze nicht in zufälliger Weise aufgebaut* sein können. In der Tat ist bei der Konstruktion der Modelle gar nicht auf den speziellen Charakter von *biologisch sinnvollen Nahrungsnetzen*, wie in Abb. 7.1 dargestellt, Rücksicht genommen worden. So wird es selten vorkommen, daß die Art 1 die Art 2 frißt, diese die Art 3 und schließlich die Art 1 von der Art 3 bejagt wird. So etwas ist nur denkbar, wenn die Art 3 ein Parasit oder Parasitoid ist. Auch eine Konkurrenz zwischen Karnivoren und Pflanzen ist kaum denkbar. Doch sind alle biologisch unwahrscheinlichen oder gar sinnlosen Fälle in den obigen Modellen mit eingeschlossen worden.

Theoretische Untersuchungen (May 1973; McMurtrie 1975) zeigen, daß spezielle Strukturen innerhalb des Nahrungsnetzes Einfluß auf die Stabilitätseigenschaften haben. Eine *Unterteilung in Blöcke*, in denen die Arten stärker und häufiger wechselwirken, als zwischen den Blöcken, sollte einen *stabilisierenden Einfluß* haben (May 1972; McMurtrie 1975).

Es stellt sich also die Frage, welchen Einfluß biologisch sinnvolle trophische Strukturen auf die Beziehung zwischen Stabilität und Komplexität haben. Im folgenden Modell (De Angelis 1975) wird eine *Nahrungspyramide*, wie in Abb. 7.2 dargestellt, mit 6 autotrophen Pflanzenarten, 3 herbivoren Arten und 1 karnivoren Art (top predator) betrachtet. Das Nahrungsnetz soll immer die durchgezogenen trophischen Beziehungen aufweisen. Der Grad c der Vernetzung und somit die Komplexität des Nahrungsnetzes wird nun *in zufälliger Weise* durch *zusätzliche Räuber-Beute-Beziehungen* vergrößert. Beispiele dafür sind in Abb. 7.2 strichpunktiert eingezeichnet. Es sei darauf hingewiesen, daß hier keine Konkurrenzbeziehungen (gestrichelt in Abb. 7.1) berücksichtigt werden, die nicht um die dargestellten Nahrungsressourcen (Beutepopulationen) erfolgen.

Folgende biologisch allgemein plausiblen Annahmen werden gemacht. Da sich die Wechselwirkung einer Art aus Zweierbeziehungen zusammensetzt, wird für die Wachstumsrate

$$f_i(N_1, \ldots N_n) = \sum_{j(\neq i)} e_{ij}(N_i, N_j) - \sum_{k(\neq i)} f_{ki}(N_i, N_k) + s_i(N_i) \qquad (7.8)$$

geschrieben. Dabei ist s_i die Wachstumsrate der Art „i", welche ohne die Einflüsse der anderen vorhanden wäre. Die Art „i" wird mit der Fangrate f_{ki} durch Räuber der Art „k" ausgebeutet. Durch Ausbeutung der Art „j" durch die Art „i" nimmt die Wachstumsrate der Art „i" um e_{ij} zu. Wie oben besprochen,

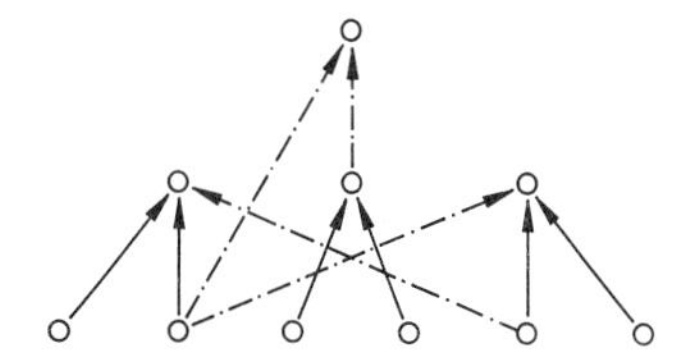

Abb. 7.2. Beispiel eines Nahrungsnetzes (Nahrungspyramide), wie es im Modell (7.8)–(7.15) untersucht wird. Die mit *durchgezogenen Pfeilen* dargestellten Räuber-Beute-Beziehungen sind im Modell ständig berücksichtigt, während die *strichpunktierten Pfeile* Beispiele für mögliche zusätzliche trophische Beziehungen angeben

ist die *Assimilationseffizienz* γ *immer relativ klein*. Der Einfachheit halber ist sie für alle Räuber-Beute-Beziehungen gleich groß angenommen worden, so daß

$$e_{ij} = \gamma f_{ij} \tag{7.9}$$

ist, mit $\gamma < 1$. Die Fangraten f_{ij} werden mit der Zahl N_i der Räuber und der Zahl N_j der Beuteindividuen zunehmen, d. h. es soll

$$\partial f_{ij}/\partial N_i > 0 \quad \text{und} \quad \partial f_{ij}/\partial N_j > 0 \tag{7.10}$$

sein. Ohne die Beutepopulationen als Ressourcen kann das Wachstum der Räuberpopulation mit wachsender Individuenzahl nur abnehmen. Deshalb wird für die höheren trophischen Ebenen

$$ds_i/dN_i < 0 \tag{7.11}$$

gesetzt. In der Nähe des Gleichgewichts soll die Größe zumindest einer Pflanzenpopulation „j" so weit durch die Herbivoren reduziert sein, daß dort

$$ds_j/dN_j > 0 \tag{7.12}$$

ist, wir uns also auf dem ansteigenden Teil der Wachstumsfunktion (s. Abb. 2.3b in Abschn. 2.2.2) befinden, wo die intraspezifische Konkurrenz noch nicht zu stark ist. Die Werte für diese Ableitungen werden zufällig aus folgenden Intervallen gewählt:

$$-1 \leqq ds_j/dN_j \leqq 1 \quad \text{niedrigste trophische Ebene} \tag{7.13}$$

$$-\alpha \leqq ds_i/dN_i \leqq 0 \quad \text{höhere trophische Ebenen} \tag{7.14}$$

$$0 \leqq \partial f_{ij}/\partial N_j \leqq 1 \quad \text{und} \quad 0 \leqq \partial f_{ij}/\partial N_i \leqq 1\,. \tag{7.15}$$

Für diese mit einigen *biologischen Einschränkungen*, aber sonst *zufällig* konstruierten Modelle wurde die lokale Stabilitätsanalyse (Gl. A4.81 in Anhang A4e) durchgeführt. Wie Gl. (A4.81) in Anhang A4e mit Hilfe von Gl. (7.9) zeigt, werden dafür nur die Ableitungen aus den Gln. (7.13)–(7.15) benötigt.

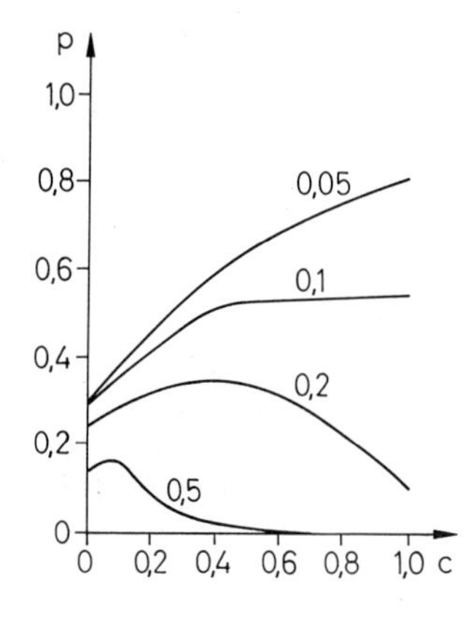

Abb. 7.3. Wahrscheinlichkeit p, daß die nach Abb. 7.2 und (7.8)–(7.15) zufällig konstruierten Nahrungsnetze stabil sind, gegen den Grad c der Vernetzung. Die Stärke der Selbstregulation der höheren trophischen Ebenen (s. Gl. 7.14) ist $\alpha = 1$. Der Kurvenparameter ist der Assimilationskoeffizient γ (s. Gl. (7.9). (Nach De Angelis 1975)

In Abb. 7.3 ist der Bruchteil (Wahrscheinlichkeit) p der so erhaltenen Nahrungsnetze, der stabil ist, für $\alpha = 1$ (Definition in Gl. 7.14) und verschiedene Assimilationskoeffizienten γ (s. Gl. 7.9) gegen den Grad c der Vernetzung aufgetragen. Während bei größerer Assimilationseffizienz γ die Wahrscheinlichkeit der Stabilität zunächst zu und dann abnimmt, wächst der Bruchteil p stabiler Nahrungsnetze bei kleineren Assimilationseffizienten γ mit dem Vernetzungsgrad an. Dies bedeutet für kleine γ eine Umkehrung der Tendenz der vorherigen Modelle. In Abb. 7.4 ist für großes $\gamma = 0{,}6$ und $\alpha = 20$ die gleiche Abhängigkeit dargestellt. Dies bedeutet, daß die heterotrophen Populationen eine starke Selbstregulation aufweisen und ohne die Beutepopulationen sehr schnell aussterben würden. Auch für diesen Fall *steigt die Chance der Stabilität mit dem Vernetzungsgrad* c *an*. Die zu Beginn dieses Abschnittes genannten Thesen, daß höhere Komplexität große Stabilität bewirkt, wird hier für einen Fall bestätigt. In diesem werden bei der zufälligen Konstruktion des Nahrungsnetzes biologisch begründete Bedingungen berücksichtigt und der Fall kleiner Assimilationseffizienz oder starker Selbstregulation der höheren trophischen Ebenen betrachtet.

Die *Rolle von Omnivoren*, d. h. Arten, die sich von mehreren trophischen Ebenen ernähren, ist mit Modellen vom *Lotka-Volterra-Typ*

$$dN_i/dt = N_i\left(r_i + \sum_j a_{ij}N_j\right) \tag{7.16}$$

untersucht worden (Pimm 1980). Dabei wurden immer Nahrungsketten mit vier trophischen Ebenen, wie in Abb. 7.5 dargestellt, betrachtet. Die gekrümmten

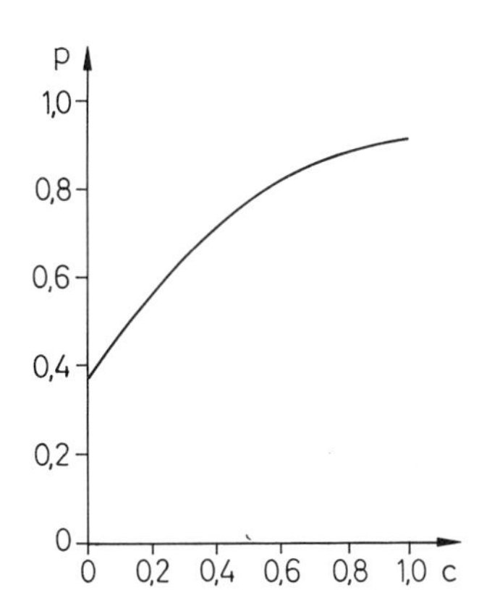

Abb. 7.4. Entspricht Abb. 7.3 für $\alpha = 20$ und $\gamma = 0{,}6$

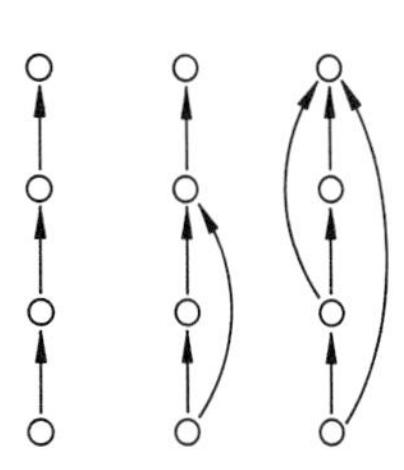

Abb. 7.5. Beispiele für die mit Modell (7.16) untersuchten Nahrungsketten mit Omnivorie (*gekrümmte Pfeile*)

Pfeile geben Beispiele für Omnivoren an. Da bei linearen Stabilitätsanalysen nur die $N_i^* a_{ij}$ benötigt werden, wie Gl. (A4.87) in Anhang A4e zeigt, werden im folgenden nur diese Größen festgelegt. Es werden drei Fälle untersucht: Bei *Vertebraten* ist meistens die Wirkung $N_i^* a_{ij}$ eines Räuberindividuums „j" auf die Beutepopulation „i" größer als die Wirkung $N_j^* a_{ji}$ eines Beuteindividuums auf die Räuberpopulation. Deshalb werden im ersten Fall Werte aus dem Intervall

$$-10 \leqq N_i^* a_{ij} \leqq 0 \tag{7.17a}$$

zufällig angenommen, während im zweiten Fall

$$0 \leqq N_j^* a_{ji} \leqq 0{,}1 \tag{7.17b}$$

gewählt werden. Fressen *Insekten* der zweiten trophischen Ebene an der ersten, so ist häufig die Wirkung eines Insektenindividuums „j" auf eine Pflanzungspopulation „i" klein, in umgekehrter Richtung aber groß. Also wird in diesem Fall

$$-0{,}1 \leqq N_i^* a_{ij} \leqq 0\,, \tag{7.18a}$$

$$0 \leqq N_j^* a_{ji} \leqq 10 \tag{7.18b}$$

gewählt, während für die anderen trophischen Beziehungen (7.17) unverändert bleibt. Werden diese Insekten von *Parasitoiden* befallen, so sollte die gegenseitige Wirkung etwa gleich groß sein. Es wird deshalb statt Gl. (7.17)

$$-1 \leqq N_i^* a_{ij} \leqq 0\,, \tag{7.19a}$$

$$0 \leqq N_j^* a_{ji} \leqq 1 \tag{7.19b}$$

gewählt, während für die Beziehung zwischen der ersten und zweiten Ebene Gl. (7.18) unverändert bleibt.

Die Diagonalelemente $N_i^* a_{ii}$ werden für die unterste autotrophe Ebene zufällig aus dem Intervall

$$-1 \leqq N_i^* a_{ii} \leqq 0 \tag{7.20}$$

gewählt. Sie beschreiben die intraspezifische Konkurrenz. Für die höheren heterotrophen Ebenen werden die Diagonalelemente Null gesetzt. Dies bedeutet, daß deren Populationen nur durch die Nahrung (die anderen Populationen) limitiert werden. Für jeden der drei Fälle wurden 1000 Nahrungsnetze zufällig konstruiert. Die lineare Stabilitätsanalyse zeigt, daß das *Hinzufügen von Omnivorie* (gekrümmte Pfeile in Abb. 7.5) *hohe Wahrscheinlichkeiten für Instabilität* erzeugen und dies um so mehr, je mehr Omnivoren auftreten. Diese Tendenz ist bei Wirt-

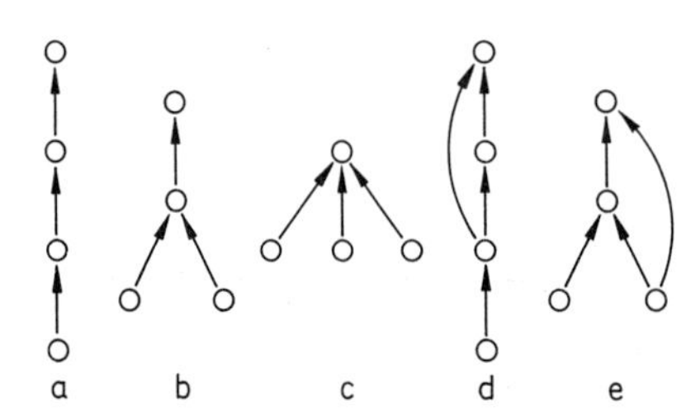

Abb. 7.6a–e. Beispiele für die mit Modell (7.16) untersuchten Nahrungspyramiden

Parasitoid-Beziehungen weniger stark ausgeprägt. Also wird man in natürlichen Nahrungsnetzen, außer bei Wirt-Parasitoid-Systemen nur selten Omnivoren erwarten.

Der Modelltypus (7.16) ist auch benutzt worden, um den *Einfluß der Zahl der trophischen Ebenen* auf die Stabilität des Nahrungsnetzes zu untersuchen (Pimm u. Lawton 1977). Als *Stabilitätsmaß* ist hier die *charakteristische Rückkehrzeit* T_R benutzt worden. Je größer diese ist, um so flacher ist die Potentialmulde um das Gleichgewicht herum (s. Abschn. 2.2.3) und um so größere Wirkung haben Zufallseinflüsse, d. h. um so stärker sind die Schwankungen der Individuenzahlen (s. Gl. 4.74 in Abschn. 4.2.3) und um so wahrscheinlicher ist es, daß kleine Populationsgrößen erreicht werden und zum Aussterben einer Population führen (s. Abschn. 4.2.5). Im folgenden Modell sind vier Populationen untersucht worden, die trophische Beziehungen aufweisen, wie in Abb. 7.6 dargestellt. Die Koeffizienten von Gl. (7.16) sind wie folgt festgelegt worden: Die potentielle Wachstumsrate ist für alle Arten $r_i = 1$ gesetzt worden. Die Nahrungskonkurrenz der oberen trophischen Ebenen ist bereits durch die gemeinsame Ausbeutung der Beutepopulationen beschrieben. Zusätzliche intraspezifische Konkurrenz (z. B. Interferenz, s. Abschn. 2.3.1) soll nicht auftreten ($a_{ii} = 0$). Die Werte von $a_{ii}N_i^*$ für die unterste Ebene sind zufällig aus dem Intervall

$$-1 \leqq a_{ii}N_i^* \leqq 0 \tag{7.21}$$

gewählt worden. Die Wirkung $N_i^*a_{ij}$ eines Räubers „j" auf die Beutepopulation „i" soll wieder größer sein, als die Wirkung $N_j^*a_{ji}$ eines Beuteindividuums auf die Räuberpopulation. Deshalb wurden diese Werte zufällig aus

$$-10 \leqq N_i^*a_{ij} \leqq 0\,, \tag{7.22}$$

$$0 \leqq N_j^*a_{ji} \leqq 0{,}1 \tag{7.23}$$

gewählt.

Für diese gemäß Abb. 7.6 und den Gln. (7.21)–(7.23) zufällig konstruierten Nahrungsnetze ist die lokale Stabilitätsanalyse durchgeführt worden. Bei Gl. (A4.83) in Anhang A4e ist gezeigt, wie daraus die charakteristische Rückkehrzeit T_R zu bestimmen ist. Für jede der Konfigurationen a–e in Abb. 7.6 wurden nahezu 2000 Modelle mit verschiedenen Modellparametern untersucht und eine Häufigkeitsverteilung für die Werte T_R aufgestellt. Ein knapper Überblick ist in Tabelle 7.1 zusammengestellt. Bei *zunehmender Zahl der trophischen Ebenen* von c nach a nimmt die Tendenz zu *längeren Rückkehrzeiten* deutlich zu. Die Strukturen d und e unterscheiden sich von a und b durch die Existenz von *Omnivoren.* Dies

Tabelle 7.1. Häufigkeit der Werte der charakteristischen Rückkehrzeit T_R für zufällig konstruierte Modelle der Strukturen a–e aus Abb. 7.6. Für d und e wurden nur die lokal stabilen Fälle ausgewertet. (Nach Pimmn. Lawton 1977)

	a	b	c	d	e
$T_R > 5$	99,5%	95%	50%	98,5%	85%
$T_R > 150$	34%	9%	0,1%	20%	4%

führt dazu, daß *78% dieser Modelle lokal instabil* sind, was die oben beschriebenen Resultate bestätigt. Von den verbleibenden 22% sind die Häufigkeiten von T_R in Tabelle 7.1 angegeben. Wie bei den Modellen ohne Omnivoren nimmt mit steigender Zahl der trophischen Ebenen die Rückkehrzeit T_R im Schnitt zu und somit der Grad der Stabilität ab. Außerdem ist zu bemerken, daß durch Einführen von Omnivoren zwar ein Teil (78%) der Modelle lokal instabil wird, daß aber der stabile Anteil im Mittel kürzere Rückkehrzeiten T_R als die entsprechenden Modelle ohne Omnivoren besitzt und so gesehen stabiler ist. Wir hatten zu Beginn dieses Abschnittes aufgrund von energetischen Überlegungen geschlossen, daß die Zahl der trophischen Ebenen in einer Nahrungspyramide beschränkt sein muß. Hier haben wir noch einen anderen Grund dafür gefunden, nämlich daß *hohe Nahrungspyramiden in der Regel weniger stabil* sind.

Die in diesem Kapitel zuerst vorgestellten Modelle zeigen, daß bei wachsender Komplexität eines zufällig konstruierten Modells die Wahrscheinlichkeit für die Stabilität abnimmt. Berücksichtigen wir einige biologisch begründete Einschränkungen der Struktur, so ergibt sich ein differenzierteres Bild, welches keine umfassenden Aussagen über den Zusammenhang zwischen Komplexität und Stabilität gestattet. Die Ergebnisse hängen sehr davon ab, in welcher Weise die Komplexität erhöht wird.

In jeder Klasse von Modellen, in welchen unter gewissen Vorgaben an die Struktur in zufälliger Weise Nahrungsnetze konstruiert wurden, zeigt nur ein Teil Stabilität. Es wäre von hohem ökologischen Interesse, den prinzipiellen Unterschied von diesem zu jenem Bruchteil, der Instabilität zeigt, zu erfahren. Weil die *in der Natur vorkommenden Nahrungsnetze per Definition die stabilen* sind, da sie ja längere Zeit existieren, machen die obigen Modelle keine Aussagen über natürliche Systeme. Wir können nur die Ergebnisse dieser *hypothetischen Modelle mit der Wirklichkeit vergleichen*. Da sie aber in verschiedene Klassen zerfallen und wir nicht wissen, welche von diesen den natürlichen Verhältnissen am ehesten entspricht, bleibt ihre Aussagekraft für reale Systeme fraglich. Auf jeden Fall ist der *Zusammenhang zwischen Komplexität und Stabilität nicht so einfach*, wie zu Beginn dieses Abschnittes vermutet, sondern in vielfältiger Weise vom „Bauplan" der Nahrungsnetze abhängig.

Zusammenfassung

Es gibt verschiedene Komplexitäts- und Stabilitätsmaße für Ökosysteme. Völlig zufällig konstruierte Nahrungsnetze sind bei zunehmender Komplexität mit höherer Wahrscheinlichkeit instabil. Werden Nahrungsnetze nach einem biologisch plausiblen Bauplan (Nahrungspyramide), aber sonst zufällig konstruiert, so zeigen sie bei kleiner Assimilationseffizienz die Tendenz, bei höherem Vernetzungsgrad (Komplexität) mit größerer Wahrscheinlichkeit stabil zu sein. Erhöht man die Komplexität durch Hinzufügen von Omnivorie, wird die Wahrscheinlichkeit für Stabilität vermindert. Bei länger werdenden Nahrungsketten nimmt die Tendenz zu längeren charakteristischen Rückkehrzeiten (geringere Stabilität) zu. Der Zusammenhang zwischen Komplexität und Stabilität ist also vielfältiger Natur. Wie diese an hypothetischen Modellen erhaltenen Tendenzen für reale Systeme zu bewerten sind, ist fraglich.

Weiterführende Literatur:
Theorie: Armstrong 1982; Cody 1975; Cohen 1978; Connel u. Slatyer 1977; De Angelis 1980; Elton 1958; Gilpin u. Chase 1976; Goh 1978, 1980; Goodman 1975; Holling 1973; Hutchinson 1959; King u. Pimm 1983; Lawlor 1978; Lewontin 1969; MacArthur 1972; May 1972, 1976c, 1979a; Pianka 1974a; Pimentel 1961; Pimm 1979a, b, 1980a, b, 1982b; 1984; Pimm u. Lawton 1977, 1978, 1980; Robinson u. Valentine 1979; Slobodkin 1962; Sugihara 1984; Usher u. Williamson 1974;
Empirik: Begon et al. 1986; Briand 1983; Briand u. Cohen 1984; Cody 1968, 1974, 1975; Cohen 1978; Connell 1978; Connell u. Sousa 1983; De Angelis et al. 1978; Elton 1927, 1958; Goodman 1975; Heatwole u. Levins 1972; King u. Pimm 1983; Krebs 1972; Lindemann 1942; McNaughton 1977, 1978; Orians 1975; Paine 1980; Pimentel 1961; Pimm 1982; Pimm u. Lawton 1982; Putman u. Wratten 1984; Rejmanek u. Stary 1979; Slobodkin 1961; Terborgh u. Robinson 1986; Usher u. Williamson 1974; Yodzis 1980, 1981; Zwölfer 1987.

7.3 Inseltheorie

Bisher sind in diesem Kapitel Modelle vorgestellt worden, die versucht haben, allgemeine Eigenschaften von Artengemeinschaften dadurch zu ergründen, indem komplexe Nahrungsnetze mit all ihren Wechselwirkungen zwischen den Arten im Detail modelliert wurden. Nun ist aber der Standpunkt, daß für die allgemeineren Eigenschaften nicht alle Details wichtig sind, durchaus plausibel. Wir werden in diesem Abschnitt Größen betrachten, die eine *globalere Beschreibung von Artengemeinschaften* vornehmen und untersuchen, welche biologischen Details zu ihrer Beschreibung notwendig oder nützlich sind.

Wir wollen der Frage nachgehen, wie die *Anzahl an Arten auf einer Insel von deren Größe abhängt*, welche biologischen Prozesse dabei eine entscheidende Rolle spielen könnten und ob es quantitative Relationen gibt, die sich theoretisch herleiten lassen.

Unter Inseln wollen wir nicht nur von Wasser umgebene Stücke Land verstehen, sondern auch Areale, welche für eine Gruppe von Arten einen Lebensraum darstellen und von einem größeren lebensfeindlichen Bereich umgeben sind, den Individuen dieser Arten nur selten durchwandern können. Dies könnten z. B. Feuchtbiotope, Berge mit montanen Arten, Waldinseln in der Prärie oder Steinhügel in der Savanne sein. Für eine ganze Reihe von Inselgruppen ist die Zahl der Arten S einer taxonomischen Gruppe oder ökologischen Gilde in Abhängigkeit von der Fläche A der jeweiligen Insel untersucht worden. Diese *empirischen Daten* ließen sich häufig durch *folgendes Gesetz* beschreiben

$$S = cA^z , \tag{7.24}$$

wobei der Exponent z meistens in dem Intervall

$$0{,}15 \leqq z \leqq 0{,}35 \tag{7.25}$$

lag. Es ist sinnvoll, eine doppelt logarithmische Auftragung der Artenzahl S gegen die Fläche A vorzunehmen, da sich dadurch aus Gl. (7.24) der lineare Zusammenhang

$$\ln S = \ln c + z \ln A \tag{7.26}$$

ergibt (s. Anhang A1). In Abb. 7.7 ist ein Beispiel dargestellt.

Von theoretischem Interesse ist nun, welche Faktoren zu diesem Gesetz (7.24) Anlaß geben könnten. Zunächst soll hier die Inseltheorie von MacArthur und Wilson (1963, 1967) erläutert werden, welche ein grob qualitatives Verständnis der wichtigsten Zusammenhänge liefern kann. Dann wird gezeigt, wie sich die Gesetzmäßigkeit (7.24) aus einer anderen phänomenologischen Relation (7.31) herleiten läßt. Schließlich soll ein populationsdynamisches Modell vorgestellt werden, welches auf möglichst einfache Weise die wesentlichen Mechanismen berücksichtigt. Es ist in der Lage, sowohl Gl. (7.24) als auch Gl. (7.31) abzuleiten.

Die Theorie von MacArthur u. Wilson (1963, 1967) geht davon aus, daß die Zahl der Arten einer gewissen taxonomischen Gruppe auf einer Insel der Fläche A gegen einen *Gleichgewichtswert* S* strebt. Dieses Gleichgewicht soll das Resultat der *Balance zwischen Auslöschung* von Populationen und *Neubesiedlung* sein. Die Konsequenz dieses Fließgleichgewichts ist, daß es einen *permanenten Artenaustausch (turnover)* gibt. Diese Ideen wurden nur qualitativ in einem graphischen Modell ausgeführt, wie in Abb. 7.8 dargestellt. Es ist jeweils für eine Insel die Extinktions- und Immigrationsrate, d. h. die Zahl der pro Zeit ausgelöschten bzw. zuwandernden Arten, gegen die Zahl S der vorhandenen Arten aufgetragen. Es wird angenommen, daß die *Immigration* von einem Festland her oder allgemeiner aus einem Artenpool erfolgt, welcher S_g Arten enthält. Erfolgt die *Zuwanderung* auf die Insel *zufällig*, so wird von den ankommenden Arten im Mittel der Bruchteil S/S_g bereits auf der Insel vorhanden sein. Wenn also die Zuwanderungsrate I_0 ist, so wird davon nur

$$I = I_0(1 - S/S_g) \tag{7.27}$$

zu wirklichen Neubesiedlungen (Kolonisation) Anlaß geben. Diese Abnahme der echten Kolonisation mit der vorhandenen Artenzahl S ist in Abb. 7.8 dargestellt. Geht man davon aus, daß jede der vorhandenen Populationen pro Zeit

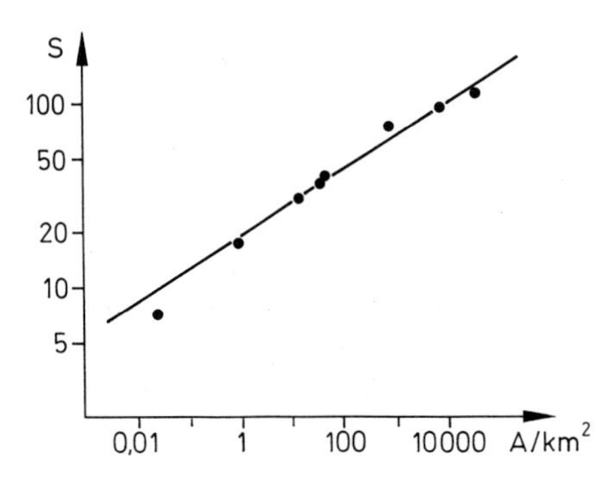

Abb. 7.7. Artenzahl S gegen die Inselfläche A für Tieflandvögel auf Inseln des Bismarck-Archipels in doppeltlogarithmischem Maßstab. Die Steigung ist z = 0,18. (Nach Diamond 1974)

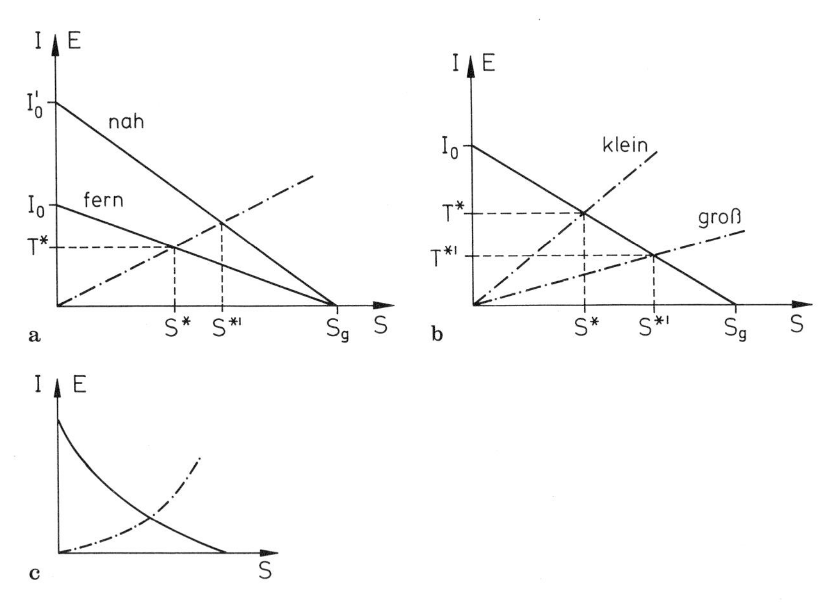

Abb. 7.8a–c. Qualitativer Verlauf der Kolonisationsrate I (*durchgezogen*) und der Extinktionsrate E (*strichpunktiert*) als Funktion der vorhandenen Artenzahl S nach der Inseltheorie von MacArthur u. Wilson (1967). S_g ist die Gesamtzahl der potentiell kolonisierenden Arten; I_0 ist ihre Zuwanderungsrate. Bei S* stellt sich ein Gleichgewicht ein, bei dem Arten mit der Rate T* (turnover rate) ausgetauscht werden. **a** Liegt eine Insel näher am Festland (Artenpool), wird die Zuwanderungsrate größer ($I_0 \rightarrow I'$). Der Gleichgewichtswert der Artenzahl nimmt zu ($S^* \rightarrow S^{*\prime}$). **b** Ist die Fläche einer Insel größer, wird die Steigung (Wahrscheinlichkeit für das Aussterben einer Population) der Extinktionsrate E kleiner ($E_0 \rightarrow E_0'$). Der Gleichgewichtswert der Artenzahl liegt höher ($S^* \rightarrow S^{*\prime}$). **c** Modifikation der Abb. 7.8a und b (s. Text)

die Wahrscheinlichkeit E_0 besitzt auszusterben, so wird die Zahl E der pro Zeit aussterbenden Populationen bei S vorhandenen Arten

$$E = E_0 S \tag{7.28}$$

sein, wie in Abb. 7.8 dargestellt. Die beiden Kurven schneiden sich bei der Artenzahl S*, wo Extinktions- und Kolonisationsrate gleich groß ($E^* = I^*$) sind.

Liegt die aktuelle Artenzahl S unterhalb von S*, so ist dort die Kolonisationsrate I größer als die Extinktionsrate E, und die Zahl S der Arten wird zu S* hin zunehmen. Oberhalb von S* ist E größer als I, die Artenzahl S nimmt in Richtung S* ab. Im Laufe der Zeit strebt also die Artenzahl S gegen den Gleichgewichtswert S*. Dort werden weiterhin Arten aussterben und zuwandern, und zwar mit einer *Austauschrate (turnover rate)* $T^* = I^* = E^*$. Liegt eine andere Insel gleicher Größe näher am Festland, d. h. am Artenpool, so erwartet man, daß eine größere Zahl I_0' an Arten pro Zeit auf der Insel eintrifft. Entsprechend wird die Zahl der Arten $S^{*\prime}$ im Gleichgewicht auf dieser Insel größer sein, wie Abb. 7.8a zeigt. Es gibt empirische Daten, welche dieses Resultat bestätigen.

Für die qualitative Abhängigkeit von der *Fläche* A der Insel läßt sich folgendermaßen argumentieren. Je größer die Insel ist, um so größer werden im Mittel die etablierten Populationen sein und um so geringer wird für jede die Wahrscheinlichkeit E_0 sein, auszusterben. Dies führt, wie Gl. (7.28) zeigt, zu einem flacheren Anstieg der Extinktionskurve E. Abb. 7.8b können wir entnehmen, daß dann auch die Zahl der Arten $S^{*\prime}$ im Gleichgewicht größer sein wird.

In Erweiterung (Gilpin u. Diamond 1976) dieser qualitativen Überlegungen wurde argumentiert, daß die Extinktions- und Immigrationskurven E und I nicht linear wie in Abb. 7.8 verlaufen, sondern nach oben gekrümmt, wie in Abb. 7.8c dargestellt. Zuerst sollten die Arten mit besserer Fähigkeit zum Wandern auf einer Insel eintreffen. Sie sind also den kleineren S-Werten in Abb. 7.9 zuzurechnen. Bei höheren Artenzahlen S kommen schließlich auch die Arten mit geringerer Fähigkeit zur Ausbreitung zum Tragen. Sie werden also eine geringere Ankunftsrate I_0 haben, was also wegen Gl. (7.27) zu einem flacheren Verlauf der Immigrationskurve I führt. Aufgrund von interspezifischer Konkurrenz sollte die Extinktionsrate E_0 pro Population mit wachsender Zahl S an konkurrierenden Arten zunehmen. Wegen Gl. (7.28) würde dies zu einer Zunahme der Steigung der Extinktionsrate E führen.

Um das Gesetz (7.24) herzuleiten, wäre es also nach Abb. 7.8b notwendig, die Abhängigkeit der Aussterbewahrscheinlichkeit E von der Inselgröße A zu modellieren. Dabei kann man zwei verschiedene Wege einschlagen: Man beschreibt die Populationsdynamik der beteiligten Arten im Detail und untersucht speziell, wie die Aussterbewahrscheinlichkeit von der Fläche A der Insel abhängt. Dies würde der am Beginn dieses Kapitels besprochenen *integrativen (bottom up) Methode* entsprechen. Der andere Weg wäre eine *phänomenologische Theorie (top down)*, die verschiedene ganzheitliche Beschreibungen eines Ökosystems logisch miteinander verknüpft.

Wir wollen uns zunächst ein Beispiel für die zweite Methode (May 1975d) ansehen. Wir benötigen also eine andere ganzheitliche Beschreibung, aus der sich Gl. (7.24) ableiten läßt. Eine solche ist in der Abb. 7.9 dargestellt: Für eine große Gruppe an Arten in einer Artengemeinschaft wird die *Häufigkeit* bestimmt, mit welcher *Arten mit bestimmten Individuenzahlen* vorkommen. Da diese Individuenzahlen über mehrere Größenordnungen reichen, ist eine logarithmische Darstellung angebracht. Es hat sich die Größe R eingebürgert, welche durch die Individuenzahl N wie folgt

$$N = N_0 2^R \tag{7.29}$$

definiert ist. Durch Logarithmieren beider Seiten erhalten wir

$$\ln N = \ln N_0 + R \ln 2\,, \tag{7.30}$$

das heißt, R gibt im wesentlichen den *Logarithmus der Individuenzahl* an. Die Wahl ist so getroffen worden, daß bei Erhöhung des Wertes von R um 1 die Individuenzahl um den Faktor 2 zunimmt. Die Größe R wird mitunter als *Oktave* bezeichnet. Weiter unten wird gezeigt, wodurch N_0 festgelegt wird.

Nachdem die Achse der Individuenzahlen in Oktaven eingeteilt ist, wird nun die Zahl der Arten pro Oktave S(R) bestimmt, so wie sie sich z. B. bei einem Fang in einer Falle ergibt. Beispielsweise hat S(R) in Abb. 7.9 in der Oktave R = 2 bis 3, welche Individuenzahlen von 16 bis 32 enthält, den Wert 24. Das heißt, es

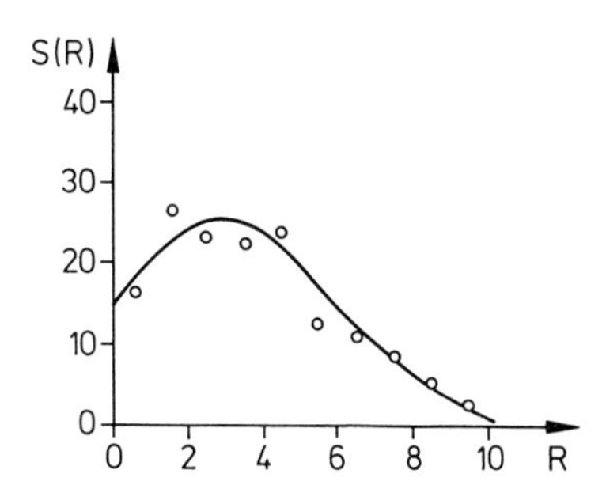

Abb. 7.9. Zahl der Arten S(R), für welche Individuenzahlen aus den jeweiligen Oktaven R (s. Gl. 7.29) gefunden wurden, für eine Diatomeengemeinschaft. Die *Kurve* stellt eine Lognormalverteilung dar. (Nach Patrick 1973)

kommen 24 Arten in dem Fang vor, welche jeweils mit Individuenzahlen zwischen 16 und 32 vertreten sind. In Gl. (7.29) wählen wir N_0 so, daß R den Wert 0 an der Stelle des Maximums der Kurve S(R) besitzt. Wie Abb. 7.9 zeigt, kommen in der Literatur auch andere Wahlmöglichkeiten vor. Für solche *Artenzahl-Individuenzahl-Verteilungen* findet man häufig die Form einer abgeschnittenen Glockenkurve, die sich gut mit einer Normalverteilung (s. Gl. 4.50 in Abschn. 4.2.1) fitten läßt. Das heißt, diese empirischen Kurven lassen sich durch

$$S(R) = S_0 \exp(-a^2R^2) \tag{7.31}$$

darstellen. Da R im wesentlichen den Logarithmus der Individuenzahl beschreibt, werden diese als *Lognormalverteilungen* (Pielou 1975, 1977; May 1975d) bezeichnet. Zu bedenken ist, daß die Individuenzahlen in Fängen nur einen Bruchteil der untersuchten Populationen ausmachen. Die wirklichen Individuenzahlen sollte man durch Multiplikation der Fangzahlen mit einem festen Faktor erhalten. Wenn N und N_0 in Gl. (7.29) um diesen Faktor verändert wird, hat dies aber keinen Einfluß auf den Wert R der Oktave.

Natürlich kann der Wert von R in Gl. (7.31) nicht von $-\infty$ bis $+\infty$ laufen. Der kleinstmögliche Wert der Artenzahl S(R) ist 1, welcher für die größte und kleinste Population in der Artengemeinschaft erhalten wird (s. Abb. 7.10). Deshalb ist also

$$1 = S(R_{min}) = S(R_{max}) \,. \tag{7.32}$$

Mit Gl. (7.31) folgt daraus

$$R_{max} = -R_{min} = \sqrt{\ln S_0}/a \,. \tag{7.33}$$

Will man die Gesamtindividuenzahl $N_T(R)$ aller zu einer Oktave gehörenden Arten berechnen, so hat man die Artenzahl S(R) mit der Individuenzahl N zu multiplizieren. Mit den Gln. (7.31) und (7.29) folgt für $N_T(R)$:

$$N_T(R) = S(R)\,N = S_0 \exp(-a^2R^2)\,N_0 2^R \,. \tag{7.34}$$

Bei Gl. (A8.1) in Anhang A8 ist gezeigt, daß auch $N_T(R)$ eine Normalverteilung darstellt, die ihr Maximum bei einem gewissen R_N besitzt (s. Abb. 7.10). Durch Untersuchungen von empirischen Artenzahl-Individuenzahl-Verteilungen wurde

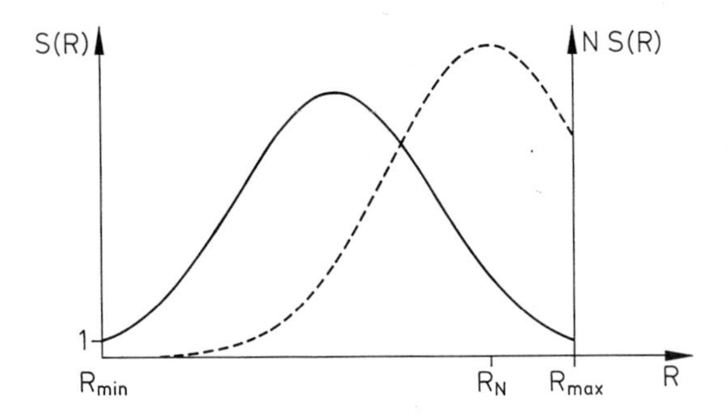

Abb. 7.10. Lognormalverteilung für die Artenzahl S(R) (*durchgezogen*) pro Oktave R (= Individuenzahl in logarithmischer Skala). Bei R_{min} und R_{max} ist S(R) = 1. Die Gesamtzahl der Individuen aller Arten N S(R) pro Oktave ist *gestrichelt* gezeichnet. Sie hat ihr Maximum bei R_N

Preston (1962) zu seiner „*kanonischen Hypothese*" geführt, daß für natürliche Artengemeinschaften

$$\gamma = R_N/R_{max} = 1 \tag{7.35}$$

ist.

Ausgehend von der Lognormalverteilung (7.31) mit (7.32) und der kanonischen Hypothese (7.35) läßt sich die *Artenzahl-Flächen-Beziehung* (7.24) der Inseltheorie herleiten (May 1975d), wie in Anhang A8 gezeigt. Dabei wird vorausgesetzt, daß die Gesamtartenzahl S_T auf einer Insel nicht zu klein ist ($S_T \gg 1$) und die Gesamtindividuenzahl N_T auf dieser Insel, dividiert durch die Individuenzahl m der kleinsten Population proportional zur Fläche A der Insel ist:

$$N_T/m \sim A\,. \tag{7.36}$$

Wenn man annimmt, daß die Größe m der kleinsten Population unabhängig von der Inselfläche ist, so bedeutet Gl. (7.36), daß die Gesamtzahl N_T proportional zur Fläche A sein muß, was durchaus plausibel scheint.

Ausgehend von einer ganzheitlichen (holistischen) Beschreibung (7.31) bzw. Abb. 7.9 einer Artengemeinshhaft wurde also eine andere phänomenologische Relation (7.24) hergeleitet, wobei plausible wie Gl. (7.36) oder durch empirische Befunde nahegelegte Beziehungen wie Gl. (7.35) benutzt wurden. Der Gegensatz zu dieser phänomenologischen Theorie, welche die Ebene der holistischen Beschreibung nicht verläßt, wäre die *analytische Methode*, welche versucht, diese Beziehung (7.24) durch Prozesse auf der darunterliegenden Ebene der Populationsdynamik zu erklären. Wenn man sich die Gleichgewichtsvorstellung der Inseltheorie zu eigen macht, ist eine *Modellierung der Extinktion* und *Immigration* notwendig. Auslöschungsprozesse haben wir bereits in Abschn. 4.2.5 beschrieben, worauf wir hier zurückgreifen wollen. Natürlich besteht keine Chance (s. Kap. 1), die Verschiedenartigkeit der Populationsdynamiken der beteiligten Arten mit all ihren Wechselwirkungen zu beschreiben. Da wir zur Simplifizierung gezwungen sind, wollen wir untersuchen, welche *Minimaleigenschaften* der Populationsdynamiken entscheidend sind, um die Artenzahl-Fläche-Beziehung (7.24) herzuleiten.

Dabei machen wir uns folgende Argumente zunutze, die in der Diskussion um die Inseltheorie benutzt werden. Wie bei den meisten Theorien, so sind auch die Gleichgewichtsüberlegungen von Abb. 7.8 nicht unumstritten. Es werden Gegenbeispiele vorgetragen, bei welchen die Beziehung (7.24) offensichtlich nicht gilt. Sie setzen die Gesetzmäßigkeit von Gl. (7.24) nicht generell außer Kraft, da, wie im Kap. 1 dargelegt, jedes Gesetz nur einen bestimmten Gültigkeitsbereich hat. *Gegenbeispiele* tragen wesentlich dazu bei, diesen *Anwendungsbereich abzugrenzen*. So wurde von den Verfechtern der Inseltheorie angeführt, daß die Artengruppe, für welche Gl. (7.24) gelten soll, nur *Arten* einschließen darf, die *ähnliche ökologische Ansprüche* haben, also z. B. zu einer taxonomischen Gruppe oder ökologischen Gilde (Root 1967; Terborgh u. Robinson 1986) gehören. Sicherlich darf man nicht Mücken und Elefanten „in einen Topf werfen", oder Fische und Ameisen.

Wenn man dieses Argument ernst nimmt, so sollte die Inseltheorie (7.24) um so besser erfüllt sein, je ähnlicher die Populationsdynamiken der betrachteten Arten ist. Deshalb nehmen wir die *Idealisierung* (s. Kap. 1) vor, daß die *Populationsdynamik aller beteiligten Arten gleich* ist. Bei den so erzielten Resultaten sollte die nachträgliche Berücksichtigung der Unterschiede zwischen den Arten zu Streuungen in den Daten führen, wie sie ja auch bei empirischen Untersuchungen zu finden sind (s. Abb. 7.7). Außerdem kommt es bei der Bestimmung der Artenzahl nur auf gewisse mittlere Eigenschaften der Arten an.

Wir gehen also von einem gewissen Artenpool (z. B. auf dem Festland) mit einer Anzahl S_g an Arten aus, welche die betrachteten Inseln kolonisieren können. Als Beschreibung der Populationsdynamik auf den Inseln, die Aussterbeprozesse in vernünftiger Weise berücksichtigt, wählen wir die *stochastische Beschreibung* durch die Master-Gleichung (4.78) und (4.87b) aus Abschn. 4.2.4 bzw. 4.2.5, wobei hier zusätzlich eine Immigrationsrate Im berücksichtigt ist, wie es den Vorstellungen in Abb. 7.8 entspricht. Danach lauten die *Geburts- und Sterberaten* für die Populationen auf einer Insel:

$$\lambda_n = \frac{1}{2}[r_m n(1 - n/K) + \sigma^2 n^2 + Rn] + Im\,, \tag{7.37}$$

$$\mu_n = \frac{1}{2}[-r_m n(1 - n/K) + \sigma^2 n^2 + Rn]\,. \tag{7.38}$$

Wie in Abschn. 4.2.4 dargelegt, wird sich im Laufe der Zeit für jede Art die stationäre Wahrscheinlichkeitsverteilung P_n^* einstellen, welche nach Gl. (4.81) durch

$$P_{n+1}^* = \lambda_n P_n^* / \mu_{n+1} \tag{7.39}$$

bestimmt ist. P_n^* gibt die Wahrscheinlichkeit an, daß eine Population im Gleichgewicht n Individuen besitzt. P_0^* ist also die Wahrscheinlichkeit, daß eine Art auf der Insel nicht vertreten ist. Wie wir bei Gl. (4.27) in Abschn. 4.2.1 dargelegt haben, ist bei größeren Gesamtzahlen die relative Häufigkeitsverteilung identisch mit der Wahrscheinlichkeit. Nach Gl. (4.27) in Abschn. 4.2.1 folgt also, daß von der Gesamtzahl S_g an Arten der Bruchteil P_0^* auf der Insel fehlt. Das bedeutet, daß die Zahl S* der vorhandenen Arten im Mittel

$$S^* = S_g(1 - P_0^*) \tag{7.40}$$

ist.

Um also S* in Abhängigkeit von der *Fläche A* der Insel zu berechnen, müssen wir uns die *Abhängigkeit der Modellparameter* in den Gln. (7.37) und (7.38) von A überlegen. Die potentielle Wachstumsrate r_m und die Stärke R des demographischen Rauschens sollten von der Fläche A unabhängig sein, da sie durch die individuellen Geburts- und Sterberaten bei kleineren Individuenzahlen ohne intraspezifische Konkurrenz bestimmt sind (s. Gln. 4.88, 4.92 und 4.93 in Abschn. 4.2.5). Auch die Stärke σ des Umweltrauschens, welches z. B. von der Variabilität des Wetters herrührt, sollte nicht von A abhängen.

Für die Immigrationsrate Im benutzen wir folgende Modellvorstellungen. Wir nehmen an, daß die *Individuen* aus dem Artenpool (Festland) in zufälliger Weise in Richtung auf diese Insel *verdriftet* werden. Dies könnte z. B. durch Wind oder Sturm geschehen. Dies führt zu einem stochastischen Strom I_0 von Individuen auf die Insel zu, welcher natürlich äußerst gering ist (s. Abb. 7.11). Dieser führt dazu, daß pro Zeit $I_0 d$ Individuen auf die Insel verschlagen werden, wobei d der Durchmesser einer *kreisförmigen Insel* ist, der mit der Fläche über

$$d = 2\sqrt{A\pi} \tag{7.41}$$

zusammenhängt. Nun könnte es noch sein, daß Individuen, die in einem Abstand l an der Insel vorbeigetrieben werden, noch die Fähigkeit haben, die Insel aktiv zu erreichen. Dann wäre d um 2l zu vergrößern (s. Abb. 7.11), so daß wir für die Immigrationsrate

$$Im = I_0(2l + 2\sqrt{A/\pi}) \tag{7.42}$$

erhalten. Wir schreiben dies in der Form

$$Im = Im_0 \frac{\sqrt{A_g} + \sqrt{A}}{\sqrt{A_g} + 1}, \tag{7.43}$$

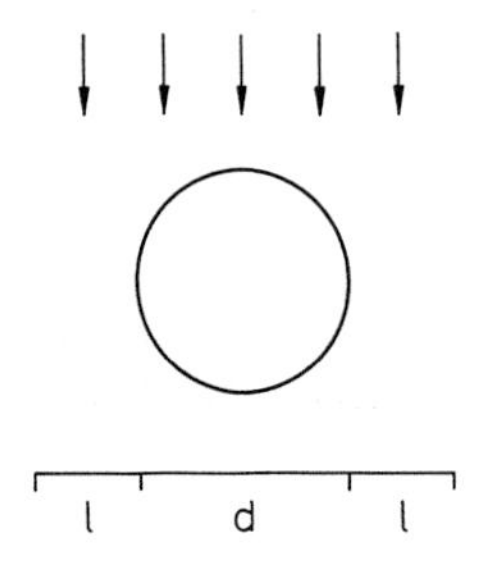

Abb. 7.11. Kreisförmige Insel des Durchmessers d, auf die ein „Strom“ von Individuen (*Pfeile*) verdriftet wird. Individuen, die im Abstand l an der Insel vorbeitreiben, mögen diese aktiv anstreben

wobei die Fläche A in einer gewissen Grundeinheit gemessen wird, welche von den betrachteten Inselgrößen abhängt. Der Zusammenhang mit Gl. (7.42) wird durch

$$Im_0 = 2I_0(1 + \sqrt{A_g})/\sqrt{\pi}\,, \tag{7.44}$$
$$A_g = \pi l^2 \tag{7.45}$$

hergestellt.

Der Vorteil der Schreibweise von Gl. (7.43) liegt darin, daß Im_0 die Immigrationsrate auf einer Insel mit der Fläche der Bezugseinheit angibt, d. h. man erhält $Im = Im_0$ für $A = 1$. Die Größe $\sqrt{A_g}$ gibt den Einfluß an, den die Fläche A auf die Immigrationsrate Im hat. Für sehr große A_g ist $\sqrt{A}$ und 1 gegen $\sqrt{A_g}$ vernachlässigbar. In diesem Fall hängt die Immigrationsrate praktisch nicht von A ab. Für $A_g = 0$ ist die Immigrationsrate Im proportional zu $\sqrt{A}$ (Diamond 1979). Bei der Schreibweise (7.43) können wir auch von der konkreten Modellvorstellung (Abb. 7.11) abstrahieren. Hierdurch wird uns die Möglichkeit gegeben, zu untersuchen, welchen *Einfluß* prinzipiell eine *A-Abhängigkeit der Immigrationsrate* spielen könnte.

Als letzter Parameter, der von A abhängen kann, ist die *Kapazität* K einer Population zu untersuchen. Der simpelste Ansatz wäre, daß K proportional zu A ist, d. h. die deterministische Populationsgröße proportional zur Inselgröße ist. Wir wollen hier nur kurz bemerken, daß unser Modell in dieser Form nicht ausreicht, um die Artenzahl-Flächen-Relation (7.24) herzuleiten. So müssen wir uns Gedanken machen, welche ökologischen Prozesse, die im Modell noch nicht berücksichtigt sind, für Gl. (7.24) eine Rolle spielen könnten. Es liegt nahe, daß *interspezifische Konkurrenz wichtig* sein könnte (Diamond 1979). Wir wollen diese hier auf möglichst einfache Weise berücksichtigen. Egal, um welche Ressourcen es sich handelt, um die konkurriert wird, wollen wir annehmen, daß ihre Größe proportional zur Inselgröße A ist. Weiter wollen wir annehmen, daß diese durch interspezifische Konkurrenz auf die vorhandenen Populationen aufgeteilt wird. Jede *Population* erhält im Mittel *den Anteil* $1/S^*$ *der Ressource*, wenn die Zahl der vorhandenen Arten S^* ist. Da die Kapazität K einer Population proportional zu der zur Verfügung stehenden Menge der begrenzenden Ressource sein sollte, setzen wir

$$K = kA/S^*\,. \tag{7.46}$$

Dabei beschreibt die Proportionalitätskonstante k, welche Individuenzahl (hier K) durch einen Flächenanteil ermöglicht wird. Nun ergibt sich das Problem, daß S^* wegen Gl. (7.40) von P_0^* und dieses via die Gln. (7.37)–(7.39) von K abhängt. Es besteht also eine Rückkopplung. Das heißt, die Kapazität K wird durch die Artenzahl S bestimmt, und diese hängt durch die Aussterbeprozesse wiederum von K ab. Am Ende von Anhang A8 ist gezeigt, wie sich dieses Problem numerisch lösen läßt.

Basierend auf unseren Modellgleichungen (7.37)–(7.40), (7.43) und (7.46) ist für weitere Bereiche der Parameterwerte die *Abhängigkeit der Artenzahl* S^* *von der Fläche A* bestimmt worden. Die erhaltenen Relationen zwischen S^* und A ergeben für große Parameterbereiche den Zusammenhang (7.24) bzw. eine

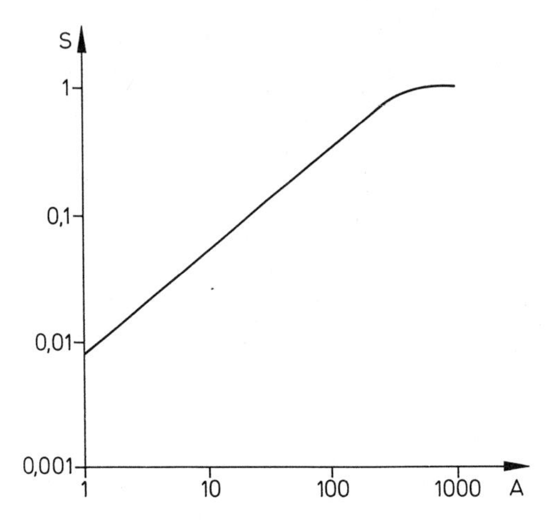

Abb. 7.12. Zahl der Arten S (als Bruchteil der maximalen Artenzahl S_g) gegen die Fläche A der Insel im doppeltlogarithmischen Maßstab nach Modell (7.37)–(7.40), (7.43), (7.46). Parameterwerte sind $\sigma = 0{,}1\sqrt{r}$; $R = 90r$; $k = 20$; $Im_0 = 0{,}01r$; $A_g = 100$

Gerade nach Gl. (7.26) im doppellogarithmischen Maßstab (s. Abb. 7.7). Ein Beispiel ist in Abb. 7.12 dargestellt. Bei *sehr großen Flächen* muß natürlich eine *Sättigung* eintreten, da nach unserem Modell auf einer Insel nicht mehr Arten als im Artenpool auftreten können. Die Steigung der Geraden ergibt wegen Gl. (7.26) direkt den Exponenten z der Relation (7.24).

Wir wollen uns nun ansehen, wie die erhaltenen *z-Werte von den Modellparametern abhängen.* Abb. 7.13 zeigt, daß nur für *relativ großes Umweltrauschen* σ Werte für z gefunden werden, die den empirischen Werten zwischen 0,15 und 0,35 entsprechen. Realistische Werte von σ sind schwer abzuschätzen. Wir werden weiter unten dafür andere Hinweise finden. Auch die Werte für die demographische Rauschstärke R und die Parameter Im_0 und A_g der Immigrationsrate Im in Gl. (7.43) haben Einfluß auf die Größe von z, wie Abb. 7.14, Abb. 7.15 und Abb. 7.16 zeigen. Erinnern wir uns, daß der Parameter A_g in Gl. (7.43) den Einfluß der Inselfläche A auf die Immigrationsrate Im beschreibt. Wir sehen in Abb. 7.16, daß dies zwar einen Einfluß auf den z-Wert hat, daß für das Zustandekommen einer Artenzahl-Flächen-Relation (7.24) aber der Grad der Flächenab-

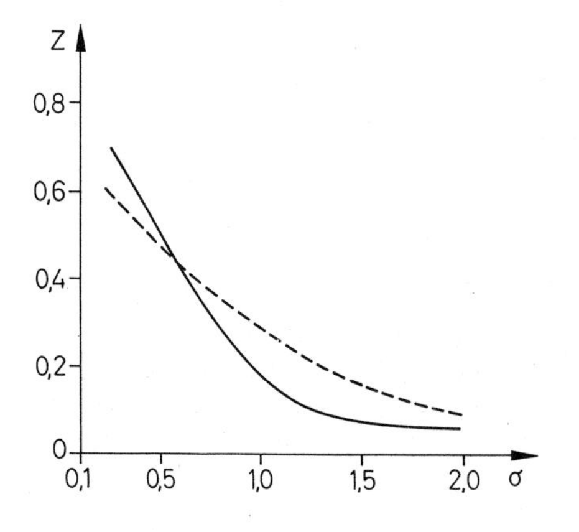

Abb. 7.13. z-Werte (Steigung der Beziehung 7.26; s. Abb. 7.12) gegen die Stärke σ des Umweltrauschens (in Einheiten von $\sqrt{r}$) für $R = r$ (*gestrichelt*) und $R = 10r$ (*durchgezogen*). Andere Parameter wie in Abb. 7.12

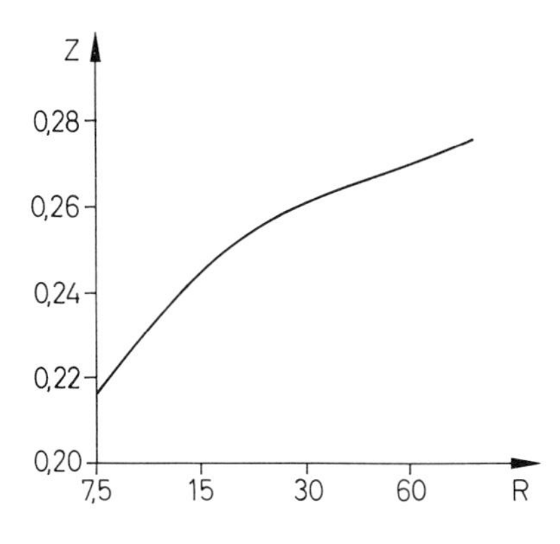

Abb. 7.14. z-Werte gegen die Stärke R des demographischen Rauschens (in Einheiten von r). $\sigma = \sqrt{r}$; $k = 20$, $Im_0 = 0{,}1r$; $A_g = 1000$

hängigkeit von Im keine Rolle spielt. Das bedeutet, daß die Einzelheiten der Modellierung von Im nicht so wichtig sind. Abgesehen von einer geeigneten *Beschreibung des Aussterbeprozesses* durch die Gln. (7.37) und (7.38) ist die *Berücksichtigung der interspezifischen Konkurrenz* in Gl. (7.46) von entscheidender Bedeutung.

Wie Abb. 7.8 zeigt, sollte sich aus dieser Gleichgewichtstheorie auch die *Austauschrate (turnover rate)* T^* der Arten bestimmen lassen. Die Wahrscheinlichkeit pro Zeit, daß eine neue Art auf der Insel auftritt, ist gleich der Wahrscheinlichkeit Im, daß ein Individuum dieser Art pro Zeit auf der Insel ankommt, multipliziert mit der Wahrscheinlichkeit P_0^*, daß diese Art auf der Insel zur Zeit nicht vorhanden ist. Damit ist die Zahl der pro Zeit auf der Insel neu auftretenden Arten gleich

$$T^* = I^* = Im\, S_g P_0^* \,. \tag{7.47}$$

Sie ist nach Abb. 7.8 auch gleich der Zahl E^* der pro Zeit ausgelöschten Arten. Beziehen wir die Austauschrate T^* auf die Zahl S^* der vorhandenen Arten, so folgt wegen Gl. (7.40)

$$T^*/S^* = Im\, P_0^*/(1 - P_0^*) \,. \tag{7.48}$$

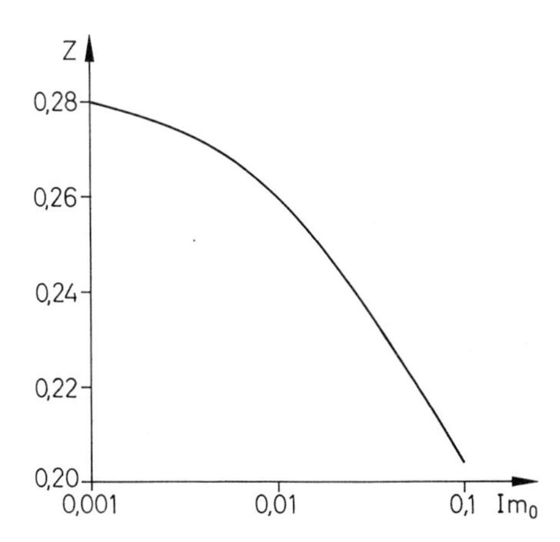

Abb. 7.15. z-Werte gegen die Immigrationsrate Im_0 (für eine Insel der Fläche $A = 1$) (in Einheiten von r). $\sigma = \sqrt{r}$; $k = 20$; $R = 6r$; $A_g = 1000$

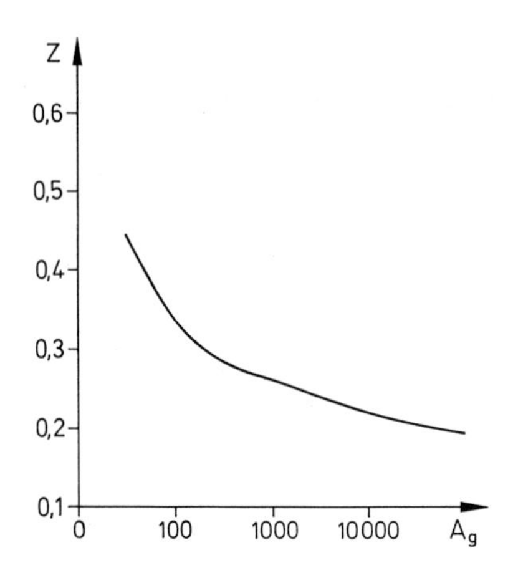

Abb. 7.16. z-Werte gegen $A_g = \pi l^2$ (l siehe Abb. 7.11) $\sigma = \sqrt{r}$, k = 20; R = 30r; $Im_0 = 0{,}1r$

Wie diese Größe von der Fläche A und der Stärke σ des Umweltrauschens abhängt, ist in Abb. 7.17 gezeigt. Der Einfluß des demographischen Rauschens R ist weit geringer, und von den anderen Modellparametern hängt T*/S* praktisch gar nicht ab. Die gefundenen Größenordnungen von T*/S* scheinen bei einer potentiellen Wachstumsrate von $r_m = 0{,}15$/Jahr nicht unvernünftig zu sein, wenn man nicht zu kleine Werte für die Rauschstärke σ wählt. Auch die Abnahme der Austauschrate T*/S* mit der Fläche der Insel ist plausibel.

Es gibt noch eine weitere Möglichkeit, die *Tauglichkeit unseres Modells* (7.37) bis (7.39), (7.43)–(7.46) *zu überprüfen*. Wie in Kap. 1 dargelegt, ist es ein Vorteil bei der Benutzung der Mathematik, daß ihr logischer Automatismus auch Ergebnisse zu Fragestellungen liefert, die nicht ursprüngliches Ziel des Modells waren. Die aus Gl. (7.39) erhaltene stationäre Verteilung P_n^* gibt an, mit welcher Häufigkeit Individuenzahlen n einer Art auf der Insel vorkommen. Nach unserer Definition einer Wahrscheinlichkeit (4.27) in Abschn. 4.2.1 ist

$$P_n^* = S_n/S_g\,, \qquad (7.49)$$

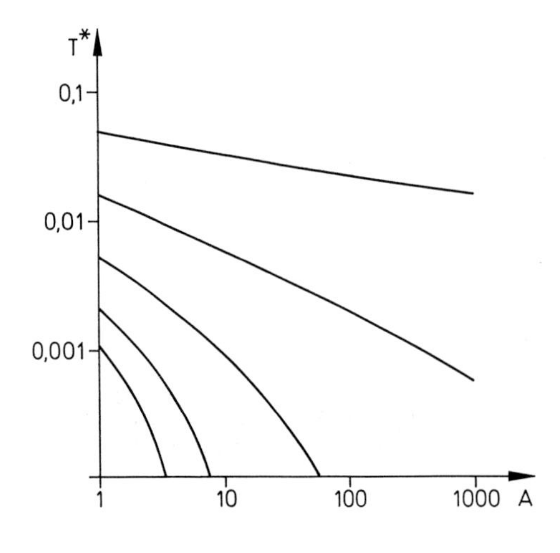

Abb. 7.17. Austauschrate T* der Arten (turnover rate) in Einheiten r gegen die Fläche A der Insel nach Gl. (7.47) (s. auch Abb. 7.8). R = r; $Im_0 = 0{,}001$; $A_g = 1000$; k = 20. $\sigma/\sqrt{r}$ hat von unten nach oben den Wert 0,1; 0,2; 0,3; 0,4; 0,5

wobei S_n die *Zahl der Arten* ist, die *mit n Individuen vertreten* sind, und S_g die Gesamtzahl aller Arten. Dies bedeutet, daß $S_n = P_n^* S_g$ die gleiche Information liefert, wie S(R) in Abb. 7.9, wobei dort die Individuenzahlen n in Oktaven R angegeben sind. Bei Gl. (A6.23) in Anhang A6 ist gezeigt, wie aus der Lognormalverteilung S(R) in Gl. (7.31) die entsprechende Verteilung

$$S_n = \hat{S} \frac{1}{n} \exp\left[-\alpha^2 \left(\ln \frac{n}{N_0}\right)^2\right] \tag{7.50}$$

erhalten wird, mit $\alpha = a/\ln 2$ und $\hat{S} = S_0/\ln 2$. Wir können also jetzt einen *Vergleich zwischen* S_n in Gl. (7.50), wie es sich aus der *empirisch begründeten Normalverteilung* (7.31) ergibt, und dem mit Hilfe *unseres Modells* nach Gl. (7.49) bestimmten S_n durchführen. In Abb. 7.18 ist dargestellt, wie sich S_n aus Gl. (7.49) durch eine Verteilung S_n der Form (7.50) annähern läßt. Die Übereinstimmung ist überzeugend, wenn man bedenkt, daß auch bei den empirischen Daten in Abb. 7.9 deutliche Streuungen auftreten.

Somit haben wir ein populationsdynamisches Modell gefunden, das die Artenzahl-Flächen-Relation (7.24) herzuleiten gestattet, ein vernünftiges Resultat für die Austauschraten der Arten erhält und außerdem eine Artenzahl-Individuenzahl-Verteilung S_n ergibt, welche einer aus der Lognormalverteilung berechneten (s. Gl. 7.50) ausreichend nahe kommt. Alle diese Ergebnisse lassen sich aus wenigen gemeinsamen Annahmen ableiten. Hier muß daran erinnert werden, daß mathematische Modelle keinen Wahrheitsanspruch erheben können (s. Kap. 1), sondern immer vom Typ „wenn—dann" sind. Die erzielten Ergebnisse sind immer Konsequenzen von Modellannahmen, die zwar plausibel, aber auch strittig sein können. Hier ist nur eine Möglichkeit vorgestellt worden, wie z. B. die *Artenzahl-Flächen-Relation* (7.24) durch *einfache Annahmen über Extinktion*, *Immigration* und *interspezifische Konkurrenz* zustande kommen könnte. Andere Möglichkeiten sind nicht ausgeschlossen. Leider hängt der hier bestimmte Exponent z in so vielfältiger Weise von den Modellparametern ab, daß ein klarer *Zusammenhang*

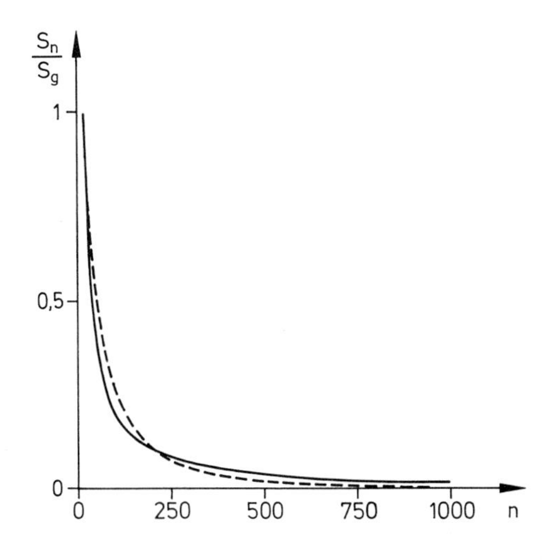

Abb. 7.18. Zahl der Arten S_n, die mit Individuenzahlen n vertreten sind, nach Modell (7.37)–(7.40), (7.43), (7.46). *Gestrichelt* eine angepaßte Lognormalverteilung

zwischen den ökologischen Gegebenheiten und *dem Wert von z nicht zu sehen* ist. Daß z den Bereich der empirisch gefundenen Werte bei gewissen Parameterwerten verläßt, zeigt die Grenze der Gültigkeit dieses Modells an. Natürlich sind viele Situationen in der Natur vorstellbar, die im krassen Widerspruch zu den Modellannahmen stehen. Das bedeutet nur, daß unser Modell einen beschränkten Anwendungsbereich hat (s. Kap. 1). Auch die empirische Relation (7.24) gilt nicht überall, wie Gegenbeispiele zeigen.

Zusammenfassung

Es gibt eine Reihe empirischer Daten, für welche der Zusammenhang zwischen Artenzahl S auf einer Insel und deren Fläche A durch $S = cA^z$ beschrieben werden kann. Einfache Überlegungen zu einem Gleichgewicht zwischen Extinktion und Kolonisation können ein grob qualitatives Verständnis vermitteln. Empirische Befunde legen für die Individuenzahl-Artenzahl-Abhängigkeit eine Lognormalverteilung nahe. Aus dieser Beziehung läßt sich die Artenzahl-Flächen-Relation ableiten. Diese beiden phänomenologischen Beschreibungen lassen sich aus einem populationsdynamischen Modell herleiten, welches Extinktion, Immigration und interspezifische Konkurrenz in Abhängigkeit von der Inselfläche A in einfacher Weise einschließt.

Weiterführende Literatur:
Theorie: Connor et al. 1983; Diamond 1975; 1976a, b; Diamond u. May 1976; Fenchel 1975b; Gilbert 1980; Gilpin u. Diamond 1976; MacArthur u. Wilson 1963, 1967; May 1975b, d, 1976c; Pianka 1974a; Pielou 1975; Simberloff u. Abele 1976; Stenseth 1979; Sugihara 1980, 1981; Williamson 1981;
Empirik: Begon et al. 1986; Brown 1971; Brown u. Kodric-Brown 1977; Connor u. McCoy 1979; Diamond 1969, 1973; 1974, 1975, 1979; Gilbert 1980; Gilpin u. Diamond 1976; Gorman 1979; Hutchinson 1953; Lassen 1975; MacArthur u. Wilson 1963, 1967; May 1975d, 1976c; Osman 1977; Patrick 1973; Preston 1948, 1962, 1980; Simberloff 1976a, b, 1978, 1980; Simberloff u. Wilson 1969; Southwood 1978; Stenseth 1979; Whittaker 1972, 1975; Williams 1964; Williamson 1981.

7.4 Ausblick

Im Gegensatz zur Dynamik von wenigen Populationen ist das theoretische Verständnis für das Funktionieren ganzer Ökosysteme noch schlecht entwickelt. Zu Beginn des Kap. 7 haben wir zwei unterschiedliche Sichtweisen von Ökosystemen dargestellt. Für die integrative (bottom up) Methode wurden in Abschn. 7.2 einige Beispiele vorgestellt. Sie versucht, Ökosysteme oder Artengemeinschaften zu verstehen, indem sie untersucht, wie diese aus Populationen und deren Wechselwirkungen zusammengesetzt sind. In Abschn. 7.3 haben wir gesehen, daß die globale Beschreibung (top down) von Ökosystemen kein Gegensatz zur integrativen sein muß. Dort ergänzt ein populationsdynamisches Modell rein phänomenologische Darstellungen. Deshalb ist der Streit, ob eine detaillierte oder eine ganzheitliche Beschreibung von Ökosystemen notwendig ist, müßig. Natürlich ist eine Artengemeinschaft aus Populationen und ihren Wechselwirkungen aufgebaut. Die Frage ist nur, ob das Betrachten von Artenzahlen und Populationsgrößen (Abundanzen) immer entscheidend für das Verständnis von ökosystemaren Problemen sein muß, ob immer der mühsame Weg ins Detail dabei zum Ziel führt oder ob eine richtig nuancierte globale Beschreibung geeigneter ist, um Parallelitäten in verschiedenen Ökosystemen aufzudecken und daraus Gesetzmäßigkeiten abzuleiten.

Leider wurden bisher nur wenige Größen diskutiert, die eine geeignete globale Beschreibung liefern. Aus Individuenzahlen der vorhandenen Arten konstruierte Diversitätsindices gehören sicher nicht dazu. Ihre Benutzung in dieser Weise käme dem Versuch gleich, in einem Gas alle Moleküle erfassen und daraus globale Größen wie Druck, Temperatur und Volumen bestimmen zu wollen. Diversitätsindices sind nichts weiter als die Komprimierung von Daten der Populationsebene. Für eine wirklich ganzheitliche globale Beschreibung wären Meßgrößen notwendig, wie sie bei Gasen der Druck und die Temperatur sind. Ob es solche Größen in der Ökologie überhaupt gibt, ist eine offene Frage. Deshalb führt die Diskussion, welche Sichtweise (top down oder bottom up) die „richtige" ist, ins Leere. Wie in Abschn. 7.3 gezeigt, können sich beide ergänzen. Vielmehr sollte man nichts, was uns einem Verständnis ökologischer Vorgänge näherbringt, verschmähen. Die Auswahl an Beispielen in diesem Buch hat, so hoffe ich, gezeigt, daß hierbei auch mathematische Modelle helfen können.

Anhang

A1 Exponentialfunktion und natürlicher Logarithmus

Der Umgang mit Exponentialfunktionen und Logarithmen ist für die theoretische Ökologie unerläßlich. Es gelten folgende Rechenregeln und Definitionen (s. Bronstein u. Semendjajew 1981):

$$y = e^x = \exp(x) \tag{A1.1}$$

ist äquivalent zu

$$x = \ln y\,. \tag{A1.2}$$

Also gilt

$$\ln e^1 = \ln e = 1 \tag{A1.3}$$

$$\exp(a + b) = e^a e^b \tag{A1.4}$$

$$(e^a)^j = e^{aj} \tag{A1.5}$$

$$\ln(ab) = \ln a + \ln b \tag{A1.6}$$

$$\ln(a^j) = j \ln a \tag{A1.7}$$

$$\ln x \gtrless 0 \quad \text{für} \quad x \gtrless 1\,. \tag{A1.8}$$

Aus den Gln. (A1.1) und (A1.2) folgt

$$y = \exp(\ln y)\,. \tag{A1.9}$$

Wenden wir dies auf Gl. (2.20) an, so folgt

$$R^j = \exp(\ln R^j) = \exp(j \ln R)\,. \tag{A1.10}$$

A2 Differentialgleichungen

Die in der Populationsdynamik auftretenden Differentialgleichungen

$$\frac{dN}{dt} = r(N)\,N \tag{A 2.1}$$

lassen sich im Prinzip durch Trennung der Variablen lösen (Bronstein u. Semendjajew 1981).

$$\int \frac{dN}{r(N)\,N} = \int dt + \text{konst} \,. \qquad \text{(A 2.2)}$$

Falls, wie in Gl. (2.23), r konstant ist, folgt:

$$\int \frac{dN}{rN} = \frac{1}{r} \ln N = \int dt + \text{konst} = t + \text{konst} \,,$$

$$\ln N = rt + \text{konst} \cdot r \,.$$

Mit Gl. (A1.9) folgt

$$N = \exp(rt + r\,\text{konst}) = N_0\, e^{rt} \,, \qquad \text{(A2.3)}$$

wobei $\exp(r\,\text{konst}) = N_0$ und $N(t = 0) = N_0$ ist.

Die Lösung der logistischen Gl. (2.27) ergibt

$$\int \frac{dN}{r_m N(1 - N/K)} = \int dt + \text{konst} \,, \qquad \text{(A 2.4)}$$

$$\frac{1}{r_m}[\ln N - \ln(1 - N/K)] = t + C$$

$$\ln \frac{N}{1 - N/K} = r_m t + C'$$

$$\frac{N}{1 - N/K} = e^{r_m t}\, \hat{c}$$

$$N = \frac{e^{r_m t}\, \hat{c}}{1 + e^{r_m t}\, \hat{c}/K} \,, \qquad \text{(A2.5)}$$

wobei sich $\hat{c}$ aus

$$N(t = 0) = \frac{\hat{c}}{1 + \hat{c}/K}$$

bestimmt, woraus

$$\hat{c} = \frac{N(t = 0)}{1 - N(t = 0)/K} \qquad \text{(A2.6)}$$

folgt.

Differentialgleichungen der Form

$$\frac{dN}{dt} = \alpha N + h(t) \qquad \text{(A2.7)}$$

haben eine allgemeine Lösung (siehe Bronstein u. Semendjajew 1981), die

$$N = e^{\alpha t}[\textstyle\int h(t)\, e^{-\alpha t}\, dt + C] \qquad \text{(A2.7a)}$$

lautet. Im Falle des Modells (4.1) und (4.3) ist $\alpha = -s$ und

$$h = \beta - Q + a \cos \omega t .$$

Wir schreiben (s. Bronstein u. Semendjajew 1981)

$$\cos \omega t = \frac{1}{2}(e^{i\omega t} + e^{-i\omega t}) . \tag{A 2.8}$$

Dann ist

$$\int h(t)\, e^{-\alpha t}\, dt = (\beta - Q) \int e^{st}\, dt + \frac{1}{2} a \int (e^{(i\omega + s)t} + e^{(-i\omega + s)t})\, dt .$$

Das erste Integral ergibt

$$\frac{1}{s}(\beta - Q)\, n^{s \cdot t} . \tag{A2.9}$$

Das zweite ist

$$\frac{1}{2} a \left[\frac{e^{(i\omega + s)t}}{i\omega + s} + \frac{e^{(-i\omega + s)t}}{-i\omega + s}\right]$$

$$= \frac{a\, e^{s \cdot t}}{2(\omega^2 + s^2)} [(-i\omega + s)\, e^{(i\omega + s)t} + (i\omega + s)\, e^{(-i\omega + s)t}] . \tag{A2.10}$$

Wir schreiben

$$i\omega + s = A\, e^{i\varepsilon} = A \cos \varepsilon + iA \sin \varepsilon ,$$

woraus

$$\omega = A \sin \varepsilon ,$$
$$s = A \cos \varepsilon$$

folgt. Damit gilt

$$\omega/s = \operatorname{tg} \varepsilon , \tag{A2.11}$$

$$\omega^2 + s^2 = A^2(\sin^2 \varepsilon + \cos^2 \varepsilon) = A^2 . \tag{A2.12}$$

Statt Gl. (A2.10) haben wir dann

$$\frac{1}{2} a\, e^{st}(\omega^2 + s^2)^{-1} [A\, e^{i(\omega t - \varepsilon)} + A\, e^{-i(\omega t - \varepsilon)}] ,$$

woraus mit den Gln. (A2.12) und (A2.8) folgt:

$$a\, e^{s \cdot t}(\omega^2 + s^2)^{-1/2} \cos(\omega t - \varepsilon) . \tag{A2.13}$$

Aus den Gln. (A2.7a), (A2.9) und (A2.13) folgt die gesamte Lösung:

$$N = (\beta - Q)/s + a(\omega^2 + s^2)^{-1/2} \cos(\omega t - \varepsilon) + c\, e^{-s \cdot t} \tag{A2.14}$$

wobei ε durch Gl. (A2.11) gegeben ist. Für $\omega \ll s$ ist $\operatorname{tg} \varepsilon \approx 0$, woraus $\varepsilon \approx 0$ folgt. Für $\omega \gg s$ ist $\operatorname{tg} \varepsilon$ sehr groß, woraus $\varepsilon \approx \pi/2$ folgt.

Die stationäre Lösung $P^*(x)$ der Gl. (4.61) in Abschn. 4.2.3 erhält man durch Nullsetzen der rechten Seite, woraus

$$0 = -\frac{d}{dx}\left\{A(x)\,P^*(x) - \frac{1}{2}\frac{d}{dx}\,[B(x)\,P^*(x)]\right\} \qquad \text{(A 2.15)}$$

folgt. Also ist die geschweifte Klammer eine Konstante α. Da aber die Wahrscheinlichkeitsverteilung $P^*(x)$ und ihre Ableitung für $x \to \infty$ verschwinden müssen (s. unten), folgt aus Gl. (A2.15), daß die Konstante α und damit die Klammer gleich Null sein müssen. Führen wir

$$f(x) = B(x)\,P^*(x) \qquad \text{(A2.16)}$$

ein, so folgt

$$0 = \frac{Af}{B} - \frac{1}{2}\frac{df}{dx}\,. \qquad \text{(A 2.17)}$$

Durch Trennung der Variablen (s. Gl. A2.2), folgt

$$\frac{df}{f} = \frac{2A}{B}\,dx\,. \qquad \text{(A2.18)}$$

Aufintegriert gilt dann

$$\ln f = \int \frac{2A(x)}{B(x)}\,dx + \text{konst.}$$

Mit den Gln. (A1.1) und (A1.4) folgt

$$f = \exp\left(\int \frac{2A(x)}{B(x)}\,dx\right) e^{\text{konst}}\,. \qquad \text{(A 2.19)}$$

Aus Gl. (A2.16) erhalten wir

$$P^*(x) = \frac{C}{B(x)}\exp\left(\int \frac{2A(x)}{B(x)}\,dx\right), \qquad \text{(A 2.20)}$$

wobei sich C aus

$$P^*(x)\,dx = 1 \qquad \text{(4.65)}$$

bestimmt. Damit das Integral in Gl. (4.65) endlich bleibt, muß $P^*(x)$ und deshalb auch $d^*P(x)/dx$ für $x \to \infty$ nach Null streben.

Für das Modell (4.56) und (4.57) gilt mit den Gln. (4.62) und (4.63)

$$B(x) = \sigma^2 x^2\,, \qquad \text{(A2.21)}$$

$$A(x) = r_m x(1 - x/K) + \left[\frac{1}{2}\sigma^2 x\right], \qquad \text{(A 2.22)}$$

wobei die eckige Klammer nur bei Benutzung des Stratonovich-Kalküls auftritt. In Gl. (A2.20) treten dann die Integrale

$$\int \frac{\alpha}{x}\,dx = \alpha \ln x\,, \qquad \text{(A 2.23)}$$

$$\int \beta \, dx = \beta x \tag{A2.24}$$

mit

$$\alpha = 2r_m/\sigma^2 + [1] , \tag{A2.25}$$

$$\beta = \frac{2r_m}{K\sigma^2} \tag{A2.26}$$

auf. Damit gilt

$$P^* = \frac{C'}{x^2} \exp [\alpha \ln x - \beta x] ,$$

woraus mit Gl. (A1.2)

$$P^* = C' \exp [(\alpha - 2) \ln x - \beta x] \tag{A2.27}$$

folgt.

Lösungen der Differentialgleichung

$$\partial n/\partial t = r_m n + D \, \partial^2 n/\partial x^2 , \tag{5.51}$$

$$n(0, t) = n(L, t) = 0 \tag{5.52}$$

lassen sich immer als Linearkombination von ebenen Wellen (Fourierreihen) $\exp(ikx + \omega t)$ schreiben (Nisbet u. Gurney 1982). Setzen wir dies in Gl. (5.51) ein, so folgt

$$\omega \exp (...) = r_m \exp (...) - Dk^2 \exp (...) ,$$

woraus

$$\omega = r_m - Dk^2 \tag{A2.28}$$

folgt. Nur die reellen Linearkombinationen

$$e^{\omega t} \frac{1}{2} (e^{ikx} + e^{-ikx}) = e^{\omega t} \cos kx , \tag{A 2.29}$$

$$-i \, e^{\omega t} \frac{1}{2} (e^{ikx} - e^{-ikx}) = e^{\omega t} \sin kx \tag{A 2.30}$$

sind natürlich als Beschreibung einer Dichte möglich. Sie müssen nun die Randbedingung (5.52) erfüllen, woraus für Gl. (A2.30) $kL = \pi\nu$ mit $\nu = 1, 2, 3 ...$ folgt, während Gl. (A2.29) die Bedingung (5.52) prinzipiell nicht erfüllt. Den größten Wert von ω erhält man in Gl. (A2.28) für den kleinsten k-Wert, der $k = \pi/L$ ist ($\nu = 1$). Die allgemeine Lösung von Gl. (5.51) lautet daher

$$n(x, t) = \sum_\nu B_\nu \sin (\nu\pi x/L) \exp \left[(r_m - \nu^2\pi^2 D/L^2) \, t\right] . \tag{A 2.31}$$

Das größte Argument der Exponentialfunktion ist negativ, falls $r_m < \pi^2 D/L^2$ ist, woraus folgt:

$$L < L_c = \pi \sqrt{D/r_m} . \tag{A2.32}$$

A3 Kurvendiskussion

Um die Ergebnisse von Modellrechnungen richtig einschätzen zu können, sind in der theoretischen Ökologie Kurvendiskussionen ein sehr wichtiges Instrument. Mit ihrer Hilfe wird der qualitative Verlauf einer Funktion f(x) bestimmt. Die Bestimmung von Nullstellen einer Funktion tritt bereits bei der Berechnung von Gleichgewichten N^* in Abschn. 2.2.3 auf. Neben diesen sind die Extrema (Maxima und Minima) von Interesse, die sich aus

$$df(x)/dx = 0$$

ergeben. Die Entscheidung, ob dies ein Maximum oder ein Minimum liefert, läßt sich meistens aus dem übrigen Verlauf der Kurve entscheiden, ohne die zweite Ableitung zu Hilfe zu nehmen. Zum Beispiel müssen bei einer stetigen Funktion Maxima und Minima abwechselnd auftreten.

Schließlich ist das Verhalten in bestimmten Grenzfällen (z. B. $x \to 0$ oder $x \to \infty$) von Interesse. Das einfachste Vorgehen ist hier, daß man Größen, die klein werden (z. B. x für $x \to 0$, oder $1/x$ für $x \to \infty$) gegen andere vernachlässigt. Zum Beispiel können wir für folgenden Ausdruck

$$ax + bx^2 = x(a + bx) \tag{A3.1}$$

schreiben. Ist nun x hinreichend groß, so ist a gegen bx vernachlässigbar, und wir können Gl. (A3.1) durch bx^2 approximieren. Ist x hinreichend klein, kann bx gegen a vernachlässigt werden. Statt Gl. (A3.1) erhalten wir dann ax. Allgemein gilt, daß für große x nur der Term mit der höchsten x-Potenz eine Rolle spielt, während für kleine x der mit der niedrigsten Potenz entscheidend ist.

Die Wachstumsrate des logistischen Wachstums (2.27) ist

$$f(N) = r_m N(1 - N/K)\,. \tag{A3.2}$$

Nullstellen liegen bei $N = 0$ und $N = K$. Deshalb muß es mindestens ein Extremum geben. Aus

$$\frac{df}{dN} = r_m - 2r_m N/K \tag{A3.3}$$

folgt, daß bei $N = K/2$ ein Extremum liegt. Da f(N) für $N < K$ positiv ist, kann dies nur ein Maximum sein. Damit ist der prinzipielle Verlauf, wie in Abb. 2.3b dargestellt, geklärt.

Der k-Wert in Gl. (2.77) aus Abschn. 2.3.1 ist

$$k = \beta \log (1 + \alpha N_v)\,. \tag{2.77}$$

Für kleine N_v ist αN_v gegen 1 vernachlässigbar, so daß dort $k \to 0$ für $N_v \to 0$ wegen $\log 1 = 0$. Für große N_v ist 1 gegen αN klein. Wir erhalten einen asymptotisch linearen Anstieg von k mit log N

$$k \to \beta \log (\alpha N_v) = \beta \log \alpha + \beta \log N_v \tag{A3.4}$$

mit der Steigung β. Diese Gerade (A3.4) schneidet die Abzisse bei $N_v = 1/\alpha$.

Im Gleichgewicht ergibt sich für das Modell (2.78)

$$N^* = EN^*(1 + \alpha EN^*)^{-\beta}. \tag{A3.5}$$

Nach Kürzen mit N* nehmen wir von beiden Seiten die Potenz $1/\beta$:

$$1 = E^{1/\beta}(1 + \alpha EN^*)^{-1},$$

$$(1 + \alpha EN^*) = E^{1/\beta},$$

woraus folgt:

$$N^* = \frac{E^{1/\beta} - 1}{\alpha E}. \tag{2.79}$$

Bei $\beta = 1$ ist 1 gegen $E^{1/1} = E$ für große E zu vernachlässigen. Dann strebt

$$N^* \to 1/\alpha \quad \text{für} \quad E \to \infty. \tag{A3.6}$$

Aus

$$\frac{dN^*}{dE} = \frac{\frac{1}{\beta}E^{1/\beta-1}\alpha E - (E^{1/\beta} - 1)\alpha}{\alpha^2 E^2} = \frac{\left(\frac{1}{\beta} - 1\right)E^{1/\beta} + 1}{\alpha E^2} \tag{A 3.7}$$

folgt, daß für $\beta = 1$ die Steigung von N*(E) immer positiv ist, während für $\beta > 1$ die Steigung nur für kleine E positiv ist (wenn der Term $\sim E^{1/\beta}$ klein gegen 1 ist). Im letzten Fall existiert ein Maximum ($dN^*/dE = 0$) bei $E^{1/\beta} = (1 - 1/\beta)^{-1}$.

Die Wachstumsrate nach Gl. (2.80)

$$r(N) = r_0 + r_c \frac{N}{N + N_c} - cN \tag{A3.8}$$

nimmt für $N \to 0$ den Wert r_0 an. Ist N klein, so ist im zweiten Term N gegen N_c vernachlässigbar (s. Gl. A3.1). Wir erhalten dort einen linearen Anstieg Nr_c/N_c. Für größere $N \gg N_c$ kann N_c weggelassen werden. Der Term strebt gegen die Sättigung r_c. Die gesamte Wachstumsrate hat bei kleinen N also die Form $r(N) = r_0 + \left(\frac{r_c}{N_c} - c\right)N$. Wir erhalten eine Zunahme von r(N) mit N, falls $r_c/N_c > c$ ist. Für große N können wir N_c gegen N vernachlässigen (s. Gl. A3.1), so daß die Wachstumsrate gegen $r(N) = r_0 + r_c - cN$ strebt, also eine negative Steigung hat. Also besitzt r(N) für $r_c > cN_c$ ein Maximum.

Für die zugehörige Potentialfunktion $\varphi(N)$ gilt:

$$\frac{d\varphi}{dN} = -Nr(N). \tag{A3.9}$$

Sie hat bei N*, wo r(N) mit negativer Steigung (s. Gl. 2.46 in Abschn. 2.2.4) verschwindet, ein Minimum. Falls, wie in Abb. 2.14, r(N) die N-Achse ein zweites Mal schneidet, hat $\varphi(N)$ dort ein Maximum.

Für die P-Isokline des Räuber-Beute-Modells (3.42) und (3.43) gilt

$$0 = r_R(N, P). \tag{A3.10}$$

Dies gibt an, wie P von N abhängt. Also schreiben wir

$$0 = r_R(N, P(N)) , \tag{A3.11}$$

wobei P(N) die P-Isokline beschreibt. Differenzieren wir Gl. (A3.11) nach N, so folgt mit der Kettenregel

$$0 = \frac{\partial r_R}{\partial N} + \frac{\partial r_R}{\partial P}\frac{dP}{dN} ,$$

woraus

$$\frac{dP}{dN} = - \frac{\partial r_R}{\partial N}\left(\frac{\partial r_R}{\partial P}\right)^{-1} \tag{A 3.12}$$

folgt. Da die Wachstumsrate r_R mit dem Nahrungsangebot N wächst, also $\partial r_R/\partial N > 0$, aber mit zunehmender Zahl P der innerartlichen Konkurrenten aufgrund von Interferenz abnimmt, also $\partial r_R/\partial P < 0$ ist, folgt aus Gl. (A3.12), daß für die P-Isokline

$$dP/dN > 0$$

gilt, diese also eine positive Steigung hat.

Die funktionelle Reaktion vom Typ II (3.49) in Abschn. 3.2.3

$$V(N) = \frac{kN}{N + D} \tag{A3.13}$$

strebt, falls N klein im Vergleich zu D wird (s. Gl. A3.1), gegen kN/D. Sie hat bei kleinen N also einen linearen Anstieg. Für große N ist D gegen N vernachlässigbar, und wir finden V(N) = k.

Die funktionelle Reaktion vom Typ III (5.53) in Abschn. 3.2.3

$$V(N) = \frac{kN^2}{N^2 + D^2} \tag{A3.14}$$

verläuft wie $V(N) \sim N^2$, falls N gegen D vernachlässigbar klein ist. Sie steigt dort parabelförmig an. Für N sehr groß gegen D, kann D weggelassen werden. Dann wird V(N) = k. Die zweite Ableitung lautet

$$\frac{d^2V}{dN^2} = \frac{d}{dN} k \frac{2N(N^2 + D^2) - 2NN^2}{(N^2 + D^2)^2} = \frac{d}{dN} 2kD^2 \frac{N}{(N^2 + D^2)^2}$$

$$= 2kD^2 \frac{(N^2 + D^2)^2 - 2(N^2 + D^2)\, 2NN}{(N^2 + D^2)^4}$$

$$= \frac{2kD^2}{(N^2 + D^2)^3} (N^2 + D^2 - 4N^2) . \tag{A 3.15}$$

Bei $N = D/\sqrt{3}$ ändert sich die zweite Ableitung, d. h. die Krümmung ihr Vorzeichen.

Die N-Isokline (3.57) in Abschn. 3.2.3 bzw. Gl. (4.9) in Abschn. 4.1.2 ($R \mathrel{\hat{=}} N, N_1 \mathrel{\hat{=}} P, N_2 = 0$)

$$P = \frac{r_m}{k}(1 - N/K)(N + D) \tag{A3.16}$$

hat für $N \to 0$ den Wert $\frac{r_m}{k} D$ (s. Gl. A3.1) und für $N \to K$ den Wert 0. Ihre Ableitung lautet

$$\frac{dP}{dN} = \frac{r_m}{k}\left(-\frac{2N}{K} + 1 - \frac{D}{K}\right) = \frac{r_m}{kK}(K - D - 2N) .$$

Für $K > D$ ist bei kleinen N die Ableitung positiv und verschwindet bei $2N = K - D$. Also hat diese Funktion ein Maximum.

Um das Maximum von

$$\tilde{R} = \frac{\sum\limits_i \lambda_i p_i e_i}{1 + \sum\limits_i \lambda_i p_i h_i} \tag{6.7}$$

zu bestimmen, führen wir folgende Abkürzungen ein:

$$\varepsilon_j = \sum_{i(\neq j)} \lambda_i p_i e_i , \tag{A 3.17}$$

$$c_j = \sum_{i(\neq j)} \lambda_i p_i h_i + 1 . \tag{A 3.18}$$

Dann lautet

$$\tilde{R} = \frac{\varepsilon_j + \lambda_j p_j e_j}{c_j + \lambda_j p_j h_j} . \tag{A3.19}$$

Die Differentiation nach P_j liefert

$$\frac{d\tilde{R}}{dp_j} = \frac{\lambda_j e_j (c_j + \lambda_j p_j h_j) - (\varepsilon_j + \lambda_j p_j e_j)\,\lambda_j h_j}{(c_j + \lambda_j p_j h_j)^2} = \lambda_j \frac{e_j c_j - \varepsilon_j h_j}{(c_j + \lambda_j p_j h_j)^2} . \tag{A 3.20}$$

Es ist also

$$d\tilde{R}/dp_j > 0 \quad \text{für} \quad e_j c_j > \varepsilon_j h_j , \tag{A3.21}$$

$$d\tilde{R}/dp_j < 0 \quad \text{für} \quad e_j c_j < \varepsilon_j h_j . \tag{A3.22}$$

Im Falle von Gl. (A3.21) ergibt also das größtmögliche p_j ein Maximum von R, im Fall von Gl. (A3.22) das kleinste. Also

$$p_j = 1 \quad \text{für} \quad e_j/h_j > \varepsilon_j/c_j , \tag{A3.23}$$

$$p_j = 0 \quad \text{für} \quad e_j/h_j < \varepsilon_j/c_j . \tag{A3.24}$$

Dies gilt für jedes $j = 1, \dots, n$.

Es sei speziell $n = 2$. Dann wird der Typ 1 ausgeschlossen ($p_1 = 0$) für

$$e_1/h_1 < \varepsilon_1/c_1 = \frac{\lambda_2 e_2 p_2}{1 + \lambda_2 h_2 p_2}. \qquad (A3.25)$$

Diese Gleichung ist nur erfüllbar, falls $p_1 \neq 0$, also $p_2 = 1$ ist, da alle Variablen positiv sind. Daraus folgt

$$\begin{aligned} e_1(1 + \lambda_2 h_2) &< \lambda_2 e_2 h_1 , \\ e_1 &< \lambda_2(e_2 h_1 - e_1 h_1) . \end{aligned} \qquad (A3.26)$$

Dies ist nur möglich, falls die Klammer positiv, also

$$e_2/h_2 > e_1/h_1 . \qquad (A3.27)$$

Analog kann Typ 2 nur dann ausgeschlossen werden ($p_2 = 0$), falls

$$e_1/h_1 > e_2/h_2 . \qquad (A3.28)$$

Da für $e_1/h_1 \neq e_2/h_2$ entweder die Gl. (A3.27) oder (A3.28) gelten muß, können wir eine Rangfolge festlegen, wobei wir die Numerierung der Typen so vornehmen, daß Gl. (A3.28) gilt. Es kann also höchstens der Typ 2 ausgeschlossen werden. Dies geschieht dann, falls nach Gl. (A3.24)

$$e_2/h_2 < \varepsilon_2/c_2 = \frac{\lambda_1 e_1}{1 + \lambda_1 h_1} \qquad (A3.29)$$

ist.

Wenn wir für den allgemeinen Fall (6.7) die Numerierung so vornehmen, daß

$$e_1/h_1 > e_2/h_2 > e_3/h_3 > \ldots \qquad (A3.30)$$

ist, fügen wir dem Nahrungsangebot der Reihe nach den Typ 1, 2, 3 usw. zu. Die Bedingung (A3.23) sagt uns, daß der Typ j aufgenommen werden muß ($p_j = 1$), falls

$$e_j/h_j > \frac{\sum_{i=1}^{j-1} \lambda_i e_i}{1 + \sum_{i=1}^{j-1} \lambda_i h_i} . \qquad (A3.31)$$

Wenn aber

$$e_j/h_j < \frac{\sum_{i=1}^{j-1} \lambda_i e_i}{1 + \sum_{i=1}^{j-1} \lambda_i h_i} \qquad (A3.32)$$

gilt, kann wegen der Gln. (A3.21), (A3.22) und (A3.30) durch Hinzufügen eines weiteren Typs keine Vergrößerung von $\tilde{R}$ mehr erzielt werden.

Um das Maximum von $\tilde{R}$ in Gl. (6.15) zu bestimmen, schreiben wir

$$\tilde{R} = \frac{\lambda_j g_j(t_j) + c}{d + \lambda_j t_j} . \qquad (A3.33)$$

Dann erhalten wir ein Extremum von $\tilde{R}$ für

$$0 = \frac{d\tilde{R}}{dt_j} = \frac{\lambda_j g_j'(d + \lambda_j t_j) - \lambda_j(\lambda_j g_j + c)}{(d + \lambda_j t_j)^2}, \qquad (A3.34)$$

was gleichbedeutend mit

$$g_j' = dg_j/dt_j = \frac{\lambda_j g_j + c}{d + \lambda_j t_j} = \tilde{R} \qquad (A3.35)$$

ist.

Falls es nur einen Arealtyp gibt, ist $c = 0$ und $d = 1$. Dann gilt als Extremalbedingung für $\tilde{R}$

$$dg/dt = \frac{\lambda g}{1 + \lambda t}, \qquad (A3.36)$$

woraus

$$g' = \frac{g}{1/\lambda + t} \qquad (A3.37)$$

folgt. Legen wir an g eine Tangente an, wie in Abb. 6.3 gezeigt, so hat diese die gleiche Steigung g' wie g. Also ist g' der Quotient aus g und dem Achsenabschnitt $\tilde{t}$, der durch die Tangente abgetrennt wird. Deshalb folgt aus Gl. (A3.37), daß

$$\tilde{t} = 1/\lambda + t \qquad (A3.38)$$

sein muß. Da das Minimum von $\tilde{R}$ bei $t = 0$ liegt, muß das durch Gl. (A3.34) bestimmte Extremum ein Maximum sein.

Um das Maximum von R bei Gl. (6.34) in Abschn. 6.2.1 mit

$$R = [gS + (1 - g)(1 - d)]^p [(1 - g)(1 - d)]^{1-p} \qquad (A3.39)$$

zu erhalten, bilden wir die Ableitung

$$\begin{aligned}\frac{dR}{dg} &= p[gS + (1 - g)(1 - d)]^{p-1} [S - (1 - d)] [(1 - g)(1 - d)]^{1-p} \\ &\quad + [gS + (1 - g)(1 - d)]^p (1 - p) [(1 - g)(1 - d)]^{-p} (d - 1) \\ &= [gS + (1 - g)(1 - d)]^{p-1} [(1 - g)(1 - d)]^{-p} \\ &\quad \cdot \{p[S - (1 - d)] [(1 - g)(1 - d)] + (1 - p) \\ &\quad \cdot [gS + (1 - g)(1 - d)] (d - 1)\}\end{aligned}$$

und setzen diese gleich Null. Daraus folgt

$$\begin{aligned}0 &= \{\,\} = (1 - d)[pS - gS - (1 - d) + g(1 - d)], \\ g &= \frac{pS + d - 1}{S + d - 1}.\end{aligned} \qquad (A3.40)$$

Um von N_n in Gl. (6.40) mit Gl. (6.39) das Maximum zu bestimmen, schreiben wir wegen Gl. (A1.9)

$$N_n = E \exp\left[-\ln S - \frac{e}{S^\alpha + k}\right]. \qquad (A\,3.41)$$

Dann ist

$$0 = \frac{dN_n}{dS} = N_n \left[-\frac{1}{S} - \frac{e\alpha S^{\alpha-1}}{(S^\alpha + k)^2} \right], \quad \text{(A 3.42)}$$

woraus

$$0 = \left[-1 + \frac{e\alpha S^\alpha}{(S^\alpha + k)^2} \right] \quad \text{(A 3.43)}$$

folgt. Setzen wir $S^\alpha = x$, so erhalten wir

$$x^2 + 2kx + k^2 = e\alpha x ,$$

woraus

$$x^2 + x(2k - e\alpha) = -k^2 \quad \text{(A3.44)}$$

folgt. Damit ist

$$x = \frac{e\alpha - 2k}{2} \pm \sqrt{-k^2 + \frac{1}{4}(e\alpha - 2k)^2} . \quad \text{(A 3.45)}$$

Sofern die Wurzel reell ist, ist sie wegen $-k^2$ kleiner als der Betrag des Terms vor der Wurzel. Dieser ist positiv für

$$\varepsilon\alpha > 2k . \quad \text{(A3.46)}$$

Der Radikand ist

$$-k^2 + (e\alpha)^2/4 - e\alpha k + k^2 = e\alpha(e\alpha/4 - k) ,$$

welcher positiv ist für

$$e\alpha/4 > k . \quad \text{(A3.47)}$$

Ist Gl. (A3.47) erfüllt, so gilt dies auch für Gl. (A3.46). Da N_n für $S \to \infty$ gegen Null und für $S \to 0$ gegen unendlich strebt, muß das Pluszeichen in Gl. (A3.45) ein Maximum und das Minuszeichen ein Minimum von N_n ergeben.

A4 Lokale Stabilitätsanalyse

A4a Einkomponentensysteme (t kontinuierlich)

Ausgehend von der Beschreibung der Populationsdynamik durch

$$\frac{dN}{dt} = f(N) \quad \text{(2.36)}$$

und der Bedingung für das Gleichgewicht

$$0 = f(N^*) \quad \text{(2.37)}$$

führen wir die Abweichung U vom Gleichgewichtswert N* ein:

$$U(t) = N(t) - N^* . \tag{A4.1}$$

Da N* konstant ist, gilt

$$\frac{dU}{dt} = \frac{dN}{dt} = f(N^* + U) . \tag{A4.2}$$

Für kleine Abweichungen können wir f(N* + U) durch eine Gerade approximieren, so daß gilt:

$$\frac{dU}{dt} = f(N^*) + \left.\frac{df}{dN}\right|_{N^*} U .$$

Die rechte Seite dieser Gleichung ist der Beginn einer systematischen Taylorentwicklung (s. Bronstein u. Semendjajew 1981) nach U. Benutzen wir Gl. (2.37), so folgt daraus

$$\frac{dU}{dt} = -\frac{1}{T_R} U \tag{A4.3}$$

mit der charakteristischen Rückkehrzeit

$$\frac{1}{T_R} = -\left.\frac{df}{dN}\right|_{N^*} . \tag{A 4.4}$$

Diese Gleichung entspricht genau der Gl. (A2.1), falls wir

$$r = -\frac{1}{T_R}$$

setzen, so daß wir statt Gl. (A2.3)

$$U(t) = N(t) - N^* = A\, e^{-t/T_R} \tag{A4.5}$$

erhalten. Nur, falls die Steigung von f(N) bei N* negativ ist, folgt aus Gl. (A4.4) ein positiver Wert für T_R. Nur in diesem Fall nimmt die Abweichung U mit der Zeit ab und ist das Gleichgewicht N* stabil.

A4b Einkomponentensysteme (t diskret)

Für die diskrete Populationsdynamik aus Abschn. 2.2.5

$$N_{j+1} - N_j = F(N_j) \tag{2.7) = (2.48}$$

ist das Vorgehen ganz analog. Für ein Gleichgewicht N* gilt

$$F(N^*) = 0 . \tag{A4.6}$$

Die Abweichung U_j

$$U_j = N_j - N^* \tag{A4.7}$$

ist durch

$$U_{j+1} - U_j = F(N^* + U_j) \tag{A4.8}$$

bestimmt. Die lineare Näherung für $F(N^* + U_j)$ liefert

$$U_{j+1} - U_j = F(N^*) + \left.\frac{dF}{dN}\right|_{N^*} U_j\,, \tag{A 4.9}$$

woraus mit Gl. (A4.6)

$$U_{j+1} = \left(1 + \left.\frac{dF}{dN}\right|_{N^*}\right) U_j \tag{A 4.10}$$

folgt. Setzen wir die Anfangsauslenkung $U_0 = A$, so ist die Lösung von Gl. (A4.10)

$$U_j = \Lambda^j A \tag{A4.11}$$

mit

$$\Lambda = 1 + \left.\frac{dF}{dN}\right|_{N^*}. \tag{A 4.12}$$

Stabilität von N^*, also eine Abnahme der Auslenkung U_j mit wachsendem j erhält man für $|\Lambda| < 1$.

A4c Einkomponentensystem mit Zeitverzögerung

Für die zeitverzögerte Gleichung

$$\frac{dN}{dt} = r_m N(t)\,[1 - N(t-T)/K] = f(N(t), N(t-T)) \tag{2.85}$$

gilt analog zu Anhang A4a

$$0 = f(N^*)\,, \tag{A4.13}$$

$$U(t) = N(t) - N^*\,. \tag{A4.14}$$

Mit der linearen Approximation von f in der Nähe von N^* folgt

$$\frac{dU}{dt} = \left.\frac{df}{dN(t)}\right|_{N^*} U(t) + \left.\frac{df}{dN(t-T)}\right|_{N^*} U(t-T)$$

$$= r_m(1 - N^*/K)\,U(t) - r_m\frac{N^*}{K}\,U(t-T)\,. \tag{A 4.15}$$

Wegen $N^* = K$ (s. Gl. 2.86) gilt daher

$$\frac{dU}{dt} = -r_m U(t-T)\,. \tag{A4.16}$$

Ein Ansatz

$$U(t) = A\,e^{-\alpha t}\,e^{i\omega t} \tag{A4.17}$$

löst diese Gleichung, wobei die imaginäre Einheit

$$i = \sqrt{-1} \tag{A4.18}$$

ist. Es ist (s. Bronstein u. Semendjajew 1981)

$$e^{i\omega t} = \cos \omega t + i \sin \omega t\,. \tag{A4.19}$$

Aus Gl. (A4.16) folgt damit

$$(-\alpha + i\omega)\, A\, e^{-\alpha t}\, e^{i\omega t} = -r_m A\, e^{-\alpha(t-T)}\, e^{i\omega(t-T)}\,.$$

Durch Kürzen mit $A\, e^{-\alpha t}\, e^{i\omega t}$ folgt

$$(-\alpha + i\omega) = -r_m\, e^{\alpha T}\, e^{-i\omega T}\,.$$

Nach Real- und Imaginärteil getrennt ist

$$\alpha = r_m\, e^{\alpha T} \cos \omega t\,, \tag{A4.18}$$

$$\omega = r_m\, e^{\alpha T} \sin \omega t\,. \tag{A4.19}$$

Eine monotone Lösung (ohne Oszillationen) erhalten wir für $\omega = 0$, d. h.

$$\alpha = r_m\, e^{\alpha T}\,. \tag{A4.20}$$

Die Gerade x/r_m schneidet die Exponentialfunktion e^{xT} in zwei Punkten, falls ihre Steigung $1/r_m$ groß genug ist, wie man sich durch graphische Darstellung leicht überzeugen kann. Die Lösungen verschwinden, wenn beide Schnittpunkte zusammenfallen, also die Gerade die Exponentialfunktion berührt. Das ist der Fall, wenn die Steigungen an den Schnittpunkten gleich sind, also

$$1/r_m = T\, e^{\alpha T}\,.$$

Dort ist

$$r_m\, e^{\alpha T} = 1/T\,,$$

und daraus folgt mit Gl. (A4.20)

$$\alpha = 1/T\,. \tag{A4.21}$$

Dies in Gl. (A4.20) eingesetzt, ergibt die Grenzbedingung für die monotone Lösung:

$$T r_m \leqq e^{-1}\,. \tag{A4.22}$$

Für größere r_m, die Gl. (A4.22) nicht mehr erfüllen, gibt es keinen Schnittpunkt der Geraden mit der Exponentialfunktion in Gl. (A4.20). Die Lösung kann nicht mehr monoton sein. Dort ist also $\omega \neq 0$.

Die Stabilitätsgrenze wird erreicht für $\alpha = 0$. Dann gilt

$$0 = r_m \cos \omega T\,,$$

woraus

$$\omega T = \left(n + \frac{1}{2}\right)\pi \tag{A 4.23}$$

mit ganzzahligem n folgt. In Gl. (A4.19) eingesetzt, erhalten wir

$$\left(n + \frac{1}{2}\right)\pi = r_m T(-1)^n .$$

Bei steigendem r_m wird eine solche Grenze zum ersten Mal bei n = 0 erreicht. Dort gilt

$$\frac{1}{2}\pi = r_m T . \qquad \text{(A4.25)}$$

Für größere Werte von r_m ist das Gleichgewicht $N^* = K$ also instabil.

A4d Zweikomponentensysteme

Wir betrachten die Dynamik zweier Populationen:

$$\frac{dN_1}{dt} = f_1(N_1, N_2) , \qquad \text{(A4.25)}$$

$$\frac{dN_2}{dt} = f_2(N_1, N_2) . \qquad \text{(A4.26)}$$

Die Gleichgewichtswerte N_1^* und N_2 * sind aus

$$0 = f_1(N_1^*, N_2^*) , \qquad \text{(A4.27)}$$

$$0 = f_2(N_1^*, N_2^*) \qquad \text{(A4.28)}$$

zu bestimmen. Wir betrachten wieder kleine Abweichungen U_1 bzw. U_2 davon

$$U_1(t) = N_1(t) - N_1^* , \qquad \text{(A4.29)}$$

$$U_2(t) = N_2(t) - N_2^* . \qquad \text{(A4.30)}$$

Nähern wir f_1 und f_2 in der Nähe von (N_1^*, N_2^*) durch lineare Funktionen an (Taylorentwicklung bis zur ersten Ordnung; s. Bronstein u. Semendjajew 1981), so gilt analog zu Gl. (A4.3):

$$\begin{aligned} f_1(N_1, N_2) &= f_1(N_1^* + U_1, N_2^* + U_2) \\ &= f_1(N_1^*, N_2^*) + \left.\frac{\partial f_1}{\partial N_1}\right|_{N_1^*, N_2^*} \cdot U_1 + \left.\frac{\partial f_1}{\partial N_2}\right|_{N_1^*, N_2^*} \cdot U_2 . \end{aligned}$$

Benutzen wir die Gln. (A4.27) und (A4.28) und daß die Zeitableitungen von U und N_i gleich sind, da N_i^* konstant ist, folgt:

$$\frac{dU_1}{dt} = a_{11}U_1 + a_{12}U_2 , \qquad \text{(A4.31)}$$

$$\frac{dU_2}{dt} = a_{21}U_1 + a_{22}U_2 \qquad \text{(A4.32)}$$

mit

$$a_{ij} = \left.\frac{\partial f_i}{\partial N_j}\right|_{N_1^*, N_2^*} . \tag{A4.33}$$

Die Ableitungen in Gl. (A4.33) sind an der Stelle $N_1 = N_1^*$ und $N_2 = N_2^*$ zu berechnen. Es läßt sich mathematisch zeigen, daß (bis auf singuläre Fälle) das lineare Gleichungssystem 1. Ordnung für die Abweichungen U_1 und U_2 durch folgenden Ansatz (s. Bronstein u. Semendjajew 1981) gelöst werden kann:

$$U_1 = \hat{U}_1 e^{\lambda t} , \tag{A4.34}$$

$$U_2 = \hat{U}_2 e^{\lambda t} . \tag{A4.35}$$

In die Gln. (A4.31) und (A4.32) eingesetzt, ergibt dies

$$\lambda \hat{U}_1 e^{\lambda t} = a_{11} \hat{U}_1 e^{\lambda t} + a_{12} \hat{U}_2 e^{\lambda t} ,$$

$$\lambda \hat{U}_2 e^{\lambda t} = a_{21} \hat{U}_1 e^{\lambda t} + a_{22} \hat{U}_2 e^{\lambda t} .$$

Durch Kürzen mit $e^{\lambda t}$ und Umsortieren folgt

$$0 = (a_{11} - \lambda) \hat{U}_1 + a_{12} \hat{U}_2 , \tag{A4.36}$$

$$0 = a_{21} \hat{U}_1 + (a_{22} - \lambda) \hat{U}_2 . \tag{A4.37}$$

Aus der letzten Gleichung folgt

$$\hat{U}_1 = - \frac{1}{a_{21}} (a_{22} - \lambda) \hat{U}_2 .$$

In Gl. (A4.36) eingesetzt, finden wir

$$0 = - \frac{1}{a_{21}} (a_{22} - \lambda)(a_{11} - \lambda) \hat{U}_2 + a_{12} \hat{U}_2 .$$

Dividiert man durch $\hat{U}_2$ und multipliziert mit $-a_{21}$, so erhält man

$$0 = (a_{22} - \lambda)(a_{11} - \lambda) - a_{12} a_{21} ,$$

was ausmultipliziert die folgende quadratische Gleichung für λ ergibt.

$$\lambda^2 - (a_{11} + a_{22}) \lambda = a_{12} a_{21} - a_{11} a_{22} . \tag{A4.38}$$

Ihre Lösung ist

$$\left.\begin{matrix} \lambda_1 \\ \lambda_2 \end{matrix}\right\} = \frac{1}{2} (a_{11} + a_{22}) \pm \sqrt{a_{12} a_{21} - a_{11} a_{22} + \frac{1}{4} (a_{11} + a_{22})^2} . \tag{A4.39}$$

Da der Radikant negativ sein kann, ist es möglich, daß die beiden Lösungen λ_1 bzw. λ_2 einen Imaginärteil enthalten. Wir schreiben

$$\lambda_j = \lambda_{jR} + i\omega_j \quad \text{für} \quad j = 1, 2 , \tag{A4.40}$$

wobei $i = \sqrt{-1}$ die imaginäre Einheit ist. Dann gilt in den Gln. (A4.34) und (A4.35)

$$e^{\lambda_j t} = e^{\lambda_{jR} t} e^{i\omega_j t} . \tag{A 4.41}$$

Die allgemeine Lösung der Gln. (A4.31) und (A4.32) für $U_1(t)$ (analog für $U_2(t)$) lautet wegen Gl. (A4.34)

$$U_1 = \alpha e^{\lambda_1 t} + \beta e^{\lambda_2 t} ,$$

wobei die Koeffizienten α und β durch die Anfangsbedingung bestimmt sind. Wir erhalten, falls $\omega_j \neq 0$, Oszillationen, deren Amplituden exponentiell abfallen, falls $\lambda_{1R} < 0$ und $\lambda_{2R} < 0$. Sind aber beide Eigenwerte λ_1 und λ_2 reell, so fällt die Abweichung U_1 exponentiell ab, sofern λ_1 und λ_2 beide negativ sind. Allgemein gilt also, daß das Gleichgewicht (N_1^*, N_2^*) stabil ist, falls die Realteile von λ_1 und λ_2 negativ sind.

Wir untersuchen zwei Fälle:

(1) Der Radikand ist negativ, d. h.

$$a_{12}a_{21} - a_{11}a_{22} < -\frac{1}{4}(a_{11} + a_{22})^2 < 0 . \tag{A4.42}$$

Dann erhalten wir Oszillationen mit den Kreisfrequenzen

$$i\omega_j = \pm \sqrt{a_{12}a_{21} - a_{11}a_{22} + \frac{1}{4}(a_{11} + a_{22})^2} . \tag{A 4.43}$$

Stabilität, d. h. einen negativen Realteil erhalten wir wegen Gl. (A4.39) für

$$a_{11} + a_{22} < 0 . \tag{A4.44}$$

(2) Der Radikand ist positiv, d. h.

$$a_{12}a_{21} - a_{11}a_{22} > -\frac{1}{4}(a_{11} + a_{22})^2 . \tag{A4.45}$$

Dann treten keine Oszillationen auf ($\omega_j = 0$). Damit trotz des positiven Beitrages durch die Wurzel in Gl. (A4.39), beide $\lambda_j < 0$ sein können, muß zunächst

$$a_{11} + a_{22} < 0 \tag{A4.44}$$

sein. Der positive Beitrag durch die Wurzel darf $|a_{11} + a_{22}|/2$ nicht überschreiten, wenn beide $\lambda_j < 0$ sein sollen. Das hcißt, cs muß

$$a_{12}a_{21} - a_{11}a_{22} < 0 \tag{A4.46}$$

sein. Da auch im ersten Fall wegen Gl. (A4.42) die Bedingung (A4.46) erfüllt ist, sind die Gln. (A4.44) und (A4.46) die allgemeinen Bedingungen für Stabilität.

Die Bedingung (A4.45) können wir wie folgt umformen:

$$a_{12}a_{21} - a_{11}a_{22} > -\frac{1}{4}(a_{11} + a_{22})^2 ,$$

$$a_{12}a_{21} > -\frac{1}{4}(a_{11}^2 + 2a_{11}a_{22} + a_{22}^2 - 4a_{11}a_{22}) ,$$

$$a_{12}a_{21} > -\frac{1}{4}(a_{11} - a_{22})^2 . \tag{A4.45a}$$

Für die Gln. (3.3) und (3.4) gilt:

$$f_1 = r_{m1}N_1\left(1 - \frac{N_1}{K_1} - \frac{\beta_{12}}{K_1}N_2\right), \tag{A 4.47}$$

$$f_2 = r_{m2}N_2\left(1 - \frac{N_2}{K_2} - \frac{\beta_{21}}{K_2}N_1\right). \tag{A 4.48}$$

Aus den Gln. (A4.27) und (A4.28) folgt, falls $N_1^* \neq 0$ und $N_2^* \neq 0$:

$$0 = \left(1 - \frac{N_1^*}{K_1} - \frac{\beta_{12}}{K_1}N_2^*\right), \tag{A 4.49}$$

$$0 = \left(1 - \frac{N_2^*}{K_2} - \frac{\beta_{21}}{K_2}N_1^*\right). \tag{A 4.50}$$

Unter Benutzung dieser Gleichungen folgt aus Gl. (A4.33):

$$a_{11} = r_{m1}\left(1 - \frac{N_1^*}{K_1} - \frac{\beta_{12}}{K_1}N_2^*\right) - \frac{r_{m1}}{K_1}N_1^* = -\frac{r_{m1}}{K_1}N_1^*, \tag{A 4.51}$$

$$a_{22} = -\frac{r_{m2}N_2^*}{K_2}, \tag{A4.52}$$

$$a_{12} = -\frac{r_{m1}\beta_{12}}{K_1}N_1^*, \tag{A4.53}$$

$$a_{21} = -\frac{r_{m2}\beta_{21}}{K_2}N_2^*. \tag{A4.54}$$

Da alle Parameter von f_1 und f_2 positiv sind, gilt, daß

$$a_{ij} < 0 \quad \text{für alle } i, j . \tag{A4.55}$$

Deshalb ist $a_{12}a_{21} > 0$. Das heißt, die Gln. (4.45) bzw. (4.45a) sind erfüllt; wir finden keine Oszillationen. Aus Gl. (A4.55) folgt, daß Gl. (A4.44) gilt. Die Bedingung (A4.46) für die Stabilität lautet jetzt:

$$\beta_{12}\beta_{21} - 1 < 0 . \tag{A4.56}$$

Als Lösung der Gln. (A4.49) und (A4.50) ergibt sich

$$N_2^* = K_2\left(\frac{\beta_{21}K_1}{K_2} - 1\right)(\beta_{12}\beta_{21} - 1)^{-1}, \tag{A 4.57}$$

$$N_1^* = K_1\left(\frac{\beta_{12}K_2}{K_1} - 1\right)(\beta_{12}\beta_{21} - 1)^{-1}. \tag{A 4.58}$$

Diese sind wegen Gl. (A4.56) positiv für

$$\beta_{21}K_1/K_2 < 1, \tag{A4.59}$$

$$\beta_{12}K_2/K_1 < 1. \tag{A4.60}$$

Aus diesen beiden Bedingungen folgt umgekehrt Gl. (A4.56).

Ist z. B. $N_1^* = 0$ und $N_2^* = K_2$, folgt aus Gl. (A4.33)

$$a_{11} = r_{m1}\left(1 - \frac{\beta_{12}}{K_1} K_2\right), \tag{A 4.61}$$

$$a_{22} = -r_{m2}, \tag{A4.62}$$

$$a_{12} = 0, \tag{A4.63}$$

$$a_{21} = -r_{m2}\beta_{21}. \tag{A4.64}$$

Da die Gln. (A4.45) bzw. (A4.45a) erfüllt sind, lautet die Stabilitätsbedingung (A4.46) hier

$$\left(1 - \frac{\beta_{12}}{K_1} K_2\right) < 0. \tag{A 4.65}$$

Dann ist a_{11} negativ und somit auch Gl. (A4.44) erfüllt. Entsprechend folgt, daß $N_1^* = K_1$ und $N_2^* = 0$ stabil sind, falls

$$\left(1 - \frac{\beta_{21}}{K_2} K_1\right) < 0. \tag{A 4.66}$$

Für das Räuber-Beute-Modell (3.32) und (3.33) gilt

$$f_1 = N_1(r - \alpha N_1 - \gamma N_2), \tag{A4.67}$$

$$f_2 = N_2(-\varrho - \beta N_2 + \delta N_1). \tag{A4.68}$$

Für die Gleichgewichte gilt:

$$0 = r - \alpha N_1^* - \gamma N_2^*, \tag{A4.67 a}$$

$$0 = -\varrho + \delta N_1^* - \beta N_2^*. \tag{A4.68 a}$$

Daraus folgt

$$N_2^* = \frac{r\delta/\alpha - \varrho}{\gamma\delta/\alpha + \beta}. \tag{A4.69}$$

Damit dieses positiv ist, muß

$$r\delta/\alpha - \varrho > 0 \tag{A4.70}$$

sein. Aus Gl. (4.68a) folgt, daß dann auch N_1^* positiv ist. Es ist mit den Gln. (A4.67a), A4.68a) und (A4.33)

$$\begin{aligned} a_{11} &= -\alpha N_1^* , \\ a_{12} &= -\gamma N_1^* , \\ a_{21} &= \delta N_2^* , \\ a_{22} &= -\beta N_2^* . \end{aligned}$$

Es ist also $a_{12}a_{21} < 0$. Sind α und β und somit a_{11} und a_{22} klein genug, so ist auch Gl. (A4.42) erfüllt und wegen $a_{11} < 0$ und $a_{22} < 0$ auch Gl. (A4.44). Wir erhalten also gedämpfte Oszillationen. Falls Gl. (A4.45) statt Gl. (A4.42) gilt, ist wegen $a_{11} < 0$ und $a_{22} < 0$ die Bedingung (A4.44) und wegen $a_{12}a_{21} < 0$ und $a_{22}a_{11} > 0$ auch Gl. (A4.46) erfüllt, das Gleichgewicht also stabil.

Im Falle des Räuber-Beute-Modells (3.43) und (3.44) ist

$$f_1 = f(N) - PV(N) , \tag{A4.71}$$

$$f_2 = Pr_R(N) . \tag{A4.72}$$

Im Gleichgewicht gilt:

$$0 = f(N^*) - P^*V(N^*) , \tag{A4.73}$$

$$0 = r_R(N^*) . \tag{A4.74}$$

Daraus folgt

$$\begin{aligned} a_{11} &= f'(N^*) - P^*V'(N^*) , \\ a_{12} &= -V(N^*) , \\ a_{21} &= P^*r_R'(N^*) , \\ a_{22} &= r_R(N^*) = 0 . \end{aligned} \tag{A4.75}$$

Die N-Isokline ist durch

$$P = \frac{f(N)}{V(N)} \tag{A4.76}$$

gegeben. Ihre Ableitung ist

$$\frac{dP}{dN} = P' = \frac{f'V - V'f}{V^2} .$$

An der Stelle des Gleichgewichts ist dies wegen der Gln. (A4.73) und (A4.75)

$$P^* \left.\frac{dP}{dN}\right|_{N^*,\,P^*} = \frac{P^*f'^*V^* - P^*V'^*f^*}{V^{*2}} = \frac{f^*}{V^{*2}}(f'^* - P^*V'^*) = \frac{f^*}{V^{*2}}\,a_{11} . \tag{A 4.75 a}$$

Im fallenden Bereich $dP/dN < 0$ der N-Isokline ist a_{11} also negativ. Je stärker die Steigung der Isokline, um so größer der Betrag von a_{11}. Deshalb ist es möglich, daß, falls das Gleichgewicht (Schnittpunkt der Isokline) in Abb. 3.11 weit rechts liegt, $|a_{11}|$ so groß wird, daß Gl. (A4.42) nicht mehr erfüllt wird. Da $a_{11} < 0, a_{22} = 0$ und

$a_{12}a_{21} < 0$, sind die Gln. (A4.44) und (A4.46) erfüllt. Wir finden exponentielle Rückkehr ins Gleichgewicht. Nähert sich das Gleichgewicht einem Maximum der N-Isokline, so gehen die Steigung der Isokline und deshalb a_{11} gegen Null. Dann ist wegen $a_{12}a_{21} < 0$ Gl. (A4.42) auf jeden Fall erfüllt, so daß gedämpfte Oszillationen vorliegen. Auf der linken Seite des Maximums der N-Isokline ist ihre Steigung und deshalb auch (s. Gl. A4.75a) $a_{11} > 0$, was wegen Gl. (A4.44) auf jeden Fall zur Instabilität führt.

Die in Abb. 3.13 dargestellte Situation des Modells (3.42) und (3.43) ist

$$\begin{aligned} f_1 &= f(N) - PV(N, P), \\ f_2 &= Pr_R(N, P). \end{aligned} \tag{A4.77}$$

Das Gleichgewicht ist durch

$$\begin{aligned} 0 &= f(N^*) - P^*V(N^*, P^*), \\ 0 &= r_R(N^*, P^*) \end{aligned}$$

bestimmt. Aus Gl. (A4.33) folgt

$$\begin{aligned} a_{11} &= f'(N^*) - P^* \left.\frac{\partial V}{\partial N}\right|_{N^*, P^*}, \\ a_{12} &= -V(N^*, P^*) - P^* \left.\frac{\partial V}{\partial P}\right|_{N^*, P^*}, \\ a_{21} &= P^* \left.\frac{\partial r_R}{\partial N}\right|_{N^*, P^*}, \\ a_{22} &= 0 + P^* \left.\frac{\partial r_R}{\partial P}\right|_{N^*, P^*}. \end{aligned}$$

Wie in Gl. (A3.12) in Anhang A3 gezeigt, hat die P-Isokline eine waagerechte Steigung, falls $\partial r_R/\partial N = 0$ ist. Deshalb ist $a_{21} = 0$ in dem in Abb. 3.13 dargestellten Fall. Dann sind die Gln. (A4.45) bzw. (A4.45a) erfüllt. Da a_{11} wie bei Gl. (A4.75a) proportional zur Steigung der N-Isokline ist, muß rechts des Maximums $a_{11} < 0$ sein. Da die Wachstumsrate der Räuber mit der Zahl P der Räuber abnimmt, ist $a_{22} < 0$. Deshalb sind die Gln. (A4.44) und (A4.46) erfüllt. Es liegt exponentielle Stabilität vor.

Die Gl. (5.41) in Abschn. 5.3 ist von der Form (A4.31) und (A4.32). Unter Benutzung der Gln. (5.34), (5.35), (5.39) und $Z_2 = 0$ folgt, daß

$$\begin{aligned} a_{11} &= m_2C_2Z_0^* - e_2 - \hat{m}_1C_1(Z_g - Z_0^*), \\ a_{12} &= m_2C_2W_2Z_0^* + \hat{e}_1, \\ a_{21} &= (\hat{m}_1C_1 + \hat{m}_2C_2)(Z_g - Z_0^*), \\ a_{22} &= \hat{m}_2C_2W_2(Z_g - Z_0^*) - (\hat{e}_1 + \hat{e}_2). \end{aligned} \tag{A4.78}$$

Im Falle des symmetrischen Modells (Indices weggelassen) fallen wegen Gl. (5.34) die ersten beiden Terme in a_{11} weg. Dann ist

$$a_{11} + a_{22} = -2\hat{e} - \hat{m}C(Z_g - Z_0^*)(1 - W)\,,$$

also Gl. (A4.44) erfüllt. Außerdem ist

$$a_{11}a_{22} - a_{12}a_{21} = -\hat{m}C(Z_g - Z_0^*)\,W[2e + \hat{m}C(Z_g - Z_0^*)]\,.$$

Dieser Ausdruck ist negativ, sofern $W > 0$ ist. Dann ist Gl. (A4.46) nicht erfüllt, die Störung kann anwachsen, die Art 2 also einwandern.

Für das Modell (5.10) und (5.11) ist

$$f_1 = N_1 r - \gamma(N_1 - N_0)\,N_2\,,$$
$$f_2 = -\varrho N_2 + \delta(N_1 - N_0)\,N_2\,. \quad \text{(A4.79)}$$

Im Gleichgewicht ist $f_2 = 0$, woraus

$$N_1^* - N_0 = \varrho/\delta > 0 \quad \text{(A4.80a)}$$

folgt. Aus $f_1 = 0$ folgt

$$N_1^*(r - \gamma N_2^*) + \gamma N_0 N_2^* = 0\,. \quad \text{(A4.80b)}$$

Also ist wegen Gl. (A4.80a) $N_1^* > 0$. Benutzen wir Gl. (A4.80a) in Gl. (A4.80b), so folgt

$$\gamma N_2^* = N_1^* r/[N_1^* - N_0] > 0\,,$$

so daß auch $N_2^* > 0$ ist. Nach Gl. (A4.33) ist

$$a_{11} = r - \gamma N_2^* = -\gamma N_0 N_2^*/N_1^* < 0\,,$$

wobei Gl. (A4.80b) benutzt wurde:

$$a_{22} = -\varrho + \delta(N_1^* - N_0) = 0\,,$$
$$a_{12} = -\gamma(N_1^* - N_0) < 0\,,$$
$$a_{21} = \delta N_2^* > 0\,.$$

Also ist

$$a_{11} + a_{22} < 0$$

und

$$a_{12}a_{21} - a_{11}a_{22} = a_{12}a_{21} < 0\,,$$

d. h. das Gleichgewicht ist wegen der Gln. (A4.44) und (A4.46) stabil.

A4e Mehrkomponentensysteme

Nahrungsnetze werden durch

$$dN_i/dt = f_i(N_1, N_2, \ldots, N_n) \quad \text{für} \quad i = 1, 2, \ldots, n \quad \text{(7.1)}$$

beschrieben. Die Bedingung für Gleichgewichte ist

$$0 = f_i(N_1^*, N_2^*, \ldots, N_n^*) \,. \tag{7.2}$$

Die lokale Stabilitätsanalyse erfolgt ganz analog wie oben. Es werden kleine Abweichungen

$$U_i(t) = N_i(t) - N_i^*$$

betrachtet. Deshalb kann eine Taylorentwicklung (s. Bronstein u. Semendjajew 1981) bis zur ersten Ordnung um die Gleichgewichtswerte N_i^* herum vorgenommen werden, d. h. wir nähern $f_i(N_1, \ldots, N_n)$ dort durch lineare Funktionen. Damit folgt bei Benutzung von Gl. (7.2)

$$\frac{dU_i}{dt} = \sum_j \left.\frac{\partial f_i}{\partial N_j}\right|_{N_k = N_k^*} \cdot U_j = \sum_j a_{ij} U_j \,. \tag{A 4.81}$$

Die Lösungen dieses linearen Gleichgewichtssystems lassen sich als Linearkombination

$$U_i = \sum_{\mu=1}^{n} \alpha_\mu v_i^{(\mu)} e^{\lambda_\mu t} \tag{A 4.82}$$

schreiben, wobei die Eigenvektoren $v_i^{(\mu)}$ und Eigenwerte λ_μ durch die Gleichung

$$\lambda_\mu v_i^{(\mu)} = \sum_j a_{ij} v_j^{(\mu)}$$

bestimmt sind. Lokale Stabilität, d. h. zeitliche Abnahme der Abweichungen U_i erhält man, wenn alle Eigenwerte λ_μ einen negativen Realteil haben und deshalb die Exponentialfunktionen in Gl. (A4.82) abnehmen. Um dies für Mehrkomponentenmatrizen a_{ij} zu entscheiden, werden die Eigenwerte numerisch bestimmt (Wilkinson 1965) oder das Hurwitzkriterium (s. Bronstein u. Semendjajew 1981) angewendet. Die Exponentialfunktion mit dem größten Realteil $Re(\lambda_1)$ eines Eigenwertes, den wir mit λ_1 bezeichnen wollen, fällt am langsamsten ab. Analog zu Gl. (2.40) in Abschn. 2.2.3 ist dann die charakteristische Rückkehrzeit durch

$$T_R = -1/Re(\lambda_1) \tag{A4.83}$$

bestimmt.

Bei dem Modell von Gardner u. Ashby (1970) und May (1972) in Abschn. 7.2 wurden nicht die Wachstumsraten $f_i(N_1, \ldots, N_n)$ explizit modelliert, sondern die Koeffizienten a_{ij}. Gardner und Ashby haben für die Diagonalelemente a_{ii} Werte zufällig aus dem Intervall

$$-1 \leqq a_{ii} \leqq -0{,}1 \tag{A4.84}$$

und für die Außerdiagonalelemente a_{ij} Werte aus

$$-1 \leqq a_{ij} \leqq 1 \quad \text{für} \quad i \neq j \tag{A4.85}$$

gewählt, wobei eine gleichmäßige Wahrscheinlichkeitsverteilung benutzt wurde. Mit Hilfe des Hurwitz-Kriteriums (s. Bronstein u. Semendjajew 1981) wurde die Stabilität überprüft. May hat alle $a_{ii} = -1$ festgesetzt. Für die a_{ij} mit $i \neq j$

ist eine Verteilung mit Mittelwert gleich Null und Varianz α^2 benutzt worden, so daß α die mittlere Stärke der Wechselwirkungen beschreibt. Falls die Zahl n der Komponenten hinreichend groß ($n \gg 1$) ist, können mit einem analytischen Verfahren der Eigenwert mit dem größten Realteil und somit die Stabilitätseigenschaften bestimmt werden.

Für Modelle des Lotka-Volterra-Typs gilt

$$dN_i/dt = N_i\Big(r_i + \sum_j a_{ij}N_j\Big) \quad \text{für} \quad i = 1, 2, \ldots, n\,. \tag{7.5}$$

Die Gleichgewichtsbedingung

$$0 = r_i + \sum_j a_{ij}N_j^* \quad \text{für} \quad i = 1, 2, \ldots, n \tag{7.7}$$

läßt sich mit Hilfe der inversen Matrix a_{ij}^{-1} von a_{ij}

$$N_i^* = -\sum_j a_{ij}^{-1} r_j \tag{A 4.86}$$

schreiben. Bei der zufälligen Wahl der Koeffizienten a_{ij} ist es so gut wie ausgeschlossen, daß eine singuläre Matrix entsteht und der Kehrwert nicht existiert. Deshalb erhält man für das Gleichgewicht eine eindeutige Lösung. Die Entwicklung (A4.81) der linearen Stabilitätsanalyse ergibt hier

$$dU_i/dt = \Big(r_i + \sum_j a_{ij}N_j^*\Big)U_i + \sum_j N_i^* a_{ij} U_j = \sum_j N_i^* a_{ij} U_j\,, \tag{A 4.87}$$

wobei Gl. (7.7) benutzt wurde.

A4f Ortsabhängige Komponenten

Für die ortsabhängige lineare Stabilitätsanalyse ergibt sich aus den Gln. (5.55) und (5.57) durch Entwicklung von $r_1(n_1, n_2)$ und $r_2(n_1, n_2)$ nach $u_1 = n_1 - n_1^*$ und $u_2 = n_2 - n_2^*$

$$\partial u_i/\partial t = \sum_j a_{ij}u_j + D_i\,\Delta u_i\,, \tag{A 4.88}$$

wobei

$$a_{ij} = n_i^* \left.\frac{\partial r_i}{\partial n_j}\right|_{n_1^*, n_2^*} \tag{A 4.89}$$

ist. Da n_i^* ortsunabhängig ist, gilt $\Delta u_i = \Delta n_i$. Die allgemeine Lösung von Gl. (A4.88) kann durch Linearkombination von ebenen Wellen (Fourierentwicklung) (Nisbet u. Gurney 1982) angesetzt werden. Für eine Welle $e^{i\vec{k}\vec{x}}$ mit der Wellenlänge

$$\lambda = 2\pi/|\vec{k}| \tag{A4.90}$$

gilt, daß

$$\Delta e^{i\vec{k}\vec{x}} = \partial^2/\partial x^2\, e^{i(k_1 x + k_2 y)} + \partial^2/\partial y^2\, e^{i(k_1 x + k_2 y)}$$
$$= [(ik_1)^2 + (ik_2)^2]\, e^{i\vec{k}\vec{x}} = -|\vec{k}|^2\, e^{i\vec{k}\vec{x}}. \quad \text{(A 4.94)}$$

Für den dreidimensionalen Fall gilt Entsprechendes. Setzen wir also

$$u_i(x, t) = v_i(t)\, e^{i\vec{k}\vec{x}}, \quad \text{(A 4.92)}$$

so folgt aus Gl. (A4.88)

$$dv_i/dt = \sum_j a_{ij} v_j - D_i k^2 v_i. \quad \text{(A 4.93)}$$

Dies entspricht völlig den Gl. (A4.31) und (A4.32), wobei hier a_{ii} durch $a_{ii} - D_i k^2$ zu ersetzen ist. Deshalb gilt als Stabilitätsbedingung analog zu den Gln. (A4.44) und (A4.46)

$$a_{11} - D_1 k^2 + a_{22} - D_2 k^2 < 0, \quad \text{(A4.94)}$$

$$a_{12} a_{21} - (a_{11} - D_1 k^2)(a_{22} - D_2 k^2) < 0. \quad \text{(A4.95)}$$

Abhängig von den Vorzeichen der a_{ij} kann für gewisse k-Werte eine dieser Bedingungen verletzt sein. Dann wächst die anfänglich geringe Störung mit der zugehörigen Wellenlänge an. Es bildet sich eine entsprechende räumliche Struktur heraus.

A5 Demographie

Ist in Gl. (2.92) die Mortalität q konstant, so hat

$$l_{x+1} = l_x(1 - q) \quad \text{(2.92)}$$

die Lösung

$$l_x = (1 - q)^x, \quad \text{(A5.1)}$$

wie sich leicht durch Einsetzen zeigen läßt. Die Bedingung $l_0 = 1$, die aus Gl. (2.90) folgt, ist auch erfüllt. Mit den Regeln aus Anhang A1 folgt:

$$l_x = \exp[x \ln(1 - q)]. \quad \text{(A5.2)}$$

Die mittlere Lebenserwartung (2.94) berechnet sich wie folgt:

$$e_a = \sum_{y \geqq a} \frac{l_y - l_{y+1}}{l_a}\, y - a = \frac{1}{l_a}\left[\sum_{y \geqq a} l_y y - \sum_{z \geqq a+1} l_z (z - 1)\right] - a$$

$$= \frac{1}{l_a}\left[l_a a + \sum_{z \geqq a+1} l_z\right] - a = \sum_{y \geqq a+1} l_y / l_a. \quad \text{(A 5.3)}$$

Setzt man hier Gl. (A5.1) ein, so folgt

$$e_a = \sum_{y \geq a+1} \frac{(1-q)^y}{(1-q)^a} = \sum_{z \geq 1} (1-q)^z . \tag{A 5.4}$$

Setzen wir eine konstante Fekundität β in die Formel (2.96) für den reproduktiven Wert v_a ein, so folgt aus Gl. (A5.1):

$$V_a = \frac{1}{(1-q)^a} \sum_{x \geq a} (1-q)^x \beta = \frac{1}{(1-q)^a} \sum_{z \geq 0} (1-q)^{a+z} \beta = \beta \sum_{z \geq 0} (1-q)^z . \tag{A 5.5}$$

Um die Wachstumsrate r aus Gl. (2.107) zu bestimmen, kann man folgendermaßen vorgehen: Man beginne mit dem Probewert r = 0 und berechne die Summe in Gl. (2.107). Ist sie größer als 1, erhöhe man r um ein gewisses Δr. Dies wiederhole man solange, bis die Summe kleiner als 1 wird. In diesem Fall erniedrige man Δr um den Faktor 0,4 und erniedrige r um diesen Betrag. Die Verringerung wird solange fortgesetzt, bis die Summe wieder größer als 1 ist. In diesem Fall wird Δr wieder um den Faktor 0,4 verringert und r um diesen Betrag erhöht. Auf diese Weise wird immer weiter verfahren, bis Δr einen vorgegebenen kleinen Wert erreicht hat, der die Genauigkeit von r festlegt. Diese Prozedur ist auf jedem programmierbaren Taschenrechner in Sekundenschnelle erledigt.

A6 Wahrscheinlichkeit

Zur Berechnung einer Varianz schreiben wir

$$\begin{aligned} \mathrm{var}\,(n) &= \langle (n - \bar{n})^2 \rangle = \langle n^2 - 2n\bar{n} + \bar{n}^2 \rangle \\ &= \langle n^2 \rangle - 2\bar{n}\langle n \rangle + \bar{n}^2 = \langle n^2 \rangle - \langle n \rangle^2 . \end{aligned} \tag{A6.1}$$

Einen üblichen Trick zur Berechnung von Mittelwerten wenden wir auch bei der Poissonverteilung (4.46) in Abschn. 4.2.1 an:

$$\begin{aligned} \bar{n} &= \sum_n n P_n = \sum_n n \frac{\lambda^n}{n!} e^{-\lambda} = e^{-\lambda} \lambda \frac{d}{d\lambda} \sum_n \frac{\lambda^n}{n!} \\ &= e^{-\lambda} \lambda \frac{d}{d\lambda} e^{\lambda} = \lambda = pt , \end{aligned} \tag{A6.2}$$

$$\begin{aligned} \langle n^2 \rangle &= \sum_n n^2 P_n = e^{-\lambda} \left(\lambda \frac{d}{d\lambda} \right)^2 \sum_n \frac{\lambda^n}{n!} \\ &= e^{-\lambda} \lambda \frac{d}{d\lambda} \lambda e^{\lambda} = e^{-\lambda} \lambda (1 + \lambda) e^{\lambda} = \lambda + \lambda^2 , \end{aligned} \tag{A6.3}$$

$$\mathrm{var}\,(n) = \langle n^2 \rangle - \bar{n}^2 = \lambda = pt . \tag{A6.4}$$

Für die Kovarianz berechnen wir für $t' \geqq t$

$$\begin{aligned}
\langle n(t)\, n(t')\rangle &= \sum_{n,\, n' \geqq n} W_n(t)\, n W_{n'}(t')\, n' \\
&= \sum_{nr} W_n(t)\, n W_r(t'-t)\,(n+r) \\
&= \sum_{nr} W_n(t)\, W_r(t'-t)\,(n^2+nr) \\
&= (pt + p^2t^2) + ptp(t'-t) \\
&= pt[1+pt'] .
\end{aligned}$$

Dabei haben wir benutzt, daß $n(t') \geqq n(t)$ sein muß.

$$\begin{aligned}
&\mathrm{cov}\,(n(t), n(t')) = \langle n(t)\, n(t')\rangle - \langle n(t)\rangle \langle n(t')\rangle \\
&= pt[1+pt'] - pt\, pt' = pt , \qquad \text{(A6.5)} \\
&\mathrm{cor}\,(n(t), n(t')) = \mathrm{cov}\,(n(t), n(t'))/\sqrt{\mathrm{var}\,(n(t))\,\mathrm{var}\,(n(t'))} \\
&= pt/\sqrt{pt\, pt'} = \sqrt{\frac{t}{t'}} = \sqrt{1 - \frac{t'-t}{t'}} . \qquad \text{(A 6.6)}
\end{aligned}$$

Sind die stochastischen Größen n nicht diskret, sondern kontinuierlich, so sind bei Mittelwerten usw. die Summen durch Integrale zu ersetzen.

Für die oszillierende Lösung des Modells (4.9) und (4.10) mit $N_2 = 0$ gilt

$$\begin{aligned}
\overline{r_1(R)} &= \frac{1}{T}\int_0^T r_1(R(t))\, dt = \frac{1}{T}\int_0^T \frac{1}{N}\frac{dN_1}{dt}\, dt \\
&= \frac{1}{T}\int_0^T \frac{d \ln N_1}{dt}\, dt = \frac{1}{T}[\ln N_1(T) - \ln N_1(0)] = 0 , \qquad \text{(A 6.7)}
\end{aligned}$$

da bei periodischem Verhalten $N_1(T) = N_1(0)$ ist.

Wäre $r_1(R)$ eine lineare Funktion $L(R)$ der Form

$$L(R) = a + bR ,$$

so wäre

$$\overline{L(R)} = \overline{a + bR} = a + b\bar{R} = L(\bar{R}) .$$

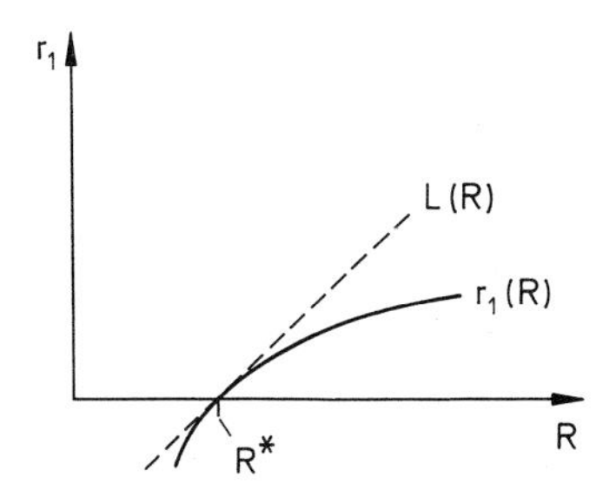

Abb. A6.1. Wachstumsrate $r_1(R)$ der Art 1 gegen die Ressource R mit der Tangente L(R)

Nun ist $r_1(R)$, wie in Abb. 4.3 dargestellt, negativ gekrümmt. In Abb. A6.1 ist die Tangente $L(R)$ an die Kurve $r_1(R)$ im Punkt R^* gezeigt. Es gilt offensichtlich $L(R) > r_1(R)$ für $R \neq R^*$. Für oszillierendes R muß deshalb

$$0 < \overline{r_1(R)} < \overline{L(R)} = L(\bar{R})$$

sein. Wie aber Abb. A6.1 zeigt, ist $L(R)$ nur positiv für Werte oberhalb von R^*. Also gilt

$$\bar{R} > R^* . \tag{A6.8}$$

Ist in Gl. (A6.7) $R(t)$ eine zufällig variierende Funktion, aber die Individuenzahlen $N_1(t)$ beschränkt, so gilt für $N_1 \neq 0$

$$\overline{r_1(R)} = \lim_{T\to\infty} \frac{1}{T} \int_0^T r_1(R(t))\,dt \leqq \lim_{T\to\infty} \frac{1}{T} [\ln \mathrm{Max}(N_1) - \ln \mathrm{Min}(N_1)] = 0 , \tag{A 6.9}$$

wobei benutzt wurde, daß aus den Gln. (4.18) bzw. (4.19) für $N_1 \neq 0$

$$r_1(N_1) = \frac{1}{N_1} \frac{dN_1}{dt} = \frac{d \ln N_1}{dt}$$

folgt.

Gl. (A6.7) angewendet auf die Gln. (4.18) und (4.19) ergibt

$$0 = \overline{r_1(R)} = k_1(\bar{R} - \vartheta_1) ,$$

$$\begin{aligned} 0 = \overline{r_2(R)} &= k_2(\bar{R} - \alpha\overline{R^2} - \vartheta_2) \\ &= k_2(\bar{R} - \alpha(\mathrm{var}\,(R) + \bar{R}^2) - \vartheta_2) , \end{aligned}$$

wobei wegen Gl. (A6.1)

$$\mathrm{var}\,(R) = \langle(R - \bar{R}^2)\rangle = \overline{R^2} - \bar{R}^2$$

ist. Somit folgt

$$\begin{aligned} \bar{R} &= \vartheta_1 , \\ \mathrm{var}\,(R) &= (\vartheta_2 - \bar{R})/\alpha - \vartheta_1^2 . \end{aligned}$$

Diese Gleichungen sind im Prinzip erfüllbar, sofern $\alpha \neq 0$ ist, also der nichtlineare Term in Gl. (4.19) vorhanden ist. Da die Varianz immer positiv ist, muß

$$\vartheta_2 > \vartheta_1 - \alpha\vartheta_1^2$$

sein.

Beim Umgang mit der Normal- oder Gauß-Verteilung tritt immer wieder das Integral (s. Bronstein u. Semendjajew 1981)

$$\int_{-\infty}^{\infty} e^{-ax^2}\,dx = \sqrt{\frac{\pi}{a}} \tag{A 6.10}$$

auf, wobei hier

$$a = \frac{1}{2W^2} \tag{A6.11}$$

ist. Der Mittelwert ist

$$\bar{x} = \sqrt{\frac{a}{\pi}} \int_{-\infty}^{\infty} x \exp(-a(x-m)^2)\, dx$$

$$= \sqrt{\frac{a}{\pi}} \int_{-\infty}^{\infty} (y+m) \exp(-ay^2)\, dy \, .$$

Da $\exp(-ay^2)$ eine gerade Funktion ist, d. h.

$$\exp[-a(-y)^2] = \exp[-ay^2] \, , \tag{A6.12}$$

aber y ungerade ist, folgt

$$\int_{-\infty}^{\infty} y\, e^{-ay^2}\, dy = \int_{0}^{\infty} y\, e^{-ay^2}\, dy + \int_{-\infty}^{0} y\, e^{-ay^2}\, dy$$

$$= \int_{0}^{\infty} y\, e^{-ay^2}\, dy - \int_{0}^{\infty} z\, e^{-az^2}\, dz = 0 \, . \tag{A 6.13}$$

Wegen der Gln. (A6.13) und (A6.10) ist

$$\bar{x} = m \, . \tag{A6.14}$$

Um die Varianz zu berechnen, schreiben wir

$$\mathrm{var}(x) = \langle (x-m)^2 \rangle = \sqrt{\frac{a}{\pi}} \int_{-\infty}^{\infty} (x-m)^2 \exp[-a(x-m)^2]\, dx$$

$$= \sqrt{\frac{a}{\pi}} \int_{-\infty}^{\infty} y^2\, e^{-ay^2}\, dy = \sqrt{\frac{a}{\pi}} \left(-\frac{d}{da}\right) \int_{-\infty}^{\infty} e^{-ay^2}\, dy$$

$$= \sqrt{\frac{a}{\pi}} \left(-\frac{d}{da}\right) \sqrt{\frac{\pi}{a}} = \sqrt{a}\, \frac{1}{2}\, a^{-3/2} = \frac{1}{2a} = W^2 . \tag{A 6.15}$$

Für die Standardabweichung folgt $d(x) = \sqrt{\mathrm{var}(x)} = W$.

Wir untersuchen die Größen K_i und β_{ij} gemäß den Gln. (3.19) und (3.21), wobei wir $\omega_i = \omega_j = \omega$ und $S_\nu = S$ setzen. Wir ersetzen die diskrete Verteilung $f_{j\nu}$ durch eine kontinuierliche

$$f_{j\nu} = \sqrt{\frac{a}{\pi}} \exp[-a(\nu - \bar{\nu}_j)^2]\, d\nu \, , \tag{A 6.16}$$

die eine Normalverteilung mit dem Mittelwert $\bar{\nu}_j$ und der Varianz $W^2 = (2a)^{-1}$ darstellt. Dann gilt

$$K_i = \frac{S}{C\omega} \int f_{i\nu}\, d\nu / \int f_{i\nu}^2\, d\nu\,.$$

Das Integral im Zähler gibt natürlich 1 (Normierung!). Für das Integral im Nenner folgt mit $y = \nu - \bar{\nu}_j$:

$$\int f_{i\nu}^2\, d\nu = \frac{a}{\pi} \int_{-\infty}^{\infty} e^{-2ay^2}\, dy = \frac{a}{\pi}\sqrt{\frac{\pi}{2a}} = \sqrt{\frac{a}{2\pi}} = \sqrt{\frac{1}{4\pi W^2}}\,, \tag{A6.17}$$

wobei Gl. (A6.10) benutzt wurde. Also folgt

$$K_i = \frac{S}{C\omega}\sqrt{4\pi W^2} \tag{A6.18}$$

Je größer also die Breite W der Verteilung $f_{i\nu}$, um so größer ist K_i.

Für β_{ij} folgt mit $\omega_i = \omega_j$:

$$\beta_{ij} = \int f_{i\nu} f_{j\nu}\, d\nu / \int f_{i\nu}^2\, d\nu\,. \tag{A6.19}$$

Für das Integral im Zähler gilt, falls beide Verteilungen die Varianz $W^2 = (2a)^{-1}$ besitzen,

$$\int f_{i\nu} f_{j\nu}\, d\nu = \frac{a}{\pi} \int \exp\left[-a(\nu - \bar{\nu}_i)^2 - a(\nu - \bar{\nu}_j)^2\right] d\nu\,.$$

Da

$$\begin{aligned}(\nu - \bar{\nu}_i)^2 + (\nu - \bar{\nu}_j)^2 &= 2\nu^2 - 2\nu(\bar{\nu}_i + \bar{\nu}_j) + \bar{\nu}_i^2 + \bar{\nu}_j^2 \\ &= 2[\nu - (\bar{\nu}_i + \bar{\nu}_j)/2]^2 + (\bar{\nu}_i - \bar{\nu}_j)^2/2\end{aligned}$$

gilt, folgt mit $z = \nu - (\bar{\nu}_i + \bar{\nu}_j)/2$

$$\begin{aligned}\int f_{i\nu} f_{j\nu}\, d\nu &= \frac{a}{\pi} \exp\left[-a(\bar{\nu}_i - \bar{\nu}_j)^2/2\right] \int_{-\infty}^{\infty} \exp\left[-2az^2\right] dz \\ &= \sqrt{\frac{a}{2\pi}} \exp\left[-a(\bar{\nu}_i - \bar{\nu}_j)^2/2\right].\end{aligned}$$

Damit folgt

$$\beta_{ij} = \exp\left[-a(\bar{\nu}_i - \bar{\nu}_j)^2/2\right],$$

wobei die Gln. (A6.17) und (A6.19) benutzt wurden. β_{ij} ist um so geringer, je größer der Abstand $\bar{\nu}_i - \bar{\nu}_j$ der Verteilungen und je kleiner ihre Breite W ist, d. h. je weniger sich die Verteilungen überschneiden.

Haben wir 3 Verteilungen mit den Abständen $\bar{\nu}_1 - \bar{\nu}_2 = d$ und $\bar{\nu}_2 - \bar{\nu}_3 = d$ und den Breiten W, so folgt aus Gl. (A6.18), daß alle den gleichen Wert K besitzen.

Es gilt dann weiter

$$\beta_{12} = \beta_{23} = \alpha\,, \tag{A6.20}$$

wobei α definiert ist als

$$\alpha = \exp\,[-d^2/4w^2] < 1\,. \tag{A6.21}$$

Für β_{13} gilt:

$$\beta_{13} = \exp\left[-\frac{(2d)^2}{4W^2}\right] = \alpha^4\,. \tag{A 6.22}$$

Für das Gleichgewicht von Gl. (3.17) erhält man durch Nullsetzen der Klammer

$$N_1^*/K = N_3^*/K = [(1-\alpha)\,(1+\alpha)^2]^{-1}\,,$$
$$N_2/K = (1-\alpha-\alpha^2-\alpha^3)\,[(1-\alpha)\,(1+\alpha)^2]^{-1}\,,$$

wie man durch Einsetzen in Gl. (3.17) mit den Gln. (A6.20) und (A6.22) leicht nachprüft. Die lokale Stabilitätsanalyse nach Anhang A4e zeigt, daß dieses Gleichgewicht stabil ist, falls alle N^* positiv sind. Da $\alpha < 1$, folgt daraus, daß für $1-\alpha-\alpha^2-\alpha^3 > 0$ oder, was äquivalent ist, $\alpha < 0{,}54$, Stabilität vorliegt. Mit Gl. (A6.21) folgt daraus die Stabilitätsbedingung

$$d/W > 1{,}6\,.$$

Wenn man bei kontinuierlichen Wahrscheinlichkeitsverteilungen $f(x)$ zu einer anderen Variablen $\tilde{x}$ mit

$$x = g(\tilde{x}) \tag{A6.23}$$

übergeht, folgt für die Wahrscheinlichkeit, Werte aus einem kleinen Intervall zu finden,

$$f(x)\,dx = f(g(\tilde{x}))\,dg(\tilde{x}) = f(g(\tilde{x}))\,\frac{dg(\tilde{x})}{d\tilde{x}}\,d\tilde{x}\,. \tag{A6.24}$$

Die Wahrscheinlichkeitsverteilung für die neue Variable ist also

$$\tilde{f}(\tilde{x}) = f(g(\tilde{x}))\,\frac{dg(\tilde{x})}{d\tilde{x}}\,. \tag{A6.25}$$

Bei Gl. (7.30) entspricht R dem x und n dem $\tilde{x}$, wobei

$$x = R = g(n) = \ln\frac{n}{N_0}\Big/\ln 2 \tag{A 6.26}$$

ist. Deshalb ist die Wahrscheinlichkeitsverteilung für n gemäß Gl. (7.31)

$$\tilde{f}(n) = S_0\exp\left[-a^2\left(\ln\frac{n}{N_0}\Big/\ln 2\right)^2\right]\frac{1}{n\ln 2}\,. \tag{A 6.27}$$

A7 Markow-Prozesse

Aus der in Abschn. 4.2.2 formulierten Markow-Eigenschaft folgt, daß die Wahrscheinlichkeit $P(x, t)\,dx$ für den Fall, daß $N(t) = x_0$ zum Zeitpunkt $t = 0$ ist, nicht von der Vorgeschichte vor $t = 0$ abhängt. Für diese bedingte Wahrscheinlichkeit gilt daher due Chapman-Kolmogorow-Gleichung:

$$P(x, t/x_0, 0) = \int P(x, t/y, t')\, P(y, t'/x_0, 0)\, dy\,. \tag{A7.1 a}$$

Um in der Zeit t von x_0 nach x zu kommen (s. Abb. 4.6), muß $N(t)$ bei t' einen Zwischenwert y erreichen und dann außerdem von diesem in der verbleibenden Zeit $t - t'$ zum Wert x gelangen. Wegen Regel (4.33) und der Unabhängigkeit aufgrund der Markow-Eigenschaft werden die entsprechenden Wahrscheinlichkeiten multipliziert. Da es für $P(x, t/x_0, 0)$ egal ist, welcher Zwischenwert y bei t' erreicht wird, berechnen wir dieses Produkt für verschiedene Werte. Aufgrund von Regel (4.29) summieren, d. h. hier integrieren wir über alle möglichen Zwischenwerte.

Statt bei $t = 0$ mit einem festen Wert x_0 zu starten, kann zu diesem Zeitpunkt für $N(t)$ auch nur die Wahrscheinlichkeit $P(x, 0)\,dx$ bekannt sein. Dann gilt entsprechend

$$P(x, t) = \int P(x, t/y, t')\, P(y, t')\, dy\,, \tag{A7.2 a}$$

wobei $P(x, t)$ bzw. $P(y, t')$ zur Zeit $t = 0$ mit der vorgegebenen Wahrscheinlichkeitsverteilung $P(x, 0)$ übereinstimmen. Für die diskrete Beschreibung der Individuenzahl N in Abschn. 4.2.3 gilt völlig analog

$$P_{nm}(t) = \sum_r P_{nr}(t - t')\, P_{rm}(t')\,, \tag{A 7.1 b}$$

$$P_n(t) = \sum_r P_{nr}(t - t')\, P_r(t')\,, \tag{A 7.2 b}$$

wobei für die Wahrscheinlichkeit $P_n(t)$, zur Zeit t den Wert n zu finden, die Anfangssituation durch $P_n(t = 0)$ vorgegeben sein muß.

Das Maximum der Verteilung $P^*(x)$ in Gl. (4.66) liegt dort, wo der Exponent (geschweifte Klammer) maximal ist:

$$0 = \frac{d}{dx}\left\{\left[\frac{2r_m}{\sigma^2} - 1\right] \ln x - \frac{2r_m x}{K\sigma^2}\right\} = \left[\frac{2r_m}{\sigma^2} - 1\right]\frac{1}{x} - \frac{2r_m}{K\sigma^2}\,. \tag{A 7.3}$$

Daraus folgt die Lage des Maximums bei

$$x_{max} = K\left(1 - \frac{\sigma^2}{2r_m}\right). \tag{A 7.4}$$

Aus den Gln. (4.65) und (4.66) folgt

$$1 = \int_0^\infty c x^n\, e^{-\beta x}\, dx\,, \tag{A 7.5}$$

wobei

$$n = 2r_m/\sigma^2 - 1\,,$$

$$\beta = \frac{2r_m}{K\sigma^2}$$

ist. Das Integral (A7.5) kann man in Integraltafeln (s. Bronstein u. Semendjajew 1981) finden:

$$\int_0^\infty x^n\, e^{-\beta x}\, dx = \frac{\Gamma(n+1)}{\beta^{n+1}}\,, \tag{A 7.6}$$

wobei für die Gammafunktion $\Gamma(n)$ gilt

$$\Gamma(n+1) = n\Gamma(n)\,. \tag{A7.7}$$

Aus Gl. (A7.6) folgt

$$c = \beta^{n+1}/\Gamma(n+1)\,. \tag{A7.8}$$

Der Mittelwert von x ergibt dann

$$\bar{x} = \int_0^\infty xcx^n\, e^{-\beta x}\, dx = \frac{\Gamma(n+2)}{\beta^{n+2}}\, C\,.$$

Mit den Gln. (A7.7) und (A7.8) folgt

$$\bar{x} = \frac{n+1}{\beta} = \frac{2r_m}{\sigma^2} \cdot \frac{K\sigma^2}{2r_m} = K\,. \tag{A 7.9}$$

Um die Varianz zu berechnen, benötigen wir

$$\bar{x}^2 = \int_0^\infty x^2cx^n\, e^{-\beta x}\, dx = \frac{\Gamma(n+3)}{\beta^{n+3}} \cdot C$$

$$= (n+2)(n+1)/\beta^2\,. \tag{A7.10}$$

Aus den Gln. (A7.9) und (A7.10) folgt

$$\mathrm{var}(x) = \overline{x^2} - \bar{x}^2 = \frac{1}{\beta^2}(n+1)[(n+2) - (n+1)]$$

$$= \left(\frac{K\sigma^2}{2r_m}\right)^2 \frac{2r_m}{\sigma^2} = \frac{K^2\sigma^2}{2r_m}\,. \tag{A 7.11}$$

Die Standardabweichung ist dann

$$d(x) = \sqrt{\mathrm{var}(x)} = K\sigma/\sqrt{2r_m}\,. \tag{A7.12}$$

Für die Gln. (4.70) und (4.71) lautet die Fokker-Planck-Gleichung (4.61):

$$\frac{dP}{dt} = \frac{\partial}{\partial x}(\alpha x P) + \frac{1}{2}\beta\frac{\partial^2 P}{\partial x^2} \tag{A 7.13}$$

mit

$$\alpha = 1/T_R\,, \tag{A7.14}$$

$$\beta = \sigma^2 g^2(N^*)\,. \tag{A7.15}$$

Die Lösung lautet

$$P(x, t/x_0) = \frac{1}{\sqrt{2\pi}\,V(t)}\exp\left\{-\frac{[x-m(t)]^2}{2V(t)^2}\right\}, \tag{A 7.16}$$

wie man durch Einsetzen in Gl. (A7.13) nachprüfen kann, wobei

$$m(t) = x_0\,e^{-\alpha t}\,, \tag{A7.17}$$

$$V(t)^2 = \frac{\beta}{2\alpha}[1-e^{-2\alpha t}]. \tag{A7.18}$$

Um die Korrelationsfunktion zu berechnen, benötigen wir

$$\langle U(t)\,U(0)\rangle = \iint_{-\infty}^{\infty} xP(x, t/y)\,yP^*(y)\,dx\,dy\,, \tag{A 7.19}$$

wobei hier nach Gl. (4.31) die gemeinsame Wahrscheinlichkeit, den Wert x zur Zeit t und den Wert y zur Zeit Null zu finden, im Gleichgewicht durch $P(x, t/y)\cdot P^*(y)$ gegeben ist. Aus Gl. (A7.16) folgt, daß für $t \to \infty$ die Wahrscheinlichkeitsverteilung $P(x, t/y)$ gegen

$$P^* = \frac{1}{\sqrt{2\pi}\,V_0}\exp\left\{-\frac{x^2}{2V_0^2}\right\} \tag{A 7.20}$$

strebt, wobei

$$V(t) \to V_0 = \frac{\beta}{2\alpha}\,. \tag{A7.21}$$

Damit wird aus Gl. (A7.19)

$$\langle U(t)\,U(0)\rangle = \iint_{-\infty}^{\infty} x\,\frac{1}{\sqrt{2\pi}\,V(t)}\exp\left\{-\frac{[x-m(t)]^2}{2V^2(t)}\right\} y\,\frac{1}{\sqrt{2\pi}\,V_0}$$

$$\times\exp\left\{-\frac{y^2}{2V_0^2}\right\}dx\,dy\,.$$

Das Integral über x ist nach Gl. (A6.14) in Anhang A6 der Mittelwert $m(t) = y\exp(-\alpha t)$ einer Gauß-Verteilung. Deshalb ist

$$\langle U(t)\,U(0)\rangle = \int_{-\infty}^{\infty} y\,e^{-\alpha t}\,y\,\frac{1}{\sqrt{2\pi}\,V_0}\exp\left\{-\frac{y^2}{2V_0^2}\right\}dy = V_0^2\,e^{-\alpha t}, \tag{A 7.22}$$

wobei Gl. (A6.15) benutzt wurde. Da der Mittelwert der Gleichgewichtsverteilung $P^*(x)$ aus Gl. (A7.20) Null ist, gilt nach den Gln. (4.39) und A7.14):

$$\text{cov}(U(t), U(O)) = \langle U(t)\, U(O)\rangle - \langle U(t)\, U(O)\rangle = V_0^2\, e^{-\alpha t}\,. \qquad (A7.23)$$

Die Varianz von $P^*(x)$ ist wegen der Gln. (A7.20) und (A6.15) gleich V_0^2. Deshalb ist nach Gl. (4.40) mit $\text{var}(U(t)) = \text{var}(U(0)) = V_0^2$

$$\text{cor}(U(t), U(O)) = \text{cov}(U(t), U(O))/V_0^2 = e^{-t/T_R}\,. \qquad (A7.24)$$

Für die mittlere First-Passage-Zeit vom Wert y zum Wert x gilt (s. Goel u. Richter-Dyn 1974)

$$M(x, y) = \int_x^y d\eta\, \Pi(\eta) \int_\eta^\infty [B(z)\, \Pi(z)]^{-1}\, dz\,, \qquad (A\,7.25)$$

wobei

$$\Pi(x) = \exp\left\{-\int^x \frac{2A(z)}{B(z)}\, dz\right\}. \qquad (A\,7.26)$$

Das Integral ist für das Modell (4.55), (4.56) und (4.57) bei Gl. (A2.21) in Anhang A2 berechnet worden. Deshalb ist

$$\Pi(x) = \exp\{-\alpha \ln x + \beta x\} \qquad (A7.27)$$

und $B(x) = \sigma^2 x^2$. Folglich ist

$$\int_\eta^\infty [B(z)\, \Pi(z)]^{-1}\, dz = \frac{1}{\sigma^2} \int_\eta^\infty z^{-2} z^\alpha\, e^{-\beta z}\, dz = \frac{1}{\sigma^2}\left(\int_{\bar\eta}^{\infty} \ldots + \int_\eta^{\bar\eta} \ldots\right). \qquad (A\,7.28)$$

Das erste Integral gibt eine Konstante. Da wir uns für die Nähe von $\eta = 0$ interessieren, können wir bei $\bar\eta \ll 1$ und $\eta \ll 1$ für $e^{-\beta z} \approx 1$ schreiben (s. Bronstein u. Semendjajew 1981). Damit erhalten wir aus Gl. (A7.28)

$$c - \frac{1}{\sigma^2}(\alpha - 2 + 1)^{-1}\, \eta^{\alpha-2+1}\,.$$

In Gl. (A7.25) eingesetzt, folgt für $x \ll 1$ und $y \ll 1$

$$M(x, y) = \int_x^y d\eta\, \eta^{-\alpha}\left[c - \frac{1}{\sigma^2}(\alpha - 1)^{-1}\, \eta^{\alpha-1}\right] d\eta$$

$$= c(-\alpha + 1)^{-1}\,(y^{-\alpha+1} - x^{-\alpha+1}) - \frac{1}{\sigma^2}(\alpha - 1)^{-1} \ln \frac{y}{x}\,. \qquad (A\,7.29)$$

Ist $\alpha > 1$, so strebt bei $x \to 0$ der erste Term wie $x^{-\alpha+1}$ gegen unendlich, wobei der zweite Term vernachlässigbar ist. Ist $\alpha < 1$, bleibt der erste Term endlich, während der zweite wie $-\ln x$ gegen unendlich geht.

Um die Master-Gleichung (4.78) herzuleiten, betrachten wir

$$P_n(t + dt) = (1 - \lambda_n\, dt - \mu_n\, dt)\, P_n(t) + \lambda_{n-1} P_{n-1}(t) + \mu_{n+1} P_{n+1}(t)\,. \qquad (A7.30)$$

Denn um den Wert $N = n$ zum Zeitpunkt $(t + dt)$ zu haben, muß entweder (Regel 4.29) zur Zeit t der Wert n vorliegen und (Regel 4.33) kein Geburts- oder Sterbefall im Intervall dt eintreten (Regel 4.30) oder zur Zeit t der Wert $n - 1$ vorliegen und eine Geburt im Intervall dt geschehen oder der Wert $m + 1$ vorliegen und ein Sterbefall in dt passieren. Die Wahrscheinlichkeit für zwei Geburts- oder Sterbefälle im Intervall dt ist $(\lambda_n\, dt)^2$ bzw. $(\mu_n\, dt)^2$, was im Limes $dt \to 0$ gegen Terme proportional zu dt zu vernachlässigen ist (s. Gl. A3.1). Aus Gl. (A7.30) folgt mit Gl. (2.12) aus Abschn. 2.1.3

$$\begin{aligned}\frac{dP_n}{dt} &= \lim_{dt \to 0} \frac{P_n(t + dt) - P_n(t)}{dt} \\ &= -(\lambda_n + \mu_n)\, P_n(t) + \lambda_{n-1} P_{n-1}(t) + \mu_{n+1} P_{n+1}(t)\,. \qquad \text{(A 7.31)}\end{aligned}$$

Wir diskretisieren die rechts Seite der Fokker-Planck-Gleichung (4.61) (s. Goel u. Richter-Dyn 1974)

$$\begin{aligned}\frac{dP(x)}{dt} &= -\frac{\partial}{\partial x}(A(x)\,P(x)) + \frac{1}{2}\frac{\partial^2}{\partial x^2}(B(x)\,P(x)) \\ &= -\frac{1}{2}[A(x + 1)\,P(x + 1) - A(x)\,P(x)] - \frac{1}{2}[A(x)\,P(x) - A(x - 1)\,P(x - 1)] \\ &\quad + \frac{1}{2}[B(x + 1)\,P(x + 1) - 2B(x)\,P(x) + B(x - 1)\,P(x - 1)] \\ &= -\frac{1}{2}\{[A(x) + B(x)] + [-A(x) + B(x)]\}\,P(x) \qquad \text{(A7.32)} \\ &\quad + \frac{1}{2}[A(x - 1) + B(x - 1)]P(x - 1) + \frac{1}{2}[-A(x + 1) + B(x + 1)]\,P(x + 1)\,.\end{aligned}$$

Für die erste Ableitung ist hier der Mittelwert zwischen dem oberen und unteren Differenzenquotienten genommen worden. Die natürliche Diskretisierungslänge der Individuenzahl ist 1. Durch Vergleich von Gl. (A7.32) und Gl. (A7.31) folgt

$$\lambda_n = \frac{1}{2}[B(n) + A(n)]\,, \qquad \text{(A7.33)}$$

$$\mu_n = \frac{1}{2}[B(n) - A(n)]\,, \qquad \text{(A7.34)}$$

wobei wir P_n mit $P(n) \cdot 1$ identifizieren.

Zur Berechnung der stationären Wahrscheinlichkeit P_n^* setzen wir die linke Seite von Gl. (A7.31) Null. Durch Einführen der Größe

$$S_n = P_{n+1}^* \mu_{n+1} - P_n^* \lambda_n \qquad \text{(A7.35)}$$

folgt dann

$$0 = S_n - S_{n-1}\,. \qquad \text{(A7.36)}$$

Da für $n \to \infty$ die Wahrscheinlichkeit P_n^* gegen Null streben muß, damit die Normierung (4.28) auf 1 möglich ist, strebt auch S_n gegen Null. Da wegen Gl. (A7.36) aber S_n konstant ist, folgt, daß $S_n = 0$ ist, woraus

$$P_{n+1}^* \mu_{n+1} = P_n^* \lambda_n \tag{A7.37}$$

folgt.

Um die First-Passage-Zeit-Verteilung $F_{0,m}(t)$ zu berechnen, kann man folgendermaßen argumentieren: Um den absorbierenden Rand $N = 0$ zum ersten Mal im Zeitintervall $[t, t + dt]$ zu erreichen, muß zur Zeit t der Wert $N = 1$ vorliegen und im Zeitintervall dt die Individuenzahl N um 1 abnehmen, wofür die Wahrscheinlichkeit μ_1 dt ist. Also gilt

$$F_{0,m}(t)\, dt = P_{1,m}(t)\, \mu_1\, dt\,. \tag{A7.38 a}$$

Die Berechnung der bedingten Wahrscheinlichkeit $P_{1,m}(t)$ erlaubt also auch die Bestimmung der First-Passage-Zeit.

Für die Mean-First-Passage-Zeit M_{nm}, also die mittlere Zeit, die nötig ist, einen Wert n zu erreichen, wenn bei $t = 0$ der Wert $m > n$ vorlag, kann man mit einigem Aufwand die folgende Formel herleiten (s. Goel u. Richter-Dyn 1974):

$$M_{n,m} = \sum_{i=n+1}^{m} \sum_{r=i}^{u} (\mu_r \Pi_{i,r-1})^{-1}\,. \tag{A 7.38}$$

Dabei ist u die maximale, vorkommende Individuenzahl, die man $u = \infty$ setzen könnte. Doch wird in der Regel $M_{n,m}$ seinen Wert nicht mehr ändern, wenn u eine gewisse Größe erreicht hat. Es ist $\Pi_{i,i-1} = 1$ und

$$\Pi_{ij} = \frac{\mu_i \mu_{i+1} \cdots \mu_j}{\lambda_i \lambda_{i+1} \cdots \lambda_j} \tag{A 7.39}$$

definiert. Damit läßt sich auch die Wahrscheinlichkeit $R_{nm}(0)$ berechnen (s. Goel u. Richter-Dyn 1974), daß die Individuenzahl n erreicht wird, bevor die Population ausstirbt ($N = 0$), wenn zu Beginn die Individuenzahl m vorlag:

$$R_{n,m}(0) = \sum_{i=0}^{m-1} \Pi_{1,i} \Big/ \sum_{i=0}^{n-1} \Pi_{1,i}\,. \tag{A 7.40}$$

Für das Modell (4.83) und (4.84) gilt dann:

$$R_{n,m}(0) = \sum_{i=0}^{m-1} \left(\frac{\mu}{\lambda}\right)^i \Big/ \sum_{i=0}^{n-1} \left(\frac{\mu}{\lambda}\right)^i = \frac{1 - \left(\frac{\mu}{\lambda}\right)^m}{1 - \left(\frac{\mu}{\lambda}\right)^n}\,, \tag{A 7.41}$$

wobei die Formel für eine endliche geometrische Reihe benutzt wurde (s. Bronstein u. Semendjajew 1981).

Die numerische Lösung der Master-Gleichung (4.78) kann auf folgende einfache Weise geschehen. Zunächst schreibt man Gl. (4.78) in der Form

$$\frac{dP_{nm}}{dt} = \sum_r A_{nr} P_{rm}\,, \tag{A 7.42}$$

wobei A_{nr} eine tridiagonale Matrix ist, deren Elemente aus den Geburts- und Sterberaten besteht. Mit Hilfe der Transformation

$$W_{nr} = Y_n^{-1/2} A_{nr} Y_r^{1/2} \tag{A7.43}$$

erhält man eine tridiagonale, symmetrische Matrix W_{nr}, die die gleichen Eigenwerte ω_v wie A_{nr} besitzt. Dabei ist

$$Y_{n+1} = \lambda_n Y_n / \mu_{n+1} \,. \tag{A7.44}$$

Für eine solche Matrix W_{nr} lassen sich die Eigenwerte ω_i auf schnelle und einfache Weise durch die Bisection-Methode (Wilkinson 1965) bestimmen. Die Eigenvektoren $v_n^{(i)}$ kann man sehr schnell durch die Methode der inversen Iteration (Wilkinson 1965) erhalten. Dann gilt für die Lösung der Master-Gleichung (A7.42) (Wissel 1984a):

$$P_{nm}(t) = \sum_{i=0} Y_n^{1/2} v_n^{(i)} e^{\omega_i t} v_m^{(i)} Y_m^{-1/2} \,. \tag{A 7.45}$$

Für andere Anfangsbedingungen bestimmt man $P_n(t)$ aus Gl. (A7.2b). Ist der kleinste Eigenwert $\omega_0 = 0$, so ist $v_n^{(0)} = Y_n^{1/2} = P_n^{*1/2}$ und somit

$$P_{n,m}(t) = P_n^* + \sum_{i=1} Y_n^{1/2} v_n^{(i)} e^{\omega_i t} v_m^{(i)} Y_m^{-1/2} \,. \tag{A 7.46}$$

In den Abschn. 4.2.5 und 4.2.6 werden metastabile Situationen diskutiert, die sich dadurch auszeichnen, daß

$$|\omega_1| \ll |\omega_2| \,. \tag{A7.47}$$

Deshalb gilt es ein Zeitintervall $[t_1, t_2]$, indem

$$e^{\omega_1 t} \approx 1 \quad \text{für} \quad t \leqq t_2 \,, \tag{A7.48}$$

$$e^{\omega_2 t} \approx 0 \quad \text{für} \quad t \geqq t_1 \,, \tag{A7.49}$$

wobei dann auch die Beiträge mit ω_i für $i > 2$ verschwinden. Wenn wir die Abweichung von 0,03 vom Wert 0 bzw. 1 tolerieren, folgt:

$$e^{\omega_2 t_1} = 0{,}03$$

und daraus

$$t_1 = \ln 0{,}03/\omega_2 \,. \tag{A7.50}$$

In Gl. (7.48) benutzen wir, daß $\exp(x) \approx 1 + x$ für kleine x (s. Bronstein u. Semendjajew 1981), so daß wir

$$e^{\omega_1 t_2} = 1 + \omega_1 t_2 = 1 - 0{,}03$$

setzen können, woraus

$$t_2 = -\frac{0{,}03}{\omega_1} = \frac{0{,}03}{|\omega_1|} \tag{A7.51}$$

folgt. Damit folgt aus Gl. (A7.46)

$$P_{nm}(t) \approx P_{nm}^{(m)} \qquad \text{für} \quad t_1 \leqq t \leqq t_2 \,, \tag{A 7.52}$$

wobei

$$P_{nm}^{(m)} = P_n^* + Y_n^{1/2} v_n^{(1)} v_m^{(1)} Y_m^{-1/2} \tag{A7.53}$$

ist. Die Dauer des metastabilen Zustands $P_{nm}^{(m)}$ ist wegen Gl. (A7.52)

$$T_m = t_2 - t_1 \,. \tag{A7.54}$$

A8 Artenzahl-Individuenzahl-Verteilung

Nach Gl. (7.34) ist die Individuenzahl pro Oktave

$$N_T(R) = S_0 \, e^{-a^2R^2} N_0 2^R \tag{7.34}$$

$$= S_0 N_0 \exp(-a^2R^2 + R \ln 2)$$

$$= S_0 N_0 \exp\left\{\left(\frac{\ln 2}{2a}\right)^2 - a^2\left(R - \frac{\ln 2}{2a^2}\right)^2\right\} \tag{A 8.1}$$

eine Normalverteilung mit ihrem Maximum bei

$$R_N = \frac{\ln 2}{2a^2} \,. \tag{A8.2}$$

Definieren wir

$$\Delta = \sqrt{\ln S_0} \,, \tag{A8.3}$$

so ist Gl. (7.33)

$$R_{max} = \Delta / a \,. \tag{A8.4}$$

Nach der kanonischen Hypothese ist $R_N = R_{max}$, woraus

$$a\Delta = \frac{1}{2} \ln 2 \tag{A8.5}$$

folgt. Die Gesamtartenzahl S ergitbt sich durch die Integration von S(R) in Gl. (7.31):

$$S = \int_{R_{min}}^{R_{max}} S(R) \, dR = S_0 \int_{R_{min}}^{R_{max}} e^{-a^2R^2} \, dR \,. \tag{A 8.6}$$

Da für große S das Integral (A8.6) oberhalb R_{max} und unterhalb R_{min} einen vernachlässigbar kleinen Beitrag liefert, können wir

$$S = S_0 \int_{-\infty}^{\infty} e^{-a^2R^2} \, dR = S_0 \, \frac{\sqrt{\pi}}{a} \tag{A 8.7}$$

schreiben. Mit den Gln. (A8.3) und (A8.5) folgt daraus

$$S = \frac{2\sqrt{\pi}}{\ln 2}\,\Delta\, e^{\Delta^2}. \qquad \text{(A 8.8)}$$

Der Parameter Δ variiert nur wenig. Bei $\Delta = 1$ ist $S = 13$, bei $\Delta = 2$ ist $S = 540$.

Die Gesamtindividuenzahl N_T erhalten wir durch Aufintegration von $N_T(R)$ in Gl. (A8.1):

$$N_T = \int_{R_{min}}^{R_{max}} N_T(R)\, dR = S_0 N_0\, e^{\Delta^2} \int_{R_{min}}^{R_{max}} e^{-a^2(R-R_N)^2}\, dR\,, \qquad \text{(A 8.9)}$$

wobei Gl. (A8.5) benutzt wurde. Mit $y = R - R_N$ und $R_{min} = -R_N$ folgt

$$N_T = S_0 N_0\, e^{\Delta^2} \int_{-2R_N}^{0} e^{-a^2y^2}\, dy = S_0 N_0\, e^{\Delta^2}\, \frac{1}{2}\, \frac{\sqrt{\pi}}{a}\,, \qquad \text{(A 8.10)}$$

wobei die Gln. (A8.2) und (A8.5) benutzt wurden. Eliminieren wir N_0 und S_0 in haben, was einen unwesentlichen Fehler macht. Die Individuenzahl in der kleinsten Oktave, also bei $R = R_{min} = -R_N$ ist

$$m = N_0 2^{-R_N} = N_0 \exp(-R_N \ln 2) = N_0 \exp\left[-\frac{1}{2}\left(\frac{\ln 2}{a}\right)^2\right], \qquad \text{(A 8.11)}$$

wobei die Gln. (A8.2) und (A8.5) benutzt wurde. Eliminieren wir N_0 und S_0 in Gl. (A8.10) mit Hilfe der Gln. (A8.3) und (A8.12), so folgt

$$N_T = e^{\Delta^2}\, m\, e^{2\Delta^2}\, e^{\Delta^2}\, \frac{1}{2}\, \frac{\sqrt{\pi}}{a}\,,$$

$$N_T/m = \frac{\sqrt{\pi}}{\ln 2}\,\Delta\, e^{4\Delta^2}. \qquad \text{(A 8.12)}$$

Ist N_T/m proportional zur Fläche A, so folgt durch Ziehen der vierten Wurzel aus Gl. (A8.12) und Einsetzen in Gl. (A8.8)

$$S = \text{konst}\ \Delta^{3/4} A^{1/4}. \qquad \text{(A8.13)}$$

Da, wie oben gezeigt, Δ kaum variiert, ist S in etwa proportional zu A^2 mit $z = 0{,}25$. Merkliche Abweichungen von diesem Verhalten liefert Gl. (A8.13) nur bei kleinen Flächen bzw. Artenzahlen, wie die numerische Überprüfung von Gl. (A8.13) ergibt. Falls R_N nicht exakt gleich R_{max} ist, sondern nur nahe bei diesem Wert liegt, kann man mit etwas Aufwand eine entsprechende Abschätzung (May 1975d) wie oben machen. Man erhält z-Werte, die von 0,25 etwas abweichen.

Um mit dem Ansatz (7.46) die stationäre Verteilung (7.39) gemäß den Gln. (7.37), (7.38) und (7.40) zu lösen, geht man wie folgt vor: Man beginnt mit einem Schätzwert von P_0^* zwischen 0 und 1. Aus den Gln. (7.40) und

(7.46) folgt dann die zugehörige Kapazität K. Mit Hilfe der Gln. (7.37)–(7.39) folgt daraus ein neuer Wert für P_0^*, welchen man als nächsten Schätzwert nimmt und so fort. Auf diese Weise kann man der exakten Lösung P_0^* beliebig nahe kommen.

Weiterführende Literatur:

Arnol'd 1980; Bazschelt 1979; Bohl 1987; Bronstein u. Semendjajew 1981; Goel u. Richter-Dyn 1974; Gardiner 1983; May 1973b; Nisbet u. Gurney 1986; Pielou 1977; Richter 1985; Timischl 1988; Vogt 1983; Wilkinson 1965; Wissel 1984a.

Literaturverzeichnis

Abrahamson WG, Gadgil M (1973) Growth form and reproductive effort in goldenrods (Solidago: Compositae). Amer. Nat. 107: 651–661

Abrams P (1976) Limiting similarity and the form of the competition coefficient. Theor. Pop. Biol. 8: 356–375

Abrams P (1980) Some comments on measuring niche overlap. Ecology 61: 44–49

Allee WC (1931) Animal aggregations. A study in general sociology. Univ. Chicago Press, Chicago

Allee WC, Emerson AE, Park O, Park T, Schmidt KP (1949) Principles of Animal Ecology. Saunders, Philadelphia

Anderson RM (1981) Population ecology of infectious disease agents. In: May RM (ed) Theoretical ecology: Principles and applications. Blackwell, Oxford, pp

Andrewartha HG (1961) Introduction to the study of animal populations. Univ. Chicago Press, Chicago

Andrewartha HG, Birch LC (1954) The distribution and abundance of animals. Univ. Chicago Press, Chicago

Armstrong RA (1982) The effects of connectivity in community stability. Amer. Nat. 120: 391–402

Armstrong RA, McGeheee R (1980) Competitive exclusion. Amer. Nat. 115: 151–170

Arnol'd VI (1980) Gewöhnliche Differentialgleichungen. Springer, Berlin Heidelberg New York

Austin CR, Short RV (1984) Reproduction in mammals 4: reproductive fitness. Cambridge Univ. Press, Cambridge

Ayala FJ, Gilpin ME, Ehrenfeld JG (1973) Competition between species: theoretical models and experimental tests. Theor. Pop. Biol. 4: 331–356

Baker RR (1978) The evolutionary ecology of animal migration. Hodder and Stoughton, London

Banks CJ (1957) The behaviour of individual coccinellid larvae on plants. Anim. Behav. 5: 12–24

Barash DP (1977) Social biology and behavior. Elsevier, Amsterdam

Barlett MS (1960) Stochastic population models in ecology and epidemiology. Wiley, New York

Bartlett MB, Hiorns RW (1973) The mathematical theory of the dynamics of biological populations. Academic Press, London New York

Bazschelt E (1979) Introduction to mathematics for life scientists. (Biomathematics 2) Springer, Berlin Heidelberg New York

Beddington JR (1979) Harvesting and population dynamics. In: Anderson RM, Turner BD, Taylor LR (eds) Population dynamics. Blackwell, Oxford, pp

Beddington JR, May RM (1975) Time delays are not necessarily destabilizing. Math. Biosc. 27: 109

Beddington JR, Free CA, Lawton JH (1975) Dynamic complexity in predator-prey models framed in difference equations. Nature 225: 58–60

Beddington JR, Free CA, Lawton JH (1976a) Concepts of stability and resilience in predator-prey models. J. Anim. Ecol. 45: 791–816

Beddington JR, Free CA, Lawton JH (1978) Characteristics of successful natural enemies in models of biological control of insect pests. Nature 273: 513–519

Beddington JR, Hassell MP, Lawton JH (1976b) The components of arthropod predation. II. The predator rate of increase. J. Anim. Ecol. 45: 165–185

Begon M, Mortimer M (1986) Population Ecology. A unified study of animals and plants. Blackwell, Oxford

Begon M, Harper JL, Townsend CR (1986) Ecology. Individuals, populations and communities. Blackwell, Oxford

Bellows TS (1981) The descriptive properties of some models for density dependence. J. Anim. Ecol. 50: 139–156

Belovsky GE (1974) Herbivore optimal foraging: a comparative test of three models. Amer. Nat. 124: 97–115

Berryman AA (1981) Population systems. A general introduction. Plenum Press, New York

Bick H (1964) Die Sukzession der Organismen bei der Selbstreinigung von organisch verunreinigtem Wasser unter verschiedenen Milieubedingungen. Ministerium für Ernährung, Landwirtschaft und Forsten, Nordrhein/Westfalen, Düsseldorf

Birkhead TR (1977) The affect of habitat and density on breeding success in the common guillemot (Uria aalge). J. Anim. Ecol. 46: 751–764

Bohl E (1987) Mathematische Grundlagen für die Modellierung biologischer Vorgänge. Springer, Berlin Heidelberg NewYork Tokyo

Botsford LW, Wickham DE (1978) Age-specific models and dungeness crab. J. Fish. Res. Bd. Can: 35: 833

Bradley DJ, May RM (1978) Consequences of helminth aggregation for the dynamics of schistosomiasis. Proc. Roy. Soc. Tropic. Med. Hyg. 72: 262ff

Branch GM (1975) Intraspecific competition in Patella cochlear Born. J. Anim. Ecol. 44: 263–281

Braun-Blanquet J (1951) Pflanzensoziologie. Springer, Wien

Briand F (1983) Environmental control of food web structure. Ecology 64: 253–263

Briand F, Cohen JE (1984) Community food webs have scale-invariant structure. Nature 307: 264–267

Bronstein I, Semendjajew K (1981) Taschenbuch der Mathematik. Harri Deutsch, Frankfurt

Brougham RW (1955) A study in rate of pasture growth. Aust. J. Agric. Res. 6: 804–812

Brown JH (1971) Mammals on mountaintops: nonequilibrium insular biogeography. Amer. Nat. 105: 467–478

Brown JH (1981) Two decades of homage of Santa Rosalia: toward a general theory of diversity. Amer. Zool. 21: 877–888

Brown JH, Davidson DW (1977) Competition between seed-eating rodents and ants in desert ecosystems. Science 196: 880–882

Brown JH, Kodric-Brown A (1977) Turnover rates in insular biogeography: effect of immigration on extinction. Ecoloty 58: 445–449

Brown WL, Wilson EO (1956) Character displacement. Syst. Zool. 5: 49–64

Bulmer MG (1984) Delayed germination of seeds: Cohen's model revisited. Theor. Pop. Biol. 26: 367–377

Burnett T (1958) A model of host-parasite interaction. Proc. 10th Intern. Congr. Ent. 2: 679–686

Campbell RW, Sloan RJ (1977) Natural regulation of innocuous gypsy moth population. Envir. Ent. 6: 315

Capocelli RM, Ricciardi LM (1974) A diffusion model for population growth in random environment. Theor. Pop. Biol. 5: 28–41

Caswell H (1978) Predator-mediated coexistence: a nonequilibrium model. Amer. Nat. 112: 127–154

Caughley G (1976a) Analysis of vertebrate populations. Wiley, New York

Caughley G (1976b) Plant-herbivore systems. In: May RM (ed). Theoretical ecology. Principles and applications. Blackwell, Oxford

Chapman DG, Galluci VF (1981) Quantitative population dynamics. (Statistical Ecology Vol. 13.) Intern. Cooperative Publishing House, Fairland

Charlesworth B (1980) Evolution in agestructured populations. Cambridge Univ. Press, Cambridge

Charnov EL (1976) Optimal foraging, the marginal value theorem. Theor. Pop. Biol. 9: 129–136

Chesson P (1978) Predator-prey theory and variability. Ann. Rev. Ecol. Syst. 9: 323–347

Chesson P (1981) Models for spatially distributed populations: The effect of within-patch variability. Theor. Pop. Biol. 18: 288–325

Chitty H (1950) Canadian artic wildlife enquiry, 1945–49, with a summary of results since 1933. J. Anim. Ecol. 19, 180–193
Christian JJ, Davis DE (1964) Endocrines, behavior and population. Science 146, 1550–1560
Christiansen FB, Fenchel TM (1977) Theories of populations in biological communities. (Ecological Studies 20). Springer Berlin Heidelberg NewYork
Clark DW (1973) The economics of overexploitation. Science 181: 630–634
Clark CW (1985) Bioeconomic Modelling and Fisheries Management. Wiley, New York
Clark CW, Mangel M (1984) Foraging and flocking strategies: information in an uncertain environment. Amer. Nat. 123: 626–641
Clark WC, Holling CS (1979) Process models, equilibrium structures, and population dynamics. On the formulation and testing of realistic theory in ecology. In: Halbach U. Jacobs J (eds). Population ecology. Symp. Mainz 1978. Fortschr. Zool. 24, 2/3, Fischer, Stuttgart
Clutton Brock TH, Harvey PH (1978) Cooperation and disruption. In: (Clutton Brock TH, Harvey PH (eds)). Readings in sociobiology. W. H. Freeman
Cody ML (1968) On the methods of resource division in grassland bird communities. Amer. Nat. 102: 107–148
Cody ML (1974) Competition and structure of bird communities. Princeton Univ. Press, Princeton
Cody ML (1975) Towards a theory of continental species diversities. In: Cody ML, Diamond JM (eds). Ecology and evolution of communities. Harvard Univ. Press, Cambridge
Cody ML, Diamond JM (eds) (1975) Ecology and Evolution of communities. Harvard Univ. Press, Cambridge
Cohen D (1966) Optimizing reproduction in a randomly varying environment. J. Theor. Biol. 12: 110–129
Cohen JE (1970) A Markov contingency-table model for replicated Lotka-Volterra systems near equilibrium. Amer. Nat. 104: 547–560
Cohen JE (1978) Food webs and niche space. Princeton Univ. Press, Princeton
Collet P, Eckmann JP (1980) Iterated maps on the interval as dynamical systems. Birkhäuser, Basel
Comins HN, Hassell MP (1976) Predation in multi-prey communities. J. Theor. Biol. 62: 93–114
Comins HN, Hassell MP (1979) The dynamics of optimally foraging predators and parasitoids. J. Anim. Ecol. 48: 335–351
Connell JH (1961) The influence of interspecific competition and other factors on the distribution of the barnacle Chthalamus stellatus. Ecology 42: 710–723
Connell JH (1975) Some mechanisms producing structure in natural communities: a model and evidence from field experiments. In: Cody ML, Diamond JM (eds). Ecology and evolution of communities. Harvard Univ. Press, Cambridge
Connell JH (1978) Diversity in tropical rainforests and coral reefs. Science 199: 1302–1310
Connell JH (1979) Tropical rain forests and coral reefs as open non-equilibrium systems. In: Anderson RM, Turner BD, Taylor LR (eds). Population dynamics. Blackwell, Oxford
Connell JH (1980) Diversity and coevolution of competitors, or the ghost of competition past. Oikos 35: 131–138
Connell JH (1983) On the prevalence and relative importance of interspecific competition: evidence from field experiments. Amer. Nat. 122: 661–696
Connell JH, Slatyer RD (1977) Mechanisms of succession in natural communities and their role in community stability and organisation. Amer. Nat. 111: 1119–1144
Connell JH, Sousa WP (1983) On the evidence needed to judge ecological stability or persistence. Amer. Nat. 121: 789–824
Connor EF, McCoy ED (1979) The statistics and biology of the species-area relationship. Amer. Nat. 113: 791–833
Connor EF, Simberloff D (1979) The assembly of species communities: chance or competition? Ecology 60: 1132–1140
Connor EF, McCoy ED, Cosby BJ (1983) Model discrimination and expected slope values in species-area studies. Amer. Natur. 122: 789–796
Cook RM, Cockrell BJ (1978) Predator ingestion rate and its bearing on feeding time and the theory of optimal diet. J. Anim. Ecol. 47: 529–548

Cook RM, Hubbard SF (1977) Adaptive searching strategies in insect parasites. J. Anim. Ecol. 46: 115–125
Cowie RJ (1977) Optimal foraging in great tits (Parus major). Nature 268: 137–139
Cramer NF, May RM (1972) Interspecific competition, predation and species diversity: a comment. J. Theor. Biol. 34: 289–293
Crawley MJ (1983) Herbivory studies in ecology, vol 10. Blackwell, London
Crombie AC (1945) On competition between different species of graminivorous insects. Proc. Roy. Soc. London 132 B: 362–395
Crombie AC (1946) Further experiments on insect competition. Proc. Roy. Soc. London 133 B: 76–109
Crook JH, Gartlan JS (1966) Evolution of primate societies. Nature 210: 1200–1203
Crow JF, Kimura M (1970) An introduction to population genetics theory. Harper and Row, New York
Crowell KL, Pimm SL (1976) Competition and niche shift of mice introduced onto small islands. Oikos 27: 251–258
Curio E (1976) The ethology of predation (Zoophysiology and Ecology 7). Springer, Berlin Heidelberg New York
Cvitanovic P (ed) (1984) Universality in chaos. Hilger, Birstol
Davidson DW (1977a) Species diversity and community organization in desert seed-eating ants. Ecology 58: 711–724
Davidson DW (1977b) Foraging ecology and community organization in desert seed-eating ants. Ecology 58: 725–737
Davidson J (1938) On the growth of the sheep population in Tasmania. Transaction Royal Soc. South Austr. 62: 342–346
Davidson J, Andrewartha HG (1948) Annual trends in a natural population of Thrips imaginis (Thysanoptera). J. Anim. Ecol. 17: 193–222
Davis NB (1977) Prey selection and the search strategy of the spotted fly-catcher (Muscicapa striata), a field study on optimal foraging. Anim. Behav. 25: 1016–1033
Dawkins R (1976) The selfish gene. Oxford Univ. Press. Oxford
Dawkins R, Carlisle TR (1976) Parental investment and mate-desertion, a fallacy. Nature 262: 131–133
Dayton KF (1975a) Experimental studies of algal canopy interactions in a sea-otter dominated kelp community at Amchitka Island, Alaska. Fish. Bull. 73: 230–237
Dayton FK (1975b) Experimental evaluation of ecological dominance in a rocky intertidal algal community. Ecol. Monogr. 45: 147–159
De Angelis DL (1980) Energy flow, nutrient cycling and ecosystem resilience. Ecology 61: 764–771
De Angelis DL, Gardner RH, Mankin JB, Post WM, Carney JH (1978) Energy flow and the number of trophic levels in ecological communities. Nature 273: 406–407
De Benedictis PA, Bill FB, Haidworth FR, Pyke BF, Wolf LL (1978) Optimal meal size in hummingbirds. Amer. Nat. 112: 301–316
de Wit CT (1960) On competition. Verslagen van landbouwkundige, onderzoekingen 66: 1–82
Den Boer PJ (1979) The significance of dispersal power for the survival of species, with special reference to the carabid beetles in a cultivated countryside. In: Halbach U, Jacobs J (eds). Population ecology. Symp. Mainz 1978. Fortschr. Zool. 25, 2/3, Fischer, Stuttgart
Diamond JM (1969) Avifaunal equilibria and species turnover rates on the Channel Islands of California. Nat. Acad. Sci. 64: 57–63
Diamond JM (1973) Distributional ecology of New Guinea birds. Science 179: 759–769
Diamond JM (1974) Colonization of exploded volcanic islands by birds: the supertramp strategy. Science 184: 803–806
Diamond JM (1975) The island dilemma: lessons of modern biogeographic studies for the design of natural reserves. Biol. Conserv. 7: 127–146
Diamond JM (1976) Island biogeography and conservation: strategy and limitations. Science 193: 1027–1029

Diamond JM (1979) Population dynamics and interspecific competition in bird communities. In: Halbach U, Jacobs J (eds). Population ecology. Sym. Mainz 1978. Fortschr. Zobl. 25, 2/3 Fischer, Stuttgart

Diamond JM, May RM (1976) Island biogeography and the design of natural reserves. In: Theoretical ecology. Principles and applications (May RM (ed)). Blackwell, Oxford

Donald CM (1951) Competition among pasture plants. 1. Intraspezific competition among annual pasture plants. Austr. J. Agric. Res. 2: 355–376

Dubois M (1975) A model of patchiness of prey-predator plankton populations. Ecol. Model: 1, 67–80

Einarsen AS (1945) Some factors affecting ring-necked pheasant population density. Murrelet 26: 39–44

Elseth GD, Baumgardner KD (1981) Population Biology. Van Nostrand, New York

Elton CS (1927) Animal ecology. Macmillan, New York

Elton CS (1942) Voles, mice and lemmings: problems in population dynamics. Oxford Univ. Press. London

Elton CS (1958) The ecology of invasion by animals and plants. Methuen, London

Elton CS, Nicholson M (1942) The ten-year cycle in numbers of the lynx in Canada. J. Anim. Ecol. 11: 215–244

Emlen JM (1973) Ecology: An evolutionary approach. Addison-Wesley

Emlen JM (1984) Population biology: the coevolution of population dynamics and behavior. Macmillan, New York

Engen S, Stenseth NC (1984) A general version of optimal foraging theory: The effect of simultaneous encounters. Theor. Pop. Biol. 26: 192–204

Erichsen JT, Krebs JR, Houston AI (1980) Optimal foraging and cryptic prey. J. Anim. Ecol. 49: 271–276

Ewens WJ (1979) Mathematical population genetics. Springer, Berlin Heidelberg New York

Feinsinger P, Spears EE, Poole RW (1981) A simple measure of niche breadth. Ecology 62: 27–32

Feldman MW, Roughgarden J (1975) A population's stationary distribution and chance of extinction in a stochastic environment with remarks on the theory of species packing. Theor. Pop. Biol. 7: 197–207

Fenchel T (1975a) Character displacement and coexistence in mud snails (Hydrobiidae). Oecologia 20: 19–32

Fenchel T (1975b) Factors determining the distribution pattern of mud snails (Hydrobiidae). Oecologia 20: 1–17

Fenchel T, Kofoed LH (1976) Evidence for exploitative interspecific competition in mud snail (Hydrobiidae). Oikos 27: 367–376

Firbank LG, Watkinson AR (1985) On the analysis of competition within two-species mixtures of plants. J. Appl. Ecol. 22: 503–517

Fisher RA (1930) The genetical theory of natural selection. Clarendon Press, Oxford

Forsyth AB, Robertson RJ (1975) K-reproductive strategy and larval behaviour of the pitcher plant sarcophagic fly, Blaesoxipha fletcher. Can. J. Zool. 53: 174–179

Fowler CW (1981) Density dependence as related to live history strategy. Ecology 62: 602–610

Frankel OH, Soule ME (1981) Conservation and evolution. Cambridge Univ. Press, Cambridge

Frauenthal JC (1986) Analysis of age-structure models. In: Hallman TG, Levin SA (eds). Mathematical ecology. An introduction. Springer, Berlin Heidelberg New York Tokyo

Freedman HI, Waltman P (1984) Persistence in models of three interacting predator-prey populations. Math. Biosci. 68: 213–231

Fretwell SD (1972) Populations in a seasonal environment. Princeton Univ. Press, Princeton

Fuentes ER (1976) Ecological convergence of lizard communities in Chile and California. Ecology 57: 3–17

Fujii K (1968) Studies on interspecies competition between the azuki bean weevil and the southern cowpea weevil. III. Some characteristics of strains of two species. Res. Popul. Ecol. 10: 87–98

Gadgil M (1971) Dispersal: population consequences and evolution. Ecology 52: 253–260

Gadgil M, Solbrig OT (1972) The concept of r- and k-selection: evidence from wild flowers and some theoretical considerations. Amer. Nat. 106: 14–31
Gardiner CW (1983) Handbook of stochastic methods. Springer, Berlin Heidelberg New York Tokyo
Gause GF (1969) The struggle for existence. Hafner, London (Reprint from 1934)
Gilbert FS (1980) The equilibrium theory of island biogeography: fact or fiction? J. Biogeogr. 7: 209–235
Gilpin ME (1975) Limit cycles in competition communities. Amer. Nat. 109: 51–60
Gilpin ME, Chase TJ (1976) Multiple domains of attraction in competition communities. Nature 261: 40
Gilpin ME, Diamond JM (1976) Calculation of immigration and extinction curves from species-area-distance relation. Proc. Nat. Acad. Sci. US 73: 4130–4134
Gilpin ME, Justice KE (1972) Reinterpretation of the invalidation of the principle of competitive exclusion. Nature 236: 299–301
Glynn PW (1976) Some physical and biological determinants of coral community structure in the Eastern Pacific. Ecol. Monogr. 46: 431–456
Goebber F, Seelig FF (1975) Conditions for the application of the steady-state approximation to systems of differential equations. J. Math. Biol. 2: 79–86
Goel NS, Richter-Dyn N (1974) Stochastic models in biology. Academic Press, New York
Goh BS (1978) Robust stability concepts for ecosystem models. In: Halton E (ed). Theoretical systems ecology. Academic Press, New York
Goh BS (1980) Management and analysis of biological populations. Elsevier, Amsterdam
Goodman D (1975) The theory of diversity-stability relationships in ecology. Quart. Rev. Biol. 50: 237ff
Gorman M 1979) Island ecology. Chapman and Hall, London
Gosling LM, Petrie M (1981) Economics of social organization. In: Townsend ER, Calow P (eds). Physiological ecology: an evolutionary approach to resource use. Blackwell, Oxford
Goss-Custard JD (1977) Optimal foraging and the size selection of worms by the redshank Tringa totanus. Anim. Behav. 25: 10–29
Gould BJ, Lewontin RC (1979) The spandrels of San Marco and the panglossian paradigma: a critique of the adaptionist programme. Proc. Roy. Soc. Lond. 205 B: 581–598
Grassle JF, Patil GP, Smith W, Taillie C (1979) Ecological diversity in theory and practice (Statistical Ecology Vol 13). Intern. Cooperative Publishing House, Fairland
Griffiths KJ, Holling CS (1969) A competition submodel for parasites and predators. Can. Ent. 101: 785–818
Gross LJ (1986a) An overview of foraging theory. In: Hallam TG, Levin SA (eds). Mathematical ecology. An introduction. Springer, Berlin Heidelberg New York Tokyo
Gross LJ (1986b) Ecology: an idiosyncratic overview. In: Mathematical ecology. An introduction (Hallam TG, Levin SA (eds)). Springer, Berlin Heidelberg New York Tokyo
Gulland JA (1975) The stability of fish stocks. J. Cons. Int. Explor. Mer. 37: 199–204
Gurney WSC, Nisbet RM (1975) The regulation of inhomogeneous populations. J. Theor. Biol: 52, 441ff
Gurney WSC, Blythe SP, Nisbet RM (1980) Nicholson's blowflies revisited. Nature 287: 17–21
Hadeler KP (1976) Nonlinear diffusion equations in biology. In: Everett WN, Sleeman BD (eds.) Ordinary and partial differential equations. Lect. Notes in Mathematics 564, Springer, Berlin Heidelberg New York
Haefner JW (1970) The effect of low dissolved oxygen concentrations on temperature-salinity tolerance of the sand shrimps Cragon septemspnosa. Physol. Zool. 43: 30–37
Hairstone NG (1980) The experimental test of an analysis of field distributions: Competition in terrestrial salamanders. Ecology 61: 817–826
Haken H (1977) Synergetics. An introduction. Springer, Berlin Heidelberg New York
Halbach U (1974) Modelle in der Biologie. Naturw. Rdsch. 27: 3–15
Halbach U (1979) Introductory remarks: Strategies in population research. In: Halbach U, Jacobs J (eds). Population ecology. Symp. Mainz 1978. Fortschr. Zool. Bd. 25, 2/3, Fischer, Stuttgart

Halbach U, Burkhardt HB (1972) Are simple time lags responsible for cyclic variation of population density? A comparison of laboratory population dynamics of Brachionus calyciflorus Pallas (Rotatoria) with computer simulation. Oecologia 9: 215–222

Haldane JBS (1949) Disease and evolution. Symposium sui fattori ecologici e genetici della speciazone negli animali. Ric. sci. (suppl) 19: 3–11

Hall CAS, Day JW (eds) (1977) Ecosystem modelling in theory and practice. Wiley, New York

Hall CAS, DeAngelis DL (1985) Models in ecology: paradigms found or paradigms lost? Bull. Ecol. Soc. Amer. 66: 339–346

Hall DJ, Cooper WE, Werner EE (1970) An experimental approach to population dynamics and structure of freshwater animal communities. Limn. Ocean. 15: 839–928

Hallam TG (1986a) Population dynamics in a homogeneous environment. In: Hallam TG, Levin SA (eds). Mathematical ecology. An introduction. Springer, Berlin Heidelberg New York Tokyo

Hallam TG (1986b) Community dynamics in a homogeneous environment. In: Hallam TG, Levin SA (eds). Mathematical ecology. An introduction. Springer, Berlin Heidelberg New York Tokyo

Hanski I (1981) Coexistence of competitors in patchy environments with and without predators. Oikos 37: 306–312

Harper JL (1977) The population biology of plants. Academic Press, London

Harper JL, Bell AD (1979) The population dynamics of growth forms in organisms with modular constraction. In: (Anderson RM, Turner BD, Taylor LR (eds) Population dynamics. Blackwell, Oxford

Hassell MP (1971) Mutual interference between searching insect parasites. J. Anim. Ecol. 40: 473–486

Hassel MP (1975) Density-dependence in single-species populations. J. Anim. Ecol. 44: 283–295

Hassel MP (1976a) The dynamics of competition and predation. Arnold, London

Hassel MP (1976b) Arthropod predator-prey systems. In: May RM (ed). Theoretical ecology. Principles and applications. Blackwell, Oxford

Hassel MP (1978) The dynamics of arthropod predator-prey systems. Princeton Univ. Press, Princeton

Hassell MP (1980) Foraging strategies, population models and biological control: a case study. J. Anim. Ecol. 49: 603–628

Hassell MP, Comins HN (1976) Discrete time models for two-species competition. Theor. Pop. Biol. 9: 202–221

Hassell MP, Comins HN (1978) Sigmoid functional responses and population stability. Theor. Pop. Biol. 14: 62–67

Hassel MP, May RM (1973) Stability in insect host-parasire models. J. Anim. Ecol. 42: 693–736

Hassel MP, May RM (1973) Aggregation in predators and insect parasites and its effect on stability J. Anim. Ecol. 43: 567–794

Hassel MP, Varley BC (1969) New inductive population model for insect parasites and its bearing on biological control. Nature 223: 1133–1136

Hassel MP, Lawton JH, Beddington JR (1976) The components of arthropod predation: I. The prey death-rate. J. Anim. Ecol. 45: 135–164

Hassell MP, Lawton JH, Beddington JR (1977) Sigmoid functional responses by invertebrate predators and parasitoide. J. Anim. Ecol. 46: 249–262

Hassell MP, Lawton JH, May RM (1976) Pattern of dynamical behaviour in single-species populations. J. Anim. Ecol. 45: 471–486

Hasting A (1977) Spatial heterogeneity and the stability of predator-prey systems. Theor. Pop. Biol. 12: 37–48

Hasting A (1978) Global stability of species systems. J. Math. Biol. 5: 399–403

Heatwole H, Levins R (1972) Trophic structure, stability and faunal change during recolonisation. Ecology 53: 513–534

Heron AC (1972) Population ecology of colonizing species: the pelagic tunicate thalis democratica. Oecologia 10: 269–312

Hilborn R (1975) The effect of spatial heterogeneity on the persistence of predator-prey interactions. Theor. Pop. Biol. 8: 346–355

Hiorns RW, Cooke D (1981) The mathematical theory of the dynamics of biological populations. Academic Press, London New York

Hofbauer J, Sigmund K (1984) Evolutionstheorie und dynamische Systeme — Mathematische Aspekte der Selektion. Parey, Hamburg Berlin

Holling CS (1959a) Some characteristics of simple types of predation and parasitism. Can. Entom. 91: 385–398

Holling CS (1959b) The components of predation as revealed by a study of small-mammal predation of the European pine sawfly. Can. Ent. 91: 293–320

Holling CS (1964) The analysis of complex population processes. Can. Ent. 96: 335–347

Holling CS (1965) The functional response of predators to prey density and its role in mimicry and population regulation. Mem. Ent. Soc. Canada 45: 1–60

Holling CS (1966) The functional response of invertebrate predators to prey density. Mem. Ent. Soc. Canada 48: 1–86

Holling CS (1973) Resilience and stability of ecological systems. Ann. Rev. Ecol. Syst. 4: 1–23

Holling CS (ed) (1978) Adaptive environmental assessment and management. Wiley, Chichester

Hoppensteadt FC (1982) Mathematical methods of population biology. Cambridge Univ. Press, Cambridge

Horn HS (1968a) The adaptive significance of colonial nesting in the Brewer's blackbird Euphagus cyanocephalus. Ecology 49: 682–694

Horn HS (1968b) Regulation of animal numbers: a model counter-example. Ecology 49: 776–778

Horn HS (1975) Markovian properties of forest succession. In: Cody ML, Diamond JM (eds) Ecology and evolution of communities. Harvard Univ. Press, Cambridge

Horn HS, MacArthur RH (1972) Competition among fugitive species in a harlequin environment. Ecology 53: 749–752

Hsu SB, Hubbell SP (1979) Two predators competing for two prey species: an analysis of MacArthur's model. Math. Biosci. 47: 143–171

Huey RB, Pianka ER (1981) Ecological consequences of foraging mode. Ecology 62: 991–999

Huey RB, Pianka ER, Egan ME, Coons LW (1974) Ecological shift in sympatry: Kalahari fossorial lizards (Typhlosaurus). Ecology 55: 304–316

Huffaker CB (1958) Experimental studies on predation: dispersion factors and predator prey oscillations. Hilgardia 27: 343–383

Huffaker CB, Matsumoto BM (1982) Group versus individual functional responses of Venturia (= Nemeritis) canescens (Grav.). Res. Pop. Ecol. 24: 250–269

Huffaker CB, Shea KP, Herman SG (1963) Experimental studies on predation. Hilgardia 34: 305–330

Hughes TP (1984) Population dynamics based on individual size rather than age: a general model with a reef coral example. Amer. Nat. 123: 778–795

Huston M (1979) A general hypothesis of species diversity. Amer. Nat. 113: 81–101

Hutchinson GE (1948) Circular causal systems in ecology. Ann. N.Y. Acad. Sci. 50: 221–246

Hutchinson GE (1951) Copepodology for the ornithologist. Ecology 32: 571–577

Hutchinson GE (1953) The concept of pattern in ecology. Proc. Acad. Nat. Sci. Philad. 105: 1–12

Hutchinson GE (1954) Theoretical notes on oscillating populations. J. Wildlife. Mgmt. 18: 107–109

Hutchinson GE (1957) Concluding remarks. Cold Spring Harbour Symp. Quant. Biol. 22: 415–427

Hutchinson GE (1959) Homage to Santa Rosalia or why are there so many kinds of animals. Amer. Natur. 93: 145–159

Hutchinson GE (1961) The paradox of the plankton. Amer. Nat. 95: 137–145

Hutchinson GE (1975) Variation of a theme by Robert MacArthur. In: Cody ML, Diamond JM (eds) Ecology and evolution of communities. Harvard Univ. Press, Cambridge

Hutchinson GE (1978) An introduction to population ecology. Yale Univ. Press, Yale

Innis GS, O'Neill RV (1979) System analysis of ecosystems. (Statistical Ecology 9) Intern. Cooperative Publishing House, Fairland

Jacobs J (1984) Cooperation, optimal density and low density threshold: Yet another modification of the logistic model. Oecologia 64: 389–395

Janzen DH (1970) Herbivores and the number of tree species in tropical forests. Am. Nat. 104: 501–528

Jarman PJ (1974) The social organisation of antelopes in relation to their ecology. Behaviour 48: 215–266

Jeffers JNR (ed) (1972) Mathematical models in ecology, The 12th symposium of the British Ecological Society, Grange-over-Sands. Blackwell, London

Joergensen SE (ed) (1979) State-of-the-art in ecological modelling, ISEM Proceedings Copenhagen. Pergamon Press

Johnson CG (1969) Migration and dispersal of insects by flight. Methuen, London

Kamil AC, Sargent TD (1981) Foraging behavior: Ecological, ethological and psychological approaches. Garland, New York

Kaplan JL, Yorke JA (1975) Competitive exclusion and nonequilibrium coexistence. Amer. Nat. 111: 1030–1036

Keiding N (1975) Extinction and growth in random environments. Theor. Pop. Biol. 3: 210–238

Keith LB (1963) Wildlife's ten-year cycle. Univ. of Wisconsin Press, Madison

Kennedy JS (1975) Insect dispersal. In: Pimentel D (ed) Insects, science and society. Academic Press, New York

Keyfitz N (1968) Introduction to the mathematics of populations. Addison-Wesley, Reading

Khan MA, Putwain PD, Bradshaw AD (1975) Population interrelationships. 2. Frequency dependent fitness in Linum. Heredity 34: 145–163

Kierstead H, Slobodkin LB (1953) The size of water masses containing plankton blooms. J. Mar. Res. 12: 141–147

Kiester AR, Barakat R (1974) Exact solutions to certain stochastic differential equation models of population growth. Theor. Pop. Biol. 6: 199–216

King CM, Pimm SL (1983) Complexity, diversity and stability: a reconciliation of theoretical and empirical results. Amer. Nat.: 122, 229–239

Kitching RL (1977) An ecological study of water-filled tree-holes and their position in the woodland ecosystem. J. Anim. Ecol. 40: 281–302

Kitching JH, Ebeling FJ (1961) The ecology of Loch Ine. J. Anim. Ecol. 30: 373–383

Kluyver HN (1951) The population ecology of the great tit. Ardea 38: 1–135

Krebs CJ (1972) Ecology: The experimental analysis of distribution and abundance. Harper and Row, New York

Krebs JR (1978) Optimal foraging: Decision rules for predators. In: Krebs JR, Davis NB (eds) Behavioural ecology: An evolutionary approach. Blackwell, Oxford

Krebs JR, Cowie RJ (1976) Foraging strategies in birds. Ardea 64: 98–116

Krebs JR, Davies NB (eds) (1978) Behavioural ecology: An evolutionary approach. Blackwell, London

Krebs JR, Davies NB (1981) An introduction to behavioural ecology. Blackwell, London

Krebs JR, Erichsen JT, Webber MI, Charnov EL (1977) Optimal prey selection in the great tit (Parus major). Anim. Behav. 25: 30–38

Lack D (1947) The significance of clutch size. Ibis 87: 302–352

Lack D (1954) The natural regulation of animal numbers. Oxford Univ. Press, New York

Lack D (1966) Population studies of birds. Oxford Univ. Press, New York

Lack D (1968) Ecological adaptations for breeding in birds. Methuen, London

Landenberger DE (1968) Studies on selective feeding in the Pacific starfish Pisaster in Southern California. Ecology 49: 1062–1075

Lassen HH (1975) The diversity of fresh water snails in view of the equilibrium theory of island biogeography. Oecologia 19: 1–8

Lawick-Goodall H van, Lawick-Goodall J van (1970) Innocent Killers. Collins, London

Lawlor LR (1978) A comment on randomly constructed model systems. Amer. Nat. 112: 445–447

Lawton JH (1973) The energy cost of food-gathering. In: Benjamin B, Cox PR, Peel J (eds). Resources and populations

Lawton JH, Fimm SL (1978) Population dynamics and the length of food chains. Nature 272: 190
Lawton JH, Beddington JR, Bonser R (1974) Switching in invertebrate predators. In: Usher MB, Williamson MH (eds) Ecological stability. Chapman and Hall, London, pp 141–158
Legendre L, Legendre P (1983) Numerical ecology. Elsevier, Amsterdam
Leon JA, Tumpson DB (1975) Competition between two species for two complementary or substitutional ressources. J. Theor. Biol. 50: 185–201
Leslie PH (1945) On the use of matrices in certain population mathematics. Biometrika 33: 183–212
Leuthold W (1978) Ecological separation among browsing ungulates in Tsavo East National Park, Kenya. Oecologia 35: 241
Levin SA (1970) Community equilibria and stability, and an extension of the competitive exclusion principles. Amer. Nat. 104: 413–423
Levin SA (1974) Dispersion and population interactions. Amer. Nat. 108: 207–228
Levin SA (ed) (1975) Ecosystem analysis and prediction, Proceedings of a SIAM-SIMS conference, Alta. SIAM 56–67
Levin SA (1976) Population dynamic models in heterogeneous environments. Ann. Rev. Ecol. Syst. 7: 287–310
Levin SA (1981) The role of theoretical ecology in the description and understanding of populations in heterogeneous environments. Amer. Zool. 21: 865–875
Levin SA (1986a) Random walk models of movement and their implications. In: Hallam TG, Levin SA (eds) Mathematical ecology. An introduction. Springer, Berlin Heidelberg New York Tokyo
Levin SA (1986b) Population models and community structure in heterogeneous environments. In: Hallam TG, Levin SA (es) Mathematical ecology. An introduction. Springer, Berlin Heidelberg New York Tokyo
Levin SA, Paine RI (1974) Disturbance, patch formation, and community structure. Proc. Nat. Acad. Sci. 71: 2744–2747
Levin SA, Segel LA (1976) Hypothesis for origin of plankton patchiness. Nature 259: 659
Levins R (1966) The strategy of model building in population biology. Amer. Sci. 54: 421
Levins R (1968) Evolution in changing environments. Princeton Univ. Press, Princeton
Levins R (1969) The effect of random variations of different types on population growth. Proc. Nat. Acad. Sci. US 62: 1061–1065
Levins R (1979) Coexistence in a variable environment. Amer. Nat. 114: 765–783
Levins R, Culver D (1971) Regional coexistence of species and competition between rare species. Proc. Nat. Acad. Sci. U.S. 68: 1246–1248
Lewandowsky M, White BS (1977) Randomness, time scales, and the evolution of biological communities. Evol. Biol. 10: 69–161
Lewontin RC (1969) The meaning of stability. Brookhaven Symposia in Biology 22: 13–24
Liebig J (1840) Chemistry in its application to agriculture and physiology. Taylor and Walton, London
Lindemann RL (1942) The trophic-dynamic aspect of ecology. Ecology 23: 99–413
Lloyd M, Dybas HS (1966) The periodical cicada problem. I. Population ecology. II. Evolution. Evolution 20: 133–149, 466–505
Loeschcke V (ed) (1987) Genetic constraints on adaptive evolution. Springer, Berlin Heidelberg New York Tokyo
Lotka AJ (1920) Analytical note on certain rhythmic relations in organic systems. Proc. Nat. Acad. Sci. U.S. 6: 410ff.
Lotka AJ (1925) Elements of physical biology (neu aufgelegt als „Elements of mathematical ecology" Dover, New York 1956). Williams and Wilkins, Baltimore
Lovegrove BG, Wissel C (1988) Sociality in molerats: Metabolic scaling and the role of risk sensitivity. Oecologia 74: 600–606
Lowe VPW (1969) Population dynamics of the red deer (Cervus elaphus L.) on Rhum. J. Anim. Ecol. 38: 425–457
Luckinbill LS (1973) Coexistence in laboratory populations of Paramecium aurelia and its predator Didinium nasutum. Ecology 54: 1320–1327

Luckinbill LS (1974) The effect of space and enrichment on a predator-prey system. Ecology 55: 1142–1147

Luckinbill LS, Fento M (1978) Regulation and environmental variability in experimental populations of Protozoa. Ecology 59: 1271–1276

Ludwig D (1974) Stochastic population theories. (Lecture notes in biomathematics 3) Springer, Berlin Heidelberg New York

Ludwig D, Jones DD, Holling CS (1978) Qualitative analysis of an insect outbreak system: the spruce budworm and forest. J. Anim. Ecol. 47: 315–332

Lynch M (1979) Predation, competition and zooplankton community structure: an experimental study. Limn. Ocean. 24: 253–272

MacArthur RH (1962) Some generalized theorems of natural selection. Proc. Nat. Acad. Sci. U.S. 48: 1893–1897

MacArthur RH (1972) Geographical ecology. New York, Harper and Row

MacArthur RH, Levins R (1967) The limiting similarity, convergence and divergence of coexisting species. Amer. Nat. 101: 377–385

MacArthur RH, Pianka ER (1966) On optimal use of a patchy environment. Amer. Nat. 100: 603–609

MacArthur RH, Wilson EO (1963) An equilibrium theory of insular zoogeography. Evolution 17: 373–387

MacArthur RH, Wilson EO (1967) The theory of island biogeography. Princeton Univ. Press, Princeton

MacDonald N (1978) Time lags in biological models. (Lecture notes in biomathematics 27) Springer, Berlin Heidelberg New York

Macevicz S, Oster C (1976) Modelling social insect populations. Behav. Ecol. Sociobiol. 1: 265ff.

MacLulich DA (1937) Fluctuations in the numbers of the varying hare (Lepus americanus). Univ. Toronto Studies, Biol. Ser. 43: 1–136

Malthus, TB (1798) First eassay on population. Nachdruck 1926, London, Macmillan

Mangel M (1985) Decision and control in uncertain resource systems. Mathematics in science and engineering Vol. 172. Academic Press, London New York

May RM (1972a) Limit cycles in predator-prey communities. Science 177: 900–902

May RM (1972b) Will a large complex system be stable? Nature 238: 413–414

May RM (1973a) Stability in randomly fluctuating versus deterministic environment. Am. Nat. 107: 621–650

May RM (1973b) Stability and complexity in model ecosystems. Princeton Univ. Press, Princeton

May RM (1974a) On the theory of niche overlap. Theor. Pop. Biol. 5: 297–332

May RM (1974b) Biological populations with non-overlapping generations: stable points, stable cycles and chaos. Science 186: 645–647

May RM (1975a) Biological populations obeying difference equations: Stable points, stable cycles and chaos. J. Theor. Biol. 49: 511–524

May RM (1973c) Time-delay versus stability in population models with two and three trophic levels. Ecology 54: 315–325

May RM (1975b) Pattern of species abundance and diversity. In: (Cody ML, Diamond JM (eds)) Ecology and evolution of communities. Harvard Univ. Press, Cambridge

May RM (1975c) Some notes on estimating the competition matrix. Ecology 56: 737–741

May RM (1976a) Models of single populations. In: Theoretical ecology (May RM (ed)). Blackwell, Oxford

May RM (1976b) Models for two interacting populations. In: (May RM (ed)) Theoretical ecology: Principles and applications. Blackwell, Oxford

May RM (1976c) Pattern in multi-species communities. In: May RM (ed) Theoretical ecology. Principles and applications. Blackwell, Oxford

May RM (1976d) Simple mathematical models with very complicated dynamics. Nature 261: 459–467

May RM (1977a) Thresholds and breakpoints in ecosystems with a multiplicity of stable states. Nature 269: 471–477

May RM (1977b) Togetherness among schistosomes: its effects on the dynamics of the infection. Math. Biosc: 35, 301
May RM (1978) Host-parasitoid systems in patchy environments: a phenomenological model. J. Anim. Ecol. 47: 833–843
May RM (1979a) The structure and dynamics of ecological communities. In: Anderson RM, Turner BD, Taylor LR (eds) Population dynamics. Blackwell, Oxford
May RM (1979b) Models for single populations: an annotated bibliography. In: Halbach U, Jacobs J (eds) Population ecology. Symp. Mainz 1978. Fortsch. Zool. 25, 2/3, Fischer, Stuttgart
May RM, Conway GR, Hassell MP, Southwood TRE (1974) The delays, density dependence and single species oscillations. J. Anim. Ecol. 43: 747–770
May RM, Leonard WJ (1975) Nonlinear aspects of competition between three species. SIAM J. Appl. Math. 29: 243–253
May RM, MacArthur RH (1972) Niche overlap as a function of environmental variability. Proc. Nat. Acad. Sci. U.S. 69: 1109–1113
Maynard Smith J (1972) On evolution. University Press, Edinburgh
Maynard Smith J (1974) Models in ecology. Cambridge Univ. Press, Cambridge
Maynard Smith J (1976) Evolution and the theory of games. Amer. Sci. 64: 41–45
Maynard Smith J (1977) Parental investment: a prospective analysis. Anim. Behav: 25, 1–9
Maynard Smith J (1978) Optimization theory in evolution. Ann. Rev. Ecol. Syst. 9: 31–56
Maynard Smith J (1982) Evolution and the theory of games. Cambridge Univ. Press, Cambridge
Mcintosh RP (1967) The continuum concept of vegetation. Bot. Rev. 33: 130–187
McLaren IA (1971) Natural regulation of animal populations. Atherton, New York
McMurtrie RE (1976) On the limit to niche overlap for nonuniform niches. J. Theor. Biol.
McNair JM (1980) A stochastic foraging model with predator training effects: I. Funtional response, switching and run lengths. Theor. Pop. Biol. 17: 141–166
McNaughton SJ (1975) r- and K-selection in Typha. Amer. Nat. 109: 251–261
McNaughton SJ (1977) Diversity and stability of ecological communities: a comment on the role of empiricism in ecology. Amer. Nat. 111: 515–525
McNaughton SJ (1978) Stability and diversity of ecological communities. Nature 274: 252–253
Miller CA (1966) The black-headed budworm in Eastern Canada. Can. Ent. 98: 592–613
Mills NJ (1982) Voracity, cannibalism and coccinellid predation. In: Natural enemies and insect pest dynamics (Wratten SD (ed)). Ann. Appl. Biol. 101: 144–148
Möbius K (1877) Die Auster und die Austern-Wirtschaft. Wiegandt, Hempl und Parey, Berlin
Morris RF (1963) The dynamics of epidemic spruce budworm populations. Mem. Ent. Soc. Can. 31: 332ff.
Munger JC (1984) Optimal foraging? Patch use by harned lizards (Iguanidae: Phrynosoma). Amer. Nat. 123: 654–680
Murdoch WW (1969) Switching in general predators: experiments on predator specifity and stability of prey populations. Ecol. Monogr. 39: 335–354
Murdoch WW (1977) Stabilizing effects of spatial heterogeneity in predator-prey systems. Theor. Pop. Biol. 11: 252ff.
Murdoch WW, Avery S, Smyth MEB (1975) Switching in predatory fish. Ecology 56: 1094–1105
Murdoch WW, Oaten A (1975) Predation and population stability. Adv. Ecol. Res. 9: 2–131
Neill WE (1974) The community matrix and the interdependence of the competition coefficients. Amer. Nat. 108: 399–408
Nicholson AJ (1933) The balance of animal populations. J. Anim. Ecol. 2: 131–178
Nicholson AJ (1954) An outline of the dynamics of animal populations. Austr. J. Zool. 2: 9–65
Nisbet RM, Gurney WSC (1982) Modelling fluctuating populations. Wiley, Chichester
Nisbet RM, Gurney WSC (1986) The formulation of age-structure models. In: Hallam TG,

Levin SA (eds) Mathematical ecology. An introduction. Springer, Berlin Heidelberg New York Tokyo

Noy-Meir I (1975) Stability of grazing systems: an application of predator-prey graphs. J. Anim. Ecol. 63: 459–483

Noy-Meir I (1981) Theoretical dynamics of competitors under predation. Oecologia 50: 277–284

Oaten A (1977) Optimal foraging in patches: a case for stochasticity. Theor. Pop. Biol. 12: 263 ff.

Oaten A, Murdoch WW (1975) Switching, functional response, and stability in predator-prey systems. Amer. Nat. 109: 299–318

Obeid M, Machin D, Harper JL (1967) Influence of density on plant to plant variations in fiber flax, Linum usitatissimum. Crop Sci. 7: 471–473

Odum EP (1971) Fundamentals of ecology. Saunders, London

Odum EP (1975) Diversity as a function of energy flow. In: Van Dobben WH, Lowe-McConnell RH (eds) Unifying concepts in ecology. Junk, The Hague

Okubo A (1980) Diffusion and ecology problems: Mathematical models. Springer, Berlin Heidelberg New York

Oliveira-Pinto F, Conolly BW (1982) Applicable mathematics of non-physical phenomena. Harwood, John Wiley

O'Neill RV (1973) Error analysis of ecological models. Deciduous Forest Biome. Memo. Report 71–15

Orians GH (1975) Diversity, stability and maturity in natural ecosystems. In: Van Dobben WH, Lowe-McConnell RH (eds) Unifying concepts in ecology. Junk, The Hague

Osman RW (1977) The establishment and development of marine epifaunal community. Ecol. Monogr. 47: 37–63

Overton WS (1977) A strategy of model construction. In: Hall CAS, Day JW (eds) Ecosystem modelling in theory and practice. Wiley, New York

Paine RT (1966) Food web complexity and species diversity. Am. Nat. 100: 65–76

Paine RT (1971) A short-term experimental investigation of resource partitioning in a New Zealand intertidal habitat. Ecology 53: 1096–1106

Paine RT (1980) Food webs: linkage, interaction strength and community infrastructure. J. Anim. Ecol. 49: 667–686

Paine RT, Vadas RL (1969) The effect of grazing of sea-urchins, Strongylocentrotus sp. on benthic algal populations. Limn. Ocean. 14: 710–719

Palmblad IG (1968) Competition studies of experimental populations of weeds with emphasis on the regulation of population size. Ecology 49: 26–34

Park T (1954) Experimental studies of interspecific competition. II. Temperature, humidity and competition in two species of Tribolium. Phys. Zool. 27: 177–238

Park T (1962) Beetles, competition and populations. Science 138: 1369–1375

Patil GP, Rosenzweig ML (ed) (1979) Contemporary quantitative ecology and related econometrics. (Statistical Ecology 12) Intern. Cooperative Publishing House, Fairland

Patrick R (1973) Use of algae, especially diatoms, in the assessment of water quality. Amer. Soc. for Testing and Materials, Special Tech. Publ. 528: 76–95

Pearl R (1927) The growth of populations. Quart. Rev. Biol. 2: 532–548

Pearl R (1928) The rate of living. Knopf, New York

Peterman RM (1977) A simple mechanism that causes collapsing stability regions in exploited salmonid populations. J. Fish. Res. Bd. Can. 34: 1130 ff.

Pianka ER (1972) r and K selection or b and d selection. Amer. Nat. 106: 581–588

Pianka ER (1973) The structure of lizard communities. Ann. Rev. Ecol. Syst. 4: 53–74

Pianka ER (1974a) Evolutionary ecology. Harper and Row, London

Pianka ER (1974b) Niche overlap and diffuse competition. Proc. Nat. Acad. Sci. U.S. 71: 2141–2145

Pianka ER (1976) Competition and the niche theory. In: May RM (ed) Theoretical ecology. Principles and applications. Blackwell, Oxford

Pianka ER (1980) Guild structure in desert lizards. Oikos 35: 194–201

Pianka ER, Huey RB, Lawlor LR (1979) Niche segregation in desert lizards. In: Horn DJ, Mitchell R, Stairs GR (eds) Analysis of ecological systems. Ohio State Univ. Press
Pielou EC (1974) Population and community ecology. Principles and methods. Gordon and Breach, New York
Pielou EC (1975) Ecological diversity. Wiley-Intersci., New York
Pielou EC (1977) Mathematical ecology. Wiley, New York
Pielou EC (1981) The usefulness of ecological models: A stock-taking. Quart. Rev. Biol. 65: 17–31
Pimentel D (1961) Species diversity and insect population outbreaks. Ann. Entom. Soc. Amer. 54: 76–86
Pimentel D, Feinberg EH, Wood PW, Hayes JT (1965) Selection, spatial distribution and the coexistence of competing fly species. Amer. Nat. 99: 97–109
Pimm SL (1979a) The structure of food webs. Theor. Pop. Biol. 16: 144–158
Pimm SL (1979b) Complexity and stability: another look at MacArthur's original hypothesis. Oikos 33: 351–357
Pimm SL (1980a) Bounds on food webs connectance. Nature 284: 591
Pimm SL (1980b) Properties of food webs. Ecology 61: 219–225
Pimm SL (1982a) Food webs, food chains and return times. In: Strong DR, Simberloff DS (eds) Ecological Communities: Conceptual issues and the evidence. Princeton Univ. Press, Princeton
Pimm SL (1982b) Food webs. Chapman and Hall, London
Pimm SL (1984) The complexity and stability of ecosystems. Nature 307: 321–326
Pimm SL, Lawton JH (1977) The number of trophic levels in ecological communities. Nature 268: 329–331
Pimm SL, Lawton JH (1978) On feeding on more than one trophic level. Nature 275: 542–544
Pimm SL, Lawton JH (1980) Are food webs divided into compartments? J. Anim. Ecol. 49: 879–898
Platt T (1981) Mathematical models in biological oceanography. Unesco Press, Paris
Podoler H, Rogers D (1975) A new method for the identification of key factors from life table data. J. Anim. Ecol. 44: 85–115
Pojar TM (1981) A management perspective of population modelling. In: Fowler CW, Smith TD (eds) Dynamics of large mammal populations. Wiley, New York
Poole (1974) An introduction to quantitative ecology. MacGraw-Hill
Pratt DM (1943) Analysis of population development in Daphnia at different temperatures. Biol. Bull. 85: 116–140
Preston FW (1948) The commonness and rarity of species. Ecology 29: 254–283
Preston FW (1962) The canonical distribution of commonness and rarity. Ecology 43: 185–215 und 410–432
Preston FW (1980) Noncanonical distributions of commonness and rarity. Ecology 61: 88–97
Price PW, Slobodchikoff CN, Gaud WS (1984) A new ecology: Novel approaches to interactive systems. Wiley, New York
Pulliam HR, Caraco T (1984) Living in groups: is there an optimal group size. In: Krebs JR, Davies NB (eds) An introduction to behavioural ecology. Sinauer, Sunderland MA
Putman RJ (1977) Dynamics of the blowfly, Calliphora erythrocephala within carrion. J. Anim. Ecol. 46: 853–866
Putman RJ, Wratten SD (1984) Principles of ecology. Croom Helm, London
Putwain PD, Harper JL (1970) Studies on the dynamics of plant populations. III. The influence of associated species on populations of Rumex acetosa L. and R. acetosella L. in grassland. J. Ecol. 58: 251–264
Pyke G (1981) Honeyeater foraging: A test of optimal foraging theory. Anim. Behav. 29: 878–888
Pyke GH (1979) The economics of territory size and time budget in the golden-winged sunbird. Amer. Nat. 114: 131–145
Pyke GH, Pulliam HR, Charnov EL (1977) Optimal foraging: a selective review of theory and tests. Quart. Rev. Biol. 52: 137–154

Rappold C, Hogeweg P (1980) Niche packing and number of species. Amer. Nat. 116: 480–492

Rapport DJ (1971) An optimization model of food selection. Amer. Nat. 105: 575–587

Reed J, Stenseth NC (1984) On evolutionarity stable strategies. J. Theor. Biol. 108: 491–508

Rejmanek M, Stary P (1979) Connectance in real biotic communities and critical values for stability of model ecosystems. Nature 280: 311–313

Remmert H (1984) Ökologie. Ein Lehrbuch, 2. Aufl. Springer, Berlin Heidelberg New York

Rescigno A, Richardson IW (1967) The struggle for life: I. Two species. Bull. Math. Biophysics 29: 377–388

Reynoldson TB, Bellamy LS (1970) The establishment of interspecific competition in field populations with an example of competition in action between Polycelis nigra and P. tenuis (Turbellaria, Tricladida). In: den Boer PJ, Gradwell GR (eds) Dynamics of populations. Pudoc, Wageningen

Reynoldson TB, Davies RW (1970) Food niche and coexistence in lake-dwelling triclads. J. Anim. Ecol. 39: 599–617

Ricciardi LM (1977) Diffusion processes and related topics in biology (Lecture notes in biomathematics 22) Springer, Berlin Heidelberg New York

Ricciardi LM (1986a) Stochastic population theory: diffusion processes. In: Hallam TG, Levin SA (eds) Mathematical ecology. An introduction. Springer, Berlin Heidelberg New York Tokyo

Ricciardi LM (1986b) Stochastic population theory: Birth and death processes. In: Hallam TG, Levin SA (eds) Mathematical ecology. An introduction. Springer, Berlin Heidelberg New York Tokyo

Richter O (1985) Simulation des Verhaltens ökologischer Systeme. Mathematische Methoden und Modelle. VCH, Weinheim

Rigler FH (1961) The relation between concentration of food and feeding rate of Daphnia magna Straus. Can. J. Zool. 39: 857–868

Robinson JV, Valentine WD (1979) The concepts of elasticity, invulnerability and invadeability. J. Theor. Biol. 81: 91–104

Roof DA (1974) Spatial heterogeneity and the persistence of populations. Oecologia 15: 245–258

Rogers DJ (1972) Random search and insect population models. J. Anim. Ecol. 41: 369–383

Rogers DJ, Hassell MP (1974) General models for insect parasite and predator searching behaviour: interference. J. Anim. Ecol. 43: 239–253

Root RB (1967) The niche exploitation pattern of the blue-gray gnatcatcher. Ecol. Monog. 37: 317–350

Rosenzweig ML (1969) Why the prey curve has a hump. Amer. Nat. 103: 81–87

Rosenzweig ML (1971) Paradox of enrichment: destabilization of exploitation ecosystems in ecological time. Science 171: 385–387

Rosenzweig ML (1973) Evolution of the predator isocline. Evolution 27: 29–94

Rosenzweig ML, Schaffer WM (1978) Homage to the Red Queen II: coevolutionary response to enrichment of exploitation ecosystem. Theor. Pop. Biol. 14: 158–163

Rosenzweig ML, MacArthur RH (1963) Graphical representation and stability conditions of predator-prey interactions. Amer. Nat. 97: 209–223

Rossis G (1986) Reductionism and related methodological problems in ecological modelling. Ecol. Modelling 34: 289–298

Roughgarden J (1972) Evolution of niche width. Amer. Nat. 106: 683–718

Roughgarden J (1974a) The fundamental and realized niche of a solitary population. Amer. Nat. 108: 232–235

Roughgarden J (1974b) Niche width: biogeographic patterns among Anolis lizard populations. Amer. Nat. 108: 429–442

Roughgarden J (1974c) Species packing and the competition function with illustration from coral reef fish. Theor. Pop. Biol. 5: 163–186

Roughgarden J (1975) A simple model for population dynamics in stochastic environments. Amer. Nat. 109: 713–736

Roughgarden J (1983) Competition and theory in community ecology. Amer. Nat. 122: 583–601
Roughgarden J, Feldman M (1975) Species packing and predation pressure. Ecology 56: 489–492
Routledge RD (1979) Diversity indices: which one are admissible? J Theor. Biol. 76: 503–515
Royama T (1970a) Factors governing the hunting behaviour and selection of food by the great tit. J. Animal Ecol. 39: 619–668
Royama T (1970b) Evolutionary significance of predators response to local differences in prey density: A theoretical study. Proc. Adv. Study Inst. Dynamics Numbers Popul. (Oosterbeek)
Royama T (1971) A comparative study of models for predation and parasitism. Res. Pop. Ecol. Suppl. 1: 1–91
Sage AP, White CC (1977) Optimum systems control. Prentice Hall, Englewood Cliffs
Sarukhan J, Gadgil JL (1974) Studies on plant demography: Ranunculus repens L., R. bulbobus L. and R. acris L. III. A mathematical model incorporating multiple modes of reproduction. J. Ecol. 62: 921–936
Schaffer WM (1974) The evolution of optimal reproductive strategies: the effects of age structure. Ecology 55: 291–303
Schoener TW (1968) The anolis lizard of Bimini: resource partitioning in a complex fauna. Ecology 49: 704–726
Schoener TW (1969a) Models of optimal size for solitary predators. Amer. Nat. 103: 277–313
Schoener TW (1969b) Optimal size and specialization in constant and fluctuating environments: An energy-time approach. Brookhaven Symp. Biol. 22: 103–114
Schoener TW (1971) On the theory of feeding strategies. Ann. Rev. Ecol. Syst. 2: 369–404
Schoener TW (1974) Resource partitioning in ecological communities. Science 185: 27–39
Schoener TW (1976) Alternatives to Lotka-Volterra competition: Models of intermediate complexity. Theor. Pop. Biol. 10: 309–333
Schoener TW (1982) The controversy over interspecific competition. Amer. Sci. 70: 586–595
Schoener TW (1983a) Simple models of optimal feeding-territory size: a reconciliation. Amer. Nat. 121: 608–629
Schoener TW (1983b) Field experiments on interspecific competition. Amer. Nat: 122, 240–285
Schoener TW (1986) Resource partitioning. In: Kikkawa J, Anderson DJ (eds) Community ecology. Pattern and process. Blackwell, Oxford
Schultz AM (1964) The nutrient-recovery hypothesis for arctic microtine cycles. In: Crips DJ (ed) Grazing in terrestrial and marine environments. Blackwell, Oxford
Schultz AM (1969) A study of an ecosystem: the arctic tundra. In: Van Dyne G (ed) The ecosystem concept in natural resource management. Academic Press, New York
Schulze ED, Zwölfer H (eds) (1987) Potentials and limitations of ecosystem analysis. Ecological studies 61, Springer, Berlin Heidelberg New York Tokyo
Schuster HG (1988) Deterministic chaos, VCH, Weinheim
Schwertfeger F (1935) Studien über den Massenwechsel einiger Forstschädlinge. Z. Forst. Jagdw. 67: 15–38
Segel LA, Jackson J (1972) Dissipative structure: an explanation and an ecological example. J. Theor. Biol. 37: 545–559
Shelford VE (1943) The relationship of snowy owl migration to the abundance of the collared lemming. Auk 62: 592–594
Shelford VE (1963) The ecology of North America. Univ. of Illinois Press, Urbana
Sibly RM, Calow P (1986) Physiological ecology of animals. Blackwell Sci. Publ., London
Silvertown JW (1982) Introduction to plant population ecology. Longman, London
Simberloff DS (1974) Equilibrium theory of island biogeography and ecology. Ann. Rev. Ecol. Syst. 5: 161–182
Simberloff DS (1976a) Experimental zoogeography of islands: Effects of island size. Ecology 57: 629–648
Simberloff DS (1976b) Species turnover and equilibrium island biogeography. Science 194: 572–578

Simberloff DS (1978) Using island biogeographic distributions to determine if colonisation is stochastic. Amer. Nat. 112; 713–726

Simberloff DS (1980) Dynamic equilibrium island biogeography: The second stage. In: Noehring R (ed) Acta XVII Congr. Intern. Ornith. Vol. 3 pp. 1289. Verlag der Deutschen Ornith. Gesellschaft

Simberloff DS, Abele LG (1976) Island biogeography theory and conservation practice. Science 191: 285–286

Simberloff DS, Wilson EO (1969) Experimental zoogeography of islands: The colonisation of empty islands. Ecology 50: 278–296

Simenstead CA, Estes JA, Kenyon KW (1978) Aleuts, sea otters and alternate stable state communities. Science 200: 403

Simon HA (1982) The science of the artificial. MIT Press, Cambridge

Skellam JG (1951) Random dispersal in theoretical populations. Biometrika 38: 196–218

Skellam JG (1972) Some philosophical aspects of mathematical modelling in empirical science with special reference to ecology. In: Jeffers JNR (ed) Mathematical models in ecology. Symposium of the British Ecol. Soc., 12 pp. 13–29. Blackwell, Oxford

Slatkin M (1974) Competition and regional coexistence. Ecology 55: 128–134

Slobodkin LB (1961) Growth and regulation of animal populations. Holt, Rinehart and Winston, New York

Slobodkin LB (1964) Ecological populations of Hydrida. J. Anim. Ecol. (Suppl.) 33: 131–148

Slobodkin LB, Sanders HL (1969) On the contribution of environmental predictability to species diversity. Brookhaven Symposia in Biologica 22: 82–95

Smith CC, Fretwell SD (1974) The optimal balance between size and offspring. Amer. Nat. 108: 499–506

Smith FE (1952) Experimental methods in population dynamics. A critique. Ecology 33: 441–450

Smith FE (1961) Density dependence in the Australian thrips. Ecology 42: 403–407

Smith FE (1963) Population dynamics in Daphnia magna and a new model for population growth. Ecology 44: 651–663

Smith JNM, Sweatman HPA (1974) Food searching behaviour of titmice in patchy environments. Ecology 55: 1216–1232

Smith RL (1980) Ecology and field Biology. Harper and Row, New York

Solbrig PT, Simpson BB (1974) Components of regulation of a population of dandelions in Michigan. J. Ecol. 62: 473–486

Solomon ME (1949) The natural control of animal populations. J. Anim. Ecol. 18: 1–35

Solomon ME (1969) Population dynamics. Edward Arnold, London

Sommer U (1985a) Comparison between steady state and non-steady state competition: Experiments with natural phytoplankton. Limn. Ocean. 30: 335–346

Sommer U (1985b) Phytoplankton natural community competition experiments: A reinterpretation. Limn. Ocean. 30: 436–440

Sommer U (1986) Phytoplankton competition along a gradient of dilution rates. Oecologia 68: 503–506

Soule M, Steward BR (1970) The "niche-variation" hypothesis: a test and alternatives. Amer. Nat. 104: 85–97

Southwood TRE (1962) Migration of terrestrial arthropods in relation to habitat. Biol. Rev. 37: 171–214

Southwood TRE (1968) Insect abundance. R.E.S. Symposium 4. Blackwell, Oxford

Southwood TRE (1976) Bionomic strategies and population parameters. In: May RM (ed) Theoretical ecology: Principles and applications. Blackwell, Oxford

Southwood TRE (1977) Habitat, the templet for ecological strategies? J. Anim. Ecol. 46: 337–365

Southwood TRE (1978) Ecological methods. Chapman and Hall, London

Sperlich D (1973) Populationsgenetik. Fischer, Stuttgart

Starfield AM, Bleloch AL (1983) Expert system: an approach to problems in ecological management that are difficult to quantify. J. Environ. Manag. 16: 261–268

Starfield AM, Bleloch AL (1986) Building models for conservation and wildlife management. Collier Macmillan, London
Stearns SC (1976) Life-history tactics: a review of the ideas. Quart. Rev. Biol. 51: 3–46
Steele JH (1974a) Spatial heterogeneity and population stability. Nature 83: 248
Steele JH (1974b) Stability of plankton ecosystems. In: Usher MB, Williamson MH (eds) Ecological stability. Chapman and Hall, London
Steele JH (ed) (1978) Spatial pattern in plankton communities (Proc. Nato Conference Erice) Plenum Press
Stenseth NC (1979) Where have all the species gone? On the nature of extinction and the red queen hypothesis. Oikos 33: 196–227
Stenseth NC, Hansson L (1979) Optimal food selection: a graphical model. Amer. Nat. 113: 373–389
Stephens DW (1981) The logic of risk-sensitive foraging preferences. Anim. Behav. 29: 628–629
Stephens DW, Charnov EL (1982) Optimal foraging: some simple stochastic models. Behav. Ecol. Sociobiol. 10: 251–263
Stephens DW, Krebs JR (1986) Foraging theory. Princeton Univ. Press, Princeton
Stern K, Roche L (1974) Genetics of forest ecosystems. Springer, Berlin Heidelberg New York
Stokes AW (1974) Territory. Dowden, Hutchinson and Ross, Stroudsburg
Sugihara G (1980) Minimal community structure: an explanation of species abundance patterns. Amer. Nat. 116: 770–787
Sugihara G (1981) $S = cA^z$, $z = 1/4$: a reply to Connor and McCoy. Amer. Nat. 117: 790–793
Sugihara G (1984) Graph theory, homology and food webs. Proc. Symp. Appl. Math. 30: 83–101
Sutherland JP (1974) Multiple stable points in natural communities. Amer. Nat. 108: 859–873
Swift MJ, Heal OW, Anderson JM (1979) Decomposition in terrestrial ecosystems. Blackwell, Oxford
Takahashi F (1968) Functional response to host density in a parasitic wasp, with reference to population regulation. Res. Popul. Ecol. 10: 54–68
Tamarin RH (ed) (1978) Population regulation. Dowden, Hutchinson and Ross, Stroudsburg
Tanner JT (1966) Effects of population density on the growth rates of animal populations. Ecology 47: 733–745
Tanner JT (1975) The stability and the intrinsic growth rates of prey and predator populations. Ecology 56: 855–867
Taylor RJ (1984) Predation. Chapman and Hall, New York
Taylor LR, Taylor RAJ (1977) Aggregation, migration and population mechanics. Nature 265: 415–421
Teramoto E, Yamaguti M (eds) (1987) Mathematical topics in population biology, morphogenesis and neurosciences. Proc. Kyoto 1985. (Lecture notes in biomathematics 71) Springer, Berlin Heidelberg New York
Terborgh J, Robinson S (1986) Builds and their utility in ecology. In: Kikkawa J, Anderson DJ (eds) Community ecology. Pattern and process. Blackwell, Oxford
Thomas B (1984) Evolutionary stability: States and strategies. Theor. Pop. Biol. 26: 49–67
Thompson DJ (1975) Towards a predator-prey model incorporating age-structure: the effects of predator and prey size on the predation of Daphnia magna by Ischnura elegans. J. Anim. Ecol. 44: 907–916
Thorman S (1982) Niche dynamics and resource partitioning in a fish guild inhabiting a shallow estuary on the Swedish West Coast. Oikos 39: 32–39
Tilman D (1982) Resource competition and community structure. Princeton Univ. Press, Princeton
Tilman D, Kilham SS, Kilham P (1982) Phytoplankton community ecology: the role of limiting nutrients. Ann. Rev. Ecol. Sys. 13: 349–372
Timischl W (1988) Biomathematik. Eine Einführung für Biologen und Mediziner. Wien
Timbergen L (1960) The natural control of insects in pinewoods. I. factors influencing the intensity of predation by songbirds. Arch. Neerl. Zool. 13: 266–336

Townsend CR, Hughes RN (1981) Maximizing net energy returns from foraging. In: Townsend CR, Calow P (eds) Physiological ecology: an evolutionary approach to resource use. Blackwell, Oxford

Trenbath BR, Harper JL (1973) Neighbour effects in the genus Avena. I. Comparison of crop species. J. Appl. Ecol. 10: 379–400

Turelli M (1977) Random environment and stochastic calculus. Theor. Pop. Biol. 12: 140–178

Turelli M (1986) Stochastic community theory: A partially guided tour. In: Hallam TG, Levin SA (eds) Mathematical ecology. An introduction. Springer, Berlin Heidelberg New York Tokyo

Ullyett GC (1949) Distribution of progeny by Chelonus texanus Cress. Can. Entom. 81: 25–44

Underwood T (1986) The analysis of competition by field experiments. In: Kikkawa J, Anderson DJ (eds) Community ecology. Pattern and process. Blackwell, Oxford

Usher MB (1972) Developments in the Leslie matrix model. In: Jeffers JNR (ed) Mathematical models in ecology. Symp. Brit. Ecol. Soc. 12: 29–60, Blackwell, Oxford

Usher MB, Williamson MH (1974) Ecological stability. Chapman and Hall, London

Utida S (1953) Interspecific competition between two species of bean weevil. Ecology 34: 301–307

Utida S (1957) Cyclic fluctuations of population density intrinsic to the host parasite system. Ecology 38: 442–449

Utida S (1967) Damped oscillation of population density at equilibrium. Res. Popul. Ecol. 9: 1–9

Van der Planck JE (1963) Plant diseases: Epidemics and control. Academic Press, New York

Van Valen L (1965) Morphological variation and width of the ecological niche. Amer. Nat. 94: 377–390

Van Valen L (1974) Predation and species diversity. J. Theor. Biol. 44: 19–21

Van Valen L (1976) The Red Queen lives. Nature 260: 575

Van Valen L (1977) The Red Queen. Amer. Nat. 111: 809–810

Vance RR (1972) Competition and mechanism of coexistence in three sympatric species of intertidal hermit crabs. Ecology 53: 1062–1074

Vance RR (1978) Predation and resource partitioning in one predator — two prey model communities. Amer. Nat. 112: 797–813

Vandermeer JH (1969) The competitive structure of communities: an experimental approach with protozoa. Ecology 50: 362–371

Vandermeer JH (1972) Niche theory. Ann. Rev. Ecol. Sys. 3 107–132

Vandermeer JH (1973) On the regional stabilization of locally unstable predator-prey relationships. J. Theor. Biol. 41: 161–170

Varley GC, Gradwell GR (1960) Key factors in population studies. J. Anim. Ecol. 29: 399–401

Varley GC, Gradwell GR (1970) Recent advances in insect population dynamics. Ann. Rev. Entom. 15: 1–24

Varley GC, Gradwell GR, Hassell MP (1975) Insect population ecology. Blackwell, Oxford

Verhulst JH (1838) Notice sur la loi que population suit dans accroissement. Corr. Math. Phys. 10: 113–121

Vogt H (1983) Grundkurs Mathematik für Biologen. Teubner, Stuttgart

Volterra V (1926) Fluctuations in the abundance of a species considered mathematically. Nature 188: 558–560

Walter H (1973) Vegetation of the earth in relation to climate and the ecophysiological conditions. Springer, Berlin Heidelberg New York

Watkinson AR (1983) Factors effecting the density response or Vulpia fasciculata. J. Ecol. 70: 149–161

Watson A (1970) Animal population in relation to their food resources. Aberdeen Symp. British Ecol. Soc. Blackwell, Oxford

Werner EE, Hall DJ (1974) Optimal foraging and the size selection of prey by the bluegill sunfish. Ecology 55: 1042–1052

Werner PA, Platt WW (1976) Ecological relationships of cooccurring golden rods. Amer. Nat. 110: 959–971

Whittaker RH (1972) Evolution and measurement of species diversity. Taxon 21: 213–251
Whittaker RH (1975) Communities and ecosystems. Macmillan, New York
Whittaker RH, Levin SA (1975) Niche theory and applications. Dowden, Hutchinson & Ross, Stroudsbourg
Whittaker RH, Levin SA (1977) The role of mosaic phenomena in natural communities. Theor. Pop. Biol. 12: 117–139
Wilkinson JH (1965) The algebraic eigenvalue problem. Clarendon, Oxford
Williams Cb (1964) Pattern in the balance of nature. Academic Press, New York
Williamson M (1972) Analysis of biological populations. Arnold, London
Williamson M (1981) Island populations. Oxford Univ. Press, Oxford
Wilson DS (1980) The natural selection of populations and communities. Cummings, Amsterdam
Wissel C (1977) On the advantage of the specialization of flowers on particular pollinator species. J. Theor. Biol. 69: 11–22
Wissel C (1981) Lassen sich ökologische Instabilitäten vorhersagen? Verh. Ges. f. Ökol. IX: 143–152
Wissel C (1984a) Solution of the master equation of a bistable reaction system. Physica 128A: 150–163
Wissel C (1984b) Stochastische Einflüsse auf Ökosysteme mit multipler Stabilität; die vollständige Lösung der Master-Gleichung. Verh. Ges. f. Ökol. XII: 447–458
Wissel C (1984c) A universal law of the characteristic return time near thresholds. Oecologia 65: 101–107
Wissel C (1985) Zur Wirkung zufälliger Umwelteinflüsse auf die periodischen Massenvermehrungen eines Tannentriebwicklers. Verh. Ges. f. Ökol. XIII: 305–312
Wissel C, Halbach U, Beuter K (1981) Correlation functions for the evaluation of repeated time series with fluctuations. ISEM-J. 3: 11–29
Wolf LL (1969) Female territoriality in a tropical hummingbird. Auk 86: 490–504
Wolf LL (1975) Foraging efficiencies and the time budgets in nectar feeding birds. Ecology 65: 117–128
Wright S (1969) Evolution and the genetics of populations. Chicago Univ. Press, Chicago
Yoda K, Ogawa H, Hozumi K (1963) Self thinning in overcrowded pure stands under cultivated and natural conditions. J. Biol. Osaka City Univ. 14: 107–129
Yodzis F (1978) Competition of space and the structure of ecological communities (Lecture Notes in Biomathematics 25). Springer, Berlin Heidelberg New York
Yodzis P (1980) The connectance of real ecosystems. Nature 284: 544–545
Yodzis P (1981) The stability of real ecosystems. Nature 289: 674–676
Yoshiyama RM, Roughgarden J (1977) Species packing in two dimensions. Amer. Nat. 111: 107–121
Zeigler Bp (1977) Persistence and patchiness of predator-prey systems induced by discrete event population exchange mechanisms. J. Theor. Biol. 67: 687–713
Zwölfer H (1971) The structure and effect of parasite complexes attacking phytophagous host insects. Adv. Inst. Dynamics Numbers Popul. (Oosterbeek 1970) pp 405–418
Zwölfer H (1975) Artbildung und ökologische Differenzierung bei phytophagen Insekten. Verh. Dtsch. Zool. Ges. 394–401
Zwölfer H (1979) Strategies and counterstrategies in insect population systems competing for space and food in flower heads and plant galls. In: Halbach U, Jacobs (eds) Population ecology. Symp. Mainz 1978, Fortsch. Zool. 25, 2/3, 331–353, Fischer, Stuttgart
Zwölfer H (1987) Species richness, species packing, and evolution in insect plant systems. Ecol. Stud. 61: 301–319

Sachverzeichnis